| 现代通信网络技术丛书 |

Fundamentals of Ultra-Dense Wireless Networks

超密集无线网络

[法] 大卫·洛佩斯-佩雷斯 (David López-Pérez) [澳] 丁铭 (Ming Ding) 著

李海东 卢健 王同林 曹洪伟 译

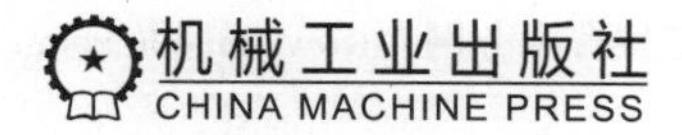

图书在版编目（CIP）数据

超密集无线网络 / (法) 大卫·洛佩斯 – 佩雷斯，(澳) 丁铭著；李海东等译. -- 北京：机械工业出版社，2025. 3. -- (现代通信网络技术丛书). -- ISBN 978-7-111-77328-3

Ⅰ. TN92

中国国家版本馆 CIP 数据核字第 2025QN6180 号

机械工业出版社（北京市百万庄大街 22 号　邮政编码 100037）

策划编辑：刘　锋　　责任编辑：刘　锋　赵亮宇

责任校对：高凯月　李可意　景　飞　　责任印制：任维东

天津嘉恒印务有限公司印刷

2025 年 4 月第 1 版第 1 次印刷

186mm × 240mm · 21.5 印张 · 477 千字

标准书号：ISBN 978-7-111-77328-3

定价：139.00 元

电话服务　　网络服务

客服电话：010-88361066　　机　工　官　网：www.cmpbook.com

010-88379833　　机　工　官　博：weibo.com/cmp1952

010-68326294　　金　　书　　网：www.golden-book.com

封底无防伪标均为盗版　　机工教育服务网：www.cmpedu.com

译 者 序

“手机、钥匙、钱包”是多年前人们出门必备的三件套。随着移动支付服务的普及，钱包逐渐远离了我们的视野；随着物联网尤其是基于生物特征识别的智能门锁的发展，钥匙也开始与我们渐行渐远；然而，手机越来越成为我们的必需品，尤其是智能手机，它改变了我们工作和生活的方式，带来了极大的便利，这一切变化都源于移动通信的高速发展。

我们遇到了一个好的时代，20 世纪 90 年代中期从北京邮电大学毕业后恰逢蜂窝移动网络大发展，我经历了从 2G 到 5G 的全过程，从频分多址、时分多址到码分多址再到空分多址，虽然网络容量的提升一直是移动通信网络优化的主要课题之一，但用户能够直接感受到通话质量或网络浏览速度的变化，这本质上取决于带宽，即用户能以怎样的网络速度享受移动服务。从 2G 时代起，增加基站数量和使用更多的频谱资源(更大的带宽)是扩充网络容量为数不多的手段，但频谱资源是非常有限的，适合蜂窝移动通信的频谱已分配完毕，更高的频段因存在传播距离短、穿透损耗大等难以克服的缺点而无法广泛使用，增加基站数量(网络密集化)几乎成为网络容量扩充的唯一手段。

然而，网络密集化面临的挑战是设备、部署和运营成本的增加。理想的终端用户网络部署模式支持全自动配置和网络运行期间的持续自优化。基站部署的理想极限是按照移动终端的分布进行智能部署，实现每个基站服务于一个移动终端，这种演进将形成超密集的移动网络。

本书系统地阐述了超密集网络的各个方面，从起源到当前网络部署和优化中面临的挑战，并通过理论分析和系统级仿真给出了超密集网络的 SINR(信号与干扰加噪声比，简称“信干噪比”)恒定定律，为运营商进行网络规划建设和优化维护提供了指南。书中展示的研究过程非常清晰，通过随机几何这一强大的数学工具，并且基于大量翔实的研究成果和参考资料，面向不同的场景采用伪代码流程来描述算法，分析小基站部署密度、视距传输、天线高度、移动终端密度、多用户分级等因素对超密集无线网络的性能影响，尤其是对网络覆盖率和面积比特效率的性能影响，进而得出超密集无线网络的容量比例定律。更进一步，面向超密集无线网络的系统优化，从小基站的激活与部署、移动终端的准入与调度和空间频谱重用机制给出了解决方案。最后，对超密集无线网络的上行链路进行了完整的分析，并对动态时分双工技术在超密集无线网络中的应用进行了详尽的说明。作为一本实用性很强的学术著作，能够让每一位移动通信领域的从业者从中受益，是本书的价值所在。

本书的翻译始于几个有趣灵魂的碰撞，感谢机械工业出版社的编辑老师鼓励我们参与本书的翻译，让我们能够深入体会超密集无线网络技术的魅力。第1~3章由王同林负责，第4~6章由卢健负责，第7~9章由曹洪伟负责，第10、11章及目录、前言等由李海东负责，全书由曹洪伟、李海东统稿。在翻译过程中，各位译者在工作之余，付出了大量的时间和精力，反复推敲，多次审核修改，力争做到精益求精，真实传达原著内容，但由于水平有限，即便兢兢业业，依然如履薄冰，译文中如有不妥之处，欢迎大家斧正。还要感谢各位编辑老师的精心编校，使得本书能够顺利出版。真心希望超密集无线网络能够早日走进我们的生活，让我们更好地享受移动通信带来的便利。

曹洪伟

推荐序一

在无线通信领域，一个长期以来被视为理所当然的“事实”是，网络可以通过密集化来增加覆盖范围和容量。所谓网络密集化，是指增加更多的有线接入点或基站，从而更密集地重复使用宝贵的频率资源(带宽)。接入点或基站数量的加倍意味着容量的加倍，还能扩大覆盖范围。对于 Wi-Fi 和蜂窝通信系统而言，网络加密可以说是无线通信演进中最重要却未得到充分重视的一个因素。对于 Wi-Fi 而言，网络扩容主要是在家庭或公司内部进行，而在蜂窝通信系统中，网络扩容则更加系统化，但也是单向增加的：一旦部署了新的基站，就会一直保持下去。

但这一趋势能否一直持续下去？从电磁学和信息论的角度来看，网络密集化的基本原理是什么？直观地说，我们很容易理解，在其他条件相同的情况下，网络中增加更多的发射设备(基站等)会增加干扰。但正如本书所阐明的，其他条件通常并不相同。从历史上看，尽管名义上会增加干扰，但增加更多的基站一直有绝对的优势。之所以说是名义上的，是因为基站间距更小可以在保持移动终端信噪比不变的情况下大幅降低发射功率。但是，当网络变得非常密集时，是否会出现“超密集”阈值，使网络表现出不同的特性？在什么情况下，新引入的干扰对网络的危害会大于带宽空间重用带来的好处？这些问题经常被忽视，但非常重要，对未来几十年的无线通信网络，甚至对 5G 网络都有重大影响，其中一些网络已经接近甚至可能超过了超密集阈值，在这种情况下，如果不采取特定的应对措施，密集化带来的好处将迅速衰减。

在这本新书中，作者大卫·洛佩斯-佩雷斯和丁铭为理解超密集无线网络提供了严谨的分析框架。在过去的几年中，这两位学者为无线通信领域超密集场景的研究做出了重大贡献，他们在撰写这本全面论述密集蜂窝通信网络的著作方面具有得天独厚的优势。本书概述了过去蜂窝通信网络的理论分析方法，并深入探讨了洞悉超密集通信网络所需的新工具和模型。我坚信，科研人员和工程师可以开发出创新的技术方法，使人们能够在网络密集度受限的情况下继续推进无线通信技术的演进，但要实现这一点，就必须意识到这些限制的存在。

Jeffrey G. Andrews

美国得克萨斯大学奥斯汀分校

科克雷尔学院工程学名誉讲席教授

推荐序二

第五代(5G)及超五代(B5G)移动通信网络通过提供海量连接、更高的数据传输速率和超低时延的通信服务，正在并将继续在现代社会的数字化进程中发挥关键作用。

为了满足这些要求，5G/B5G 网络将比以往其他任何网络更具异构性，率先使用毫米波、亚太赫兹、太赫兹和可见光频率等更高的频段，并针对新的垂直行业提供新颖和特定的面向时延的网络功能。

为了充分利用环境，5G/B5G 网络还将很快利用涂有智能元表面(俗称可重构智能表面)的城市部件结构，以特定方式反射无线信号，从而优化未来网络中的信号传播。

此外，无人飞行器技术已日趋成熟，在不久的将来，飞行基站和终端设备都将普及，可以为偏远地区提供网络覆盖和提高热点地区的网络容量，以及支持新的物流和监控服务。

重要的是，终端设备也将逐渐具备计算和存储功能，并融入“雾无线”接入架构㊀，从而将设计范式从无所不在的连接转变为无所不在的无线智能和目标导向型的解决方案。

毫无疑问，要实现这些新的网络特性和功能，就需要在单位面积内部署大量不同的网络节点。

为了支持未来这些复杂的密集异构网络的部署、优化和运营，大规模网络性能分析对于理论设计并将其转化为可控的实用网络至关重要，网络运营商也可以利用这些来管理此类复杂的系统。

在过去十年中，随机几何已成为一种强大的网络性能分析工具，可用于评估广域网性能，以及深入洞察密集异构网络的功能、交互和运行。

未来十年对我们来说十分关键，5G 将在全球范围内实现商业化，B5G 核心的问题研究也将随之出现，随机几何有望成为揭示 5G/B5G 新兴超密集无线接入网络基本特性和量化关键技术的重要工具。

本书在利用随机几何工具建模、分析和优化超密集异构网络方面有独特的见解。一方面，本书涵盖了稀疏和密集蜂窝通信网络部署的理论基础和应用，并考虑了实际应用中的影响因素，如视距传播链路、接入点的高度、用户密度和休眠模式的使用等。另一方面，本书以通俗易懂的方式推导并介绍了基本的比例定律并进行了深入的设计和工程分析，这些对于电信领域的研究人员和从业者来说非常有借鉴意义。值得注意的是，作者发现随机几何为理解和

㊀ 一种基于传统云无线接入网络的新型网络架构。——译者注

优化未来无线通信网络提供了更多可能性。本书还对超密集异构网络的分析评估和优化进行了统一论述，是对未来无线通信网络设计部署感兴趣的研究人员和工程师的必备指南。

Marco Di Renzo
法国巴黎萨克雷大学苏佩莱克中心
信号与系统实验室国家科学研究中心研究主任

前　言

本书将带领读者踏上令人兴奋的探索超密集无线通信网络基本原理的旅程。这一旅程尤其有助于探索稀疏、密集和超密集的通用无线网络在不同信道和网络特性下，利用电磁波实现网络节点和用户终端之间通信的信息容量极限。本书所回答的问题虽然很基础，但非常引人入胜，类似于我们青少年时期在物理课上学习牛顿万有引力定律时提出的问题：苹果为什么会从树上掉下来？这些问题引人深思，其结论也令人兴奋。

最初的理论分析提出了密集无线通信网络的信息容量定律，该定律简单、直观、令人信服。这个定律指出，无线网络容量与网络中的基站密度呈线性关系。这一线性规律意味着一条黄金法则，即基站密度增加一倍，网络容量就会增加一倍，从而为无限提高通信系统的性能提供了一种工具。重要的是，近年来的实践已经部分验证了这一规律，从 1950 年到 2000 年，蜂窝通信网络的密度增加了约 3000 倍，由此带来了网络容量的相应增长。

然而，当更大的网络容量需求出现时，情况开始发生变化。2014 年，高通(Qualcomm)等公司发布了新的实验结果：为提升终端用户体验而增加网络密度，当小区密度扩大为 100 倍时，网络容量只增至 40 倍，这与上述线性规律有很大差异。在随后的几年里，无线通信领域的研究人员重新关注了类似的实验结果，并彻底重新审视了之前的理论认识。经过多年的研究，研究人员已经得出结论：当基站密度较高时，线性规律无法描述网络容量的增长特性，应该引入新的规律。在本书中，我们将逐步引入和介绍一个新定律，并阐述该定律背后的原理和发现。

有趣的是，对密集无线网络容量规律的理解所取得的进展，与对宇宙万有引力规律的理解所取得的进展十分相似。在牛顿万有引力定律能解释几乎所有物理现象的时代，人们可以根据经验认为，万有引力的大小与两个物体质量的乘积呈线性关系。然而，事实证明，当物体的质量非常大(如黑洞)时，万有引力定律就会失效，应该使用广义相对论这个完全不同的定律来描述引力。

当“事物的数量”显著增长时，描述事物的规律也会发生变化，这已不再令人惊讶，它已经发生在大千世界的很多领域中。格奥尔格·威廉·弗里德里希·黑格尔(Georg Wilhelm Friedrich Hegel)在他的辩证法三大定律中将这种规律的变化称为“从量变到质变”的规律。举几个例子，前面提到的物理学中的万有引力、化学中的水随温度变化而改变形态、人类学中的认知功能随灵长类动物脑容量大小的变化，这些元规律如何起作用是非常耐人寻味的。我们将共同开启的探索之旅是“量质转换”的另一个例子，探索过程中充满了惊喜。

需要提醒读者的是，网络容量“量质转换”过程的全貌要到第 8 章才会揭晓，请耐心期待。让我们开始吧！

致 谢

感谢褚晓理博士、Adrian Garcia-Rodriguez 博士、Giovanni Geraci 博士、Amir Hossain Jafari 博士和 Nicola Piovesan 博士提供帮助和审阅书稿。

此外，作者还要感谢陈由甲教授、Holger Claussen 博士、Lorenzo Galati-Giordano 博士、李骏教授、林子怀教授和毛国强教授给出的宝贵意见和专业指导。

大卫·洛佩斯-佩雷斯博士感谢他的父母胡安-何塞和安东尼娅、姐姐夏洛、侄子卢卡斯和其他亲爱的家人，以及他的好友和同事们，感谢他们的关爱、理解和支持。

“你们都很善解人意，总是毫无保留地支持我。我爱你们！”

他还想把这本书献给他人生旅途中遇到的那些过去和现在都满怀激情地追求梦想的人。

“你们给了我启迪和动力，并以愉快的方式鼓励我，让我在远离家乡的海外继续前行。这本书送给你们！”

丁铭博士谨将此书献给他的妻子周敏雯。

“敏雯，你聪明，富有爱心。能与你共度一生，我很幸运，也很幸福。你是我最好的朋友和心灵伴侣，陪我走过一段超乎想象的精彩人生旅程。既然只有非物质的东西才能永恒，就让我用这些文字来承载对你深深的、超越时间和空间的爱”。

丁铭博士还要感谢他的父母和岳父母，感谢他们一直以来的支持和理解，特别是当他和妻子搬到梦想的城市悉尼，这里与家人相隔将近 5000 英里[⊖]。他还要感谢他的朋友们，特别是王大伟和他的妻子夏晓艳、陈旻龙和他的妻子夏国英、蒋武扬和张萌，感谢他们在他和敏雯旅居海外期间对他家人的悉心照顾。

“想起你们，总能引起我温馨的回忆和快乐的思念。想念你们！”

⊖ 1 英里约合 1609 米。——编辑注

作者简介

大卫·洛佩斯-佩雷斯(David López-Pérez)是一名电信工程师，他职业生涯的大部分时间致力于蜂窝通信网络和 Wi-Fi 网络的研究，研究内容主要包括网络性能分析(理论分析和仿真)、网络规划和优化，以及技术和功能开发。他的主要贡献集中在对小基站网络和超密集网络的研究上。他还开创了蜂窝和 Wi-Fi 互通方面的研究工作，并研究了未来室内通信网络的多天线性能和超可靠低延迟特性。他于 2019 年被评为贝尔实验室杰出员工，出版了一本关于小基站通信网络的书籍，发表了 150 多篇相关主题的文章。他提交了 52 项专利申请，迄今已获得超过 25 项专利授权，并获多个著名奖项。他是 *IEEE Transactions on Wireless Communications* 的编辑。

丁铭是澳大利亚联邦科学与工业研究组织 Data61 数字创新中心的高级研究员。他的研究方向包括信息技术、无线通信网络、数据隐私与安全、机器学习与人工智能。他在电气和电子工程师学会(IEEE)期刊和会议上发表了 150 多篇论文，为 3GPP 标准做出了 20 余项贡献，并出版了 *Multi-point Cooperative Communication Systems: Theory and Applications* (Springer, 2013)。此外，他还拥有 21 项美国专利，并在中国、日本、韩国、一些欧洲国家等与人合作发明了 100 多项有关 4G/5G 技术的专利。目前，他是 *IEEE Transactions on Wireless Communications* 和 *IEEE Communications Surveys and Tutorials* 的编辑。此外，他还担任过许多 IEEE 顶级期刊/会议的客座编辑、联合主席、联合导师和技术委员会成员，并因其研究工作和专业服务而获得多个奖项。

目　录

第二部分 超密集小基站通信网络基础

第三部分 容量比例定律

第四部分 动态时分双工

第一部分

入门指南

第1章

绪论

随着年龄的增长，我见证了许多事情的发展。在我年轻的时候，变化只是时不时地、偶尔发生一次。但如今，变化发生得如此频繁，以至于生活本身都似乎每天在变化。

——在提到20世纪通信领域的快速发展时，一位97岁的老人评论道

乍一看，这些评论可能有些夸张，但事实确实如此。自从格雷厄姆·贝尔(Graham Bell)于1876年首次成功实现了双向电话传输[1]之后，社会见证了电信行业的蓬勃发展，主要表现为：

- 大多数远距离通信都具备至少一个无线组件，这让其摆脱了线缆束缚，并在空中以光速传播；
- 无线和移动通信覆盖了全球范围内86亿多个连接[2]；
- 互联网[3]和社交网络[4]中不断出现新的通信和社交互动方式；
- 还有许多其他的技术突破，这些突破无一例外地改变了我们的日常生活。

虽然这些发展对于这位97岁的老人来说非常重要，但它们可能只是通往新时代(数字化和通信无处不在的时代)的一小步，它们将继续以难以预测且令人激动的方式改变世界。

事实上，今天，我们正处于另一场重大社会变革的边缘。尽管到目前为止，网络主要为人类提供服务，但在不久的将来，这种服务将逐渐扩展到机器领域。2022年，网络中不仅有84亿部手持或个人移动设备的连接，还有39亿个机器到机器的连接[2]。这些源自机器的数据流量将进一步增加对网络容量的需求，同时对网络性能也提出了更高的要求，主要涉及端到端的延迟和可靠性方面。这些是许多新应用正面临的主要挑战。

如今，大多数数据服务都驻留在远离用户终端㊀(User Equipment，UE)设备的互联网上，因此，网络传输速度成为端到端延迟的主要因素之一。为了解决这个问题，数据处理将不得

㊀ 以下表述为移动终端。——译者注

不移到离移动终端更近的地方，例如，进入云计算基础设施中，而这将扩展网络，并形成网络的分支㊀。此外，智能和自适应的网络管理以及设计良好的拥塞控制也能显著提高可靠性，从而实现新的实时应用，如增强现实（AR）或高效的机器通信。

随着这些新要求和变化的出现，通信网络在演变成我们与虚拟世界主要接口的同时，也越来越多地将我们与物理世界连接在一起。未来的网络将对我们生活的许多方面进行简化和自动化，通过提高做每件事情的效率，让我们能更有效地“创造时间”[5]。

为了实现这一未来网络愿景，从技术角度来看，需要以下两方面的支持：

- 超宽带无线接入，使吞吐量、延迟、可靠性以及服务质量（QoS）控制实现数量级程度的改进；
- 位于网络边缘附近、高度可适应、可远程编程的云计算基础设施。

超宽带无线接入技术是指将移动用户终端设备、机器和物体连接到用于数据处理的云引擎。本书中，我们认为小基站，更确切地说，超密集部署的小基站是应对这一技术挑战的解决方案之一。具体而言，本书将作为一个工具，阐述超密集通信网络的基础知识。

作为本书内容的入门指南，本章的后续部分将首先描述无线通信行业系统容量面临的挑战，接着从行业和学术的角度对小基站的技术及其历史进行概述。然后介绍本书的各个部分和章节，以及它们与部署和运营小基站网络各个方面的关系。最后，列出本书中使用的一些关键术语，以及本书作者在超密集网络领域中发表的相关文章。

请注意，需要着重说明的是，本书将专注于研究单天线移动终端和基站，因此采用单输入单输出传输模式。多输入多输出（MIMO）或多小区协调传输/接收的研究不在本书的考虑范围内，所有陈述均遵循该声明。

1.1 无线通信系统容量面临的挑战

基于语音的服务是本世纪初的热门应用，例如基于因特网协议的语音传输（VoIP），要求每个移动终端的传输速度达到平均每秒几万比特（数十 kbit/s）[6]，当今最受欢迎的高清视频流媒体服务，则需要达到每秒几千万比特的视频传输速度[7]。然而，未来的服务将需要更大的通信容量，例如三维可视化、增强/虚拟现实、使用多显示器的在线游戏、机器人之间的高清激光成像探测与测距（LIDAR）地图的交换，预计每个移动终端的平均吞吐量将超过每秒十亿比特（1Gbit/s）[8]，谁又能知道明天会有什么变化呢？

面对将每个移动终端的平均吞吐量提高几个数量级的巨大挑战，在做出任何成本高昂的技术投资决策之前，需要让网络运营商和服务提供商从不同维度清晰地认识到：必须提高无线通信系统的容量。

㊀ 即边缘计算网络。——译者注

香农-哈特利定理的简化形式可以表示为[9]：

$$C = B\log_2\left(1+\frac{S}{N}\right) \tag{1.1}$$

该定理提供了对影响信息量的变量的深入理解，其中信息量表示为容量 C，单位为 bit/s，指在以下变量条件下，发射器发送给接收器的数据：

- 在指定带宽为 B 的通信信道上，B 的单位为赫兹(Hz)；
- 接收信号功率为 S，单位为瓦特(W)；
- 在存在加性高斯白噪声(AWGN)功率的情况下，功率为 N，单位为瓦特。

根据该定理，可以推断出移动终端的容量 C，并可以通过以下方式进行扩展：

- 增加每个移动终端的带宽；
- 增加该移动终端的信噪比(SNR)$\frac{S}{N}$，更准确地说，是增加该移动终端在多小区多移动终端网络中的信干噪比(SINR)$\frac{S}{I+N}$，我们将在本书中研究类似的网络，其中 I 代表高斯干扰，单位为瓦特。

重要的是，式(1.1)还表明，要扩展移动终端的容量 C，相比于增加特定移动终端的信干噪比$\frac{S}{I+N}$，增加每个移动终端的带宽是一种更有前景的技术，因为后者产生的是线性级别的扩展，而前者只产生对数级别的扩展㊀。

考虑到这一点，一个基本问题出现了：*我们如何增加每个移动终端的带宽？*

在具有多个移动终端的网络中，可以通过以下两种方式来增加每个移动终端的带宽：

- 增加投入网络中的频率资源的数量；
- 增加网络密集度，进而增加其相关空间频率的重用。

为了清晰起见，应注意到在更密集的网络中，减少小区的覆盖范围能够改善频率资源的空间重用，因为每个小区会有更少的移动终端共享小区的可用带宽，从而使每个移动终端可以访问更多的频率资源。

总体来说，如图 1.1 所示，我们主要采用三种方法来增强移动终端的容量 C，即使用更大

㊀ 尽管本书未涵盖多天线技术，但为了完整起见，我们应当注意到，多天线技术于可用于以下两方面：

- 通过 MIMO 技术实现空间多路重用；
- 通过波束成形技术增加移动终端的信干噪比$\frac{S}{I+N}$。

具体而言，MIMO 传输/接收可以利用空间资源，并且随着空间流复用数量的增加，移动终端的容量 C 也会呈线性增加。这可以看作每个移动终端带宽的“虚拟”增加。从小区或网络的角度来看，还应该注意，多用户 MIMO、协同波束成形和多小区协同传输/接收可以用来增加小区或网络中的空间重用，或增加移动终端的信干噪比$\frac{S}{I+N}$。对相关主题感兴趣的读者可以参考文献[10]以及其中的其他参考文献。

的带宽、部署更密集的网络和提高信号质量(移动终端的信干噪比)，其中前两种方法因为其固有的线性容量扩展性，可能具有更大的吸引力。

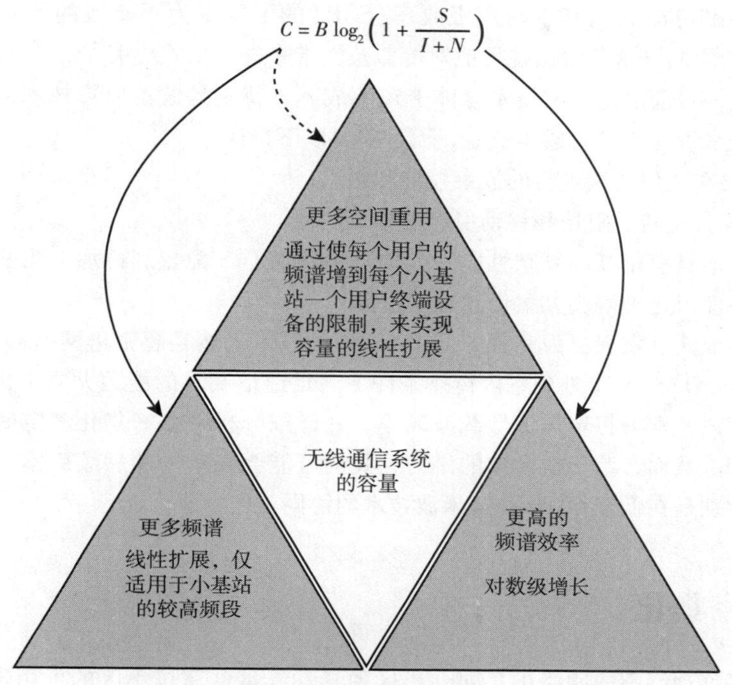

图 1.1 用于在无线网络中扩展移动终端容量的维度[8]

让我们结合实际情况，看一下这三种方法在历史上是如何对实际网络容量的增加产生影响的。Webb[11] 对此进行了有趣的汇总分析，该分析指出，在 1950 年到 2000 年之间，网络容量的增加情况大致如下：

- 通过采用较小的小区来增加网络密度，网络容量增加了约 2700 倍；
- 使用 6GHz 以下频段(从 150MHz 到 3GHz)更大的带宽，网络容量增加了约 15 倍；
- 通过改进频谱效率[包括波形和多址接入技术、调制、编码以及介质访问控制(MAC)方法，如调度、混合自动重传请求(HARQ)等]，网络容量增加了约 10 倍。

从这项研究可以清楚地看出，迄今为止，过去增加的大部分移动网络容量都是通过采用覆盖范围更小的小基站来增加网络密度，进而提高空间频率重用来实现的。这引发了以下问题：

通过减少小区的覆盖范围，我们还能在多大程度上提升空间重用？

从理论角度回答上述问题是本书的主要目标之一。

为了表述完整，在继续之前，我们还需要注意到，更高的载波频率(例如毫米波频段)同样可以提供大量频谱和超大带宽，从而实现极高的数据传输速率。

然而，较高的载波频率通常会带来较高的衰减，这限制了网络覆盖范围。虽然这可以通过多天线技术——更详细地说是通过波束成形技术——在一定程度上得到补偿，但对于在较高载波频率下工作的网络[12]，覆盖范围的劣势将始终存在。

使用较高频段的另一个挑战是监管方面的问题。基于非技术原因，在较高的频段中，允许辐射的强度标准可能会从基于特定吸收率(SAR)的限制变为更有效的等效全向辐射功率(EIRP)或类似的限制。这些限制也可能对覆盖范围带来进一步的约束[13]。

更重要的是，目前的毫米波技术总体上还不成熟，特别是波束成形技术，或者至少对于超密集网络部署来说还不具备成本效益，而且需要以下特性：

- 可能需要在通信两端进行的波束校准和跟踪；
- 意外的设备旋转、阻挡和移动引起的相关问题。

波束成形技术具有很高的复杂性，并且缺乏稳定的 QoS 配置。再加上当前毫米波接入点的大功率消耗，使得这种解决方案仍然过于昂贵。

因此，更加成熟且发展更为完善的低于 6GHz 的技术仍然是超密集网络部署的主流选择，因为其在非视距(NLoS)和室外到室内传播条件下满足通信要求的能力尤为突出。基于这些原因，正如前面所述，本书将聚焦于低载波频率，并详细分析网络密集化和空间重用的增加对网络性能的影响。然而，鉴于毫米波的潜力，我们可能会在本书的后续版本中对毫米波的部署进行分析，特别是在低于 6GHz 和毫米波技术的协同工作方面。

1.2 网络密集化

在多小区多移动终端的网络中，同一小区的移动终端共享该小区的可用带宽。因此，减少小区的覆盖范围，同时部署更多的小区来维持相同的覆盖水平，也会减少每个小区的移动终端数量，从而增加每个移动终端的带宽。通过这种方法，可以持续增加每个移动终端的带宽，直到每个小区仅服务于单个移动终端。在此基础上，如果还要进一步对网络进行密集化，就只能通过减少移动终端与其接入的小基站之间的距离，改善移动终端的信号功率(即增加 SINR)来实现了。

总的来说，通过增加每个移动终端的带宽 B，容量 C 会线性增加，直到达到每个小区仅服务一个移动终端的限制，在此之后，通过改善移动终端的 SINR，则只能达到对数级的增加，如式(1.1)所示。

图 1.2 展示了这种容量扩展行为，随着小区密度的增加，容量的变化为：开始时，由于空间频率重用而快速增加，但随后当达到每个小区一个移动终端的限制时，容量增加速度减缓，此时容量的增加主要通过距离增益对移动终端的 SINR 改善来实现[8]。

从图 1.2 中还需注意，这些结果是在假设活跃的移动终端密度为 300 个/km^2 的情况下获得的，这是一些密集城市场景中的典型数据，并且在拥有 30~40m 的站间距(ISD)时，达到每个小区一个移动终端的限制。这表明，在像曼哈顿和伦敦这种平均 ISD 约为 200m 的大城市中，仍有很大空间进行网络密集化。

网络密集化的第二个影响是随着密集化程度的增加，所需的传输功率可能会减少到对整体能耗影响微不足道的程度，此时，小基站的处理功耗则成为能耗的主导因素。另外，随着小区覆盖范围的减小，满足覆盖所需的小区数量将会增加，这将导致许多小区可能在大部分时间不服务于任何移动终端。但是，它们仍然会消耗能量并发送不必要的导频信号，这可能会引起小区间干扰。这个问题可以通过引入空闲态的功能来解决，在该模式中，小基站只在需要为移动终端提供服务时才会被唤醒。通过采用高效控制的空闲态功能，我们能够降低网络能耗并显著提高移动终端的信干噪比。

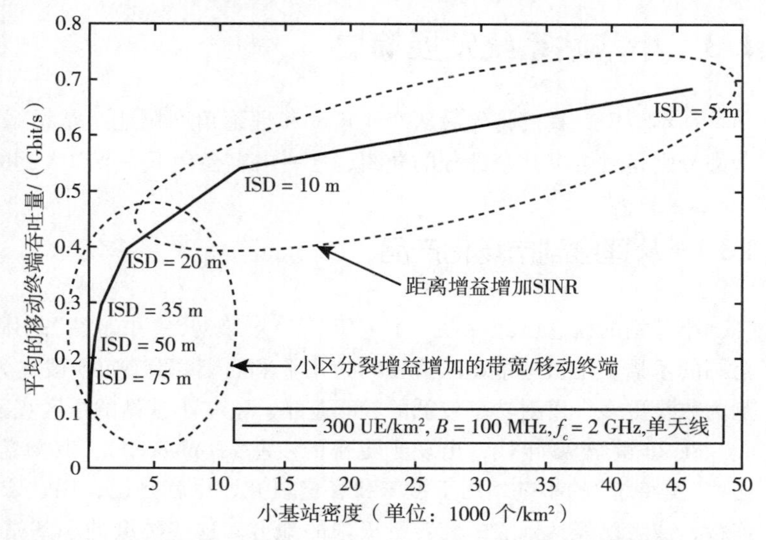

图 1.2 在密集城市场景中，六边形基站部署和半集群化移动终端分布的情况下，不同站间距的容量扩展与网络密集化程度之间的关系。关于场景、模型和结果的更多信息，请参考文献[8]

然而，网络密集化的主要挑战是设备、部署和运营费用的增加。在这种情况下，需要强调的是，小基站自身的成本大概（评估于 2015 年）仅占室外小基站网络部署总成本的 20%。

网络成本主要由站点租赁（26%）、传输（26%）、规划（12%）和安装（8%）等费用组成[14]。好的做法是可以从运营商部署改变为“一劳永逸”的终端用户部署模式，并重复使用现有的电源和传输基础设施来解决。在这个模型中，最终用户只需将小基站连接到电源和传输设施，即可触发全自动配置和运行期间的持续自优化。这种最终用户部署模型对于住宅和企业市场的场景都是可行的。

基于成本和性能原因，还需要强调的是，在移动终端所在的地方部署小基站变得越来越重要，因为小基站无法像常规基站那样弥补错误放置带来的影响。如果小基站没有按照移动终端的分布进行智能部署，将需要更多的小基站来实现每个小区一个移动终端。然而，由于常规定位技术在蜂窝网络中的精度有限（如三角测量），目前很难获得精确的移动终端需求分布。可能会考虑使用更精确的技术，如全球定位系统（GPS）来实现这一目的，但其在室内的性能较差，而 80%的流量需求都位于室内[15]。因此，用于小基站部署的高级规划工具仍然是一个尚未解决的挑战。

总之，在达到每个小区一个移动终端的限制之前，网络密集化仍然有很大的潜力来增加容量。为了保持高性能和高能效，当小基站不为移动终端提供服务时，需要进入空闲态功能并将其关闭。而向“一劳永逸”的终端用户部署模式转变，则具有降低部署和运营成本的巨大潜力。

1.3　小基站系统发展简史

在本节中，我们将先后从产业角度和理论角度概述小基站系统的技术及其发展史。最后一部分则是对本书其余部分的介绍，这些内容会在下一节以大纲的形式呈现出来。

1.3.1　从理念到市场化产品

小基站的概念已经存在三十多年了[16]。最初，“小基站”是用来描述城市区域的小区覆盖范围的术语，是指一个小区直径约为几千米的宏蜂窝(如今被称为城域宏蜂窝或微蜂窝)被分割为数量更多、发射功率较低的较小基站。这些小基站的小区直径约为几百米。

在20世纪90年代，出现了更小的皮基站(picocell)，其覆盖范围在几十米到100米[17]。这些“更传统”的小基站用于覆盖和容量填充，也就是说，用在宏蜂窝的覆盖不足以提供良好连接，或者已经达到宏蜂窝容量极限的地方。这些类型的小基站本质上是宏蜂窝基站的缩小版，也需要进行规划、管理，并接入网络。最后一点可能是小基站(而不是城域宏蜂窝或微蜂窝)长时间不受欢迎的最重要原因。从本质上讲，部署和运行大量小基站所涉及的成本超过了这种蜂窝拓扑结构所提供的性能优势。

在21世纪初期，蜂窝系统部署和配置的新思路开始用于解决小基站部署的成本和运营问题，这使得更小基站的部署更具成本效益[18]。这种想法首先体现在家庭基站概念中[19]，随后体现在飞基站(femtocell)概念中[20]。飞基站是一种低成本的蜂窝基站，具有先进的自动配置和自优化功能，其允许最终用户(无须任何运营商参与)在家中以即插即用的方式部署这种小基站。飞基站使用宽带互联网连接进行远程传输，并通过专用网关连接到蜂窝网络，从而能够更好地扩展到数百万个飞基站。关于3G通用移动通信系统(UMTS)飞基站性能的早期结果在文献[21-23]中有所介绍，随后不久又有大量关于自优化和卸载策略、多天线技术和功耗管理方法的研究对其进行了扩展[20,24-30]。不久之后，第四代(4G)全球微波互联接入(WiMAX)和长期演进(LTE)小型蜂窝的研究成果也接踵而至[31-36]。飞基站也是迈向异构网络部署模式的第一步[37-42]。

继飞基站领域的早期研究和开发之后，2007年，一些倡导小基站技术的行业参与者成立了Femto Forum(2012年更名为小基站论坛)，目的是创建一个用于推广、标准化和监管小基站技术的平台。此外，各国政府开始资助飞基站的研究项目，例如欧盟ICT-4-248523 BeFEMTO项目，该项目专注于分析和开发符合4G LTE的飞基站技术[43]。对于飞基站在研究领域中的成功，值得强调的是，在电气和电子工程师协会(IEEE) Xplore数字图书馆[44]中注册的包括“femtocell”或“femtocells”的出版物数量从2007年的3个增加到2008年的11个、2009年的52个、2010年的117个、2015年的1088个和2019年的3178个。

首个商用的住宅型飞基站部署的时间为2008年，当时Sprint在美国推出了一项全国范围的服务，随后在2009年，欧洲的沃达丰和日本的软银也相继推出了这项服务。从那时起，小基站技术迅速发展起来。2011年，小基站的部署数量首次超过了宏蜂窝[45]，2015年，全球超过77家运营商使用了小基站[46]。小基站的商业影响随着4G LTE的发展而兴起，迄今为止，与4G LTE兼容的小基站是最为广泛的部署类型，而额外具有3G UMTS或Wi-Fi功能的多模式蜂窝也得到了广泛的应用[47]。

鉴于飞基站在住宅领域的成功，其部署范围扩展到了公共室内空间，而这些地方产生了大部分的蜂窝通信流量。到2015年，已有71家运营商在企业或公共建筑中部署了室内的小基站，并将其称为皮基站或微蜂窝[46]，预计从2020年到2025年，这类室内小基站的数量将从1070万增加到2.086亿[48]。

它们的设计旨在降低规划和部署成本，减少对大型客户支持团队的需求，并消除大规模重建的风险。在企业和公共建筑中，互联网协议(IP)远程传输(例如以太网)具有较好的普遍可用性，这是一个重要的部署优势，但也必须对整体系统配置以及室外宏蜂窝和小基站的重叠进行监控和妥善管理。为此，我们在部署室内基站时，为其配备了每次呼叫、QoS分析以及自组织网络(SON)功能[49]。

由于成本、场地租赁、远程传输可用性、网络规划和管理以及商业化等问题，飞基站向室外空间的扩展更加困难。然而，即使在这种情况下，Metrocell形式的小基站也被证明是一种可行的方法，它们是宏蜂窝或微蜂窝的更小、更灵活的版本，同时能够与这些蜂窝共享许多硬件和软件功能，最重要的是它们支持大量并发的移动终端请求。然而，让Metrocell大放异彩的原因为其SON功能，它能够在诸如相邻小区关系管理、小区间干扰抑制和切换参数配置等方面，提供自配置和自优化功能。室外小基站主要服务于运营商部署的城市、郊区或农村环境中的公共网络，但也有许多室外部署的小基站专用于特定的商业和企业中(例如石油钻井平台或发电站)。在5G时代，随着更多的小基站服务于工业互联网以及物联网(IoT)，将有更多垂直领域专用的小基站部署在户外，并由企业进行管理。最近的调查表明，在户外环境中，小基站的部署增长率从2020年到2025年将翻一番，从20%增长到41%[48]。到2025年，室外小基站的部署将达到276万个，而城市场景下的总部署量将达到1120万个[48]。

总体而言，随着运营商不断提高网络密度，预计到2025年，小基站的安装基数将达到7020万个。这一增长很可能由亚太和北美地区主导，而欧洲则稍有滞后[48]。虽然住宅部署将持续增长，但预计非住宅市场将以更快的速度增长，年均增长率将达到36%。2025年，将占年度部署的75%和总基站数的55%。预计到2025年，5G新无线电基站(NR)或多模小基站的总安装数将达到1310万个，占所有在用基站总数的三分之一以上[48]。从2025年开始，5G NR小基站的数量预计将超过4G LTE基站数以及4G LTE和5G NR组合的基站数[48]。

1.3.2 小基站理论的演变：本书简介

如前所述，因为网络密集化具有增加容量的巨大潜力，直到达到每个小区一个移动终端的限制，所以市场开始沿着这条道路前进：在密集城市场景以及室内、企业和工厂中，部署越来越密集的网络。然而，围绕着超密集网络（在当时尚不存在）是否会与当前的稀疏网络表现相似，或者它们是否遵循不同的基本原理（这可能会影响性能），还需要探讨一些基本的问题，例如：

大量的小基站是否会造成小区间干扰过载，从而导致无法通信？

本书的目标就是回答这个问题以及与超密集网络相关的其他基本问题。

1. 对小基站系统的已有理解

在小基站部署和网络性能分析方面，M. Haenggi、J. G. Andrews、F. Baccelli、O. Dousse 和 M. Franceschetti 的理论备受瞩目。在其著作（文献[50]）及对应的参考文献中，他们提出了一个具有开创性的基于随机几何的数学框架，让人们能够以易于处理的方式分析随机网络的性能。

简而言之，这种数学上的随机几何框架允许人们从理论上计算典型移动终端的覆盖率，有时甚至可以使用封闭形式的表达式进行计算，典型移动终端的网络覆盖率定义为该移动终端的信干噪比 γ 大于信干噪比阈值 γ_0 的概率，即 $\Pr[\gamma>\gamma_0]$。基于这种网络覆盖率（也称为成功概率），还可以研究信干噪比相关的面积比特效率（Area Spectral Efficiency，ASE）以及其他指标。

在整个无线通信领域中，该框架已经成为对小基站网络进行理论性能分析的实际工具。有关该数学工具基础知识的优秀教程和更多参考文献可以在文献[51-54]及其参考文献中找到。第 2 章也将对该主题进行更详细的介绍。

2009 年以来，为了进一步理解小基站网络，人们做出了许多努力来扩展这种随机几何框架的能力。为了说明不同于基本齐次泊松点过程（HPPP）[55]的各种随机过程及性能指标（例如典型移动终端的典型性[56]和传输延迟[57]等），M. Haenggi 等人进一步开发了该框架。T. D. Novlan 等人则进一步扩展该框架来研究上行链路传输，他们使用 HPPP 概率生成函数来计算聚合小区间干扰[58]。M. Di Renzo 等人通过在建模中考虑更详细的无线信道特性，也对该框架做了大量扩展，如其他非 HPPP 分布、建筑物障碍、阴影衰落和非瑞利多径快速衰落等，当然，这种做法是以牺牲易处理性为代价的[59]。

在使用随机几何来分析不同的无线网络技术和特性的研究中，值得强调的是 J. G. Andrews、V. Chandrasekar、H. S. Dhillon 等人所做的大量工作，其中涉及频谱分配[37]、扇区化[38]、功率控制[39]、纯小型蜂窝网络[60]、多层异构网络[61]、MIMO[62]、负载均衡[63]、设备到设备通信[64]、内容缓存[65]、物联网网络[66]和无人机通信（UAV）[67]等。

关于更高频段和大规模天线的使用，R. W. Heath、T. Bai 等人的研究尤为突出，例如，大规模 MIMO[68]和毫米波[69]性能分析、随机阻塞[70]、毫米波自组织网络[71]和保密通信[72]、共享毫米波频谱[73]以及无线电力传输系统[74]的研究。

关于其他相关网络方面的分析，值得进一步参考的是 G. Nigam 等人对协调多点联合传输的研究[75]、H. Sun 等人对动态时分双工的研究[76]以及 Y. S. Soh 等人对能源效率的研究[77]。

在文献中，还可以找到许多对不同类型的随机过程、性能指标、无线特性和网络特征的研究分析，这些分析展示了随机几何框架的通用性和强大的能力。

在我们提到的这些成果中，最重要的一个理论发现来自 J. G. Andrews 和 H. S. Dhillon 等人的研究结论：无论是在仅包含小基站的网络[60]还是在异构网络[61]中，对小基站网络中的小区间干扰过载的担忧并没有充分的根据。相反，他们的研究结果表明，在密集网络中，由于更多小基站的增加而导致的小区间干扰功率的增加，正好被由于发射机和接收机更接近而产生的信号功率增加所抵消。这意味着运营商可以不断增加网络密度，并期望：

- 每个小区的频谱效率保持大致恒定；
- 网络容量(更专业的说法是 ASE)随着部署的小区数量增长而线性增长。

这种情况，或者说小基站密度的容量比例定律，在本书后面被称为线性容量比例定律。

这个令人振奋的结果在业界引起了广泛关注，人们将小基站视为提供卓越宽带体验的终极解决方案。但这引发了一个新的基本问题：

我们能否无限减少小区的覆盖范围以实现无限的空间重用，进而获得无限大的容量？

不幸的是，在超密集网络中实现容量线性增长时，人们很快就发现了一些值得关注的事项。其中，值得强调的是：

- 开放式接入操作的需求[78]；
- 大量干扰链路从非视距(NLoS)传输向视距(LoS)传输过渡[79]所产生的影响，这些将在后续内容中进行讨论。

2. 访问方式的影响

封闭式接入操作提供了与 Wi-Fi 接入点相当的体验，允许小基站的所有者选择哪些移动终端可以访问它。对于小基站的所有者来说，这种模式非常有吸引力，但它会阻止移动终端连接到信号最强的小区。另外，这也会降低移动终端的信干噪比，从而打破文献[60,61]中提及的线性容量比例定律，因为在这种情况下，小区间干扰功率会比信号功率增长得更快。当移动终端(假设在公寓楼内)远离其可以访问的封闭式接入小基站，且靠近其无法访问的相邻小基站时，这种情况会变得更为明显。

为了解决这个问题并恢复线性容量比例定律，小基站产品中广泛采用了开放式接入操作。由于封闭式和开放式接入操作对性能的影响直观且易于理解[78]，本书并未从理论上讨论该主题。

3. 从非视距传输向视距传输过渡的小区间干扰影响

在文献[79]中，我们发现了一个比接入方式更基本的问题：即使采用开放式接入操作，当小基站密度达到超密集时，小区间干扰功率也可能比信号功率增长得更快，从而导致移动终端的信干噪比下降。

为了理解这一现象，我们需要注意，文献[60,61]中提出的线性容量比例定律是在单斜率路径损耗模型的假设下获得的，这意味着在给定距离 d 上，小区间干扰和信号功率以相同的

速度 d^{-a} 衰减，其中 a 是路径损耗指数。

看似简单，但当路径损耗指数经过“微调”后，这种单斜率路径损耗模型可适用于稀疏网络，如城域宏蜂窝和微蜂窝网络。然而，对于部署在杂乱的人造环境中的密集网络来说，例如街道级别的密集网络，这种模型可能是不准确的。这种干扰和服务链路的视距条件改变，会导致接收信号强度突然改变的概率增大很多。

为了对这一关键信道特性进行建模，无论移动终端与小基站是处于非视距还是视距状态，都需要使用：

- 考虑非视距和视距传输的多斜率路径损耗模型；
- 控制它们之间切换的概率函数。

该方法在文献[79]中提出，并在文献[60,61]中提出的理论分析框架中实现。

直观上看，单斜率路径损耗模型和这种新的多斜率路径损耗模型的主要区别在于：

- 前者中的移动终端总是关联到最近的小基站；
- 在后者中，移动终端可以与距离更远但信号更强的小基站进行连接。

这种概率模型引入了随机性，使得减小距离变得不那么有效。该分析的结果表明了一个重要事实，即存在一个小基站密度区域，在该区域中：

- 最强的干扰链路从非视距过渡到视距；
- 由于移动终端与其接入的小基站之间的距离不断接近，信号链路以保持视距传输为主导。

因此，移动终端的信干噪比以及小基站的频谱效率不再保持恒定，网络容量也不再随小基站密度的增大而线性增长。

在本书中，我们将把这一重要现象(即由于大量干扰链路从非视距过渡到视距而导致的容量线性扩展规律的改变)称为 ASE Crawl。

需要重点注意的是，ASE Crawl 不是数学构造的结果，其影响已在文献[80]的真实实验中得到证明，在该实验中，100 倍的密集系数导致网络容量增加了 40 倍，这显然不是线性增加。

这一新的理论发现表明，小基站的密度非常重要，所以在规划小基站部署时不应掉以轻心，应避免出现 ASE Crawl 现象，从而产生反作用。然而，考虑到完整性，我们还需要注意到，一旦网络密度达到超密集的程度，并且最强的干扰链路从非视距过渡到视距，那么小区间干扰和信号功率将再次以相似的速度增长，路径损耗也会以相似的速率衰减，因为此时它们都处在视距主导的链路信号中。这使得小基站密度的线性比例定律再次生效，但是其增长速率会比较低，因为视距中的路径损耗指数通常小于非视距中的路径损耗指数。

当叙述到这一点时，我们需要注意：

- 开放式接入操作的需求；
- 大量干扰链路从非视距过渡到视距的影响。

这为理论研究者敲响了警钟，他们开始意识到准确的网络和信道建模的重要性，并开始重新审视他们对超密集网络的理解。有些人则开始思考是否忽略了其他一些重要细节。而这些细节可能会改变此前对超密集网络性能趋势的预期。这再次引出了最初的问题：

网络容量是否会随着小基站密度的增长而线性增长？

在这一探索过程中，需要强调两个框架，我们会在后续内容中进行讨论：

- 近场传输的影响[81]；
- 移动终端和小基站之间天线高度差的影响[82]。

4. 近场效应的神话

在寻找能够证明新发现的更准确的信道模型时，文献[81]中的研究提出了一个合理的推测，表明路径损耗指数应该是距离的递增函数，并建议通过类似于文献[79]中提出的多斜率路径损耗模型来验证这一点。为了说明其背后的思想，作者提出了以下论点：

在实际环境中很容易存在三个不同的区域状态。

这三个区域分别是：

- 与距离无关的“近场”区域，其中 $a_1=0$；
- 类似自由空间的区域，其中 $a_2=2$；
- 一些强衰减区域，其中 $a_3>3$。

然后提出以下问题：

如果网络密度增加，使得许多小基站被纳入近场区域，会发生什么情况？

文献[81]中得出的数学结果回答了这个问题，并得出结论：在网络达到超密集的情况下，即使小区间干扰和信号功率都是由视距主导的，小区间干扰功率也可能比信号功率增长得更快。这背后的逻辑是当移动终端进入近场范围时：

- 信号功率受限，因为路径损耗变得独立于该移动终端与其接入的小基站之间的距离，即 $a_1=0$；
- 当网络进入超密集阶段时，由于越来越多具有干扰性的小基站从各个方向接近移动终端，因此小区间干扰功率持续增长。

因此，一旦信号功率进入近场范围，移动终端的信干噪比就不能保持恒定，并将随着小基站密度的减小而单调下降。

这一发现再次为人们敲响了警钟，因为它表明在极端密集化的情况下，由于巨大的小区间干扰，近场效应可能会导致容量定律失效。

然而，后续的测量结果表明，这种担忧是没有根据的[83]。文献[83]中图1显示的测量结果表明，在实际载波频率约为2GHz且天线口径为几个波长的超密集网络中，近场效应仅在亚米级的距离范围内发生。这与近场效应理论一致，该理论指出，近场是辐射场的一部分，与源（口径为 D 的天线）的距离小于夫琅禾费（Fraunhofer）距离（$d_f=2D^2/\lambda$，其中 λ 是波长）[84]。因此，要达到这种近场效应，需要小基站密度大约为 10^6 个/km^2，而这在实践中不太可能出现（至少到目前为止），因为这意味着每平方米都有一个小基站。

这样的结果表明近场效应问题在实际部署中可以忽略不计。因此，尽管这个话题很有趣，且与主题相关，但本书中不会再对其进行进一步的理论探讨。

5. 小基站天线高度的挑战

在研究近场效应对性能影响的同时，新的研究提出了在超密集网络中，小区间干扰功率比信号功率增长更快的另一个原因，即移动终端和小基站之间的天线高度差 L[82]。

通过考虑文献[79]中提出的多斜率路径损耗模型中的移动终端和小基站的天线高度，并对满载网络进行理论性能分析，我们得出以下结果：当增加网络密度时，移动终端与其干扰小基站之间的距离，比这些移动终端与其接入的小基站之间的距离减少得更快，因为移动终端与其接入的小基站的距离不会小于 L；因为移动终端无法向上更接近该基站，所以在密集网络中，小区间干扰功率比此类移动终端处的信号功率增长得更快。

而小区间干扰功率的快速增加会导致移动终端的信干噪比下降，由于超密集网络中干扰小基站的数量巨大，随着小基站密度的增加，这种下降可能会很快，进而可能导致超密集网络状态下整体网络中断，这让我们再次对网络密集化的好处打上了问号。

这里需要强调的是，移动终端和小基站之间的天线高度差 L，对移动终端接收信号功率上限的影响并不是数学构想。在文献[85]中，使用文献[86]的测量数据证实了这一点，其中的天线高度差 $L=4.5$m。更重要的是，与近场效应相反，这种现象发生在更为现实和实际的情况下，即小基站密度约为 10^4 个/km^2，小基站天线高度为 10m，因此，这种情形更具有现实意义。

在本书中，我们将这种现象(即由于移动终端和小基站之间的天线高度差而导致的网络容量持续下降)称为 ASE Crash。

6. 利用过剩的小基站

在分析之前的结果并试图理解其含义时，需要注意的是，这些结果都遵循传统的、以宏蜂窝为中心的建模假设，在该假设下，网络处于满负载状态，即移动终端的数量始终远大于小基站的数量，因此在研究中可以安全地假设每个基站的覆盖区域中至少有一个移动终端。该假设适用于宏蜂窝以及稀疏小区的场景。此外，这种假设非常方便，因为它允许推导出满负载状态下的网络容量，使网络的理论分析更易处理。然而，在具有许多相对较小的小基站的密集部署中，情况就不同了。在某些场景中，小基站在特定时间不为任何移动终端提供服务的概率可能会非常高，因此始终处于开启状态的控制信号会存在以下两个负面影响[13]：

- 对网络的能耗管理增加了上限；
- 造成小区间干扰，从而降低最高数据传输速率。

为了解决这个问题，在过去几年中，人们引入了许多机制来开启和关闭小基站，或者至少控制其始终开启的信号。例如，第三代合作伙伴计划(3GPP)LTE R12 版本[87]中引入了根据流量负载开启和关闭单个小基站的机制，以减少功耗和小区间干扰。此外，3GPP NR[12]还采用了先进的“精益载波”(lean carrier)技术，实现了更加动态的开关操作。

考虑到这些实际因素，文献[88]中的研究重新审视了超密集网络系统模型，并在理论性能分析方面实现了飞跃，该理论解释了在有限的活跃移动终端密度和空闲态功能下的情况。这种新模型的观点更加符合行业认知，让人们对超密集网络有了截然不同的理解。简而言之，这项工作从理论上证明了超密集网络的真正优势。当小基站的数量远大于用户终端设备的数量时，网络密度能够达到每个小基站一个移动终端的限制，其中每个移动终端可以同时重用其服务小基站管理的整个频谱，而无须与其他移动终端共享。更重要的是，它还展示了在具有这种性质的超密集网络中，移动终端如何受益于改进后的性能，因为每个小基站都可以：

- 将其发射功率调到尽可能低的水平，只覆盖较小范围；
- 如果其覆盖区域内没有移动终端，则通过进入空闲态功能关闭其无线传输。

这既可以节省能源，又可以减轻小区间干扰；后者是因为关闭了通常由活跃(但不是空闲)小基站发送的控制信号，所以不会干扰相邻的信号发射基站。

从理论角度来看，由于本书不考虑多小区协调，因此，当超密集网络中的所有移动终端都被提供服务，并且活跃小基站的数量等于移动终端的数量时，我们需要注意到，干扰小基站的数量是自动受限的，因此小区间干扰也是如此。由于每个活跃小基站都服务于一个移动终端，因此不需要更多的活跃小基站。当网络密集化超过该限制时，受限的小区间干扰功率将导致移动终端的信干噪比逐渐增加，因为随着移动终端与其接入的小基站之间的距离越来越近，信号功率会继续增长。这样可以提高整体网络性能。

在本书的后续部分，我们将这种现象(即因超出移动终端数量的小基站及其空闲态功能而导致的网络容量持续增加)称为 ASE Climb。

7. 依赖于信道的调度和多用户分集

当小基站的数量相对于移动终端的数量足够大时，就会达到每个小基站一个移动终端的限制，从而使每个移动终端具有更大的带宽 B，但这也带来了一个缺点。每个小基站中移动终端数量的减少会导致多用户分集的减少。换句话说，就是每个小基站在其调度过程中可选择的移动终端会减少，因此，适时地利用多径快衰落增益将变得越来越困难。不仅如此，当网络达到超密集时，由于移动终端与其接入的小基站之间的距离更近，由此产生视距的传输概率会更高，给定时间-频率资源上的无线信道变化也会越来越小。这也会导致多用户分集减少，因为调度器发现越来越难以适时地找到更大的多路径快衰落增益。

文献[89]中研究了多用户分集，并展示了在每个调度决策周期中，深度依赖信道的调度器确实会丧失为每个调度的时间-频率(时频)资源选择更好的移动终端的能力，从而导致小基站容量的损失。值得注意的是，在每个小基站一个移动终端的极端情况下，依赖于信道的调度器在调度过程中不具有任何选择移动终端的自由度。基于这一事实，在超密集网络的小基站中，我们主张使用更简单的调度器，例如，采用简单的循环(RR)策略，降低硬件处理的复杂性。

8. 一种新的容量比例定律

基于上述理论发现，即 ASE Crawl、ASE Crash 和 ASE Climb，人们提出了新的基本问题，可以总结为如下两方面：

ASE Crawl 和 ASE Crash 的负面影响是否会超过 ASE Climb 的正面影响？

考虑到所有这些特征，哪一个容量比例定律最能描述超密集网络的特征？

一种新的理论性能分析回答了这些问题，它使用了随机几何，并提出了一个新的超密集网络的容量比例规律[90]。截至撰写本书时，就作者所知，这可能是所有文献中表述最完整、最全面的理论分析模型和容量比例定律。简而言之，这项新研究首次考虑了能够包含以下因素的综合效应和相互作用的模型：

- 大量干扰链路从非视距过渡到视距；
- 移动终端和小基站之间的天线高度差；
- 有限的移动终端密度，以及相对于移动终端而言过剩的小基站；
- 小基站的空闲态模式能力。

并推导出一个新的容量比例定律，该定律表明在超密集区域中，网络覆盖率和面积比特效率都将渐近地达到最大常数值。

从理论上讲，这项研究表明，在一个密度不断上升的网络中：

- 信号功率受限于移动终端和小基站之间的天线高度差；
- 小区间干扰功率受限于有限的移动终端密度以及小基站的空闲态模式能力。

这导致在具有上述特征、密度不断增加的超密集网络中，移动终端的信干噪比恒定，进而导致了之前提到的随着小基站密度增加而产生的渐近行为——恒定容量比例定律。根据这个新的容量比例定律，可以得出：对于给定的移动终端密度，网络密集化不应该无限制地增加，而应该在给定的水平上停止，因为任何超过该点的网络密集化都是对投入的资金和能源的浪费。

值得注意的是，超密集状态下的这种新的恒定容量比例定律与以下的表述有显著不同：

- 文献[60]和文献[61]中引入的初始线性比例容量；
- 文献[79]和文献[82]中分别提出了 ASE Crawl 和 ASE Crash，以及它们在网络密集化的过程中，会产生灾难性的网络性能；
- 文献[88]中讨论了 ASE Climb。

并展示了迄今为止，理论性能分析和对超密集网络的理解是如何得到改进的。

9. 利用动态时分双工充分发挥超密集网络的优势

值得关注的是，在密集度不断增加的网络中，随着每个小基站的移动终端数量的减少，每个小基站聚合的下行链路和上行链路流量需求会发生剧烈变化。有时，小基站的下行链路流量可能远大于上行链路流量，而在不同时刻或相邻位置的其他小基站上，情况则可能相反。为了应对这种情况，3GPP LTE R12[87]引入了动态时分双工（TDD）技术，即在下行链路和上行链路传输方向之间动态分配时间资源，这也是 3GPP NR 的一个关键技术[12]。

在静态或半动态 TDD 系统中，用于下行链路和上行链路传输的时间资源数量是预先配置的，可能无法匹配小基站的瞬时流量需求；而 TDD 系统则与之相反，当采用动态 TDD 时，每个小基站可以为下行链路和上行链路提供时间资源的定制配置(例如子帧)，以满足其瞬时的下行链路和上行链路流量请求。换句话说，在每个小基站内，传输方向可以在短时间内动态改变。然而，值得注意的是，这种灵活性并非没有限制，它是以引入小区间交叉干扰为代价的。例如，小基站的下行链路传输可能会干扰相邻小基站中的上行链路接收(下行链路到上行链路小区间干扰)，反之，小基站中移动终端的上行链路传输可能会干扰相邻小基站中另一个移动终端的下行链路接收(上行链路到下行链路小区间干扰)。

因此，动态 TDD 技术可能会引入一种平衡机制，在某些情况下，需要充分理解这种平衡机制才能正常工作，因为它可能：

- 提高介质访问控制层(MAC)时间资源的使用效率；
- 降低物理层(PHY)的性能，引入小区间干扰，从而降低移动终端的信干噪比，最终导致小基站的性能下降。

如果发生该类性能下降，那么由于强烈的下行链路到上行链路的小区间干扰，这可能会对上行链路的接收产生特别严重的影响。这是因为小基站的发射功率和天线增益通常大于移动终端的发射功率和天线增益。需要通过实施下行链路到上行链路的小基站干扰抑制技术来进行改善。

文献[91]中的研究对这些动态 TDD 平衡机制进行了系统级仿真分析。重要的是，基于 1.3 节中提到的随机几何框架，文献[92]中开发了一种新的理论性能分析，用来研究动态 TDD 技术。该分析涵盖了 MAC 层和 PHY 层，同时探讨了上述平衡和消除小区间干扰的益处。

1.4　本书概要

在本节中，根据 1.3 节的描述，我们将介绍本书的大纲，旨在回答关于网络密集化的基本问题，并为超密集部署带来新的思路。

本书的结构旨在展示传统稀疏或密集小基站网络与超密集小基站网络之间的根本差异，而内容旨在向读者传授理论性能分析的基础，并掌握框架开发的知识。

第 2 章将介绍性能分析工具的主要构建模块，并描述本书中使用的系统级仿真和理论性能分析框架的基本概念，其中特别关注了随机几何的应用。

第 3 章将总结 J. G. Andrews 等人的建模、推导和分析结果，这可能是小基站理论性能分析方面最重要的研究之一。Andrews 等人的研究[60]指出，在小基站网络中，对小区间干扰过载的担忧并没有充分根据，并且网络容量(更专业的说法是 ASE)会随着部署的小基站数量的增长而线性增长。

第 4 章将从理论角度详细分析超密集区域容量线性增长的第一个警告，即大量干扰链路从非视距过渡到视距的影响。本章会说明用于分析传统稀疏或密集小基站网络的理论工具及其结论并不适用于超密集网络，并且详细介绍和讨论所使用的模型、所做的推导和得到的结果，以便读者更好地理解相关内容。

第5章同样会以理论的方式详细研究另一个更重要的警告，即移动终端和小基站之间天线高度差对超密集区域中令人满意的网络性能产生的影响。同样，与第4章类似，为了让读者更好地理解相关内容，本章将详细介绍和讨论所使用的建模、所做的推导和得到的结果。此外，还提供了一些部署指南来缓解此类基本问题。

第6章重点关注超密集网络中小基站相对于移动终端过剩的这一重要特性。基于这一事实，本章会介绍并展示新一代小基站的空闲态模式能力，在该模式运行期间，小基站不进行信令传输，从而会减轻小区间干扰，因此，空闲态模式能力作为增强超密集网络性能的关键工具，解决了之前提出的警告。这使得人们特别关注小基站空闲态模式能力的建模和分析。

第7章将研究超密集网络对多用户分集的影响。更密集的网络会显著减少每个小基站的移动终端数量，因此可以显著减少(甚至可能忽略)依赖于信道的调度技术的增益。本章对这些性能增益的降低进行了理论上的分析，并且比较了比例公平(PF)调度器和RR调度器的性能。

第8章将在前面所有章节的基础上，提出一种新的超密集网络容量比例定律。有趣的是，在超密集网络中，由于移动终端和小基站之间的天线高度差、有限的移动终端密度以及小基站的空闲态模式能力，信号和小区间干扰功率变得受限。这导致移动终端的信干噪比恒定，从而在该情况下出现渐近容量行为。基于这个新的容量比例定律，我们得出以下结论：对于给定的移动终端密度，网络密集化不应被无限滥用，而应在给定的水平上停止。超过此水平的网络密集化就是对投入资金和能源的浪费。

第9章将使用第8章提出的新容量比例定律，探讨三个相关的网络优化问题：小基站部署/激活问题、全网络的移动终端准入/调度问题和空间频谱重用问题。除了提出这些问题外，本章还会提供示例性的解决方案，同时对解决方案背后的思路进行相应的讨论。

第10章与本书之前的章节有所不同，前几章都集中在下行链路的性能分析上，而本章则会分析超密集网络的上行链路性能。重要的是，本章表明，尽管上行链路具有不同的特征，例如，上行发射功率控制、小区间干扰源分布，但所有前面章节中提出的现象以及从中得出的结论也适用于上行链路。本章使用系统级仿真来进行研究。

第11章将展示动态TDD相对于超密集网络中静态TDD时间资源分配的优势。如前所述，在密集网络中，每个小基站的移动终端数量会显著减少。因此，根据每个小基站的负载，动态分配下行链路和上行链路的时间资源可以避免资源浪费，并显著提高其容量。本章通过系统级仿真对动态TDD进行建模和分析，并对其性能进行详细阐释。

1.5 定义

在本节中，我们会提供一些定义，用来帮助读者清晰地理解本书中一些广泛使用的概念，避免读者产生混淆。需要注意的是，下文中给出的定义仅供参考，并非详尽完整的定义，其中部分定义的更完整描述(包括建模细节)将在第2章中给出。

- **用户**：与服务提供商签订合同的客户，换句话说，是电话线路或网络连接的账单接收人，或者是即用即付移动通信服务合同中拥有付费用户识别模块(SIM)卡的人。这可以是个人或组织。
- **终端用户**：实际使用电话或网络连接的个人。终端用户与用户可能并不是同一个人，例如，终端用户可能是用户的员工、客户、家庭成员或朋友。
- **移动终端**：终端用户直接用于通信的任何设备。它可以是手持电话、配备移动宽带适配器的笔记本电脑或任何其他设备。
- **基站**：专用无线电发射机/接收机，它将移动终端连接到中心网络汇聚点(核心网络)，并允许该连接接入网络。
- **小区站点**：部署小基站设备的地理位置。
- **小区**：基站覆盖的地理区域。
- **部署**：在一个地理区域内为移动终端提供网络接入的两个或多个小基站的集合，该地理区域通常比单个小基站覆盖的范围更大。
- **正交部署**：当两个小基站使用不同的载波频率进行通信时，这两个小基站被称为以正交方式部署。例如，一个以2GHz工作的小基站和另一个以3.5GHz工作的小基站是正交部署的，它们之间互不干扰。
- **同信道部署**：当两个小基站使用相同的载波频率完成各自通信时，它们被称为以同信道方式部署。例如，两个以2GHz工作的小基站是同信道部署的，它们之间会互相干扰。
- **天线**：用于发射或接收无线电信号的杆、线或其他装置。
- **天线辐射方向图**：天线辐射方向图是方向的函数，它是天线辐射能量在空间中分布的图形表示。大部分能量通过主瓣辐射出去。辐射在侧面分布的方向图的其他部分称为旁瓣。旁瓣是能量被浪费的区域，还有一个与主瓣方向正好相反的瓣，称为后瓣。
- **信道**：广义上讲，信道是连接数据源(例如移动终端)与数据接收端(例如小基站)的物理或逻辑链接。无线信道由许多参数来描述，例如载波频率和带宽等。理解无线信道在频率和时间上的变化对于分析系统性能非常重要。这样的变化可以大致分为以下两类，其中提到的一些概念在后续的定义中会得到进一步的深化[93]：
  - 大规模衰落，产生原因是信号路径损耗随距离变化，以及由大型遮挡物(如建筑物和山丘)引起的阴影衰落。当移动终端移动通过与这些大型遮挡物的数量级相当的距离时，就会发生这种情况，并且通常与频率无关。
  - 小规模衰落，这是由发射机和接收机之间多个信号路径的相长和相消干扰造成的，通常发生在载波频率波长量级的空间尺度上，并且与频率相关。
- **路径损耗**：电磁波在空间传播过程中功率密度的衰减。路径损耗受环境(密集城市、城市或乡村、植被和树叶)、传播介质(干燥或潮湿的空气)、发射机和接收机之间的距离、天线的高度和位置、折射、衍射和反射等现象的影响。

- **阴影衰落：** 无线信号通常会在传播路径上遇到障碍物，从而在接收机处产生接收信号强度的随机波动，我们将该过程称为阴影衰落。障碍物的数量、位置、尺寸和介电特性，以及障碍物的反射面和散射通常是未知的，或者很难预测。由于存在这些未知变量，通常使用统计模型对阴影衰落进行建模。由于阴影衰落的存在，接收功率可能因阻碍物的种类、表面的数量和距离而产生显著变化(可能达到数十分贝)。
- **多径快衰落：** 从发射机到接收机的传播路径中的障碍物也可能产生无线电信号的反射、衍射和散射，从而产生多径分量(MPC)。相对于第一个也是最强的 MPC(通常是视距分量)，其他 MPC 到达接收机时可能会出现功率衰减、时间延迟和频率(或相位)偏移，从而产生相长或相消的叠加。因此，接收机接收到的信号强度可能在几个波长数量级的短距离内发生显著变化。
- **噪声功率：** 当信号不存在时，在接收设备的天线处的给定带宽中测得的总噪声，即噪声频谱密度在带宽上的积分。

1.6 相关文献

在本节中，通过表 1.1，我们提供了本书作者发表的有关超密集无线网络基本理解的所有研究论文的完整列表。本书的内容建立在这些论文及其参考文献的基础上。作者建议阅读这些论文以更深入地理解本书中提出的一些概念。

表 1.1　作者关于超密集无线网络部署的文章(本书的基础)

因素	下行链路	上行链路	视距	天线高度	干扰管理和控制	功率因素	动态时分双工	莱斯衰落	阴影衰落	能耗	异构网络	设备对设备	下倾角	多输入多输出	无人机	授权辅助接入	缓存	协同多点	采用遗传算法的动态网络访问
文献[94]	√		√	√	√			√											
文献[95]	√		√	√	√														
文献[96]	√		√					√											
文献[97]	√		√		√	√						√							
文献[98]	√		√	√									√						
文献[92]	√	√	√		√		√												
文献[99]	√		√		√						√								
文献[100]	√		√	√	√	√	√												
文献[101]	√		√					√	√	√	√								
文献[102]	√		√	√	√														
文献[103]	√		√					√	√										
文献[104]		√	√		√									√					
文献[105]		√	√	√	√														
文献[106]	√		√		√						√								
文献[107]	√		√	√				√											
文献[108]	√		√		√									√					

（续）

因素	下行链路	上行链路	视距	天线高度	干扰管理和控制	功率因素	动态时分双工	莱斯衰落	阴影衰落	能耗	异构网络	设备对设备	下倾角	多输入多输出	无人机	授权辅助接入	缓存	协同多点	采用遗传算法的动态网络访问
文献[109]	√	√					√												
文献[89]	√		√		√	√													
文献[110]	√		√	√															
文献[88]	√		√		√														
文献[111]	√	√	√	√	√	√	√	√	√		√		√	√					
文献[112]	√		√					√	√										
文献[113]		√	√																
文献[114]	√		√	√															
文献[115]	√		√		√														
文献[116]	√		√								√								
文献[117]		√	√																
文献[79]	√		√																
文献[118]	√		√																
文献[119]	√					√													
文献[120]	√	√	√	√						√	√		√		√				
文献[121]	√		√	√											√				
文献[122]	√		√	√	√										√				
文献[123]		√	√	√											√				
文献[124]	√		√	√	√										√				
文献[125]	√		√	√											√				
文献[126]	√	√			√											√			
文献[127]	√	√			√											√			
文献[128]	√	√			√											√			
文献[129]	√	√			√											√			
文献[130]	√	√			√											√			
文献[131]	√		√								√				√		√		
文献[132]	√		√								√						√		
文献[133]	√											√					√		
文献[134]	√				√												√		
文献[135]	√		√		√												√		
文献[136]	√											√					√		
文献[137]		√						√	√				√	√					√
文献[138]		√						√	√				√	√					√
文献[139]		√						√	√										√
文献[140]		√						√	√										√
文献[8]	√		√		√	√		√	√	√	√		√	√					
文献[91]	√	√			√		√				√								
文献[141]	√	√			√		√												
文献[142]	√	√			√		√												
文献[143]	√	√			√		√				√								
文献[144]	√		√															√	
文献[145]	√		√	√	√			√	√									√	

第2章

超密集无线网络建模与分析

供应商和运营商需要能够评估大型网络整体性能的分析工具，这些工具需要在以下方面为其提供帮助：

- 开发和部署无线网络，特别是小基站的开发和部署；
- 优化现有网络功能，如越区切换和无线资源管理等。

在这种情况下，有两类工具表现突出：

- 网络仿真、规划和优化工具；
- 理论性能分析工具。

网络仿真、规划和优化工具(为了简单起见，简称为系统级仿真)在行业中得到了广泛使用，而理论性能分析则是学术界最为常用的方法。话虽如此，但没有什么可以阻止行业和学术界根据正在解决的问题来选择自己所需的工具。事实上，学术界开发和使用系统级仿真的现象越来越普遍。

系统级仿真通过计算机软件对网络相关的元素和操作进行建模，这带来了很多便利。首先，系统级仿真比实际实现和概念验证更经济、更容易实现。其次，它们比理论性能分析更准确、更可靠。在系统级仿真中，假设和简化的数量取决于所用计算机软件的详细程度，但假设的数量通常比理论性能分析中的要少得多，因为在理论性能分析中，假设的必要条件是数学易处理性。因此，系统级仿真可以模拟更复杂的网络。然而，系统级仿真也存在缺点。其中一个缺点是它们通常需要相当高的计算能力才能获得具有统计代表性的结果。如果研究中涉及的网络节点数量很大，达到数千或更多的数量级时，这个问题会尤其突出，这正是本书的主题——超密集网络中的典型情况。系统级仿真的另一个缺点是对不同研究方(例如，供应商、运营商、研究实验室等)研究结果的复现，通常需要烦琐的校准工作。这是因为系统级仿真作为复杂的研究工具，通常属于私有实体，由于知识产权问题，这些研究结果并不会在公共领域共享。

理论性能分析虽然在最终结果方面不如系统级仿真准确和可靠，但通常更容易设计，且可以处理较大的网络。这是因为通过先进的数学模型，可以使网络的元素和操作的表示更为紧凑。这种简单性是理论性能分析的主要优势之一，有时甚至允许封闭形式的表达式解决方案，这能让人们更容易地理解驱动网络行为和性能的底层过程。从本质上讲，理论性能分析使人们能够理解事情发生的根本原因，以及网络中不同实体和参数之间的数学关系。香农-哈特利定理[9]就是一个典型的例子，如式(1.1)所示，为方便起见，在此重复展示：

$$C[\mathrm{bit/s}] = B \cdot \log_2(1+\gamma) \tag{2.1}$$

这个封闭形式的表达式从根本上揭示了哪些变量会影响信息量。其中信息量用容量 C 来表示，单位为 bit/s，指在给定带宽 B(单位为赫兹)的通信信道中，当接收信号质量为 γ 时，可以传输的最大信息量；接收信号质量 γ 是接收信号功率 S(单位为瓦特)与加性白高斯噪声(AWGN)功率 N(以瓦特为单位)的比值，即 $\gamma=\frac{S}{N}$。

从上述讨论可以看出，系统级仿真和理论性能分析并不是两类需要互相竞争的正交工具。相反，它们是相辅相成的——事实上，它们之间非常互补，并且具有不同的目标。为了说明这一点，下面分享我们的工作方式，即研究方法。首先，我们建议要特别注意观察阶段，并多花费一些时间和精力，因为在该阶段，人们可以凭经验了解真正的问题，并与该领域的专家进行讨论。这对于确保人们试图解决的问题在现实中存在并且具有合理性至关重要。谁想解决一个不合理或只存在于假设前提的问题？一旦问题得到确认，并且对此做出了一些推测，就可以在下一阶段开发或使用已有的系统级仿真来证实问题的存在及推测的有效性。因为系统级仿真能够让研究人员在受控环境中反复重现问题。最后，一旦系统级仿真证实了人们对问题及其解决方案的理解是正确的，就可以进一步研究，并发展出可靠的理论，为了易于处理，可以在保留问题本质的同时，通过假设和简化来剥离问题。系统级仿真可用于验证这些假设和简化是否合理且不会改变性能趋势，从而确保该理论仍然与正确的建模水平保持相关。

为此，在本章中，我们首先介绍性能分析工具的主要构建模块，包括系统级仿真和理论性能分析，然后描述它们的一般概念。以下内容是对每个部分的详细总结。

- 2.1 节介绍了本书中使用的模型：小基站(BS)布局和移动终端(UE)部署模型、流量模型、移动终端-小基站关联模型、天线增益模型、路径损耗模型、阴影衰落模型、多径快衰落模型、接收信号强度模型、信干噪比(SINR)模型以及一些关键性能指标。
- 2.2 节介绍了不同系列和类型的仿真工具。首先介绍了链路级仿真和系统级仿真的区别，然后深入介绍了后者，并介绍了静态和动态系统级仿真之间的差异，最后解释了我们选择静态系统级仿真的原因及其在本书中的使用实践。
- 2.3 节提供了理论性能分析工具的文献综述，并讨论了其最新发展，然后介绍了本书所选的理论性能分析框架的基础——随机几何，包括随机几何的优缺点及其重要属性。
- 2.4 节介绍了一种直观的网络性能可视化技术，在本书中，我们用它来说明超密集网络的性能。

- 2.5 节总结了本章的要点。

然而，在继续本章后续内容之前，我们需要重点指出，第 t 个发射机和第 r 个接收机之间的总信道增益 $G_{t,r}$，作为任何性能分析工具的基础，被建模为单个信道的增益和损耗的组合，即

- 天线增益 $\kappa_{t,r}$。
- 路径损耗 $\zeta_{t,r}$。
- 阴影衰落增益 $S_{t,r}$。
- 多径快速衰落增益 $h_{t,r}$。

请注意，关于精确计算和各指标的细节将在以下部分中给出，并且为了讨论方便，在必要时，可以省略第 t 个发射机和第 r 个接收机的符号，或者替换为第 b 个小基站和第 u 个移动终端的符号。这是因为小基站和移动终端都可以作为发射机或接收机，这种通用描述在大多数情况下可以很好地适应下行链路和上行链路，但在某些情况下却并不适用。

基于该符号规则，我们将继续本章的后续部分。

2.1　性能分析构建模块

本节中，我们将描述性能分析构建模块的最小集合，即在任何性能分析工具中，都必须进行某种程度的建模，无论是系统级仿真还是理论性能分析。每种模型的具体参数将在本书各章的分析中给出。

2.1.1　网络布局

网络布局模拟了地理区域内小基站的位置。根据性质，不同的部署有不同的布局。例如，与网络运营商使用高级优化工具进行精心规划的蜂窝部署相比，由最终客户驱动的无规划部署(如 Wi-Fi 的部署)的布局结构就会比较差。

在本节中，我们将简要讨论本书中使用的两种网络布局：随机网络布局和六边形网络布局，如图 2.1 所示。

有关以下两种网络布局模型及其他模型的更多详细信息，请参考文献[146]的附录 A.4.1。

1. 随机布局

人们通常在需要提供覆盖或容量的地方，按需部署小基站。因此，相比于宏蜂窝，小基站具有更多的临时部署性质，并且它们的网络布局通常遵循随机方式。因此，除非另有说明，在本书的大部分分析中，我们假设小基站是在没有太多规划的情况下随机部署的，该部署遵循文献[50]中建议的强度定义为 λ 的齐次泊松点过程(HPPP)布局。图 2.1a 展示了这种类型

的网络布局。此外，2.3.1节将正式定义点过程的概念，特别是HPPP的概念，并介绍此类分布的一些关键属性。该部署模型是本书中网络性能分析的核心。

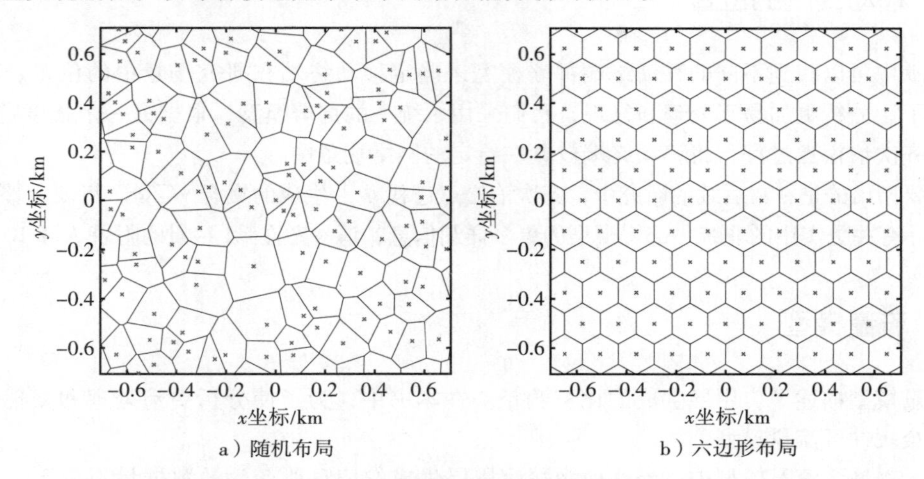

图2.1　两种广泛使用的小基站类型布局，即随机布局和六边形布局。这里，小基站由标记×表示，移动终端分布的蜂窝覆盖区域由实线轮廓表示

作为注释，需要指出的是，在后续研究中，我们用d维空间$S\subseteq\mathbb{R}^d$中运行的过程[㊀]Φ所生成的集合[㊁]$x\subseteq\Phi$来表示小基站的集合，具体而言，是表示小基站的位置集合，在本书中，过程Φ就是我们之前提到的HPPP。2.3.1节将提供有关这些集合、过程和空间的更详细的定义和描述。

2. 六边形布局

在某些其他场景中，例如校园、港口等，人们会更有规划性地部署小基站。为了表示这种规划性，我们采用了第3代合作伙伴计划项目(3GPP)[147]中用于多种场景性能分析的通用六边形布局。图2.1b展示了一个具体示例。在该模型中，基站按照六边形网格部署，它的全部特性由以下因素确定：

- 站点间距离(ISD)、D_{ISD}，定义了网络中任意两个基站之间的二维距离；
- 围绕中央六边形或特定研究场景边界的层数。

值得注意的是，相比于随机布局，这种六边形布局即使在最坏的情况下，仍能提供比较乐观的性能，因为它最大化了任意两个小基站之间的最小距离，使得最坏情况下的小区间干扰降至最低。对该类布局进行系统级仿真，仅需要较低的计算复杂性，特别是对于密集网络的情况，不需要多次放置小基站，即可获得具有统计代表性的结果。

㊀ 随机过程是指由某些其他变量或一组变量索引的一系列随机变量，例如时间、实现等。

㊁ 集合是一组或一系列对象或数字，其本身被视为一个实体。集合中的每个对象或数字被称为集合的成员或元素。例如，世界上所有计算机的集合、树上所有橙子的集合以及0~100之间所有素数的集合。

2.1.2　移动终端的位置

文献中可以找到不同的移动终端部署模型来确定移动终端在研究场景中的位置。在本书中，为了让分析更加易于处理和复现，我们采用了统一的部署模型，根据另一个强度定义为 ρ 的独立齐次泊松点过程，将移动终端放置在给定的网络场景中。

需要指出的是，在后续的研究中，齐次泊松点过程 Φ^{UE} 生成的集合 $y\subseteq\Phi^{\mathrm{UE}}$ 将表示移动终端的集合。有关更实用的非统一部署模型的更多详细信息，请参考文献[146]的附录 A. 4. 10. 1。

2.1.3　流量模型

流量模型描述了应用层生成的比特数量。在本书中，为了使分析更易处理和复现，我们采用了全缓冲区流量模型。

在全缓冲区流量模型中，当移动终端应用层生成的信息所产生的数据量不少于空中接口可支持的数据量时，才会被发送/接收。该模型用于尽可能多地增加空中接口的数据压力，以便对其进行测试。这种最坏的网络情况，有助于我们了解网络可以应对的最大系统负载。很少有实际应用程序能表现出全缓冲区流量模型下的行为。然而，尽管它的适用性很小，但可以作为一个参考，其他模型可以通过与它的比较来评估系统的性能。

有关该全缓冲区模型和其他模型的更多详细信息，请参阅文献[146]的附录 A. 4. 10. 2。

2.1.4　移动终端与基站的关联

在任何数据传输或接收之前，移动终端需要连接到网络。为了启动这种网络关联过程，移动终端必须先执行以下步骤：

- 查找到网络中的小基站并与其进行同步；
- 接收并解码用于在该小基站内进行通信和操作的所需信息，通常称为系统信息。

一旦获得系统信息，移动终端就可以通过随机访问过程[12]来接入小基站。

移动终端到小基站关联模型屏蔽了该过程，并且基于以下标准，大致识别出每个移动终端要连接的小基站。

1. 最短距离

每个移动终端以最短欧几里得距离与小基站关联。

2. 最强接收信号强度

每个移动终端与提供最强接收信号强度的小基站关联。

对于给定的一组小基站 $x\subseteq\Phi$，第 u 个移动终端到小基站的关联可以表示为

$$b^{*}=\underset{b\in x}{\mathrm{argmax}}P_{b,u}^{\mathrm{RX}}[\mathrm{W}]$$
$$\text{满足 } P_{b,u}^{\mathrm{RX}}\geqslant \chi_u$$

其中：

- b^{*} 是第 u 个移动终端接入的小基站；
- $P_{b,u}^{\mathrm{RX}}$ 是指由第 b 个小基站发射的导频信号，在第 u 个移动终端接收机上的接收信号强度，以瓦特为单位㊀；
- χ_u 是指第 u 个移动终端接收机的灵敏度，以瓦特为单位。

在下面的小节中，我们将讨论如何在考虑多个信道传播因子的情况下计算 $P_{b,u}^{\mathrm{RX}}$。

请注意，移动终端的关联过程通常基于平均接收信号功率，并且仅与慢衰落(路径损耗和阴影衰落)相关，因为信道的快速变化(多径快速衰落)会通过小区选择、小区重选和切换程序在频率和时间上被平均化[12]。

2.1.5　天线增益

正如本章介绍中所述，发射机和接收机之间的总信道增益被建模为不同增益和损耗的组合。本节将介绍天线增益的概念。

天线增益是天线在特定方向集中射频能量的能力的相对量度。在更正式的定义中，天线增益可被定义为天线在特定方向上从远场源产生的功率与假设的无损各向同性天线在同一方向上产生的功率之比。天线增益通常使用天线方向图来表示，通常以各向同性分贝(dBi)来表示。需要重点指出的是，至少在一定程度上，天线会向所有方向辐射能量。因此天线方向图是三维的。然而，通常用两个平面图来描述这种三维图，这两个图被称为主平面图或极坐标图。这些主平面图可以通过沿三维图的最大值进行切片或通过直接测量的方式来获得。这些主平面方向图通常也称为二维水平(方位角)和垂直(仰角)天线方向图。重要的是要注意，对于具有良好行为模式的天线，用这些二维水平和垂直天线方向图来表征天线增益的效果很好。也就是说，仅显示两个平面不会丢失太多信息[148]。

当提供了二维水平和垂直的天线方向图后，产生的天线增益可以用以下最简单的形式㊁进行计算：

$$\kappa(\varphi,\theta,\theta_{\mathrm{tilt}})[\mathrm{dBi}]=\kappa_{\mathrm{M}}+\kappa_{\mathrm{H}}(\varphi)+\kappa_{\mathrm{V}}(\theta,\theta_{\mathrm{tilt}}) \tag{2.2}$$

㊀ 注意，导频信号是由小基站发送的信号，用于驱动移动终端的关联过程。

㊁ 该模型适用于由单个天线单元构成的天线，并且我们还获得了该天线单元的二维水平和垂直天线方向图。如果天线由一组按照给定配置排列的天线单元组成，则还应考虑阵列增益。如果我们获得了建筑物天线单元的二维水平和垂直天线方向图，则应根据具体的阵列配置(例如，线性阵列、平面阵列[149])对阵列增益进行显式建模。或者，二维水平和垂直阵列天线方向图被隐含地提供，而阵列增益已经嵌入在这些天线方向图中。这种方法则是以灵活性换取简单性。

其中：

- $\kappa(\varphi,\theta,\theta_{tilt})$[dBi]是天线增益，单位为dBi；
- 根据参考点和天线方向图中的参考点，将φ和θ分别定义为水平面和垂直面的到达/离开的方位角和仰角，单位为弧度；
- θ_{tilt}也是根据前面提到的参考点定义的，它是天线的下倾角，单位为弧度；
- κ_M是最大天线增益，单位为dBi；
- $\kappa_H(\varphi)$是水平衰减偏移，单位为分贝(dB)；
- $\kappa_V(\theta,\theta_{tilt})$是垂直衰减偏移，单位为分贝(dB)。

为了让我们的说明便于读者理解，图2.2a展示了在真实的小基站中，实际使用的四单元半波偶极天线的二维水平和垂直天线方向图，并相对于最大天线增益κ_M进行了归一化，而图2.2b显示了水平平面上的空间天线增益。请注意，在图2.2a中，我们假设天线安装在Y-Z平面的垂直杆上，并且垂直平面中的仰角θ是根据参考角(位于X-Y平面中的0弧度角，即水平线)测量的。此外，在图2.2b中，即使水平天线方向图是全向的，水平平面上的空间天线增益也不是均匀的，而是随距离的变化而变化。这是由定向垂直天线方向图的影响造成的。

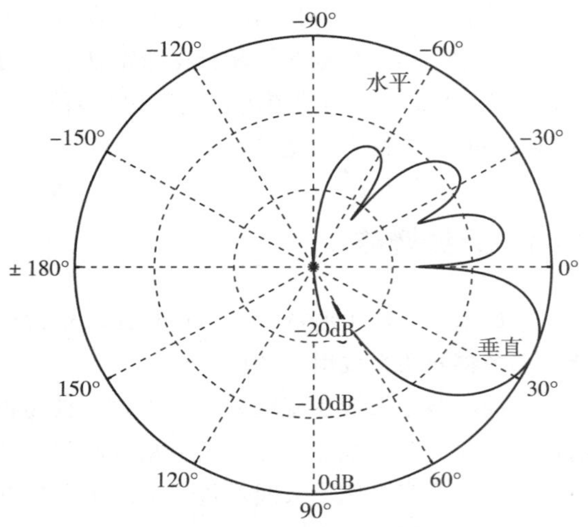

a）归一化四单元半波水平和垂直阵列天线方向图

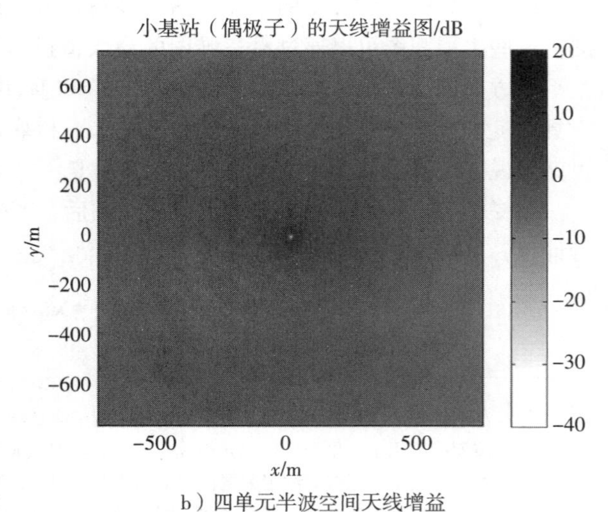

b）四单元半波空间天线增益

图2.2　四单元半波天线方向图和空间天线增益

基于该简单模型，下面我们将简要讨论本书中使用的天线模型。

有关以下两种天线模型以及其他更多详细信息，请参考文献[146]的附录A.4.3。

1. 各向同性天线

各向同性天线是电磁波的理论点源，以相同的强度向所有方向进行辐射。换句话说，它没有方向偏好，并且均匀辐射类似于以点源为中心的球体。实际上，线性极化的相干各向同性天线是不可能实现的，因为它的辐射场不会同时在所有方向上都与Helmholtz波动方程(由麦克斯韦方程组导出)一致。然而，与 2.1.3 节中介绍的全流量模型的作用类似，这种各向同性天线可当作参考天线，例如在确定天线的增益时用来与其他天线进行比较。

请注意，各向同性天线的二维方向图通常可以按以下方式建模。

- 水平衰减偏移：

$$\kappa_{\mathrm{H}}\varphi[\mathrm{dB}]=0 \tag{2.3}$$

- 垂直衰减偏移：

$$\kappa_{\mathrm{V}}(\theta,\theta_{\mathrm{tilt}})[\mathrm{dB}]=0 \tag{2.4}$$

2. 四单元半波偶极天线

从理论的角度来看，偶极天线是最简单的实用天线，它是基于两个相同的金属杆构造而成的，这两个金属杆处于平行方向并且彼此成一条直线。馈电电流从两杆之间馈入。

最常见的偶极天线形式是半波偶极天线，其中两个杆的长度约为四分之一波长。半波偶极天线通常用于飞基站，用来为室内住宅提供网络覆盖，而具有更多单元的基于半波偶极的天线则更常用于紧凑型室外小基站。

小基站天线的影响比各向同性天线更具现实意义，为了对其进行实际评估，我们采用文献[150]中提出的四单元半波偶极天线，对其二维阵列天线方向图的建模如下。

- 水平衰减偏移：

$$\kappa_{\mathrm{H}}(\varphi)[\mathrm{dB}]=0 \tag{2.5}$$

- 阵列垂直衰减偏移：

$$\kappa_{\mathrm{V}}(\theta,\theta_{\mathrm{tilt}})[\mathrm{dB}]=\max\{10\lg|\cos^{n}(\theta-\theta_{\mathrm{tilt}})|,F_{\mathrm{V}}\} \tag{2.6}$$

其中：

- 假设天线安装在 Y-Z 平面的垂直杆上；
- θ_{tilt} 是下倾角，在本例中被定义为水平平面(X-Y 平面)和垂直平面内主波束方向之间的夹角；
- θ 是仰角，也是相对于水平平面定义的；
- n 是以线性单位表示的拟合参数；
- F_{V} 是次瓣电平(SLL)，单位为 dB。

2.1.6　路径损耗

路径损耗[㊀]是影响发射机和接收机之间总信道增益的一个重要因素。路径损耗对接收信号

㊀ 请注意，路径损耗虽然被称为损耗，但在数学意义上其被定义为增益，因此损耗通过其负值来表示。

强度的平均衰减进行建模，是指当无线电信号在给定频率下，从天线通过空间传播到给定距离所发生的衰减。

一个特别重要的路径损耗模型是自由空间路径损耗模型，它表示了频率为 f_c 的无线电信号从天线通过自由空间传播一定距离 d 时的路径损耗 ζ^{FS}，可用以下公式表示：

$$\zeta^{FS}(d)[\text{dB}] = -20\lg(d) - 20\lg(f_c) - 92.45 \tag{2.7}$$

其中：

- ζ^{FS} 为路径损耗，单位为 dB；
- d 是发射机和接收机之间的三维距离，单位千米㊀(km)；
- f_c 是无线电信号的载波频率，单位为千兆赫(GHz)。

然而，自由空间路径损耗模型并不适用于大多数环境，因为它假设了太多理想条件，例如，不考虑来自地面、建筑物、植被和其他影响。

为了提高自由空间路径损耗模型的准确性，并适用于更现实的场景，人们经常在网络性能分析中采用确定性或统计性的路径损耗模型[151]。基于光线追踪、光线发射或有限差分时域(FDTD)的确定性路径损耗模型可以实现较高的精度，但代价是计算复杂度较高且需要详细的输入数据，例如城市地图、材料属性等。相比之下，统计模型因其复杂性较低而更具吸引力。这类模型通常基于经验数据进行构造，如在典型环境中(例如密集的城市、城乡场景以及室内场馆)测量和平均化的路径损耗模型，通常只需要少量输入参数，然后通过曲线拟合技术对其进行处理。

一个广泛使用的统计路径损耗模型是 Okumura-Hata 模型[152]，它主要由在日本东京收集的测量数据构建而成，后来通过不同的扩展进行了增强。然而，Okumura-Hata 模型有一些内在的缺陷。例如，它忽略了发射机和接收机之间的地形关系，因为发射机位于远高于接收机的山上，并且最高仅支持 1.9GHz 的载波频率。

从那时起，为了克服这些缺陷并适应所有类型的条件，同时保持较低的复杂度，人们开发了大量基于不同测量活动的统计性路径损耗模型。在本书中，采用了 3GPP 路径损耗模型，该模型可应用于不同的天线高度和大范围的载波频率。使用 3GPP 模型的一个关键优势是它们在工业界和学术界中被广泛使用，因此，有助于实现对不同方式结果的复现和比较。

在本节中，我们将简要讨论本书中使用的路径损耗模型的基本组成部分(驱动因素)。

有关以下路径损耗模型和其他模型的更多详细信息，请参考文献[146]的附录 A.4.4。

室外小基站路径损耗

本书中使用的路径损耗模型的基础是 3GPP 在文献[153]中定义的用于城市地区室外小基站部署的多斜率路径损耗模型，该模型用于分析版本 11 中“针对下行链路-上行链路干扰管理和流量自适应的长期演进(LTE)时分双工的进一步增强”。

这种多斜率路径损耗模型提供了一种通用形式，并在文献中被广泛使用，该模型由视距

㊀ 请注意，三维距离由变量 d 表示，而二维距离由变量 r 表示。

(LoS)分量、非视距(NLoS)分量和决定 LoS 概率的函数组成，因此能够控制给定链路中 LoS 和 NLoS 分量的使用。

当使用的载波频率 $f_c=2\text{GHz}$ 时，视距分量 $\zeta^{\text{L}}(r)$、非视距分量 $\zeta^{\text{NL}}(r)$ 和视距传输概率函数 $\text{Pr}^{\text{L}}(r)$ 可分别表示为

$$\zeta^{\text{L}}(d)[\text{dB}]=-103.8-20.9\lg(d) \tag{2.8}$$

$$\zeta^{\text{NL}}(d)[\text{dB}]=-145.4-37.5\lg(d) \tag{2.9}$$

和

$$\text{Pr}^{\text{L}}(r)=0.5-\min\left(0.5,5\cdot\exp\left(\frac{-0.156}{r}\right)\right)+\min\left(0.5,5\cdot\exp\left(\frac{-r}{0.03}\right)\right) \tag{2.10}$$

相应地，其中：

- ζ^{L} 是视距路径损耗，单位为 dB；
- ζ^{NL} 是非视距路径损耗，单位为 dB；
- Pr^{L} 是以线性单位表示的视距传输概率；
- d 是发射机和接收机之间的三维距离，单位为 km。

为了说明该室外小基站路径损耗模型的行为，图 2.3a 展示了视距分量 $\zeta^{\text{L}}(r)$ 和非视距分量 $\zeta^{\text{NL}}(r)$ 作为距离 d 的函数是如何变化的。此外，图 2.3b 还展示了视距传输概率函数 $\text{Pr}^{\text{L}}(r)$，它是距离 r 的函数。

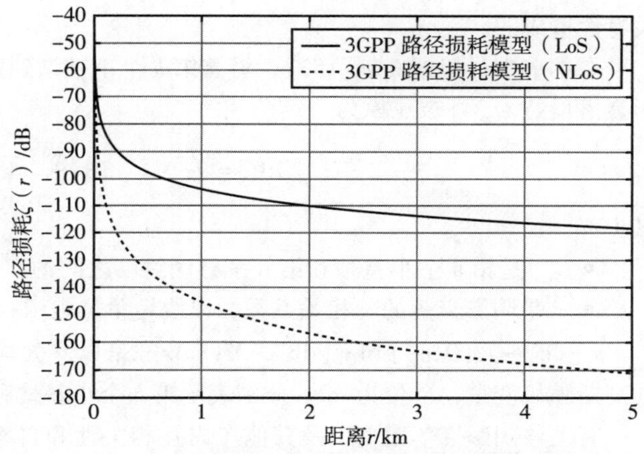

a）具有视距和非视距分量的3GPP路径损耗模型

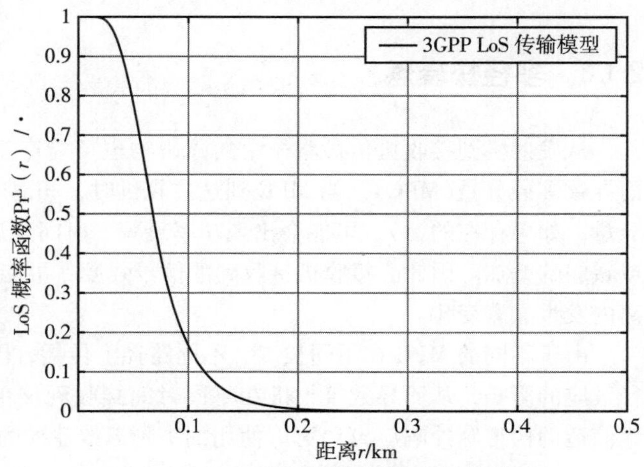

b）3GPP路径损耗模型的LoS概率函数

图 2.3　3GPP 路径损耗模型

2.1.7　阴影衰落

阴影衰落模拟了接收机处平均接收信号强度的随机波动，这种随机波动是由无线电信号在其传播路径中遇到的物体阻碍造成的。阻碍物体的数量、位置、尺寸和介电特性，以及反射表面和散射障碍物的数量、位置、尺寸和介电特性通常是未知的，或者

很难预测。由于这些未知变量，通常使用统计模型来对阴影衰落进行建模。

对数正态阴影模型是一种被广泛使用的模型，它已被证明能够在室外和室内环境中，以良好的精度对阴影衰落进行建模[154]。根据该模型，对于沿着发射机和接收机之间的路径所产生的阴影衰落增益 S，可以使用对数正态随机变量对其进行先验建模：

$$s[\mathrm{dB}] \sim \mathcal{N}(\mu_{\mathrm{s}}, \sigma_{\mathrm{s}}^2) \tag{2.11}$$

其中

- s 是阴影衰落增益，单位为 dB；
- μ_{s} 和 σ_{s}^2 分别是对数正态随机变量的均值和方差，单位为 dB。

然而，当在研究场景中考虑多个发射机(例如小基站)和多个接收机(例如多个移动终端)时，对阴影衰落增益 s 的建模会比式(2.11)更加复杂。这是由阴影衰落的空间自相关和互相关特性造成的。

在本书中，根据文献[153]，沿着第 b 个小基站到第 u 个移动终端的路径产生的互相关阴影衰落增益 $s_{b,u}$ 可被建模为

$$s_{b,u}[\mathrm{dB}] = \sqrt{\tau} \cdot s_u[\mathrm{dB}] + \sqrt{1-\tau} \cdot s_b[\mathrm{dB}] \tag{2.12}$$

其中：

- $s_{b,u}$ 是第 b 个小基站和第 u 个移动终端之间的互相关阴影衰落增益，单位为 dB；
- τ 是阴影衰落的互相关系数，以线性单位表示；

$s_u[\mathrm{dB}] \sim \mathcal{N}(0, \sigma_{\mathrm{s}}^2)$ 和 $s_b[\mathrm{dB}] \sim \mathcal{N}(0, \sigma_{\mathrm{s}}^2)$ 是以 0 为均值，方差为 σ_{s}^2 的独立同分布(i. i. d.)的高斯随机变量，单位为 dB，分别表示第 b 个小基站和第 u 个移动终端周围的环境。

有关该阴影衰落模型以及其他考虑互相关性和自相关性的模型的更多详细信息，请参考文献[146]的附录 A. 4. 6。

2.1.8　多径快衰落

从发射机到接收机传播路径中的障碍物也可能产生无线电信号的反射、衍射和散射，从而导致多径分量(MPC)。当 MPC 到达接收机时，相对于第一个也是最强的 MPC(通常是视距分量，如果存在的话)，可能会出现功率衰减、时间延迟和频率(或相位)偏移，进而产生增强或减弱的叠加。因此，接收机接收到的信号强度，可能会在波长或其分数量级[154]非常小的距离内发生显著变化。

由于不同的 MPC 在不同长度、不同路径上传播，因此从发射机发送的单个脉冲将受到多径效应的影响，从而导致接收机在不同时间接收到该单个脉冲的多个副本。因此，多径快衰落信道的信道脉冲响应 $z(t)$ 可以使用抽头延迟线建模为

$$z(t) = \sum_{i=0}^{\nu-1} \xi(\tau_i) \cdot \delta(t-\tau_i) \tag{2.13}$$

其中：

- ν 是抽头或可解析 MPC 的数量；
- $\xi(\tau_i)$是第 i 个抽头的归一化复合信道增益，不包括路径损耗或阴影衰落[155]；
- τ_i 是第 i 个抽头的延迟。

在使用时域中实际测量的信道脉冲响应 $z(t)$ 来计算频域中的多径快衰落信道增益 h 的研究㊀中，对时频资源的确认是一个复杂且耗时的过程。特别是对于具有中心频率 f 的平坦时频资源，频域中的多径快衰落信道增益 h 应该使用时域中的信道脉冲响应 $z(t)$ 的傅里叶变换来计算，如下所示：

$$h = \left| \int_{-\infty}^{+\infty} z(t)\exp(-\mathrm{j}2\pi ft)\,\mathrm{d}t \right|^2 \tag{2.14}$$

在系统级仿真和理论性能分析中，对于参与分析的每个移动终端的每个时频资源，都需要计算其载波信号和所有干扰信号的多径快衰落。对于当前最先进的计算机来说，生成足够数量的这些多径快衰落实现可能需要几个小时。

为了简化计算，在本节中，我们将简要讨论本书中使用的两种轻量级多径快衰落模型。对于以下两个模型，我们将重点关注频域中多径快衰落信道增益 h 的分布，在后续时频资源的研究中，它将作为分析移动终端的信干噪比变量。话虽如此，但需要注意，这两个模型是以多径快衰落信道振幅$\sqrt{h}$分别命名的，而不是增益 h 的分布。这可能会让一些不熟悉信道建模技术的人感到困惑。必要时，我们将在讨论中明确这一点。

有关以下两种多径快衰落模型，以及其他考虑测量的信道脉冲响应的模型的更多细节，请参阅文献[146]中的附录 A.4.7。

1. 瑞利多径快衰落

瑞利衰落假定通过无线信道信号的幅度或包络将遵循瑞利分布(两个不相关的高斯随机变量之和的径向分量)随机变化或衰减。在高度密集建设的城市环境中，瑞利衰落被视为信号传播的合理模型。换句话说，当发射机和接收机之间没有视距传播时，信号预计会从空间的多个方向到达接收机，此时，瑞利衰落是最适用的。如果存在视距传播，无论是否占主导地位，莱斯(而非瑞利)多径快衰落可能更适用。

在频域中，遵循瑞利分布的随机变量的多径快衰落信道增益 h，振幅可以通过指数分布获得，其概率密度函数(PDF)$f(h)$在文献[156]中给出，如下：

$$f(h)[\cdot] = \exp(-h) \tag{2.15}$$

㊀ 请注意，我们假设研究中的时频资源在时域和频域中是“平坦的”，即信道增益在此类资源上不会改变。3GPP LTE 和新无线电(NR)中正交频分复用(OFDM)窄带传输就是这样的。

- h 是频域中的多径快衰落信道增益，以线性单位表示；
- $f(h)$ 是多径快衰落信道增益 h 的概率密度函数，以线性单位表示。

如前所述，需要记住的是，瑞利衰落分布指的是振幅$\sqrt{h}$，而不是遵循指数分布的多径快衰落信道增益 h 本身。

2. 莱斯多径快衰落

当存在统计上不变且通常很强的视距路径时，就会出现莱斯衰落。与瑞利衰落的情况类似，接收信号的同相分量和正交分量是独立同分布的联合高斯随机变量。然而，伴随莱斯衰落，由于该稳定的强视距路径，至少存在一个分量的均值是非零的。

在频域中，振幅遵循莱斯分布的随机变量的多径快衰落信道增益 h，可以通过非中心卡方分布获得，其概率密度函数 $f(h)$ 在文献[156]中给出，如下：

$$f(h)[\cdot]=(K+1)\exp(-K-(K+1)h)\times I_0(2\sqrt{K(K+1)h}) \tag{2.16}$$

其中：

- h 是频域中的多径快衰落信道增益，以线性单位表示；
- $f(h)$ 是多径快衰落信道增益 h 的概率密度函数，以线性单位表示；
- K 是以线性单位表示的 K 因子，它被定义为直接路径中的功率与其他散射路径中的总功率之比，在本书中，将其建模为 $K[\mathrm{dB}]=13-(0.03\cdot1000\cdot d)$，其中：
  - $K[\mathrm{dB}]$ 是 K 系数，单位为 dB；
  - d 是发射机和接收机之间的三维距离，以千米为单位[157]；
- $I_0(\cdot)$ 是第一类 0 阶修正贝塞尔函数[156]。

如前所述，请记住莱斯衰落分布是针对幅度$\sqrt{h}$的，而不是多径快衰落信道增益 h 本身，后者遵循非中心卡方分布。还要注意的是，当 K 因子等于 0，即 $K=0$ 时，莱斯分布等同于瑞利分布。

为了帮助读者更好地理解，图 2.4a 和 2.4b 说明了当考虑瑞利和莱斯多径快衰落模型时，多径快衰落信道增益 h 的概率密度函数 $f(h)$ 和累积分布函数(CDF) $F_{\mathrm{H}}(h)$。对于后者，不同链路距离对应不同的 K 因子。

2.1.9 接收信号强度

以下内容在前面的章节中已经定义：

- 天线增益 κ；
- 路径损耗 ζ；
- 阴影衰落增益 S；
- 频域中的多径快速衰落增益 h。

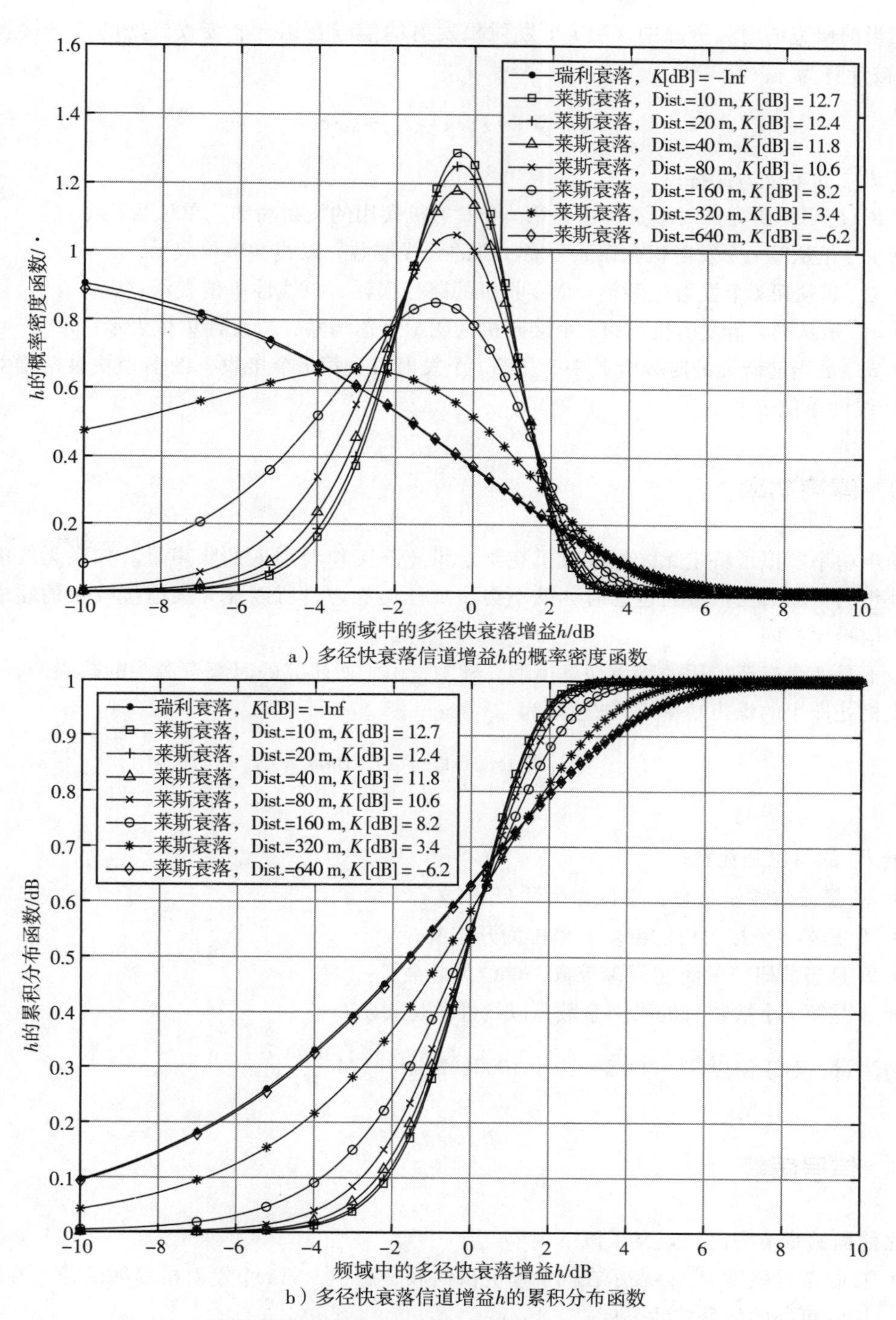

a）多径快衰落信道增益h的概率密度函数

b）多径快衰落信道增益h的累积分布函数

图 2.4 频域中多径快衰落信道增益 h 的分布

在当前研究的时频资源中，第 t 个发射机发射的信号在第 r 个接收机处的信号接收强度 $P_{t,r}^{\mathrm{RX}}$ 可被计算为

$$P_{t,r}^{\mathrm{RX}}[\mathrm{W}] = P_t \cdot \kappa_{t,r} \cdot \zeta_{t,r} \cdot s_{t,r} \cdot h_{t,r} \tag{2.17}$$

- $P_{t,r}^{\mathrm{RX}}$ 的单位为瓦特；
- P_t 是当前研究的时频资源中，第 t 个发射机使用的发射功率，单位为瓦特；
- $\kappa_{t,r}$ 是从第 t 个发射机到第 r 个接收机的天线增益，以线性单位表示；
- $\zeta_{t,r}$ 是从第 t 个发射机到第 r 个接收机的路径损耗，以线性单位表示；
- $s_{t,r}$ 是从第 t 个发射机到第 r 个接收机的阴影衰落增益，以线性单位表示；
- $h_{t,r}$ 是当前研究的时频资源中，从第 t 个发射机到第 r 个接收机的多径快衰落增益，以线性单位表示。

2.1.10　噪声功率

噪声功率模拟了特定无线电接收机在给定带宽下工作时引入的噪声量。如果无线电接收机是理想的，那么当信号通过它时，就不会添加任何噪声，所以在无线电接收机的输出和输入端的信噪比相同。

以下是一个广泛使用的噪声功率模型，其中，由于所研究的时频资源中的热噪声，在第 r 个接收机处产生的噪声功率 P_r^{N} 被建模为

$$P_r^{\mathrm{N}}[\mathrm{W}] = 1000 \cdot k^{\mathrm{B}} \cdot T_r \cdot B \cdot \psi \tag{2.18}$$

其中：

- P_r^{N} 的单位是瓦特；
- k^{B} 是玻尔兹曼常数，单位为焦耳/开尔文；
- T_r 是第 r 个接收机的温度，单位为开尔文；
- B 是当前研究的时频资源带宽，单位为赫兹；
- ψ 是第 r 个接收机的噪声系数，以线性单位表示。

请注意，对于温度 $T_r = 300\mathrm{K}$，$10\lg(1000k^{\mathrm{B}}T_r) \approx -174\,\frac{\mathrm{dBm}}{\mathrm{Hz}}$。

2.1.11　信号质量

在前面的章节中已经定义了以下内容：

- 接收信号强度 $P_{t,r}^{\mathrm{RX}}$，表示在当前研究的时频资源中，第 t 个发射机发射的信号在第 r 个接收机处的信号接收强度；
- 在研究的时频资源下，第 r 个接收机处的噪声功率 P_r^{N}；

在单输入单输出模式下，它们之间传输的信号的信干噪比 $\gamma_{t,r}$ 可以被建模为

$$\gamma_{t,r}[\cdot]=\frac{P_{t,r}^{\mathrm{RX}}}{\sum_{\substack{t=1\\t'\neq t}}^{|\mathcal{T}|}P_{t',r}^{\mathrm{RX}}+P_{r}^{\mathrm{N}}} \tag{2.19}$$

其中：

- $\gamma_{t,r}$ 和 $P_{t,r}^{\mathrm{RX}}$ 以线性单位表示；
- $|\mathcal{T}|$是发射机集合 $\mathcal{T}$的子集，其中下行链路中的发射机集合 $\mathcal{T}$是活跃小基站的集合($x\subseteq\Phi$)，而上行链路中的发射机集合 $\mathcal{T}$是活跃移动终端的集合($y\subseteq\Phi^{\mathrm{UE}}$)。

信干噪比可以被看作一个测量事件、一个随机变量，且是一个实数

等式(2.19)中定义了特定时频资源下，第 t 个发射机和第 r 个接收机之间链路的信干噪比 $\gamma_{t,r}$，这些概念在本书中非常有用，这里让我们更深入地讨论一下。

首先，我们要注意到，公式(2.19)中定义的信干噪比 $\gamma_{t,r}$ 是一个实数，是性能测量的结果。然而，这样的实数并不能够充分地表征网络甚至链路性能的意义，因为该信干噪比 $\gamma_{t,r}$ 是一种局部度量，许多原因(本章中已介绍过)可以导致它在频率、时间或空间域中迅速变化。我们后面会更详细地讨论这一点。

网络由分布在空间中的多个小基站($x\subseteq\Phi$)和多个移动终端($y\subseteq\Phi^{\mathrm{UE}}$)组成，它们的信号质量会受到大量因素的影响，例如，小基站的密度 λ、小基站的位置、移动终端的位置、概率性的视距和非视距传输、天线增益、阴影衰落和多径快衰落，这些在本章前面都有描述。由于这些因素引入的随机性，所有移动终端与其接入的小基站之间链路的信干噪比 $\gamma_{t,r}$ 在网络中的变化会很大。

为了适应这种变化性，我们在下面定义了一些概念，这些概念使得信干噪比 $\gamma_{t,r}$ 能够超越局部度量的范围。

定义 2.1.1　信干噪比测量事件集 $\boldsymbol{\Omega}$

信干噪比测量事件集 Ω 被设为在频率、时间和空间域的维度上，定义网络中可能发生的所有(或部分)信干噪比测量事件。将信干噪比测量事件想象为一个对象，那么该对象可以由多个特征来表征，例如，频率、时间、位置、定量测量，而网络中每个移动终端周期性地在多个时频资源上进行信干噪比的测量，从而产生该类对象。

定义 2.1.2　信干噪比随机变量 $\boldsymbol{\Gamma}$

信干噪比随机变量 Γ 被设为将信干噪比测量事件集 Ω 映射到实数集 $\mathbb{R}$，形式如下：

$$\Gamma:\Omega\rightarrow\mathbb{R} \tag{2.20}$$

与我们之前的示例一致，这种随机变量能够将特定的信干噪比测量事件 ω 映射到特定的实数 γ。

定义 2.1.3　信干噪比实现 $\boldsymbol{\gamma=\Gamma(\omega)}$

与信干噪比测量事件集 Ω 中的信干噪比测量事件 ω 相关的实数 $\gamma=\Gamma(\omega)$ 被称为信干噪比

随机变量 Γ 的信干噪比实现，它与等式(2.19)中定义的信干噪比 γ 相对应。完整起见，让我们将所有可能的实现 γ 的集合 R_{Γ} 作为支撑集。

在本书中，值得注意的是，信干噪比测量事件集合 Ω、信干噪比随机变量 Γ 和信干噪比的实现 $\gamma=\Gamma(\omega)$ 都是前面提到的许多参数的函数，例如，小基站的密度 λ。虽然这种关系没有在函数的符号中表达出来，但是我们应该理解并牢记该情况。

信干噪比随机变量的分布

澄清了这三个概念之间的区别后，我们将在下文中继续定义信干噪比随机变量 Γ 的 PDF、CDF 和互补累积分布函数(CCDF)，这些将在本书中被用到。

定义 2.1.4 信干噪比随机变量 Γ 的 PDF

令分布 $f_{\Gamma}(\gamma)$ 为信干噪比随机变量 Γ 的 PDF，它表示该随机变量 Γ 返回值等于信干噪比实现 γ 的相对可能性。

定义 2.1.5 信干噪比随机变量的累积分布函数 $F_{\Gamma}(\gamma_0)$

设分布 $F_{\Gamma}(\gamma_0)$ 为信干噪比随机变量 Γ 的累积分布函数，它表示信干噪比实现 γ 小于或等于某个特定值 γ_0 的概率，即 $F_{\Gamma}(\gamma_0)=\Pr[\Gamma\leqslant\gamma_0]$。

定义 2.1.6 信干噪比随机变量的互补累积分布函数 $\bar{F}_{\Gamma}(\gamma_0)$

设分布 $\bar{F}_{\Gamma}(\gamma_0)$ 为信干噪比随机变量 Γ 的互补累积分布函数，它代表互补累积分布函数实现 γ 大于某个特定值 γ_0 的概率，即 $\bar{F}_{\Gamma}(\gamma_0)=\Pr[\Gamma\leqslant\gamma_0]$。

形式上，可将它表示为

$$\bar{F}_{\Gamma}(\gamma_0)=\Pr[\Gamma>\gamma_0]=1-F_{\Gamma}(\gamma_0) \tag{2.21}$$

2.1.12 关键性能指标

如前所述，在存在高斯噪声的情况下，等式(2.1)中的香农-哈特利定理能够计算具有给定带宽 B 和给定信号质量 γ 的无线信道(移动终端与其接入的小基站之间的链路)的最大容量 C。在干扰可以被建模为加性高斯白噪声(γ 是信干噪比的实现)的假设下，该定理也可以扩展到受干扰的系统。此外，可以将几分贝的余量添加到移动终端的信干噪比实现 γ 中，以解决物理层(PHY)缺陷、有限块长度以及实际的调制和编码方案(MCS)中的问题。在考虑最高 MCS 的最大效率时，可以将信干噪比实现 γ 的上限纳入考虑，注意，γ 永远不要超过该最大效率[158]。

然而，值得注意的是，这种类型的性能指标(无线信道的最大容量)是局部的，并且特定于某条链路。因此，从更广泛的意义上来说，它本身并不足以表征网络的性能。

在网络性能分析中经常使用的两个全网络范围的关键性能指标是网络覆盖率和面积比特效率(ASE)。基于香农-哈特利定理，这两个指标能够从超越链路的视角，以简单直观的方式评估大型网络的性能。然而，在继续正式定义它们之前，让我们先介绍一下典型移动终端的重要概念。

1. 典型移动终端

根据 HPPP 的属性，即 2.1.1 节中提出的网络布局模型，更详细地说，根据 Slivnyak 定理[52,159]，无线 HPPP 分布网络的性能可以由位于原点 o 的典型移动终端的性能来表征。由于 HPPP 中所有点具有的稳定性和独立性，对位于原点 o 的典型移动终端的调节不会改变基础 HPPP 的分布。无论我们是否以一个点位于原点 o 为条件，从 HPPP 中的任一点所看到的性质是相同的。因此，HPPP 分布网络中，这种典型移动终端和任何其他移动终端的信干噪比和经验速率具有相同的特征。

在本书中，根据前面的正式定义，可以得出结论，2.1.11 节中介绍的网络上的信干噪比测量事件集合 Ω，等同于 HPPP 分布网络中典型移动终端的信干噪比测量事件集合，可以假定典型移动终端位于平面上的任何位置。因此，我们可以放心地重用前一节中定义的一些概念和符号，即

- 信干噪比随机变量 Γ 也可用于将典型移动终端的信干噪比测量事件 Ω 映射到实数集 $\mathbb{R}$；
- 实数 $\gamma=\Gamma(w)$ 也可用于表示典型移动终端的信干噪比随机变量 Γ 的信干噪比实现。

2.3.1 节将提供点过程的正式定义，特别是 HPPP 的定义，然后以结构化形式介绍此类分布的关键属性。

2. 网络覆盖率

根据 2.1.12 节中关于典型移动终端的定义，针对小基站密度为 λ 的网络，我们可以明确地将此类小基站网络的网络覆盖率 $p^{\text{cov}}(\lambda,\gamma_0)$ 定义为典型移动终端的信干噪比 Γ 大于信干噪比阈值 γ_0 的概率，等于

在信干噪比阈值 γ_0 处采样的信干噪比随机变量 Γ 的互补累积密度函数 $\bar{F}_\Gamma(\gamma_0)$，即

$$p^{\text{cov}}(\lambda,\gamma_0)=\Pr[\Gamma>\gamma_0]=\bar{F}_\Gamma(\gamma_0) \tag{2.22}$$

其中，γ_0 是网络的最小工作信干噪比，以线性单位表示，即使用最小 MCS 成功地将信息从发射机传输到接收机所需的最小信干噪比，该 MCS 由使用的特定技术来定义。

3. 面积比特效率

上述小基站网络的面积比特效率 A^{ASE} 被定义为在单位时间、频谱和面积上，可以成功传输的比特数，为了清楚起见，通常用 bit/(s·Hz·km^2)来表示。根据文献[52]，$A^{\text{ASE}}(\lambda,\gamma_0)$ 可以被正式定义为

$$A^{\text{ASE}}(\lambda,\gamma_0)=\lambda\int_{\gamma_0}^{\infty}\log_2(1+\gamma)f_\Gamma(\gamma)\,\mathrm{d}\gamma \tag{2.23}$$

其中，$f_\Gamma(\gamma)$ 是典型移动终端的信干噪比 Γ 的 PDF。

需要强调的是，根据式(2.21)，假设式(2.22)中的网络覆盖率 $p^{cov}(\lambda,\gamma_0)$ 也可以被定义为在信干噪比阈值 γ_0 处采样的信干噪比随机变量 Γ 的互补累积分布函数 $\bar{F}_\Gamma(\gamma_0)$ 的值，因此，式(2.23)中的概率密度函数 $f_\Gamma(\gamma)$ 可以按如下公式进行计算：

$$f_\Gamma(\gamma)=\frac{\partial(1-p^{cov}(\lambda,\gamma))}{\partial\gamma} \tag{2.24}$$

基于文献[160]中的偏积分定理和式(2.22)中的网络覆盖率 $p^{cov}(\lambda,\gamma_0)$ 的定义，式(2.23)中的面积比特效率 $A^{ASE}(\lambda,\gamma_0)$ 可以通过将式(2.24)代入式(2.23)，并通过分段求解积分来计算，该等式可以表达为

$$A^{ASE}(\lambda,\gamma_0)=\frac{\lambda}{\ln 2}\int_{\gamma_0}^{+\infty}\frac{p^{cov}(\lambda,\gamma)}{1+\gamma}d\gamma+\lambda\log_2(1+\gamma_0)p^{cov}(\lambda,\gamma_0) \tag{2.25}$$

这里要强调的是，小基站密度 λ 的作用如下，这在本书中非常重要：

- 它既是一个直接乘数，能够让面积比特效率 $A^{ASE}(\lambda,\gamma_0)$ 实现线性增加；
- 影响着网络覆盖率 $p^{cov}(\lambda,\gamma_0)$，更具体而言，它决定着典型移动终端的信干噪比 Γ。

2.2 系统级仿真

在本节中，为了让读者了解网络仿真领域的一些基本概念，我们介绍了不同类型的网络仿真方法，并对其进行了分类，同时解释了链路级和系统级仿真器之间的差异，以及静态和动态系统级仿真器之间的区别。然后，在以下场景中，我们鼓励使用静态系统级仿真器：

- 超密集网络的性能分析；
- 验证本书中理论模型的有效性。

最后，我们还对如何实现基于静态快照的系统级仿真提出了一些建议，感兴趣的读者可以尝试实际操作。

2.2.1 链路级和系统级仿真

在密集的小基站网络中，对所有移动终端和小基站之间每个比特的传输进行仿真是不切实际的，这将涉及巨大的计算成本。核心原因是需要传输达到 Gb 甚至 Tb 级别的大量数据。因此，为了降低复杂性，我们通常将网络仿真分为两个不同的层次——链路级仿真和系统级仿真，如图 2.5 所示。

在链路级仿真[161]中，分析了单个发射机和单个接收机(或缩减数量的发射机和接收机)之间的无线链路行为，并考虑了以下内容：小时间尺度下，无线传播的所有重要特征[154]，例如，OFDM 符号分辨率，以及物理层的所有相关特征[162-163]。

在物理层中，需要根据相应的标准，对诸如加扰、调制、编码、速率匹配、层映射、预编码以及天线端口和资源块映射之类的功能进行仔细的建模。一些链路级仿真[164]中也会将介质访问控制(MAC)层的一些特性纳入研究，但这些特性的行为必须在比特级别进行分析，如混合自动请求重传(HARQ)。在 OFDM 系统中，链路级仿真已被广泛用于研究中，例如，自适应 MCS 方法和子载波映射方案的性能等[165]。

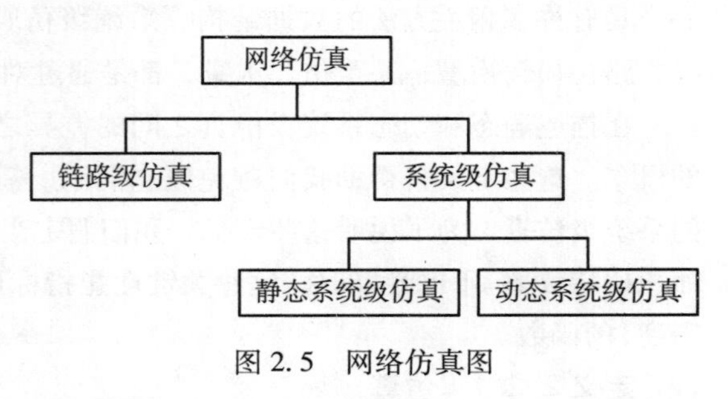

图 2.5　网络仿真图

相反，在系统级仿真[161]中，考虑到 MAC 层和更高层方面，如移动性和无线电资源管理等[41,166-168]，人们研究了密集蜂窝(一组移动终端和一组小基站)的网络性能。在这种情况下，分析目标不再是在小时间尺度上逐比特分析特定无线链路的性能，而是在较长一段时间内，从覆盖范围、容量、延迟等方面评估整个网络的性能，该时间间隔可能为几分钟、几小时甚至几天，这取决于所选取网络的细节数量。

由于时间尺度和计算成本不同，链路级和系统级仿真通常被独立执行。然而，为了实现准确而可靠的网络评估，它们通常通过静态接口进行交互，称为查找表(LUT)[158-169]。LUT 由链路级仿真生成，并以简化的方式呈现链路性能结果。例如，以块错误率(BLER)表示的无线链路性能可以通过 LUT 映射到无线链路质量指示器，例如移动终端的信干噪比。然后，在系统级仿真期间，可以通过查询这些 LUT 和其他内容来评估无线链路性能，并封装 PHY 层的特定特征和细节，因为这些特征和细节在某些特定系统级仿真中可能无法被自然捕获。

在本书中，重点是超密集网络的整体网络性能，而不是单个链路的具体特征，因此在本章和本书的其余部分，我们将重点关注并使用系统级仿真来验证理论性能分析。

2.2.2 静态和动态系统级仿真

尽管系统级仿真的总体目标是表征网络的整体性能，但它们也被用于处理非常广泛的研究。例如，它们可以用来分析新的自组织技术对网络性能的影响，或者评估在现有宏蜂窝网络上部署大量小基站的优缺点，本书就是这种情况。因此，针对每个问题，要仔细选择特定且适合的系统级仿真工具，并对工具进行对应的定制。在本章中，我们将系统级仿真分为以下两类：

- 静态系统级仿真；
- 动态系统级仿真。

请注意，这些只是一般概念，而且这两种不同技术也常被组合使用。

实际上，广义上讲，任何系统级仿真都是计算机软件，其中网络的每个实体都被表示为一个类，并通过一个对象来实现，对于那些不熟悉面向对象编程[⊖]的人来说，对象可以被看作一个具有许多相关方法的数据结构。系统级仿真涉及的所有实体，如移动终端、小基站、天线、路径损耗模型，甚至仿真本身，都是通过对象来实现的。

在描述静态和动态系统级仿真之间的差异之前，需要先定义一下仿真、仿真活动和部署的概念。这些定义将帮助我们避免概念混淆，需要重点说明的是，它们通常适用于任何类型的系统级仿真。为了说明这些定义，我们假定当人们在研究给定关键性能指标（网络覆盖率或面积比特效率）下的性能时，这些关键性能指标可被看作给定范围的模型或参数（例如小基站密度）的函数。

定义 2.2.1　仿真

仿真采用一组特定的模型和参数，例如，2.1 节中介绍的一些模型和参数，并在执行一些操作后产生一些结果。因此，这些结果本质上与选定的模型和参数相关，不应推断到其他原因上。在我们的示例中，仿真将允许对某一特定小基站密度下的网络覆盖率或面积比特效率进行分析。

定义 2.2.2　仿真活动

仿真活动由多个仿真组成，每个仿真都有一组特定但不同的模型和参数。仿真活动的结果允许人们将给定的关键性能指标当作给定范围的模型或参数的函数来进行研究。因此，仿真活动可被用来研究比例定律，即一个量相对于另一个量如何变化。在我们的例子中，仿真活动将用于研究一系列小基站密度下的网络覆盖率或面积比特效率。

定义 2.2.3　部署

如前所述，在仿真中，为了检查所有模型中存在的随机性，并获得它们的统计代表性结果，必须在仿真中运行多个快照。仿真的所有快照都使用相同的模型和参数集，但每个快照中的随机数种子都是独立同分布的。在以前的"编程"术语中，快照可以由仿真对象来表示。因此，可以使用一组特定的模型和参数来部署和运行仿真类的多个对象，以此来实现仿真。由此可以发现，通过在计算引擎的不同核心中运行仿真类的不同对象，可以并行化仿真。至于前面提到的随机性，我们应该注意到，对于这种特定的静态系统级仿真模型，其随机性来源于小基站和移动终端的随机部署，以及路径损耗模型、阴影衰落以及多径快衰落实现中的视距传输概率函数。"部署"（Drop）这个名称最初是根据在不同位置放置基站和移动终端的想法给出的。

1. 基于静态快照的方法

基于静态快照的系统级仿真旨在分析网络在大范围和长时间内的平均性能。在这种情况下，仿真通常基于蒙特卡洛方法，其中大量的独立部署（也称为快照）被用来平均时间和频率相关的波动，并以统计的方式评估网络性能。蒙特卡洛仿真已被广泛用于网络规划和优化。

⊖　请注意，系统级仿真器不需要通过面向对象的编程来开发，我们使用"类"和"对象"这些术语，是为了让读者能够更清晰和方便地进行理解。

重要的是，在每个快照中，时域都会被忽略。静态系统级仿真的任意两个快照之间没有相关性。这是因为定义网络特征及其行为的随机变量在每个部署中都是独立同分布的，它们不会随着时间的推移而演变。然后，通过对不同快照的结果进行平均，就可以从平均覆盖和容量的角度来分析整个网络的性能。在该方法中，网络覆盖率、面积比特效率以及小区吞吐量和移动终端吞吐量是广泛使用的关键性能指标。

由于忽略了时域，静态系统级仿真比动态仿真更容易实现，运行速度也快得多。例如，静态系统级仿真不需要持续一致地更新网络中每条链路的多径快衰落增益(这一过程可能需要大量时间)。当然，这种复杂性的降低是以降低精度为代价的。

然而，当谈到复杂性时，我们不应该低估静态系统级仿真的运行时间。为了获得平均网络性能的代表性统计结果，一次仿真仍然需要大量的快照，其数量级为 10 000 甚至更多[⊖]。

2. 动态事件驱动的方法

在动态事件驱动的系统级仿真中，仿真的目标是对网络的运行进行准确、详细的建模。在这种情况下，需要考虑网络随时间的演变，因此，仿真软件必须允许网络作为时间或一系列事件的函数而存在。

如果想捕捉如此高级别的细节，就需要对网络的端到端行为及其动态特性进行仿真。在这些动态特性中，移动性和流量模型，以及捕捉无线电信道随时间和频率波动的模型更为重要，例如相关阴影衰落和相关多径快速衰落。通过这种方式，能够针对诸如移动性、无线资源管理等不同技术，在最优性、收敛性和延迟等多个维度上进行时间序列分析。

因此，动态系统级仿真的运行时间会随着所考虑研究场景的规模增加而显著增加，因此，相比于静态系统级仿真，动态系统级仿真通常会分析更小的区域和更短的时间范围。在动态系统级仿真中，网络性能通常通过呼叫阻塞率和掉话率、小区吞吐量和移动终端吞吐量、端到端延迟和抖动以及数据包丢失和重传率等指标来评估。

值得注意的是，由于动态系统级仿真中涉及的一些随机变量会在整个仿真时间线内不断演变并被探索，因此在这种类型的仿真中，只需要更少的部署次数就可以检查它们的随机性。例如，阴影衰落和多径快速衰落都符合这种情况。根据经验，这种情况下的部署次数与仿真时间成反比。

2.2.3 基于静态快照的系统级仿真

如前所述，应根据分析目标选择系统级仿真的方法。在本书中，由于我们感兴趣的是通过理论性能分析来深入理解超密集网络，并对理论模型进行验证，因此选择了静态系统级仿真。因为我们不打算研究任何网络功能随时间的详细运行情况，所以不考虑动态系统级仿真，

⊖ 这是每次仿真执行的部署次数，该结果会在本书的后续内容中给出。

即使在调度部分也是如此。相反，当越来越多的小基站被加入网络时，我们始终专注于特定和代表性时频资源的性能，重点是了解网络性能和我们对此类资源的理论性能分析的准确性。当然，在这种较简单的静态系统级仿真中，应确保对适当级别的细节和特征进行建模，以保证从总体上捕捉到现实网络的真实行为。这就是建模的艺术！换句话说，一个有用的模型既不能简单到忽略重要的因素，也不能复杂到无法进行仿真计算。

考虑到这一点，为了帮助初学者、研究人员和工程师了解系统级仿真的艺术，在本节中，我们概述了实现静态系统级仿真的主要步骤，这些步骤与本书作者用来评估理论性能分析准确性的步骤类似，并将在后续各章中介绍。

仿真对象，即代码的主要驱动程序，具有多个任务，如图 2.6 所示。首先是生成仿真环境，换句话说，就是定义仿真的场景和规则。在仿真对象中，通常需要执行许多步骤来完成此任务，这些步骤主要用于生成在仿真中发挥作用的所有其他对象，具体如下：

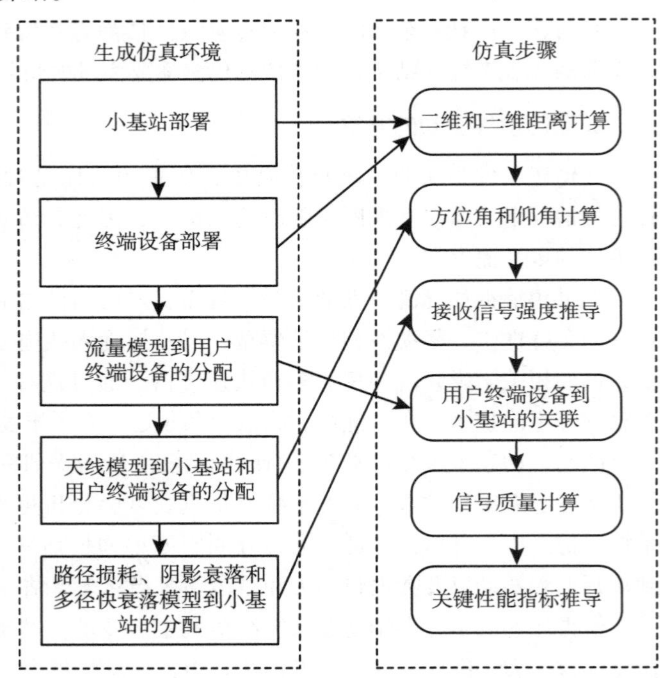

图 2.6　系统级仿真图

- 小基站部署：小基站部署会生成小基站对象。这种小基站对象的数量和参数是根据 2.1.1 节中介绍的网络布局模型生成的。例如，每个小基站对象包含诸如特定小基站的位置、高度等信息。这些信息会根据模型来进行填充。
- 移动终端部署：可通过 2.1.2 节中介绍的移动终端部署模型实现移动终端部署，并生成移动终端对象。该对象可能包含移动终端的位置、高度等信息。
- 流量模型到移动终端的分配：根据 2.1.3 节中介绍的模型能够生成流量对象，该步骤将流量对象与每个移动终端相关联。流量对象可能包含链路方向、数据包大小、数据包到达率等信息。
- 天线模型到小基站和移动终端的分配：根据 2.1.5 节中介绍的模型可以生成相应的天线对象，该分配将天线对象与每个小基站和移动终端对象进行配对。天线对象可能包含最大天线增益、天线方向图等信息。
- 路径损耗、阴影衰落和多径快衰落模型到小基站的分配：根据 2.1.6~2.1.8 节中介绍的模型可以生成相应的路径损耗、阴影衰落和多径快衰落对象，此步骤会将这些对象分别与每个小基站进行配对。路径损耗对象可能包含路径损耗指数、视距函数的概率等信息。阴影衰落和多径衰落对象也包含类似的信息。

一旦建立了仿真环境，并且仿真的所有对象都就位后，仿真本身应该遵循的步骤可以被概括如下：

- 二维和三维距离计算：可以使用小基站和移动终端位置来计算此类距离，并将其存储在小基站对象、移动终端对象或其他仿真对象中。这是一个设计选择，后续将不再讨论。
- 方位角和仰角计算：小基站和移动终端位置也可以用来计算此类角度，然后将其存储在所选的对象中。
- 接收信号强度推导：一旦知道距离和角度，就可以根据2.1.9节中的公式推导出所有小基站和移动终端之间的天线增益、路径损耗、阴影衰落和多径衰落增益，以及它们的接收信号强度。所有这些信息也应该存储在内存中，因为在系统级仿真的后续计算中将用到这些信息。
- 移动终端到小基站的关联：根据性能度量来识别每个移动终端接入的小基站，例如，最小距离或最大接收信号强度(更多详细信息请参见2.1.4节)。
- 信号质量计算：一旦知道了每个移动终端接入的小基站，就可以使用2.1.11节中的公式获得每个移动终端的信干噪比。

  注意，当考虑下行链路和上行链路传输的混合情况时，例如在动态时分双工(TDD)场景中，小区间干扰的计算将变得更加复杂。应根据2.1.10节中的模型预先计算噪声功率。
- 关键性能指标推导：最后，关键性能指标，如网络覆盖率、面积比特效率以及小区吞吐量和移动终端吞吐量，可以通过对网络运行进行一些假设来计算，如调度机制等，这将在本书中进行讨论。此类关键性能指标的定义已在2.1.12节中给出，在本书的相应章节也会有对应讨论。

2.3　理论性能分析

在描述了静态系统级仿真的工作方法之后，我们能够认识到，随着小基站密度λ和移动终端密度的增长，需要越来越高的计算复杂度才能获得具有代表性的统计结果。网络中的链路数量也随之呈指数增长，所以需要更多的计算能力来生成相应的信道增益并计算最终的信干噪比。因此，为了统计性地评估整体网络的性能，通常需要能够在有限时间内支持数千个快照的快速静态系统级仿真。可以想象，执行具有统计代表性的仿真活动的可行性与人们拥有的计算能力密切相关。

尽管由于数学易处理性所采取的假设数量较多，理论性能分析的最终结果与这些系统级仿真相比不太准确和可靠，但它是应对系统级仿真复杂性和降低计算能力的有效替代方案。

如前所述，理论性能分析通常更容易设计，并且可以处理更大规模的网络。

这里，我们要再次重申一下，系统级仿真和理论性能分析并不是相互可替代的工具，它们可以很好地互补。通过理论性能分析可以更好地理解事物发生的根本原因，以及网络的不同实体和参数之间的数学关系。

现在，让我们先简要讨论一下现有的不同理论性能分析方法，之后将重点介绍用于超密集网络性能分析的最先进工具——随机几何。

一个非常常见的理论性能分析的假设是仅考虑单个小基站。这有助于简化处理难度，虽然考虑了小区内干扰，但是完全没有考虑小区间干扰，而这是网络最重要的特征之一。为了解决这个问题，同时保持较低的复杂性，还广泛使用了其他假设，具体如下：

- 考虑单个干扰小区[170]；
- 将小区间干扰提取为可调整的小区干扰场数[171-172]；

其中小区间干扰被建模为总干扰的常数因子。

在两个小区的情况下，小区间干扰和移动终端的信干噪比至少会根据移动终端的位置和可能的衰落而变化，但这种方法仍然忽略了网络中的大多数小区间干扰源，仍然非常理想化。文献[173]中给出了关于这种减少小区间干扰的小区间合作模型的讨论。

在考虑固定但可调参的干扰小区的模型中，Wyner[174]最初提出的多小区模型最受欢迎。与真实网络相比，Wyner模型的线性版本提出了三个主要的简化(见图2.7)：

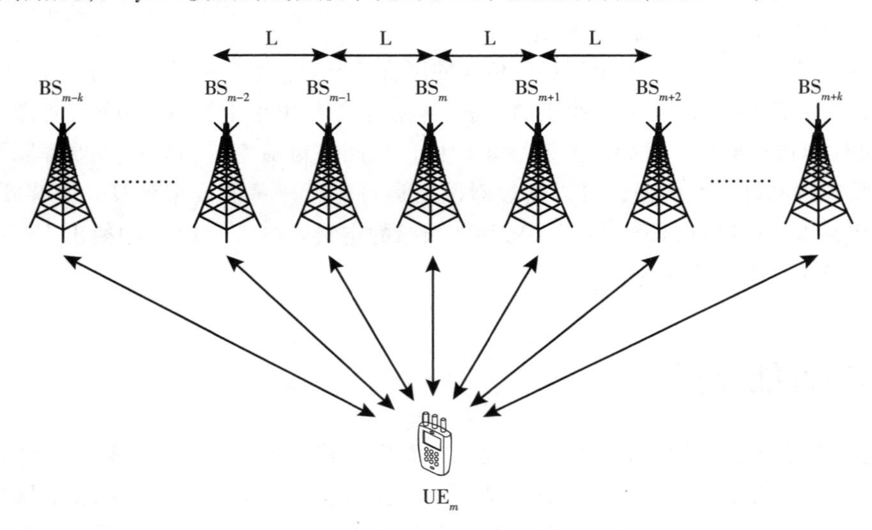

图2.7　Wyner模型示意图

- 仅考虑来自两个相邻小区的小区间干扰；
- 忽略移动终端的随机位置以及相应的路径损耗变化；
- 极度简化来自每个相邻基站的干扰强度，并将其表征为单一固定参数，取值范围为0到1。

尽管该模型被广泛采用，但不幸的是，该模型已被证明是非常不准确的，仅适用在空间上平均分布着大量小区间干扰源的情况，例如在重负载无线系统的上行链路中[175]。Wyner模型和相关的均值方法对于使用正交多址技术的蜂窝系统尤其不准确，例如3GPP LTE和NR。因为小区内移动终端的信干噪比变化很大，该模型无法捕捉这些波动。尽管存在缺陷，该模型通常用于评估各种类型的多蜂窝合作[176-178]场景下多蜂窝系统的“容量”。

对于需要更真实模型的系统工程师和研究人员，通常在正六边形（详情见2.1.1节和图2.1a）或稍微简化的正方形网格上，对基站的二维网络进行建模。对于具有少量干扰基站的固定移动终端，有时可以实现简化的分析，例如，考虑移动终端的“最坏”位置（小区边缘），并找到该位置移动终端的信干噪比[179]。在阴影衰落和多径快衰落的情况下，所得到的信干噪比仍然是随机变量，根据该随机变量，可以确定相对于某个目标速率最坏情况的平均速率和中断概率等性能指标。当然，这种方法会产生非常悲观的结果，对于系统中大多数移动终端的性能并没有提供太多指导。另外，我们还意识到，尽管这些基于网格的模型被广泛接受，但它们本身是高度理想化的，并且对于大型随机网络的分析可能变得越来越不准确，例如，由于基于非网格的部署和其他因素，该网络的小区半径发生明显变化。

值得注意的是，在2008年小基站首次出现时，这些简化的小区间干扰建模方法仍然被认为是网络分析的最新技术，这表明为了开发出现有的这些更实际可行、更易处理的方法，学术界付出了巨大努力。随机几何就是其中的一种方法，而它也是网络性能分析的基石。

2.3.1 随机几何和点过程

在数学中，随机几何[180]是应用概率的一个具有丰富内容的分支，它允许在平面或更高维度上分析随机空间模式。更详细地说，随机几何研究几何学和概率论之间的关系，它与点过程理论密切相关。

基于文献[50,52]，在接下来的内容中，我们将简要描述本书使用的随机几何框架内的主要工具——定义和属性。之后会详细讨论点过程、泊松点过程（PPP）和HPPP的概念，陈述并解释它们的一些关键属性。请注意，鉴于这一数学学科的丰富性和复杂性，本章中的描述并不详尽，仅能提供引导作用。关于正式定义和详细证明的更多细节，可参考文献[181-182]和文献[52]及其参考文献。

1. 点过程

随机几何研究的最基本对象是点过程。简而言之，点过程是一种将点随机分配到实线、矩形或其他高维封闭空间的方法。例如，空间点过程控制着对象在d维空间$S\subseteq\mathbb{R}^d$中的位置，其中$d=2$的情况在许多应用中都会涉及。空间点过程被用于各种科学学科的建模，包括农业、细菌学、气候学、流行病学、地理学、地震学等。如2.1.1节中所介绍的那样，在无线通信中，它们还被用于表征小基站的位置。

考虑到这一点，并且为了表述完整和易于理解，在下文中，我们将提供点过程的正式(但不完备)定义，并重点关注点过程 Φ，其实现 $x\subseteq\Phi$ 是空间 S[一]的局部有限子集。

设运算符 $n(x)$ 表示子集 $x\subseteq S$ 的基数。此外，设子集 $x_B\subseteq S$ 是子集 $x\subseteq S$ 和子集 $B\subseteq S$ 的交集，其中子集 $B\subseteq S$ 是空间 S 的有界子集，即 $x_B=x\cap B$[二]。那么，如果子集 $x_B\subseteq S$ 的基数是有限的，则称子集 $x_B\subseteq S$ 是局部有限的子集，即 $n(x_B)<\infty$，否则，它就不是有限的。

因为我们专注于点过程 Φ，其实现 $x\subseteq\Phi$ 是空间 S 的局部有限子集，所以我们可以正式定义空间 N_{lf}，并从该空间中获取 $x\subseteq\Phi$ 这样的实现，如下所示：

$$N_{lf}=\{x\subseteq S:n(x_B)<\infty,\forall B\subseteq S\} \tag{2.26}$$

其中，B 是有界子集；

请注意，空间 N_{lf} 上的实现 $x\subseteq\Phi$ 也被称为点过程 Φ 的局部有限点配置。

为了在后续的定义中保持形式上的正确，我们还假设空间 S 是一个具有度量 d 的完备、可分离的度量空间，并且空间 S 和空间 N_{lf} 都配备有 Borel Sigma 代数 $\mathcal{B}$，其中 $\mathcal{B}_0$ 是有界 Borel 集[三]的类，而 N_{lf} 是空间 N_{lf} 上的 Sigma 代数，即

$$\mathcal{N}_{lf}=\sigma(\{x\in N_{lf}:n(x_B)=m\}:B\in\mathcal{B}_0,m\in\mathbb{N}_0) \tag{2.27}$$

其中，$\mathbb{N}_0$是自然数集，包括 0，即$\mathbb{N}_0=\mathbb{N}\cup\{0\}$。

有了这些假设、定义和符号，点过程 Φ 可以被描述为空间 S 中点的随机集合，它的正式定义如下：

定义 2.3.1　点过程

定义在空间 $S\subseteq\mathbb{R}^d$ 上的点过程 Φ 是概率空间[四]$(\Omega,\mathcal{F},\mathcal{P})$ 到可测空间[五]$(N_{lf},\mathcal{N}_{lf})$ 的可测映射，即

㊀ 请注意，在 2.1.1 节中，过程 Φ 用于表示负责生成基于 HPPP 的小基站布局的过程，为了保持一致，我们在本节中使用了相同的符号。

㊁ 设 $M=(A,d)$ 是一个度量空间。设 $M'=(B,d_B)$ 是度量空间 M 的子集。当且仅当在子集 B 的所有元素的有限距离内，存在集合 A 的至少一个元素时，子集 M'才是有界的。否则，子集 M'就是无界的[183]。

㊂ 简而言之，Borel 集合是拓扑空间中的任何集合，它可以由开集(或者等价地，由闭集)通过可数并集、可数交集和相对补集的运算形成。拓扑空间上所有 Borel 集的集合形成了 Sigma 代数。这种拓扑空间上的 Borel 代数是包含所有开集(或等价地，所有闭集[184])的最小 Sigma 代数。

㊃ 概率空间$(\Omega,\mathcal{F},\mathcal{P})$是一种数学构造，它提供了随机过程或实验的正式定义[185]，其中：
- 样本空间 Ω 是一个非空集，代表实验的所有可能结果；
- 事件空间 $\mathcal{F}$ 是样本空间 Ω 的子集的集合。如果样本空间 Ω 是离散的，则事件空间 $\mathcal{F}$ 通常由样本空间 Ω 的幂集(所有子集的集合)给出，即 $\mathcal{F}=\text{pow}(\Omega)$；
- 概率函数 $\mathcal{P}$ 是函数 $\mathcal{P}:\mathcal{F}\to\mathbb{R}$，用于为事件空间 $\mathcal{F}$ 中的事件分配概率。有时，这也被称为样本空间 Ω 上的概率分布。

㊄ 可测空间是一个集合，它的所有子集都有一个独特的 Sigma 代数[185]。

$$\Phi(\Omega,\mathcal{F},\mathcal{P}) \to (N_{lf},\mathcal{N}_{lf}) \tag{2.28}$$

其中，该映射在点过程 Φ 的点上引起的分布 P_{Φ}，由下式给出：

$$P_{\Phi}(F) = P(\{\omega \in \Omega : \Phi(\omega) \in F\}) \tag{2.29}$$

该公式由函数 $F \in \mathcal{N}_{lf}$ 定义。

将点过程定义为随机计数度量是数学上一个卓有成效的想法。也就是说，点过程 Φ 可以被定义为空间 S 中点的随机分布，具有给定的分布 P_{Φ}，其中 $N(B)$ 是有界子集 $B\in\mathcal{B}_0$ 中点的数量，它是一个随机变量。

整体上来说，点过程 Φ 完全由它的有限维分布、空隙概率和概率生成函数来表征，对于这些特征，除非另有说明，本书中将省略其细节。对这些特性感兴趣的读者可以参考文献[181-182]。

重要的是，存在不同类型的点过程，并且它们具有不同的属性。点过程可以是简单的、泊松的、平稳的、各向同性的或有标记的。为了便于讨论，接下来我们将重点讨论本书中感兴趣的点过程 PPP 及其特性。

2. 泊松点过程（PPP）

当点过程是 PPP 时，它具有点间无相互作用或完全空间随机性的性质。换句话说，实现中的各个点的位置之间或实现本身之间没有相关性。因此，可以通过一个简单的计算框架来计算我们感兴趣的不同网络数量。

然而，在正式定义 PPP 之前，让我们先解释一些概念，包括强度函数和强度测度。

让我们考虑一个定义在空间 $S\subseteq\mathbb{R}^d$ 上的点过程 Φ 和实现 $x\subseteq S$。基于此，我们给出以下定义：

- 强度函数 $\Lambda(x)$，该函数将空间 S 映射为实数$[0,\infty]$，该实数是局部可积的，即

$$\Lambda : S \to [0,\infty] \tag{2.30}$$

其中：

$$\int_B \Lambda(x)\,\mathrm{d}x < \infty,\ \forall B\subseteq S$$

并且强度度量 $\lambda(B)=\int_B \Lambda(x)\,\mathrm{d}x$，该度量是局部有限的，$\lambda(B)<\infty\ \forall B\subseteq S$，并且是扩散的㊀ $\lambda(\{x\})=0,\forall x\subseteq S$[187]。请注意，$\{x\}$ 指的是单点集，即只包含一个元素的集合。

基于这些先前的概念，PPP 可以被正式定义为如下内容。

㊀ 原子是一个可测集合，具有正强度度量，并且不包含其他更小的正强度度量的子集。一个没有原子的度量称为非原子化或扩散[186]。

定义 2.3.2 PPP

当以下两个属性成立时，定义在空间 $S\subseteq\mathbb{R}^d$ 上的点过程 Φ 是具有强度函数 Λ 和由此产生的强度度量 λ 的 PPP：

- 对于所有子集 $B\subseteq S$，随机变量 $N(B)$（用于测量给定子集 B 中的点数）遵循有限强度度量 $\lambda(B)$ 的泊松分布，即 $N(B)\sim\text{Pois}(\lambda(B))$。
- 对于所有子集 $B\subseteq S$，随机变量 $N(B)$（用于测量给定子集 B 中的点数）是独立同分布的。

为了完整起见，我们将 Φ 表示为

$$\Phi\sim\text{Pois}(S,\Lambda) \tag{2.31}$$

重要的是，强度度量 $\lambda(B)$ 确定了任何子集 $B\subseteq S$ 的期望点数，即

$$\mathbb{E}\{N(B)\}=\lambda(B) \tag{2.32}$$

因此，如果空间 S 也是有界的，则可以用一种简单的方法在该空间 S 上模拟 Φ：
首先推导出随机变量

$$N(B)\sim\text{Pois}(\lambda(B)) \tag{2.33}$$

然后在空间 S 上均匀地部署 $N(B)$ 个独立点。

现在让我们使用之前的术语来定义 PPP 的一个重要子类 HPPP，这将是本书的重点内容。

定义 2.3.3 齐次泊松点过程（HPPP）

如果强度函数 Λ 是常数，则 $\Phi\sim\text{Pois}(S,\Lambda)$ 是 HPPP。另外，需要注意的是，HPPP 是平稳和简单的㊀，形式上，平稳点过程的定义如下。

定义 2.3.4 平稳点过程

如果定义在空间 $S\subseteq\mathbb{R}^d$ 上的点过程 Φ 的分布在平移下不变㊁，则称该点过程为平稳点过程。

3. 坎贝尔定理

平稳点过程以及 HPPP 的一个重要属性是坎贝尔定理[188]的易处理表达式，它通常可以定义为一个特定的等式，或定义为将一个在点过程上求和函数的期望与涉及该点过程强度度量的积分联系起来的一组结果。这便允许计算一个点过程上各点随机和的均值和方差。

下面让我们来详细阐述一下坎贝尔定理。为此，设由平稳点过程 Φ 生成的实现 $x\subseteq S$ 中的点 x_i，其邻近点的局部配置为该点的标记，其中，该标记被定义为以点 x_i 为中心、半径为 R 的球中的点集合。请注意，如果半径 R 是无穷大的，则此标记称为 x_i 点的通用标记，即从 x_i

㊀ 在底层空间上，任意两个点在同一位置重合的概率为 0 时，该点过程是一个简单点过程[187]。

㊁ 平移是一种点过程操作，指点过程的点被随机地从底层空间上的某些位置移动到其他位置[187]。

点呈现的点过程。那么，这个平稳点过程 Φ 的 Palm 概率㊀ P^o 就是这个通用标记的规律，重要的是，我们可以证明，对由这样一个平稳点过程 Φ 生成的实现 $x\subseteq S$ 中的所有点 x_i 来说，Palm 概率都是相同的。换句话说，我们看到的所有点分布都是一样的。这就形式化了 2.1.12 节中提出的过程的"典型"点的概念，并表明，如 Slivnyak 定理[159]所证明的那样，平稳点过程的 Palm 分布与在原点 o 处添加一个点的原始点过程的分布相同，因此，如文献[52]中所解释的那样，原点 $o\in\Phi$ 的条件作用，与在原点 o 处向平稳点过程 Φ 添加一个点的作用相同。

这个定义的直接结果是，在空间 $S\subseteq\mathbb{R}^d$ 上，具有恒定强度度量 $\lambda>0$ 的平稳点过程 Φ 的坎贝尔定理可以简化为体积积分。更详细地说，对于有界非负函数 $f(x)$，这种平稳点过程 Φ 中点上的和的均值和方差值可以"简单地"计算为

$$\mathbb{E}_{[\Phi]}\Big\{\sum_{x\in\Phi}f(x)\Big\}=\lambda\int_S f(x)\,\mathrm{d}x \tag{2.34}$$

和

$$\mathrm{var}_{[\Phi]}\Big\{\sum_{x\in\Phi}f(x)\Big\}=\lambda\int_S f^2(x)\,\mathrm{d}x \tag{2.35}$$

对应地，其中 $f(x)$ 在形式上是可测函数，用于将空间 S 映射到范围为$[0,1]$的有界非负值，即 $f(x):S\to[0,\ 1]$ 其中 $S\{x\subseteq S:0\leqslant f(x)\leqslant 1\}$。

让我们再次强调，这些等式适用于本书中感兴趣的点过程 HPPP，因为它是具有恒定的强度度量值 $\lambda>0$ 的平稳点过程，此外，我们也了解到，在上述表达式之外，还存在更复杂的表达式，用于处理更一般的点过程。

4. 概率生成函数

离散随机变量的概率生成函数(PGFL)是该随机变量的概率质量函数的幂级数表示。概率生成函数通常用于对随机变量的概率质量函数中的概率序列进行简洁的描述，并使用了成熟的具有非负系数的幂级数理论。

对于空间 $S\subseteq\mathbb{R}^d$ 上具有恒定强度度量 $\lambda>0$ 的 PPP——Φ，它的概率生成函数的表达式也是上述坎贝尔定理的直接结果。

根据前面的定义和解释，PPP 以及 HPPP 的一个关键属性是，以给定子集 B 中的点的确切数量 m 为条件，即 $N(B)=m$，使得 m 个点都是独立的，并且在 HPPP 的情况下，均匀分布在子集 $B\subseteq S$ 中。

这个属性可以得出 PPP 概率生成函数的显式表达式，其形式如下：

㊀ Palm 概率通常表示为 $P^0(\cdot)$，是以特定事件为条件的概率或期望值，例如发生在位置 o 或时间 0 处的事件。在这种情况下，它是给定点过程在某个位置[52]包含一个点的事件的概率。

$$\mathbb{E}_{[\Phi]}\left\{\prod_{x\in\Phi}f(x)\right\}=\exp\left(-\int_{S}(1-f(x))\Lambda(x)\,\mathrm{d}x\right) \tag{2.36}$$

其中：

- $f(x)$是之前提出的可测映射函数不等式[见式(2.34)和式(2.35)]；
- $\Lambda(x)$是x处的强度函数。

如果PPP是HPPP，那么式(2.36)中的PGFL可以简化为更易处理的形式，因为强度函数Λ是常数，所以简化了积分运算。

重要的是，式(2.36)中的PGFL公式将是本书中计算基于HPPP的超密集小基站网络中聚合小区间干扰的关键。这将在第3章中进一步阐述。

在结束关于点过程的这一节之前，让我们再补充一些关于PPP的说明。PPP的另一个吸引人的特性是它对大量关键操作的不变性。例如，PPP独立细化后还是PPP。在网络性能分析中，这一特性被用于研究小区间干扰协调技术的影响，其中就使用了细化，例如在“静音”发射机中，该技术可以用来控制小区间干扰[38]。另外，两个或多个独立PPP的叠加仍然是PPP。这一特性有助于研究具有多个网络层的异构网络的性能，例如，宏蜂窝网络上覆盖有小基站的情况[61]。

2.3.2　基于随机几何的理论性能分析

为了在理论性能分析领域帮助初学者、研究人员和工程师，在本节中，我们概述了推导2.1.12节中提出的两个全网络关键性能指标的主要步骤，即网络覆盖率和面积比特效率。请注意，下面介绍的方法在后续每章中都会用到，每个章节都包含不同的网络特性，因此需要不同的数学表达式和推导来获得我们感兴趣的两个关键性能指标。

如前所述，我们在本书中假设，在d维空间$S\subseteq\mathbb{R}^d$中运行的过程Φ生成的集合$x\subseteq\Phi$，表示所研究的小基站位置的集合，并且该过程Φ是HPPP。因此，有许多方便的属性和工具，可用于导出与过程Φ相关的量值，进而帮助我们推导出网络覆盖率和面积比特效率。简而言之，我们的最终目标是计算式(2.25)中定义的超密集网络的$A^{\mathrm{ASE}}(\lambda,\gamma_0)$，它是网络覆盖率$p^{\mathrm{cov}}(\lambda,\gamma_0)$的函数。

因此，我们的主要问题是计算式(2.22)中定义的网络覆盖率$p^{\mathrm{cov}}(\lambda,\gamma_0)$，而它又是典型移动中的信干噪比$\Gamma$和信干噪比阈值$\gamma_0$的函数。注意，根据前面概述的Slivnyak定理，网络覆盖率$p^{\mathrm{cov}}(\lambda,\gamma_0)$不依赖于给定的测量位置。更详细地说，只要不考虑它的作用，测量位置是否是基础HPPP过程Φ的一部分并不重要。这使我们可以方便地对位于原点o的典型移动终端进行调节。

考虑到这一点，式(2.22)中给出的网络覆盖率$p^{\mathrm{cov}}(\lambda,\gamma_0)$可以进一步发展为

$$p^{\mathrm{cov}}(\lambda,\gamma_0)=\Pr[\Gamma>\gamma_0]=\int_{0}^{+\infty}\Pr[\Gamma>\gamma_0\mid r]f_R(r)\,\mathrm{d}r \tag{2.37}$$

其中：

- $f_R(r)$是随机变量 R 的 PDF，它表征了典型移动终端与其接入的小基站之间的距离（假设已给定移动终端到小基站的关联标准，例如，典型移动终端与最近的小基站相关联）；
- $\Pr[\Gamma>\gamma_0|r]$是在特定距离实现 $r=R(\omega)$ 的情况下，典型移动终端的信干噪比 Γ 大于信干噪比阈值 γ_0 的条件概率。㊀

现在的问题是如何对式（2.37）进行求解。直观上来看，我们基本上需要概率密度函数 $f_R(r)$和条件概率 $\Pr[\Gamma>\gamma_0|r]$的适当表达式，它们是距离 r 的函数。一旦有了这些表达式，我们就可以执行相应的集成，从而解决这个难题。

接下来，让我们首先更进一步地阐述概率密度函数 $f_R(r)$的推导，并提供一些关于计算条件概率 $\Pr[\Gamma>\gamma_0|r]$的指引。

1. 概率密度函数 $f_R(r)$

让我们通过以下内容来描述：

- Φ 是具有强度度量 λ 的 HPPP；
- $r_i=R(\omega)$，$\forall i=1,2,\cdots,n$ 是从随机选择的位置到 HPPP 过程 Φ 中第 n 个点的距离集合。

在本小节中，我们更关注概率密度函数 $f_R(r)$，即距离 r_i，$\forall i=1,2,\cdots,n$ 的概率密度函数。

关于该推导的文献非常丰富。根据文献[189]，赫兹在 1909 年首次解决了最近邻问题（$n=1$ 以及任意维度[190]）。随后，文献[191-193]扩展到了更多邻近点的情况（$n>1$）。在文献[194]中，Thompson 对这些先前的结果做了进一步扩展，获得了直到第 n 个邻近点的距离的联合分布。接下来，我们使用文献[195]中的讨论解释该推导背后的思路。

假设 HPPP 过程 Φ 的区域中有 n 个点的概率遵循泊松分布，并令该区域是面积为 πr^2 的圆。再假设圆心位于一个随机位置，该位置不一定与 HPPP 过程 Φ 中的点重合。为方便起见，设该位置为典型移动终端的位置，即原点 o。我们要重点注意以下内容：如果一个半径为 r 的圆恰好包含 $n-1$ 个点，并且第 n 个点位于这样一个圆的边上，那么从原点 o 到该第 n 个相邻点的距离为半径 r。考虑到这一点，我们得出半径为 r 的圆恰好包含 n 个点的概率为

$$\Pr(n,r)=\frac{(\lambda\pi r^2)^n}{n!}\exp(-\lambda\pi r^2) \tag{2.38}$$

并且在半径为 r 的圆内找到至少 n 个点的概率为

㊀ 请注意，距离 $r=R(\omega)$是二维距离的随机变量。

$$\Pr(\geqslant n,r)=1-\sum_{i=0}^{n-1}\Pr(n,r)=1-\sum_{i=0}^{n-1}\frac{(\lambda\pi r^2)^i}{i!}\exp(-\lambda\pi r^2) \tag{2.39}$$

从这些公式可以得出，在区间$[r,r+\Delta r]$中找到第n个最近点的概率，等于该点位于内半径为r、外半径为$r+\Delta r$的圆环上的概率，即

$$\Pr(n,[r,r+\Delta r])=\Pr(\geqslant n,r+\Delta r)-\Pr(\geqslant n,r) \tag{2.40}$$

其中，Δr是增量距离。

使用这个数学结构，让增量距离Δr趋近于0，即$\Delta r\to 0$，并对半径r进行微分，我们就可以推导出该半径r的概率密度函数$f_R(r)$。再次提醒，根据Slivnyak定理，半径r等于从任意选择的点到其第n个最近点的距离，该点可能与HPPP过程Φ中的点重合，也可能不重合。

为了表述简洁，这里省略了一些运算，我们可以发现概率密度函数$f_R(r)$具有以下通用表达式：

$$f_R(r)=\frac{2(\pi\lambda)^n}{(n-1)!}r^{2n-1}\exp(-\pi\lambda r^2),\quad \forall r>0,\ n\in\mathbf{N} \tag{2.41}$$

最后，值得注意的是，当寻找最邻近点$n=1$时，概率密度函数$f_R(r)$可简化为

$$f_R(r)=2\pi\lambda r\exp(-\pi\lambda r^2) \tag{2.42}$$

当考虑基于最短距离的移动终端到小基站的关联范式时，这个表达式非常重要。

2. 条件概率 $\Pr[\Gamma>\gamma_0|r]$

首先，应当注意，典型移动终端的信干噪比Γ以及条件概率$\Pr[\Gamma>\gamma_0|r]$强烈依赖于所考虑的网络特征。因此，本节将只给出一些关于如何计算条件概率$\Pr[\Gamma>\gamma_0|r]$的指导，后续每个章节将根据特定网络特征提供更详细的讨论。

话虽如此，典型移动终端处的聚合小区间干扰I_{agg}的表征是推导条件概率$\Pr[\Gamma>\gamma_0|r]$的基石之一。这种聚合小区间干扰I_{agg}是多个变量的函数，具体包括：

- 发射功率P；
- 天线增益κ；
- 路径损耗ζ；
- 阴影衰落增益s；
- 多径快衰落增益h。

这些可以从2.1节中推导出来。

假设有函数$f(x)$，它用来计算从单个链路到典型移动终端的小区间干扰（有关小区间干扰强度的计算，请参阅2.1节），随机几何提供了一套简洁的工具来表征聚合小区间干扰I_{agg}，其中I_{agg}是由基于HPPP的超密集网络中大量小区间干扰链路共同产生的。

更详细而言，当我们在所有上述变量的理论性能分析中作出一些具体但合理的假设时（这将在本书的每一章中具体说明），我们可以发现，在典型移动终端处，这种聚合小区间干扰

$I_{\text{agg}}=\left[\sum_{X\in\Phi}f(x)\right]$ 在由 HPPP 过程 Φ 生成的超密集网络上，可以用数学上易处理的形式来表征。

特别是第 3 章中忽略了阴影衰落，而仅需考虑全向天线和独立同分布的瑞利多径快衰落增益的情况，它的表征尤为简便。在这种情况下，由于独立同分布的瑞利多径快衰落增益的 CCDF 的指数分布，即 $\bar{F}_H(h)=\exp(-h)$，聚合小区间干扰 $I_{\text{agg}}=\left[\sum_{X\in\Phi}f(x)\right]$ 可以通过拉普拉斯变换来表征：

$$\mathscr{L}_{[I_{\text{agg}}]}(s)=\mathscr{L}_{\left[\sum_{X\in\Phi}f(x)\right]}(s)=\mathbb{E}_{[\Phi]}\left\{\exp\left(-s\sum_{X\in\Phi}f(x)\right)\right\} \tag{2.43}$$

在变量值 s 处进行评估计算，s 可以表示独立于随机变量 X 的任何变量。

为了阐明上述拉普拉斯变换 $\mathscr{L}_{[I_{\text{agg}}]}(s)$ 的优先级，让我们对一个通用案例进行说明：

- 根据定义，对于任何随机变量 X，期望 $\mathbb{E}_{[X]}\{\exp(-sX)\}$ 可以计算为

$$\mathbb{E}_X\{\exp(-sX)\}=\int_{-\infty}^{+\infty}\exp(-sX)f_X(x)\,\mathrm{d}x \tag{2.44}$$

其中，$f_X(x)$ 是随机变量 X 的概率密度函数。

- 另一方面，参考文献[156]，对于任何概率密度函数 $f_X(x)$，其拉普拉斯变换定义为

$$\mathscr{L}_X(s)=\int_{-\infty}^{+\infty}\exp(-sX)f_X(x)\,\mathrm{d}x \tag{2.45}$$

- 因此，我们可以说以下公式成立：

$$\mathscr{L}_X(s)=\mathbb{E}_{[X]}\{\exp(-sX)\} \tag{2.46}$$

将式(2.46)中的随机变量 X 替换为我们研究的随机变量 $\sum_{X\in\Phi}f(x)$，可以得到式(2.43)。

重要的是，对于这种特殊情况，拉普拉斯变换 $\mathscr{L}_{I_{\text{agg}}}(s)$ 可以使用式(2.36)中介绍的 HPPP 过程 Φ 的 PGFL 来求解，如下所示：

$$\begin{aligned}\mathscr{L}_{\left[\sum_{X\in\Phi}f(x)\right]}(s)&=\mathbb{E}_{[\Phi]}\left\{\exp\left(-s\sum_{X\in\Phi}f(x)\right)\right\}\\&=\mathbb{E}_{[\Phi]}\left\{\prod_{x\in\Phi}\exp(-sf(x))\right\}\\&\overset{(a)}{=}\exp\left(-\int_{\mathbb{R}^d}(1-\exp(-sf(x)))\Lambda(x)\,\mathrm{d}x\right)\end{aligned} \tag{2.47}$$

其中，步骤 a 由式(2.36)中的 PGFL 得出，并经过如下变化：

$$f(x)=\exp(-sf(x))$$

该表达式是所有章节中推导条件概率 $\Pr[\Gamma>\gamma_0\mid r]$ 的关键。

2.4 NetVisual

在本书中，除了已介绍的基于静态快照的系统级仿真和理论性能分析之外，我们还将介绍一种直观的网络性能可视化技术，来说明超密集网络的性能。此工具允许用户制作引人注目的二维地图来表示网络覆盖率，并帮助更多读者理解该结果。该工具就是 NetVisual，它以基于快照的特定静态系统级仿真为基础，该仿真中包含具体移动终端的位置，下面将对其进行解释。

首先，我们采用2.1.1节中介绍的六边形布局，并在其上生成几个随机的小基站部署。在本书中，当使用 NetVisual 时，我们使用三种不同的小基站密度 $\lambda=\{50,250,2500\}$ 作为参考，分别代表稀疏、密集和超密集的小基站部署。图2.8显示了这三种小基站部署的示例，并显示了 NetVisual 中使用的基本画布[⊖]。请注意，小基站在该图中用点表示，并均匀分布在 1.5km×1.5km 的区域内。该图还显示了六边形布局如何指导网络中小基站的随机部署，从而让人们在需要时为每个扇区部署精确数量的小基站。

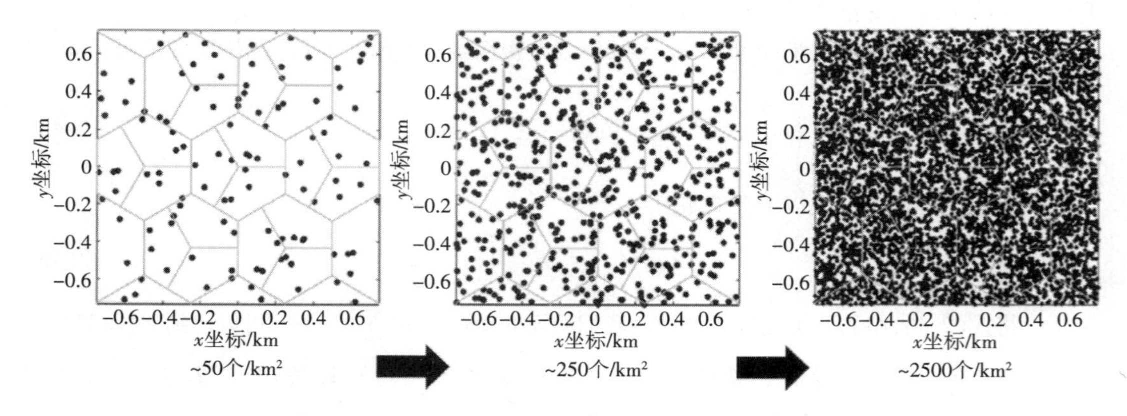

图2.8 随机小基站部署，其中小基站显示为点

其次，与2.2.3节中介绍的基于快照的静态系统级仿真相反，现在的网络场景趋向于以正方形网格的方式进行划分，并且我们将移动终端探针放置在该网格内的给定位置 x，称为位置零。然后，基于2.1.9节和2.1.10节中给出的信号功率、小区间干扰功率电平以及噪声功率的显式建模，通过使用2.1.11节中的公式来计算位于该位置 x 处移动终端探针的信干噪比 γ_x。此后，我们通过使用式(2.22)得出它的网络覆盖率 p_x^{cov}。重复该过程，直到访问了网格中的所有点。请注意，每个位置都会执行10 000次静态系统级仿真实验，以检查信干噪比计算中涉

⊖ 生成本示例图表的特定参数将在第3章介绍。

及的随机变量的随机性，例如阴影衰落和多径快衰落。

最后，由于位置 x 处的网络覆盖率 p_x^{cov} 的取值范围在0到1之间，我们可以使用每个位置的网络覆盖率热力图来显示网络性能，亮区和暗区分别表示高和低的网络覆盖率 p_x^{cov}。通过这种每个位置的网络覆盖率热力图，可以将超密集网络基本特征对性能的重要影响转化为直观的视觉图，直观地显示网络密度增加时的性能变化。

显然，NetVisual是一个基于快照的静态系统级仿真。然而，在接下来的内容中，让我们谈一下它与2.3.2节中介绍的理论性能分析的直接关系。大部分基于随机几何的理论工作都以“平均”网络覆盖率 p^{cov} 来研究网络性能，需要强调的是，该性能是典型移动终端的平均性能。简而言之，这种性能指标对NetVisual空间域的每个位置的网络覆盖率 $p_x^{\text{cov}}\ \forall x$ 进行平均，并给出宏观层面上的单一性能度量，即网络覆盖率 p^{cov}。换句话说，在给定场景中，NetVisual热力图的平均颜色等于平均网络覆盖率 p^{cov}，该 p^{cov} 通过我们的基于随机几何的理论性能分析得出。

重要的是，除此之外，NetVisual还提供了有关网络性能的微观信息，例如网络覆盖率的方差和覆盖漏洞的位置，这些信息可以为学术研究以及为客户的商业提案提供帮助。例如，该技术可以向网络运营商和服务提供商的工作人员提供可视化的答案，这些工作人员可能没有技术背景，但他们仍然希望了解相关的知识，例如，通过给定的因子增加小基站密度 λ 对性能的影响。

2.5 本章小结

在本章中，我们介绍了性能分析工具(系统级仿真或理论性能分析)所需的主要构建模块。这些模块包括小基站布局和移动终端部署模型、移动终端到小基站的关联模型、流量模型、天线增益模型、路径损耗模型、阴影衰落模型、多径快衰落模型、接收信号强度模型、信干噪比模型以及容量模型。

此外，我们还介绍了不同类型的网络仿真方法，解释了链路级仿真和系统级仿真之间的区别，以及静态系统级仿真器和动态系统级仿真之间的差异，并阐述了在本书中选择静态系统级仿真的原因。对每平方千米有数万甚至数十万个小基站的超密集网络的全网性能分析以及理论模型的验证，基于快照的静态系统级仿真是最好(也许是唯一可能)的选择，因为其对复杂性与洞察力的权衡是最具吸引力的。我们还就如何实现基于快照的静态系统级仿真提出了一些建议，感兴趣的读者可以亲自实践。

最后，我们讨论了基于随机几何的理论性能分析的基础知识，主要涉及PPP的PGFL定义以及聚合小区间干扰的拉普拉斯变换的计算。

第 3 章

传统稀疏和密集无线网络的性能分析

3.1 概述

早在 2008 年，当住宅小基站首次被商业部署时(Sprint 在美国推出了全国性服务，随后在 2009 年，欧洲的沃达丰和日本的软银也相继推出了该服务)，小基站技术对网络的部署、管理和优化提出了重大挑战。这在当时是一种新技术，虽然人们通过一些已有的(但仍然有限的)性能分析，对其有了一些认知和了解，但在此之前，小基站从未被大规模部署过[33]。关于它的部署、功能、性能等还存在许多未解决的问题。成本、站点获取、远程传输和小区间干扰，这些被认为是小基站成为成功的商业模式所需要克服的最重要的挑战，而且时间已经证明，这些挑战仍然是该技术的关键方面[40]。

可以想象，无论是过去还是现在，部署小基站的成本都是最紧迫的挑战之一，尤其是在户外。对于每个小基站，运营商可能需要：

- 获得场地和设备批准；
- 与市政府或房东协商费用；
- 部署、供应和维护小基站；
- 确保它具有适当的远程传输和电力供应；
- 符合城市的美观和环保法规[196]。

按照这种传统宏蜂窝的部署程序，为现场部署的每个小基站解决所有这些问题，可能会花费相当长的时间，并且需要部署的小基站越多，在经济上就越不可行，例如，为每个站点协商不同的许可、费用和流程。

为了解决(或至少缓解)这些问题，运营商作出了巨大努力，与政府协商，制定了适用于整个国家或地区的标准化规则和费用。此外，移动行业开发的技术可以更轻松地缓解城市在美观和环保等领域的担忧，例如设计各种新形态的小基站，使其可以很容易地隐藏在现有的街道设施甚至人行道或树木中。为了简化部署流程，移动行业还在自组织技术方面进行了许多改进，不但可以更快地大规模部署小基站，还减少了人工参与，从而最大限度地减少对社区活动/服务的干扰。到目前为止，人们在这方面已经做了许多改进，并且仍在继续[196]。

然而，在这些实际问题以及许多其他问题得到解答的同时，一个更基本的技术问题引起了重要关注：

以无计划的方式部署大量小基站是否会造成小区间干扰过载，从而严重影响每个小基站的性能，并因此导致该部署取得相反的效果？

从图 3.1 中可以看出，部署在室内（本例为家庭内部）的小基站可能会向室外泄漏大量功率，并蔓延到街道，从而增加小区间干扰，这种干扰会使走在街道上并连接到不同室外基站的终端用户在屋前区域受到影响。这种小区间干扰的增加会降低此类通信的信号质量，甚至在某些情况下，会阻止移动终端与网络保持同步。对于任何小基站的部署来说，这都是一个让人不能接受的结果，将导致在小基站部署之前还能够享受网络服务的移动终端，在小基站部署之后却受到了影响。而这些移动终端的所有者可能还不得不支付额外费用来资助这种适得其反的小基站部署[33]，想象一下这种挫败感吧。更令人担忧的是，对于以下这种情况，这种小区间干扰肯定会增加：

- 这些小基站部署在室外；
- 存在更多此类干扰性的小基站[40]。

因此，一些人担心，大规模部署小基站可能会像这些例子一样，导致小区间干扰过载，从而对网络性能产生重大的负面影响。

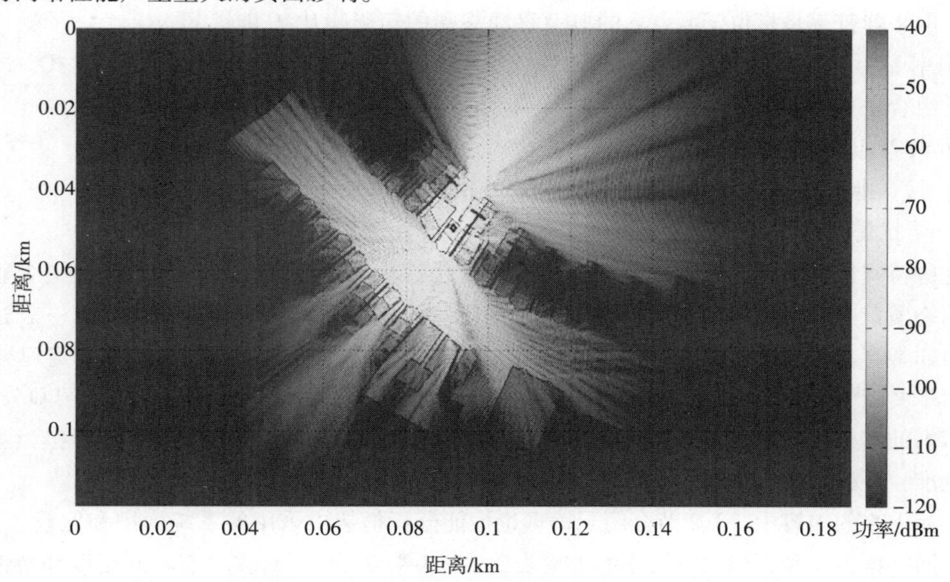

图 3.1　以 10dBm 的 EIRP 进行发射的室内小基站的覆盖图[33]

这个根本性问题迫切需要得到解答。如果不及时解决，这种小区间干扰过载可能会对网络密集化部署的商业化造成破坏，尤其是在室外环境下。或者至少会迫使运营商推迟或缩减它们的计划，直到适当的小区间干扰缓解对策被推出并执行。

考虑到这个问题的重要性以及电信行业的巨大规模，人们可能会认为小区间干扰过载的问题在当时已经通过各种工具进行了彻底的分析，并且这个问题的答案在电信界已达成共识。然而，尽管可能已经进行了大量的系统级仿真，但仍然缺少具有坚实数学基础的理论答案。而且令人惊讶的是，并没有能够对小区间干扰及其对大型网络的影响进行准确表征的易处理模型。

J. G. Andrews 等人在文献[60]中的开创性工作，为成功解决这个问题作出了重大贡献。事实上，J. G. Andrews 等人在这项工作中开发的框架，很快成为小基站网络理论性能分析的事实工具，并且沿用至今。他们通过在分析中引入额外的随机性来源来解决所讨论的问题，即小基站的位置。与之前的传统做法不同，他们不再假设小基站被确定性地放置在规则网格上，而是将它们的位置建模为强度为 λ 的齐次泊松点过程(HPPP)。这种对小基站部署建模的新方法的主要优势在于，可以假设小基站的位置都是独立的，这使得大量随机几何的工具被引入分析中(更多详细信息，请参见 2.3.1 节)。

然而，应该提到的是，文献[60]中这种对小基站部署建模的方法并不是第一次被提到。事实上，早在 1996 年就有人考虑过使用 HPPP 和其他过程来实现这一目的，例如文献[197-199]。然而，J. G. Andrews 等人的突破性工作是推导出了两个关键指标，即典型移动终端的网络覆盖率和小区内可实现的平均数据速率(与网络的面积比特效率密切相关)，这两个指标直到那时才为人所知。关于网络覆盖率和面积比特效率的定义，请参见 2.1.12 节，但在此需要提醒读者，网络覆盖率是指位于原点 o 的典型移动终端的信干噪比 Γ 能够超过某个信干噪比阈值 γ_0 的概率。然后，这两个指标在一些特殊情况下被进一步推导得出许多封闭表达式，即以下各项的组合：

- 具有四次幂的单斜率路径损耗；
- 具有指数分布的干扰功率，即瑞利多径快衰落；
- 干扰受限网络，即忽略热噪声功率。

这些特殊情况增加了可处理性，当这三种简化都被采用的情况下，可以找到一个非常简单的网络覆盖率表达式，该表达式仅取决于信干噪比阈值 γ_0。由于其简单性，这一表达式可以得出非常直观且强大的结论，这与可以用一个简单的公式来解释的香农-哈特利定理类似。

由于文献[60]中的框架以及由此获得的结果和结论的重要性，本章将专门介绍和分析它。而在本书的其余部分，为了更好地探索密集网络的基本原理，我们将使用该框架作为参考模型和基准，并对其进一步增强。

在接下来的内容中，3.2 节介绍了该理论性能分析框架中采用的系统模型和假设。3.3 节介绍了网络覆盖率和面积比特效率的理论表达式。3.4 节提供了许多具有不同密度和特性的小基站部署的结果，并介绍了通过该理论性能分析得出的结论。重要的是，为了完整起见，该节还通过系统级仿真研究了六边形部署布局(而不是随机部署布局)以及对数正态阴影衰落和莱斯(而不是瑞利)多路径快衰落对推导结果和结论的影响。最后，3.5 节总结了本章的要点。

3.2 参考系统模型

在本节中，我们介绍了文献[60]中使用的系统模型，如前所述，该模型可能是稀疏或密集网络理论性能分析文献中使用最广泛的模型。重要的是，该系统模型将作为本书的参考系统模型和基准。

然而，在开始之前，需要着重强调的是，在本章以及本书的大部分内容中，我们将重点分析下行链路，即从小基站到移动终端的传输。而在第 10 章中，我们将提出分析上行链路(即从移动终端到小基站的传输)的建模假设，以及相关的性能分析和结果讨论。

3.2.1 部署

在本书中，我们考虑了室外小基站和宏蜂窝的正交部署，其中小基站和微蜂窝基站运行在不同的频段[158]。通过这种方式，小基站可以补充宏蜂窝，增加目标容量，而宏蜂窝则为移动终端提供全面覆盖。这种部署类型的主要好处是小基站和宏蜂窝之间的交互很少，在小区间干扰方面不会对彼此产生任何影响。为了协调网络连接和无线资源的使用，它们之间的交互仅发生在更上层。可以通过介质访问控制(MAC)层的载波聚合或分组数据汇聚协议(PDCP)层的双连接实现这种交互和协调[12]。

重要的是，对于该系统模型而言，由于小基站和宏蜂窝层之间不存在小区间干扰，因此可以独立分析每层的性能，从而使我们在本书中能够专注于小基站网络的性能分析。

3.2.2 小基站

在该模型中，根据 2.1.1 节中的描述，为了在需要的地方提供覆盖或容量，我们假设小基站是按需部署的。由于这种临时的部署，小基站布局遵循的随机方式可被建模为平稳的 HPPP。更详细地说，人们认为：

- 在二维平面上，小基站遵循强度为 λ 的平稳齐次泊松点过程 Φ，它的单位为“个/km^2”。
- 随着时间的推移，所有小基站都具有相同的恒定发射功率 P，单位为瓦特。

由于本例中考虑了室外小基站和宏蜂窝的正交部署，并且我们仅关注小基站层的分析，因此需要注意的是，在干扰受限的情况下，无论发射功率是恒定的，还是每个小基站联合均匀变化，对面积比特效率的影响大多可以忽略不计，这主要是因为：

- 有效信号的发射功率和小区间干扰信号的发射功率在信干噪比表达式中相互抵消，见式(1.1)；

- 聚合小区间干扰功率远大于噪声功率。

注意，如果每个小基站的发射功率都可以被独立设置，上述情况将不适用。

3.2.3　移动终端

关于移动终端(UE)位置，按照2.1.2节中的描述，我们假设在相同的二维平面上，活跃移动终端也遵循与小基站相同的强度为ρ的平稳齐次泊松点过程Φ^{UE}，单位为“个/km^2”。齐次泊松点过程Φ^{UE}独立于小基站的齐次泊松点过程Φ。请记住，我们假定所有移动终端都部署在室外场景中。

为了便于处理，文献[60]中还假设网络是满负载的，因此我们在这里也采用了这种假设，这意味着相比于小基站的密度λ，活跃移动终端密度ρ足够大，以至于每个小基站在其覆盖区域内至少有一个活跃移动终端。由此得出结论，每个小基站都是活跃的，因此在理论性能分析中应该考虑所有小基站。

关于活跃移动终端的概念，重要的是要记住，活跃移动终端是指在特定时刻具有流量接收或发送的移动终端。一般来说，从容量角度来看，在理论性能分析中仅考虑活跃移动终端，因为非活跃移动终端不参与任何数据传输，因此可以被“安全地”忽略。然而，在该系统模型中，所有移动终端都遵循2.1.3节中描述的全缓冲流量模型，因此，所有移动终端都是活跃移动终端。

值得提醒的是，虽然典型蜂窝网络中的总移动终端数量可能非常大，但在考虑更现实的流量模型时，在特定频段和给定时隙内，具有数据流量需求的活跃移动终端可能并不多。在密集城市场景中，典型的活跃移动终端密度为300~600个/km^2，这些数字在本章的后面内容中会用到。

最后，让我们回想一下，典型移动终端被定义为具有统计代表性的活跃移动终端，为了方便起见，它位于原点o处，如2.1.12节中所述。

3.2.4　天线辐射图

根据2.1.5节中的描述，典型的移动终端和所有小基站都配备有单个各向同性天线，或者至少一个在水平面上具有全向天线辐射图的天线，两者都具有最大天线增益$\kappa_M=0$。而多天线传输既不在该系统模型中考虑，也不在本书中讨论。这主要是因为多天线传输技术本身就是一个话题，尤其是考虑到未来无线通信网络即将采用的大规模多输入多输出(MIMO)技术。

3.2.5　单斜率路径损耗模型

与2.1.6节中提出的更复杂但实用的路径损耗模型相反，在文献[60]中，典型移动终端

与距离 r 处的任意小基站之间的路径损耗 $\zeta(r)$，可通过更简单的单斜率路径损耗模型进行建模，其形式如下：

$$\zeta(r) = Ar^{-\alpha} \tag{3.1}$$

其中：

- ζ 是路径损耗，以线性单位表示；
- r 是典型移动终端和任意小基站之间的二维距离，单位为 km[⊖]；
- A 是给定载波在参考距离 $r = 1\text{km}$ 处的路径损耗，以线性单位表示；
- α 是路径损耗指数，以线性单位表示。

在不失一般性的前提下，在本书中，对于这种单斜率路径损耗模型，我们采用 2.1.6 节提出的多斜率路径损耗模型的非视距分量的参数。这些参数的特定值将在 3.4.1 节中构建需要分析的特定用例时给出。

3.2.6　阴影衰落

为了简化处理，在传统的随机几何参考模型中，通常不对阴影衰落进行建模，本章也是如此。然而，需要注意的是，在之后的 3.4.5 节中，通过分析系统级仿真而忽略阴影衰落时所引入的误差，证明了这一假设的合理性。

3.2.7　多径衰落

如文献[60]中所提出那样，典型移动终端和任意小基站之间的多径快衰落增益 h 被建模为归一化的瑞利随机变量，因此服从均值为 1 的指数分布。此外，还应注意，任意两对链路的多径快衰落随机变量是独立同分布的。

需要提醒的是，在理论性能的分析方法中(包括随机几何)，出于易处理性方面的考虑，多径快衰落通常使用瑞利衰落来建模。然而，更准确和实用的模型是基于广义莱斯衰落的模型，因为它考虑了场景中不同程度的散射。为了更好地了解莱斯衰落和瑞利衰落对网络性能的影响，在 3.4.5 节中，我们用这两种多径快衰落模型获得了网络性能的仿真结果，并对其进行了比较。

有关瑞利衰落和莱斯衰落的更多详细信息，请参考 2.1.8 节。

3.2.8　用户关联策略

在文献[60]中，基于其提出的具有单斜率路径损耗且没有阴影衰落的简化信道模型，

⊖　请注意，三维距离将由变量 d 表示，而二维距离将由变量 r 表示。

每个移动终端都以最短的距离与小基站相关联，这相当于最大接收信号强度关联(参见2.1.4节)。

表3.1简要总结了本节中提到的系统模型。

表3.1　系统模型

模型	描述	参考
传输链路		
链路方向	仅下行链路	从小基站到移动终端的传输
部署		
小基站部署①	有限密度的HPPP，$\lambda<+\infty$	见3.2.2节
移动终端部署	满负载的HPPP，每个小区至少有一个移动终端	见3.2.3节
移动终端到小基站的关联		
信号最强的小基站	移动终端以最短的距离连接到小基站	见3.2.8节及其参考文献
路径损耗		
传统路径损耗模型	单斜率路径损耗	见3.2.5节，式(3.1)
多径快衰落		
瑞利衰落②	高度分散的场景	见3.2.7节及其参考文献，以及式(2.15)
阴影衰落		
未建模的阴影衰落②	基于易处理性的原因，没有对阴影衰落建模，因为它对结果没有定性影响，参见3.4.5节	见3.2.6节及其参考文献
天线		
小基站天线	增益为0 dBi的各向同性单天线单元	见3.2.4节
移动终端天线	增益为0 dBi的各向同性单天线单元	见3.2.4节
小基站的天线高度	不考虑	—
移动终端的天线高度	不考虑	—
小基站空闲态模式能力		
持续开启	小基站总是发送控制信号	—
小基站处的调度器		
轮询调度	移动终端轮流接入无线信道	见7.1节

①　3.4.4节给出了小基站六边形部署布局的仿真结果，以说明其对所获得结果的影响。

②　3.4.5节介绍了相关对数正态阴影衰落和莱斯多径快衰落的仿真结果，以说明它们对所获得结果的影响。

3.3　理论性能分析及主要结果

在本节中，我们将在上述参考系统模型的基础上，推导并正式呈现典型移动终端的网络覆盖率和网络的面积比特效率。为了帮助读者更好地理解，附录A中提供了详细的推导步骤说明。

请注意，在第2章中，我们已经正式介绍过网络覆盖率和面积比特效率这两个指标，为了方便读者理解，表3.2中也对它们做了总结。

表 3.2　关键性能指标

衡量标准	公式	参考
网络覆盖率 p^{cov}	$p^{\text{cov}}(\lambda,\gamma_0)=\Pr[\Gamma>\gamma_0]=\bar{F}_\Gamma(\gamma_0)$	见 2.1.12 节，式(2.22)
面积比特效率 A^{ASE}	$A^{\text{ASE}}(\lambda,\gamma_0)=\frac{\lambda}{\ln 2}\int_{\gamma_0}^{+\infty}\frac{p^{\text{cov}}(\lambda,\gamma)}{1+\gamma}\mathrm{d}\gamma+\lambda\log_2(1+\gamma_0)p^{\text{cov}}(\lambda,\gamma_0)$	见 2.1.12 节，式(2.25)

在给出推导和结果之前，我们还要强调一下，本节中介绍的面积比特效率比例定律是首个被广泛接受的针对小基站网络的容量比例定律，并已成为多年来的事实标准。

3.3.1　网络覆盖率

在本小节中，基于上面介绍的系统模型，我们给出了关于网络覆盖率 p^{cov} 的理论结果，其中，单斜率路径损耗模型和最短距离移动终端关联策略需要重点关注。

形式上，网络密度为 λ 的网络覆盖率 p^{cov} 被定义为，网络中位于原点 o 处的典型移动终端，其信干噪比 Γ 大于给定的信干噪比 γ_0 的概率：

$$p^{\text{cov}}(\lambda,\gamma_0)=\Pr[\Gamma>\gamma_0] \tag{3.2}$$

其中：

- γ_0 是以线性单位表示的网络最小可工作信干噪比，即成功使用当前特定技术的最小调制和编码方案所需的信干噪比；
- $\gamma=\Gamma(\omega)$ 是典型移动终端的信干噪比实现，其计算方法为

$$\gamma=\frac{P\zeta(r)h}{I_{\text{agg}}+P^{\text{N}}} \tag{3.3}$$

其中：

- ■ P 是任意小基站的发射功率；
- ■ h 是典型移动终端与接入的小基站之间的多径快衰落增益，它被建模为瑞利衰落；
- ■ P^{N} 是在典型移动终端处接收的加性高斯白噪声(AWGN)功率；
- ■ I_{agg} 是聚合小区间干扰，有

$$I_{\text{agg}}=\sum_{i:b_i\in\Phi\setminus b_o}P\beta_i g_i \tag{3.4}$$

其中：

- □ b_o 是服务于典型移动终端的小基站；
- □ b_i 是第 i 个干扰小基站；
- □ β_i 和 g_i 分别是典型移动终端和第 i 个干扰小基站之间的路径损耗和多径快衰落增益。

根据这些定义，我们在定理 3.3.1 中给出了网络覆盖率 p^{cov} 的主要结果。对首次展示这些结果的研究论文感兴趣的读者可参考文献[60]。

定理 3.3.1　基于式(3.1)中的单斜率路径损耗模型，网络覆盖率 p^{cov} 可以推导为

$$p^{cov}(\lambda,\gamma_0)=\int_0^{+\infty}\Pr\left[\frac{P\zeta(r)h}{I_{agg}+P^N}>\gamma_0\right]f_R(r)\,dr \tag{3.5}$$

其中：

- 概率密度函数 $f_R(r)$ 为

$$f_R(r)=\exp(-\pi r^2\lambda)2\pi r\lambda \tag{3.6}$$

- 概率 $\Pr\left[\frac{P\zeta(r)h}{I_{agg}+P^N}>\gamma_0\right]$ 的表示形式为

$$\Pr\left[\frac{P\zeta(r)h}{I_{agg}+P^N}>\gamma_0\right]=\exp\left(-\frac{\gamma_0P^N}{P\zeta(r)}\right)\mathscr{L}_{I_{agg}}(s) \tag{3.7}$$

其中，$\mathscr{L}_{I_{agg}}(s)$ 是随机变量 I_{agg} 的拉普拉斯变换，它在点 $s=\frac{\gamma_0}{P\zeta(r)}$ 处的计算可进一步写为

$$\begin{aligned}\mathscr{L}_{I_{agg}}(s)&=\exp\left(-2\pi\lambda\int_r^{+\infty}\frac{u}{1+(sP\zeta(u))^{-1}}du\right)\\&=\exp\left(-2\pi\lambda\int_r^{+\infty}\frac{u}{1+(\gamma_0r^\alpha)^{-1}u^\alpha}du\right)\\&=\exp\left(-2\pi\lambda\rho[\alpha,1,(\gamma_0r^\alpha)^{-1},r]\right)\end{aligned} \tag{3.8}$$

其中，$\rho(\alpha,\beta,t,d)$ 是辅助项，其定义为

$$\begin{aligned}\rho(\alpha,\beta,t,d)&=\int_d^{\infty}\frac{u^\beta}{1+tu^\alpha}du\\&=\frac{1}{\alpha}\int_{d^\alpha}^{\infty}\frac{y^{\left(\frac{\beta+1}{\alpha}-1\right)}}{1+ty}dy\\&=\left[\frac{d^{-(\alpha-\beta-1)}}{t(\alpha-\beta-1)}\right]{}_2F_1\left[1,1-\frac{\beta+1}{\alpha};2-\frac{\beta+1}{\alpha};-\frac{1}{td^\alpha}\right]\end{aligned} \tag{3.9}$$

其中，$\alpha>\beta+1$ 且 ${}_2F_1[\cdot,\cdot;\cdot;\cdot]$ 是超几何函数[156]。

证明　参见附录 A。

为了更好地理解这个定理，图 3.2 以流程图的形式展示了计算定理 3.3.1 中理论结果所需的步骤。这里需要注意的是，网络覆盖率 p^{cov} 被计算为以下两个概率的乘积，即

- 移动终端的信号功率大于聚合小区间干扰功率乘以阈值 γ_0 的概率；
- 移动终端的信号功率大于噪声功率乘以阈值 γ_0 的概率。

如图 3.2 中虚线框所示。

3.3.2 面积比特效率

本小节将解释如何根据 3.3.1 节中获得的网络覆盖率 p^{cov} 计算面积比特效率 A^{ASE}。

按照 2.1.12 节介绍的方法，为了计算典型移动终端的信干噪比 Γ 的概率密度函数 $f_{\Gamma}(\gamma)$，我们必须将网络覆盖率 p^{cov}（从定理 3.3.1 获得）代入式(2.24)中。然后，通过求解式(2.25)得到面积比特效率 A^{ASE}。有关面积比特效率公式的更多信息，请参考表 3.2。

在这里，需要重点澄清的是，式(2.23)中面积比特效率 A^{ASE} 的定义不同于文献[60]中的定义，在文献[60]中，典型移动终端的传输速率不依赖于研究场景中典型移动终端的信干噪比 Γ，并且可直接基于信干噪比阈值 γ_0 进行计算。

相反，本书中面积比特效率 A^{ASE} 的定义捕捉了传输速率对典型移动终端的信干噪比 Γ 的依赖性，从而实现了理想链路自适应操作的效果。然而，这种定义的处理比较复杂，与文献[60]中的定义相比，需要多计算一重数值积分。

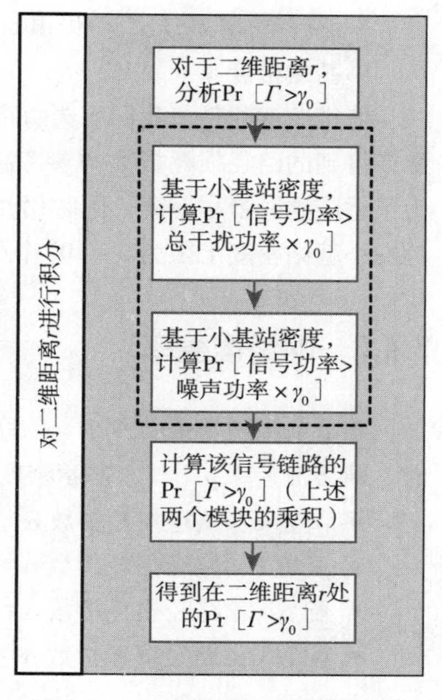

图 3.2 在标准随机几何框架内获得定理 3.3.1 中结果的逻辑步骤

3.4 讨论

在本节中，我们使用静态系统级仿真的数值结果来评估上述理论性能分析的准确性，并研究了小基站网络在网络覆盖率 p^{cov} 和面积比特效率 A^{ASE} 方面的性能。

3.4.1 案例研究

为了研究小基站网络性能与小基站密度 λ 的函数关系，并建立该理论性能分析的准确性，我们使用了实际参数来计算网络覆盖率 p^{cov} 和面积比特效率 A^{ASE}。与文献[60]类似，我们采用了来自成熟的 3GPP 的系统模型参数，在本例中，是指在 2.1.6 节中介绍的基于文献[153]的 3GPP 室外小基站部署模型。更详细而言，是基于文献[153]中的表 A.1-3、表 A.1-4 和表 A.1-7，以下参数将被用于该基线案例：

- 最大天线增益 $G_{\mathrm{M}}=0\mathrm{dB}$；

- 考虑载波频率为 2GHz 时，参考路径损耗 $A=10^{-14.54}$；
- 路径损耗指数 $\alpha=3.75$；
- 发射功率 $P=24$dBm；
- 噪声功率 $P^{N}=\sigma^{2}=-95$dBm，其中移动终端处的噪声系数为 9dB。

小基站密度

值得注意的是，我们所选的路径损耗模型是基于测量构建的，并且由于测量活动的特点，最终得到的路径损耗指数和参考路径损耗仅适用于发射机到接收机距离不小于 10m 的情况。为了适应这一最小距离，同时仍然使用基于 HPPP 部署的简单系统模型，我们在研究中将只考虑小基站密度上限为 $\lambda=10^{4}$ 个/km^{2} 的情况。

3.4.2 网络覆盖率

本节给出网络覆盖率 p^{cov} 的结果。更详细地说，图 3.3 显示了当信干噪比阈值 $\gamma_{0}=0$dB 时，网络覆盖率 p^{cov} 与小基站密度 λ 的函数关系，并对以下四种配置进行了分析：

- 配置 a：路径损耗指数 $\alpha=2.09$ 的单斜率路径损耗模型(分析结果)；
- 配置 b：路径损耗指数 $\alpha=2.09$ 的单斜率路径损耗模型(仿真结果)；
- 配置 c：路径损耗指数 $\alpha=3.75$ 的单斜率路径损耗模型(分析结果)；
- 配置 d：路径损耗指数 $\alpha=3.75$ 的单斜率路径损耗模型(仿真结果)。

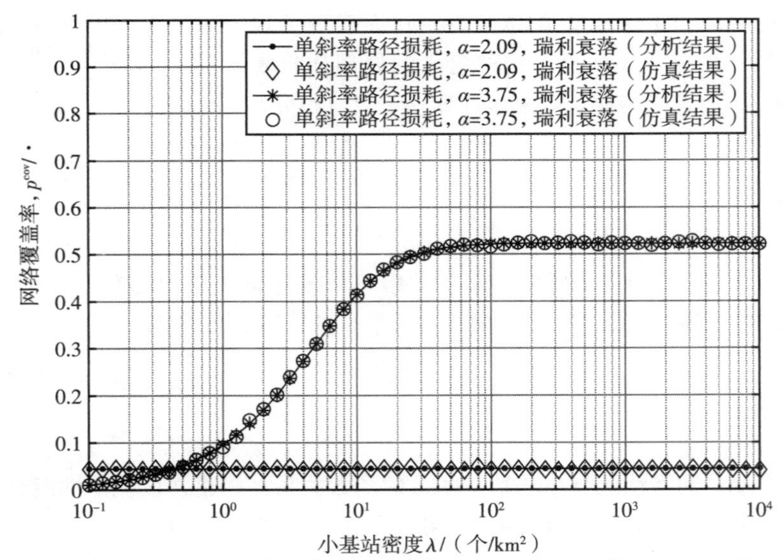

图 3.3　对于不同路径损耗指数 α，网络覆盖率 p^{cov} 与小基站密度 λ 的函数关系

请注意，分析结果以线条形式呈现，而仿真结果以标记形式呈现。对于当前研究的单斜率路径损耗模型，我们选取了两个路径损耗指数进行分析，即如前所述的路径损耗指数

$\alpha=3.75$，以及用于比较的路径损耗指数 $\alpha=2.09$。

从图3.3可以看出，分析结果与仿真结果高度吻合。这是因为网络覆盖率 p^{cov} 的计算具有很高的准确性，而面积比特效率 A^{ASE} 的结果则是基于网络覆盖率 p^{cov} 的结果计算的，因此在本章后续的讨论中，我们仅考虑分析结果。

从图3.3中可以观察到，由路径损耗指数 $\alpha=3.75$ 的单斜率路径损耗函数得出的网络覆盖率 p^{cov} 在开始时，会随着小基站密度 λ 的增加而迅速增加，因为在噪声受限的网络中，更多的小基站能提供更好的覆盖范围。

然后，当小基站密度 λ 足够大时，例如 $\lambda>10^2$ 个/km^2，随着网络进入干扰受限状态，网络覆盖率 p^{cov} 将不再依赖于小基站密度 λ。这种观察背后的思想是，在干扰受限网络中，典型移动终端和干扰小基站之间的较小距离而导致的小区间干扰功率的增加，正好被典型移动终端和其接入的小基站之间的较小距离而导致的信号功率的增加所抵消。因此，随着小基站密度 λ 的增加，典型移动终端的信干噪比 Γ 以及网络覆盖率 p^{cov} 保持不变。

当比较具有两个不同路径损耗指数 $\alpha=3.75$ 和 $\alpha=2.09$ 的结果时，还可以看到：

- 当考虑较低的路径损耗指数 $\alpha=2.09$ 时，小基站在小区间干扰电磁波衰减方面的隔离不够，所以聚合小区间干扰非常高，以至于大多数时候，典型移动终端的信干噪比 Γ 低于0dB。这导致了较差的网络覆盖率 p^{cov}。
- 当考虑较高的路径损耗指数 $\alpha=3.75$ 时，对于一般的非视距条件，小基站在小区间电磁波衰减方面具有更好的隔离性。因此，当小基站密度 λ 相对较大时，例如 $\lambda>10$ 个/km^2，典型移动终端的信干噪比 Γ 以及网络覆盖率 p^{cov} 在路径损耗指数 $\alpha=3.75$ 时比在路径损耗指数 $\alpha=2.09$ 时要好得多。

1. NetVisual 分析

为了以更直观的方式显示路径损耗指数 $\alpha=3.75$ 的网络覆盖率 p^{cov} 的基本行为，图3.4b展示了具有三种小基站密度的网络覆盖率热力图，即50、250和2500个/km^2(见图3.4a)。这些热力图是使用NetVisual计算出来的，作为一个工具，NetVisual不仅能够捕获平均值，还能够捕获网络覆盖率 p^{cov} 的标准差，如2.4节所述。

图3.4b直观地显示了亮区(高信干噪比的网络覆盖率)和暗区(低信干噪比的网络覆盖率)的大小在第二个和第三个子图中大致相同，这表明典型移动终端的信干噪比 Γ 的平均值在两种情况下是相同的。这证实了之前的结论，即在密集和超密集区域中，随着小基站密度 λ 的增加，典型移动终端的信干噪比 Γ 以及网络覆盖率 p^{cov} 保持不变。由于网络覆盖率 p^{cov} 较差，因此第一个子图中的暗区较大。

2. 调研结果总结：网络覆盖率评述

评述3.1 在单斜率路径损耗模型中，当小基站密度 λ 在密集和超密集区域中不断增加时，典型移动终端的信干噪比 Γ 以及网络覆盖率 p^{cov} 将保持不变。

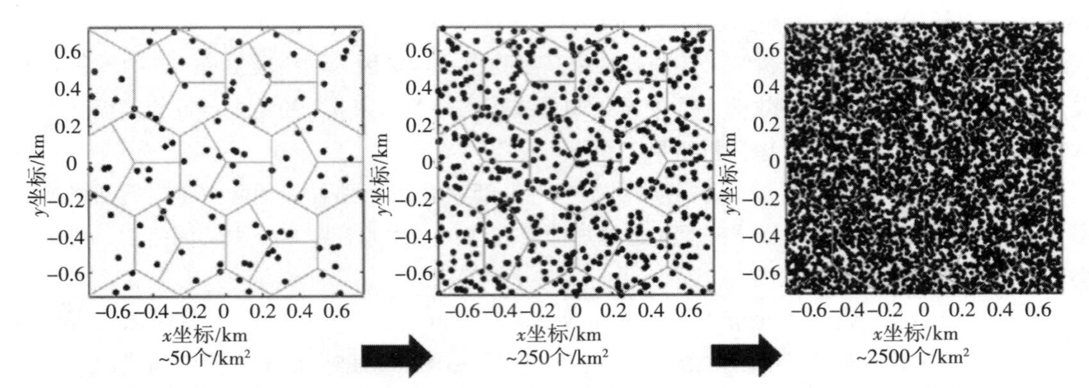

a）随机小基站部署，其中小基站显示为点。请注意，这里考虑了典型4G LTE网络、典型5G密集网络和超密集网络的小基站密度

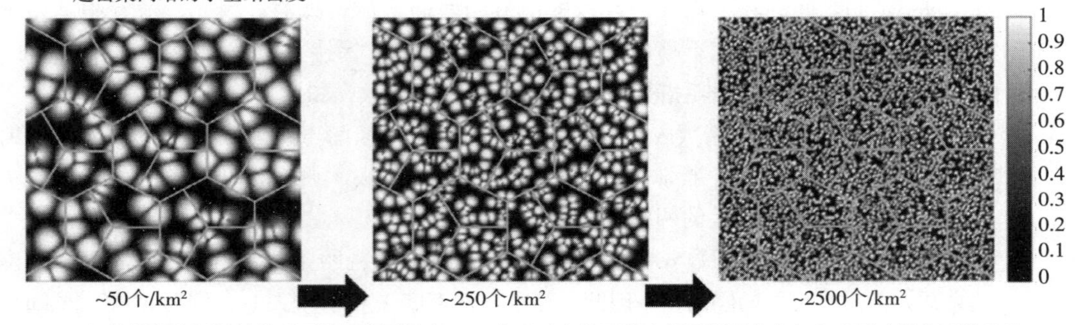

b）单斜率路径损耗模型下的网络覆盖率p^{cov}。亮区（高信干噪比的网络覆盖率）和暗区（低信干噪比的网络覆盖率）的大小与网络密度大致相同，表明信干噪比性能不变，因此网络覆盖率p^{cov}也不变

图 3.4　网络覆盖率 p^{cov} 与小基站密度 λ 的 NetVisual 分析图(亮区表示高覆盖率，暗区表示低覆盖率)

3.4.3　面积比特效率

本节我们给出面积比特效率 A^{ASE} 的结果。更详细地说，图 3.5 显示了面积比特效率 A^{ASE} 作为小基站密度 λ 的函数，同时考虑在以下两种配置下，信干噪比阈值 $\gamma_0=0$dB 的情况。

- 配置 a：路径损耗指数 $\alpha=2.09$ 的单斜率路径损耗模型(分析结果)。
- 配置 b：路径损耗指数 $\alpha=3.75$ 的单斜率路径损耗模型(分析结果)。

在对结果进行评论之前，作为面积比特效率 A^{ASE} 结果的一般说明，应该注意，图 3.5 是在水平和垂直坐标轴上都使用了对数刻度的双对数图。重要的是，此类双对数图中的直线(或线性增长)表明水平轴和垂直轴上的变量之间存在幂次关系，更详细地说，此类直线的斜率描述了幂次关系。例如，一元斜率表示线性关系 $y\propto x$，二元斜率表示二次关系 $y\propto x^2$，依次类推。

基于这一点，从图 3.5 中我们可以观察到，由路径损耗指数 $\alpha=3.75$ 的单斜率路径损耗函数得出的面积比特效率 A^{ASE} 具有以下特点：

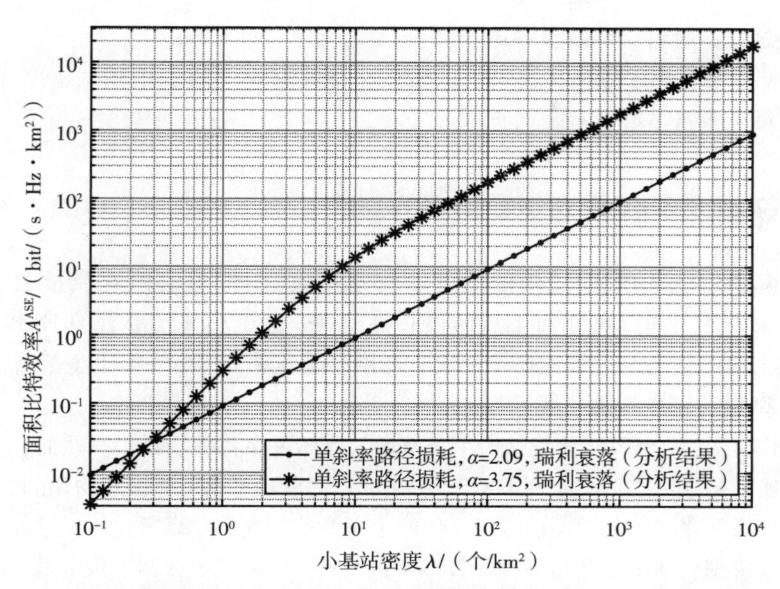

图3.5 对于不同的路径损耗指数α,面积比特效率A^{ASE}与小基站密度λ的关系

- 随着小基站密度λ的增加而快速增加,因为在噪声受限网络中,更多的小基站能够提供更高的信号质量和更好的空间重用。需要注意的是,在此双对数图中,当处于当前小基站密度范围内时,面积比特效率A^{ASE}的增加斜率大于1,这表明根据式(2.25),小基站密度λ的增加不仅可以增加空间重用(此等式中的直接乘数),还可以提供更好的网络覆盖率p^{cov}(如前所示),这些都有助于增加面积比特效率A^{ASE}。
- 当小基站密度λ足够大时,例如$\lambda>10^2$个/km²,一旦网络进入干扰受限状态,面积比特效率A^{ASE}将随着小基站密度λ的增加而线性增加。在此双对数图中,面积比特效率A^{ASE}增加的斜率表明了这一点,该斜率恰好为1。这是根据3.4.2节中的结果得出的,该结果表明,在这种情况下,网络覆盖率p^{cov}不会再随着小基站密度λ的变化而变化。因此,部署到网络中的每一个新小区都会带来相同的容量增长,从而导致了上述面积比特效率A^{ASE}的线性增长。这种容量与小基站密度λ相关的行为(或容量比例定律)称为线性容量比例定律。

当比较两种不同路径损耗指数$\alpha=3.75$和$\alpha=2.09$下的结果时,我们还可以看到,当小基站密度λ足够大时,例如$\lambda>10$个/km²时:

- 在双对数图中,两种情况下的面积比特效率A^{ASE}增加的斜率均为1。这表明面积比特效率A^{ASE}随着小基站密度λ的增加呈线性增加,如前所述。此外,应注意的是,该双对数图中两条ASE直线和平行线之间的间隙能够转化为等效线性图中相应直线的斜率差异,即更快或更慢的线性增加。
- 路径损耗指数$\alpha=3.75$时的面积比特效率A^{ASE}比路径损耗指数$\alpha=2.09$时的面积比特效率A^{ASE}大。这是由于前者具有更小的聚合小区间干扰,进而具有更好的网络覆盖率p^{cov}。

调研结果总结：面积比特效率评述

评述 3.2　在单斜率路径损耗模型中，面积比特效率 A^{ASE} 随着小基站密度 λ 的增加而线性增加，其中每个小基站都具有相同贡献。

3.4.4　小基站部署和建模对主要结果的影响

建模假设对最终结果有很大影响，这不仅体现在数量上，还体现在质量上。因此，人们可能会关心本书中使用的随机几何工具的核心部分——关于小基站部署的 HPPP 假设，是否会对密集和超密集网络的上述结论产生影响，即网络覆盖率 p^{cov} 不依赖于小基站密度，而面积比特效率 A^{ASE} 则随该密度增加呈线性增长。

注意，从广义上讲，HPPP 假设认为小基站均匀地部署在各种场景中。然而，对那些用于性能评估的更加实际的模型[153]来说，如 3GPP 模型，它假设小基站可能以非均匀的方式进行部署，例如，以簇的形式部署。行业模型还假设任何两个小基站不能彼此靠得太近。这种假设符合实际网络规划的经验法则。两个小基站不应部署得非常接近，以避免小区间干扰水平过高。

为了评估小基站部署模型的性能影响，同时考虑广泛使用的行业部署模型，我们采用了 2.1.1 节中介绍的确定性六边形布局，其中小基站部署在六边形网格上。利用这一部署模型，我们使用与前面部分相同的配置设置，通过系统级仿真来分析网络覆盖率 p^{cov} 和面积比特效率 A^{ASE} 性能。然后，将获得的结果与之前基于 HPPP 部署得到的结果进行比较。为了完整起见，请注意，可以在文献[139,200-201]中找到更多六边形网络布局性能分析的理论方法。

图 3.6 显示了研究中使用的六边形网络布局，图 3.7 和图 3.8 分别显示了基于六边形和基于 HPPP 的小基站部署的网络覆盖率 p^{cov} 和面积比特效率 A^{ASE}。

从结果可以看出，六边形小基站部署比 HPPP 部署具有更好的性能。事实上，六边形小基站部署导致了典型移动终端的信干噪比 Γ 的上限，进而导致了网络覆盖率 p^{cov} 的上限。这是因为小基站均匀地分布在场景中，最大化了任意两个小基站之间的最小距离，从而减轻了最坏情况下的小区间干扰。这自然也会产生更好的面积比特效率 A^{ASE}。重要的是，应该注意，尽管小基站的六边形部署方式改变了定量结果，但并没有改变定性结果。所以，人们仍然可以观察到网络覆盖率 p^{cov} 不依赖于小基站密度 λ，并且面积比特效率 A^{ASE} 在超密集区域随密度的增加呈线性增长。这证明了采用 HPPP 小基站部署模型来简化理论性能分析的假设的合理性。

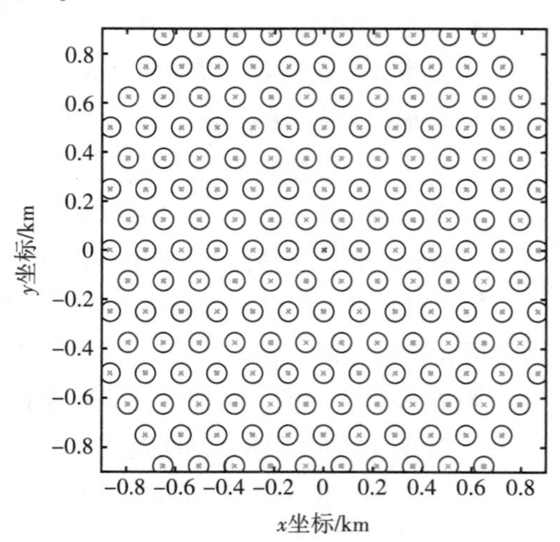

图 3.6　六边形网络布局中理想的小基站部署示意图。小基站密度约为 50 个/km²

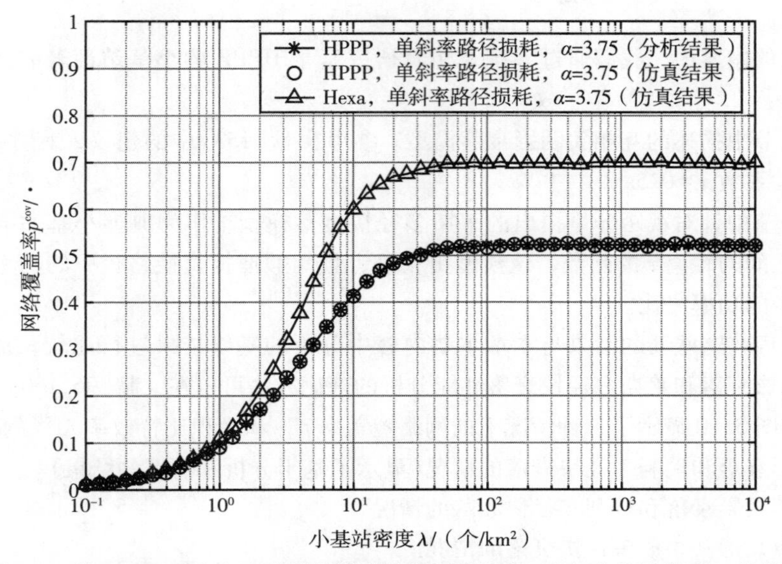

图 3.7　基于 HPPP 和六边形部署模型的网络覆盖率 p^{cov} 与小基站密度 λ 的关系

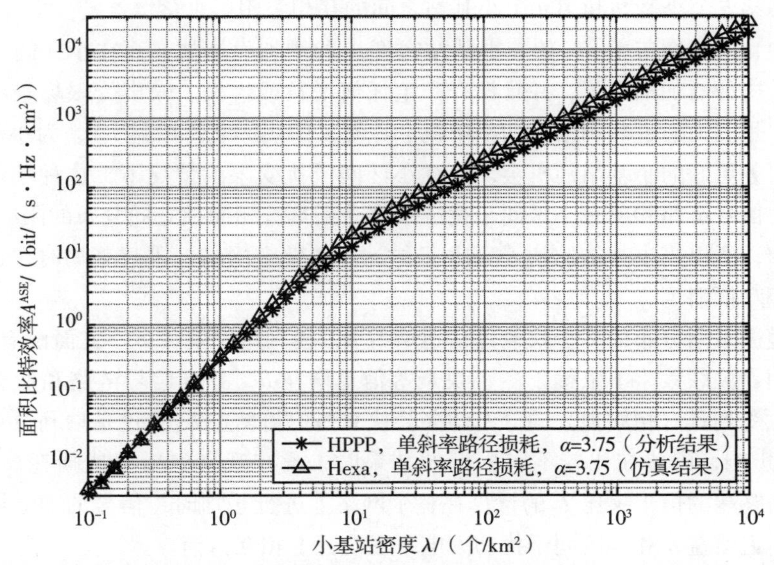

图 3.8　基于 HPPP 和六边形部署模型的面积比特效率 A^{ASE} 与小基站密度 λ 的关系

3.4.5　阴影衰落和多径衰落及其建模对主要结果的影响

与上一节类似，人们可能同样关心忽略阴影衰落，或选择瑞利多径快衰落模型是否会改变本章得出的结论，即网络覆盖率 p^{cov} 不依赖于小基站密度 λ，并且面积比特效率 A^{ASE} 随其增长而线性增长。

在接下来的内容中，我们通过系统级仿真研究基于 HPPP 的小基站部署的性能，其中考虑了以下因素：

- 2.1.7 节中描述的互相关阴影衰落模型，参考文献[153]中的建议，其方差 $\sigma_s^2 = 10\text{dB}$，互相关系数 $\tau = 0.5$。
- 2.1.8 节中针对视距分量提出的莱斯多径快衰落模型，作为典型小基站与其接入的小基站之间的距离 r 的函数，该模型更精确，且能够捕捉直接路径中的功率与其他散射路径中的功率之比。

然后，我们将这些新的结果与本章主要内容中分析的基线结果进行比较。请注意，更多关于互相关阴影衰落和莱斯多径快衰落性能分析的理论方法可以在文献[96,160]中找到。

图 3.9 和图 3.10 显示了三种情况下的网络覆盖率 p^{cov} 和面积比特效率 A^{ASE} 的结果：

- 无阴影衰落和瑞利多径快衰落的情况(显示了基于分析和仿真的结果)。
- 互相关阴影衰落和瑞利多径快衰落的情况[⊖]。
- 无阴影衰落和莱斯多径快衰落的情况。

从图 3.9 中可以看出，相比于基准测试(无阴影衰落和瑞利多径快衰落的情况)：

- 当考虑第 b 个小基站和第 u 个小基站之间的互相关阴影衰落增益 $s_{b,u}$ 时，在噪声受限的场景中，网络覆盖率 p^{cov} 随着小基站密度 λ 的增加而增加，而在小区间干扰受限的场景中，这种增加消失了，并且没有产生任何增益或损失。噪声受限场景中之所以产生增益，是因为通过利用信号功率中机会性更大的阴影衰落增益 $s_{b,u}$，为小基站提供了连接到服务更好的小基站的机会。而在小区间干扰受限的情况下，这种增益会消失，则是因为信号链路和所有小区间干扰链路都受到具有相同独立同分布的阴影衰落增益 $s_{b,u}$ 的影响，所以当小基站的信干噪比 Γ 的计算在整个网络上进行平均时，这种增益在统计上相互抵消了。
- 对于遵循莱斯分布的多径快衰落信道增益 h，在网络覆盖率 p^{cov} 方面没有观察到变化。由于用户关联策略不依赖于多径快衰落信道增益 h，并且信号链路和所有小区间干扰链路也受到具有相同独立同分布的多径快衰落信道增益 h(无论是瑞利分布还是莱斯分布)的影响，因此在比较不同模型的结果时，没有观察到增益或损耗。与之前类似，当移动终端的信干噪比 Γ 的计算在整个网络上进行平均时，信号的独立同分布多径快衰落信道增益 h 和小区间干扰功率电平在统计上相互抵消。

重要的是，应该注意到，互相关阴影衰落和莱斯多径快衰落都没有改变定性结果，并且反过来，人们仍然可以观察到网络覆盖率 p^{cov} 不依赖于小基站密度 λ，而面积比特效率 A^{ASE} 在超密集区域中则随其增长而线性增长。这证明了以下假设：

⊖ 请注意，与其他情况相反，在该场景中，移动终端到小基站的关联是基于最强的接收信号强度，而不是基于最短的距离，因为阴影衰落是大规模衰落，并且随时间缓慢变化。因此，在关联过程中应考虑这一因素。

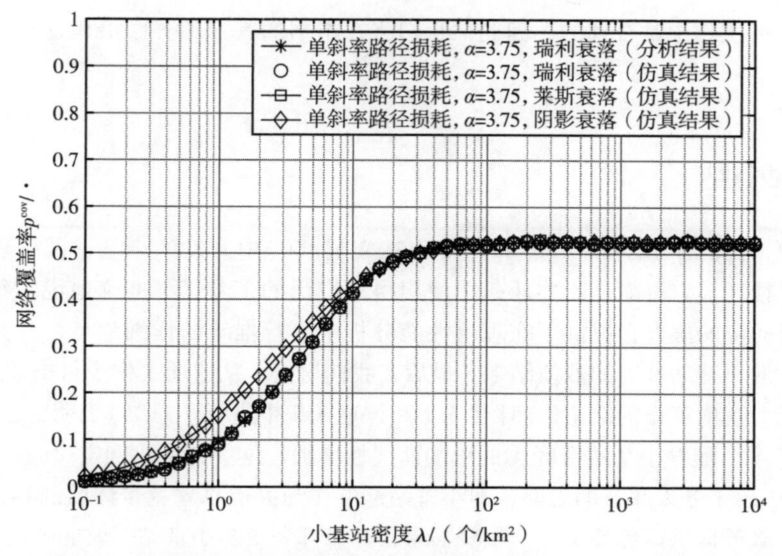

图 3.9 瑞利、莱斯和阴影衰落模型中，网络覆盖率 p^{cov} 与小基站密度 λ 的关系

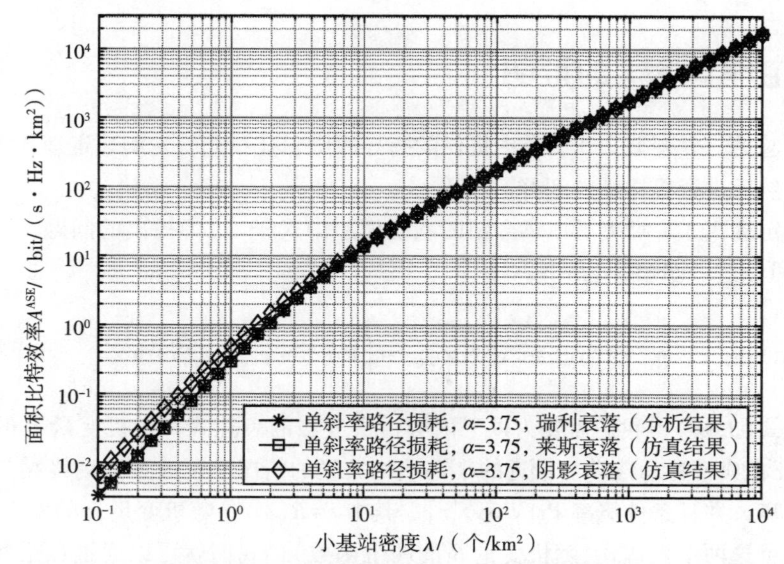

图 3.10 瑞利、莱斯和阴影衰落模型中，面积比特效率 A^{ASE} 与小基站密度 λ 的关系

- 忽略阴影衰落。
- 选择瑞利多径快衰落模型⊖。

⊖ 请注意，本声明适用于单天线移动终端和小基站的研究情况，但可能不适用于多天线情况，因为在多天线情况下，阵列天线之间的衰落相关性起着关键作用。

文献[60]的工作中是合理的，因此，我们将在本书的其余部分中沿用这些假设，除非另有说明。

3.5 本章小结

在本章中，我们介绍了 J. G. Andrews 等人在文献[60]中开发的小基站网络理论性能分析框架，在学术社区，它可能是此类任务中使用得最广泛的工具。更准确地说，我们描述了系统模型及其所对应的假设，提供了在理论性能分析中进行推导的详细信息，并分享了具有不同密度和特征的小基站部署的数值结果。最后，我们讨论了从这项工作中得出的重要结论。

重要的是，这项工作的结论(在评述 3.1 和评述 3.2 中进行了总结)表明，在超密集区域，面积比特效率 A^{ASE} 随着小基站密度 λ 的增加而线性增加。这一容量比例定律(在本书中称为线性比例定律)引出了令人兴奋的思路，即小基站能够作为提供卓越宽带体验的终极机制，这向网络运营商和服务提供商传递了一个重要信息：只需部署更多小基站，就能解决所有问题!

不幸的是，在本书的第 4~11 章中，这个结论将被证明不适用于超密集区域。

附录 A 定理 3.3.1 的证明

为了清楚起见，并遵循 2.3.2 节中提供的指导原则，让我们首先阐述定理 3.3.1 证明背后的主要思想，然后进行更详细的解释。

形式上，定理 3.3.1 解决了本章介绍的系统模型中式(3.2)中提出的问题，如 2.3.2 节所述，式(3.2)可以进一步展开为

$$p^{\mathrm{cov}}(\lambda,\gamma_0)=\Pr[\varGamma>\gamma_0]=\int_0^{+\infty}\Pr[\varGamma>\gamma_0\,|\,r]f_R(r)\,\mathrm{d}r \tag{3.10}$$

为了求解式(3.10)，我们需要为以下内容提供适当的表达式：随机变量 R 的概率密度函数 $f_R(r)$，表征在典型移动终端与最近的小基站相关联的情况下，典型移动终端与其接入的小基站之间的距离，并且条件概率 $\Pr[\varGamma>\gamma_0|r]$，其中 $r=R(\omega)$ 是随机变量 R 的实现。

一旦确定了这两个表达式(随机变量 R 的两个函数)，我们就可以通过在距离 $r=R(\omega)$ 上进行相应的积分来推导网络覆盖率 p^{cov}。这两个表达式是变量 $r=R(\omega)$ 的函数，需要找到合适的形式来定义它们。

1. 概率密度函数 $f_R(r)$ 的计算

让我们首先展示如何计算概率密度函数 $f_R(r)$。为此，我们定义了以下事件。

事件 B：距典型移动终端最近的小基站，位于距离 $r=R(\omega)$ 的位置，r 由距离随机变量 R 来定义。

根据 2.3.2 节中给出的结果，事件 B 中随机变量 R 的概率密度函数 $f_R(r)$ 可以计算为

$$f_R(r)=\frac{\partial(1-\overline{F}_R(r))}{\partial r}=2\pi\lambda r\exp(-\pi\lambda r^2) \tag{3.11}$$

这里需要强调一下，移动终端关联的是距离最近的小基站。

为了完整起见，我们还需要注意，事件 B 中随机变量 R 的互补累积分布函数 $\overline{F}_R(r)$ 可以计算为

$$\overline{F}_R(r)=\exp(-\pi\lambda r^2) \tag{3.12}$$

总的来说，需要注意的是概率密度函数 $f_R(r)$ 和互补累积分布函数 $\overline{F}_R(r)$ 之间密切相关，因为我们可以通过对距离 r 求导 $\frac{\partial(1-\overline{F}_R(r))}{\partial r}$ 来得到前者。

利用这些结果，我们可以计算出概率密度函数 $f_R(r)$ 与距离 $r=R(\omega)$ 的函数关系。

2. 条件概率 $\mathbf{Pr}[\Gamma>\gamma_0|r]$ 的计算

现在让我们展示如何计算概率 $\Pr[\Gamma>\gamma_0|r]$。

首先，通过式(3.3)中典型移动终端的信干噪比 Γ 的定义，我们可以发现：

$$\Pr[\Gamma>\gamma_0|r]=\Pr\left[\frac{P\zeta(r)h}{I_{\text{agg}}+P^{\text{N}}}>\gamma_0\right] \tag{3.13}$$

然后，对表达式 $\Pr\left[\frac{P\zeta(r)h}{I_{\text{agg}}+P^{\text{N}}}>\gamma_0\right]$ 进行处理，可以进一步得到

$$\begin{aligned}\Pr\left[\frac{P\zeta(r)h}{I_{\text{agg}}+P^{\text{N}}}>\gamma_0\right]&=\mathbb{E}_{[I_{\text{agg}}]}\left\{\Pr\left[h>\frac{\gamma_0(I_{\text{agg}}+P^{\text{N}})}{P\zeta(r)}\right]\right\}\\&=\mathbb{E}_{[I_{\text{agg}}]}\left\{\overline{F}_H\left[\frac{\gamma_0(I_{\text{agg}}+P^{\text{N}})}{P\zeta(r)}\right]\right\}\end{aligned} \tag{3.14}$$

其中，$\overline{F}_H(h)$ 是多径快衰落随机变量 h 的互补累积分布函数。

由于我们假设随机变量 h 是一个指数分布的随机变量（服从瑞利衰落），因此可以将互补累积分布函数 $\overline{F}_H(h)$ 定义为

$$\overline{F}_H(h)=\exp(-h) \tag{3.15}$$

利用这个结果，我们可以进一步阐述式(3.14)，并发现

$$\begin{aligned}\Pr\left[\frac{P\zeta(r)h}{I_{\text{agg}}+P^{\text{N}}}>\gamma_0\right]&=\mathbb{E}_{[I_{\text{agg}}]}\left\{\overline{F}_H\left[\frac{\gamma_0(I_{\text{agg}}+P^{\text{N}})}{P\zeta(r)}\right]\right\}\\&=\exp\left(-\frac{\gamma_0P^{\text{N}}}{P\zeta(r)}\right)\mathbb{E}_{[I_{\text{agg}}]}\left\{-\frac{\gamma_0}{P\zeta(r)}I_{\text{agg}}\right\}\end{aligned}$$

$$= \exp\left(\left(-\frac{\gamma_0 P^{\mathrm{N}}}{P\zeta(r)}\right) \mathscr{L}_{I_{\mathrm{agg}}}(s)\right) \tag{3.16}$$

其中，$\mathscr{L}_{I_{\mathrm{agg}}}(s)$是在点$s=\dfrac{\gamma_0}{P\zeta(r)}$处计算的聚合小区间干扰随机变量$I_{\mathrm{agg}}$的概率密度函数的拉普拉斯变换，而式

$$\mathscr{L}_X(s)=\mathbb{E}_{[X]}\left\{\exp(-sX)\right\} \tag{3.17}$$

和第2章中的式(2.46)具有相同的定义和推导。

基于以上澄清的内容及已知的用户关联策略(最短距离)，拉普拉斯变换$\mathscr{L}_{I_{\mathrm{agg}}}(s)$可以表示为

$$\begin{aligned}
\mathscr{L}_{I_{\mathrm{agg}}}(s) &= \mathbb{E}_{[I_{\mathrm{agg}}]}\left\{\exp(-sI_{\mathrm{agg}}) \mid 0<r\leqslant +\infty\right\}\\
&= \mathbb{E}_{[\Phi,\{\beta_i\},\{g_i\}]}\left\{\exp\left(-s\sum_{i:b_i\in\Phi\backslash b_o} P\beta_i g_i\right) \middle| 0<r\leqslant +\infty\right\}\\
&= \mathbb{E}_{[\Phi,\{\beta_i\},\{g_i\}]}\left\{\prod_{i:b_i\in\Phi\backslash b_o} \exp(-sP\beta_i g_i) \middle| 0<r\leqslant +\infty\right\}\\
&\overset{(a)}{=} \mathbb{E}_{[\Phi,\{\beta_i\}]}\left\{\prod_{i:b_i\in\Phi\backslash b_o} \mathbb{E}_{[g]}\{\exp(-sP\beta_i g)\} \middle| 0<r\leqslant +\infty\right\}\\
&\overset{(b)}{=} \exp\left(-2\pi\lambda\int_r^{+\infty}(1-\mathbb{E}_{[g]}\{\exp(-sP\zeta(u)g)\})u\mathrm{d}u\right)
\end{aligned} \tag{3.18}$$

其中：

- Φ是小基站的集合；
- b_o是为典型移动终端提供服务的小基站；
- b_i是第i个干扰小基站；
- β_i和g_i分别是典型移动终端和第i个干扰小基站之间的路径损耗和多径快衰落增益；
  - 步骤a成立，因为干扰多径快衰落增益g_i是独立同分布的随机变量，在本例中为瑞利随机变量；
  - 步骤b遵循式(2.47)中的坎贝尔公式，其中，我们使用$\Lambda(u)\mathrm{d}u=2\pi\lambda u\mathrm{d}u$来表示二维方面的变化。

由于距离r应在有限范围内进行计算，即$0<r\leqslant+\infty$，因此拉普拉斯变换$\mathscr{L}_{I_{\mathrm{agg}}}(s)$可进一步展开为

$$\begin{aligned}
\mathscr{L}_{I_{\mathrm{agg}}}(s) &= \exp\left(-2\pi\lambda\int_r^{+\infty}(1-\mathbb{E}_{[g]}\{\exp(-sP\zeta(u)g)\})u\mathrm{d}u\right)\\
&\overset{(a)}{=} \exp\left(-2\pi\lambda\int_r^{+\infty}\frac{u}{1+(sP\zeta(u))^{-1}}\mathrm{d}u\right)
\end{aligned}$$

$$= \exp\left(-2\pi\lambda\int_{r}^{+\infty}\frac{u}{1+(\gamma_0 r^{\alpha})^{-1}u^{\alpha}}\mathrm{d}u\right) \tag{3.19}$$

- 在步骤a中，使用瑞利随机变量g的概率密度函数$f_G(g)=1-\exp(-g)$来计算期望值$\mathbb{E}_{[g]}\{\exp(-sP\zeta(u)g)\}$。

最后，得出拉普拉斯变换$\mathscr{L}_{I_{\text{agg}}}(s)$的最后一步需要计算式(3.19)中的积分$\int_{r}^{+\infty}\frac{u}{1+(\gamma_0 r^{\alpha})^{-1}u^{\alpha}}\mathrm{d}u$。这可以通过使用超几何函数的定义来完成。为了完整起见，注意超几何函数的定义如下[156]：

$${}_2F_1[a,b;c;z]=\sum_{n=0}^{+\infty}\frac{(a)_n(b)_n}{(c)_n}\frac{z^n}{n!} \tag{3.20}$$

其中，$(q)_n$被定义为

$$(q)_n=\begin{cases}1 & n=0\\ q(q+1)\cdots(q+n-1) & n>0\end{cases} \tag{3.21}$$

基于超几何函数的拉普拉斯变换$\mathscr{L}_{I_{\text{agg}}}(s)$的结果表达式在定理3.3.1中正式给出。请注意，超几何函数的定义和解释较为复杂，对更多细节感兴趣的读者可以参考文献[156]。

使用这些结果，我们可以计算概率$\Pr[\Gamma>\gamma_0|r]$。证明完毕。

第二部分

超密集小基站通信网络基础

第4章

视距传输对超密集无线通信网络的影响

4.1 概述

部署和运营大型网络是昂贵的，因此需要仔细地规划网络容量来确保高度的无线资源利用率，进而提高大型网络的性能。然而，由于其复杂性，手动设计网络来改善无线资源利用率容易失败。在这个过程中涉及许多参数调整和隐含的权衡考虑，因此，迫切需要发展自动化工具和优化算法，以此协助网络运营商和服务提供商完成这项艰巨的任务。

从形式上讲，网络规划是指根据各种设计要求，设计网络部署及相应的网络架构和元素的过程。重要的是，网络规划必须确保网络部署有足够的无线资源，并使其得到有效利用，从而以给定的成本实现一定水平的网络性能。更详细而言，网络规划涉及两个主要活动：网络容量和详细规划，即两个关键的网络生命周期阶段，二者都至关重要。这是因为网络一旦规划和部署完成，这些实施就会对未来的网络性能产生硬性约束。在蜂窝网络中，此类硬性约束的例子包括工作频段、小基站位置等。这些都是网络的特征，一旦网络部署完毕，就很难改变，而且很可能几年都不会改变，这也是成本很高的根本原因。

网络部署完成后，另一个极为重要的网络生命周期的阶段是网络优化。网络优化的目的是确定网络配置，以便在网络运行期间实现最佳网络性能，包括最佳无线资源利用率。网络优化的另一项重要任务是识别和解决可能出现的网络性能问题，这些问题可能是由于设备故障、高小区间干扰或不可预知的高负荷等非正常无线资源耗尽而导致的暂时性问题。

要实现好的网络性能，需要合适的网络性能优化算法，这些算法既需要网络规划也需要网络优化。然而，优化算法的性能完全取决于模型在现实中准确性与复杂性之间的有效权衡。

有关网络规划和优化的参考文献可参见文献[202-204]。

查阅相关文献不难发现，有两个重要特征对网络性能影响很大，在设计网络时应加以考虑，它们是：

- 覆盖范围和容量之间的权衡；
- 无线电信道的影响。

网络的覆盖范围表示可提供最低服务质量保证的按流量加权的面积比例，其中提供的服务和最低服务质量保证均可进行具体定义。例如，有些公司可能将网络覆盖范围定义为在特定时间内，以特定接收信号强度对特定导频信号进行解码的能力，而另一些公司则可能选择更复杂的定义，例如接收具有特定平均意见分(MOS)的语音服务的能力。

与之相反，网络容量是指网络在给定无线资源(如给定带宽)的情况下所能服务的最大流量。这个定义适用于整个网络，可自动获取实际流量与可用无线资源之间的负载均衡程度，还包括干扰相关的内容。

值得注意的是，网络的覆盖范围和容量这两个指标取决于许多因素，例如地形地貌、建筑物、技术、无线频率、发射功率和接收机灵敏度等。不仅如此，网络的覆盖范围和容量也密切相关。例如，网络的覆盖范围，是指移动终端连接到基站的能力，是移动终端接收信号强度的函数。可以通过更高的发射功率、更高的天线杆、更好的天线、更好的传播特性等方式增强信号强度。然而，在有许多相邻小基站的网络中(例如本书所讨论的小基站)，增加对目标移动终端的接收信号强度会显著增加对同一区域或方向上相邻基站的移动终端的小区间干扰。这反过来会对这些相邻移动终端的信干噪比以及网络的容量产生负面影响。香农-哈特利定理[9]可以简单地解释这种平衡，见式(1.1)。

重要的是，更好的传播特性，如视距传输与非视距传输的传播特性，可以增强目标移动终端的接收信号强度。如果移动终端的小区间干扰保持不变，或者增加率保持在合理水平，那么这种增强就能显著改善移动终端的信干噪比。这也是传统网络规划工具的主要目标，在城市地区，宏蜂窝被巧妙地部署在屋顶之上，它们的天线设计成朝向街道向下倾斜，这样能为小基站中的大部分预期移动终端提供视距覆盖范围，同时使邻近基站的大部分移动终端处于非视距状态。

考虑到视距和非视距传输之间相差 20 dB 或更多，这一规划可以大大提高性能。

如果能够应用相同的经验法则，即让目标移动终端处于视距状态，让非目标移动终端处于非视距状态，那么小基站网络也有望通过网络规划实现类似的性能提升。然而，可以想象的是，当进入超密集网络领域时，这一点变得越来越困难，因为在超密集网络中，任何两个室外小基站之间的平均站间距都可能很短。例如，两个小基站可以部署在同一条街上，彼此相距 100 米。因此，这两个小基站都能减少通向其移动终端的路径损耗，从而提供视距通信，并增强对这些近距离移动终端的接收信号强度。遗憾的是，两个小基站也有可能在视距中“看到”对方的移动终端，从而对同一街道上相邻小基站的移动终端产生较大的小区间干扰。这违反了前面提到的网络设计规则，会显著降低小基站边缘移动终端的信干噪比，让人质疑在这样的位置部署第二个小基站(这个基站与邻近小基站处于同一移动终端的视距中)的好处。

为了说明这一点，图 4.1 提供了一个包含四种部署情况的示例。顶部的两种部署方式对应两种传统的宏蜂窝网络场景，底部的两种部署方式对应两种小基站场景，其中左下方的场景表示稀疏的小基站网络，右下方的场景表示超密集网络。

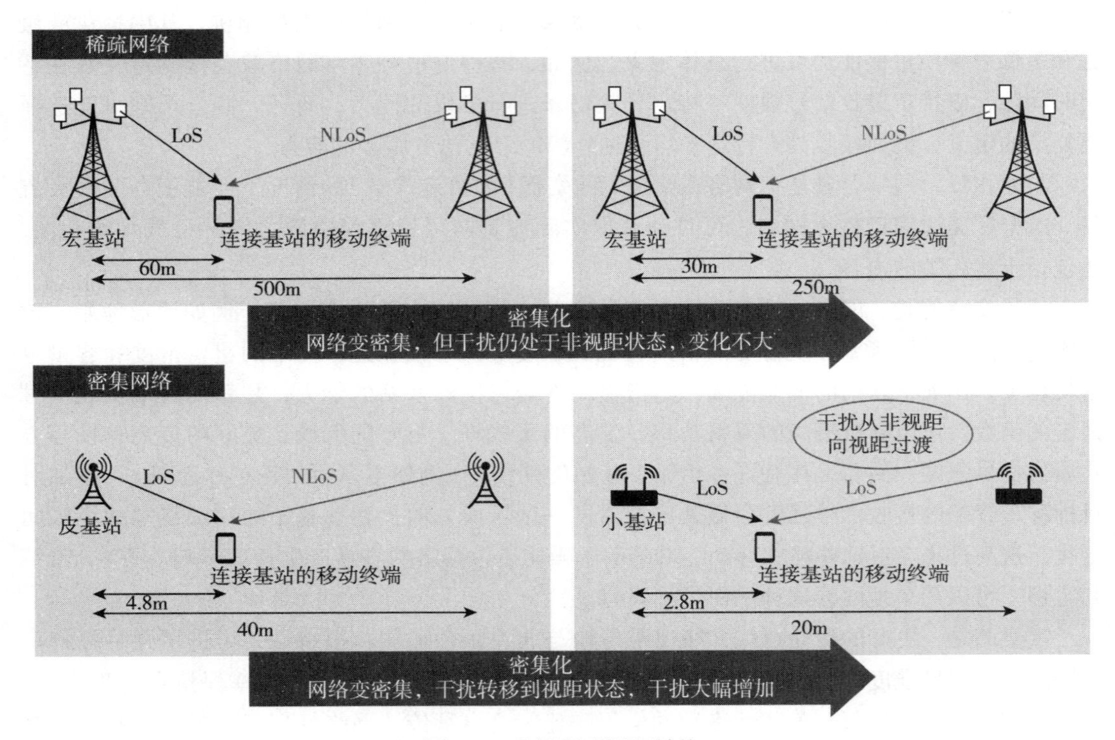

图 4.1　非视距到视距转换

让我们关注顶部的两个宏蜂窝网络场景。在左侧的图中，我们可以看到按照先前的经验法则进行的部署，站间距为 500m，其中移动终端位于距提供服务的宏蜂窝基站 60m 处，可从视距连接中受益，而最近的相邻宏蜂窝基站位于 440m 处，处于非视距状态。在右侧的图中，网络密度增加，站点间距离缩短到 250m。不过，由于这个距离仍然足够大，因此仍保留了相同的条件。二维距离减半，移动终端仍受益于与提供服务的宏蜂窝基站的视距连接，而最近的相邻宏蜂窝基站处于非视距状态。由于小区间互斥和信号功率按同比例变化，因此两个场景具有大致相同的性能。我们应该注意到，这类似于第 3 章中分析的系统模型和得出的结论。

现在让我们来看看底部的两个小基站网络。在左侧的图中，我们可以看到部署仍然遵循宏蜂窝网络的经验法则，但这次的站间距为 40m，其中移动终端与其关联的小基站间距为 4.8m，可从视距连接中受益，相邻的最近小基站距离设备 35.2m，处于非视距状态。在右侧的图中，网络进入超密集网络领域。现在距离又缩短了一半，但情况发生了变化，经验法则被打破。相邻的最近小基站已从非视距过渡到视距，在这种情况下，小区间干扰功率的增长速度要快于信号功率的增长速度。在视距和非视距传输之间的 20dB 或更多保护消失了。这会导致移动终端的信干噪比下降，从而降低网络容量。我们还应该注意到，第 3 章中研究的网络并没有考虑到这种情况，因为其单斜率路径损耗模型并不包含这种非视距向视距过渡的小区间干扰。

尽管本例中提供的确切数字可能不适用于所有场景，但在密集网络中，从非视距向视距过渡时将会发生大量链路干扰，包括：

- 室外，在密集的城市地区，有各种各样的建筑物和人造结构。
- 室内，具有宽敞空间和大型走廊的办公室、企业和工厂。

有鉴于此，特别是考虑到第 3 章使用的模型没有考虑视距和非视距传输的路径损耗模型，我们不禁要问，其结果是否适用于超高密度网络。进一步解释，人们将会担心第 3 章的重要结论(总结于评述 3.1 和评述 3.2 中)过于乐观，最终不适用于超密集网络，因此部署越来越多的小基站可能不是提供卓越宽带体验的最终机制。

这就提出了一个基本问题：

文献[60]中提出的线性容量比例定律在超密集网络中是否成立?

在本章中，我们将通过深入的理论分析来回答这一基本问题。

本章其余部分的安排如下：

- 4.2 节介绍在考虑了视距和非视距传输等因素后本理论性能分析框架中的系统模型和假设。
- 4.3 节介绍了新系统模型下网络覆盖率和面积比特效率的理论表达式。
- 4.4 节提供了一些具有不同密度和特性的小基站部署的结果，还介绍了理论性能分析得出的结论，进一步说明了密集网络中大量干扰链路从非视距向视距传输转换的重要性。为了完整起见，本节还通过系统级仿真研究了多种不同的视距概率函数以及莱斯多径快衰落(而不是瑞利多径快衰落)对推导结果和结论的影响。
- 4.5 节总结了本章的主要结论。

4.2　系统模型修正

为了评估 4.1 节所述信道特性对超密集网络的影响，在本节中，我们对 3.2 节提出的系统模型进行了升级，3.2 节的模型已经考虑了单斜率路径损耗模型，本节考虑新的系统模型：

- 同时考虑视距和非视距传输；
- 基于最强接收信号强度的新用户关联策略。

与第 3 章一样，表 4.1 提供了本章所用系统模型的概要。

表 4.1　系统模型

模型	描述	参考
传输链路		
链路方向	仅下行链路	从小基站到移动终端的传输
部署		
小基站部署	有限密度的 HPPP，$\lambda<+\infty$	见 3.2.2 节
移动终端部署	满负载的 HPPP，导致每小区至少一个移动终端	见 3.2.3 节
移动终端与小基站的关联		
信号最强的小基站	移动终端与提供最强接收信号强度的小基站建立连接	见 3.2.8 节及其参考文献，以及式(2.1.4)
路径损耗		
3GPP UMi[153]	具有概率视距和非视距传输的多斜率路径损耗： • 视距分量 • 非视距分量 • 视距传输的指数概率①	见 4.2.1 节，式(4.1) 式(4.2) 式(4.3) 式(4.19)
多径快衰落		
瑞利衰落②	高度分散的场景	见 3.2.7 节及其参考文献，以及式(2.15)
阴影衰落		
未建模	基于易处理性的原因，没有对阴影衰落建模，因为它对结果没有定性影响，参见 3.4.5 节	见 3.2.6 节及其参考文献
天线		
小基站天线	增益为 0dBi 的各向同性单天线单元	见 3.2.4 节
移动终端天线	增益为 0dBi 的各向同性单天线单元	见 3.2.4 节
小基站天线的高度	不考虑	—
移动终端天线的高度	不考虑	—
小基站的空闲态模式能力		
持续开启	小基站总是发送控制信号	—
小基站处的调度器		
轮询调度	移动终端轮流接入无线信道	见 7.1 节

① 4.4.4 节通过视距线性概率函数的仿真结果，展示它对所得结果的影响。

② 4.4.5 节通过使用莱斯多径快衰落的仿真结果，展示它对所得结果的影响。

下面将详细介绍这两种条件下的系统模型。

4.2.1　多斜率路径损耗模型

为了同时考虑视距和非视距传输，我们采用了 2.1.6 节中提出的更复杂但实用的路径损耗模型，该模型考虑视距和非视距传输，并在下文中提供了一个更通用的分段多斜率定义来确保完整性和可操作性。

在本书的其余部分，典型移动终端与任意小基站之间距离 r 的路径损耗记为 $\zeta(r)$，模型理论性能分析为

$$\zeta(r)=\begin{cases}\zeta_1(r)=\begin{cases}\zeta_1^{\mathrm{L}}(r) & \text{概率为 } \mathrm{Pr}_1^{\mathrm{L}}(r)\\ \zeta_1^{\mathrm{NL}}(r) & \text{概率为 } 1-\mathrm{Pr}_1^{\mathrm{L}}(r)\end{cases} & 0\leqslant r\leqslant d_1\\ \zeta_2(r)=\begin{cases}\zeta_2^{\mathrm{L}}(r) & \text{概率为 } \mathrm{Pr}_2^{\mathrm{L}}(r)\\ \zeta_2^{\mathrm{NL}}(r) & \text{概率为 } 1-\mathrm{Pr}_2^{\mathrm{L}}(r)\end{cases} & d_1<r\leqslant d_2\\ \quad\vdots & \\ \zeta_N(r)=\begin{cases}\zeta_N^{\mathrm{L}}(r) & \text{概率为 } \mathrm{Pr}_N^{\mathrm{L}}(r)\\ \zeta_N^{\mathrm{NL}}(r) & \text{概率为 } 1-\mathrm{Pr}_N^{\mathrm{L}}(r)\end{cases} & r>d_{N-1}\end{cases} \tag{4.1}$$

其中：

- ζ 是线性单元的路径损耗；
- r 是典型移动终端与任意小基站之间的二维距离（以千米为单位）；
- 路径损耗函数 $\zeta(r)$ 分成 N 个部分，其中每个部分 $\zeta_n(r), n\in\{1,2,\cdots,N\}$ 具有不同的传播特性，定义如下：
  - 第 n 个视距分量，$\zeta_n^{\mathrm{L}}(r)$；
  - 第 n 个非视距分量 $\zeta_n^{\mathrm{NL}}(r)$；
  - 第 n 个视距概率函数 $\mathrm{Pr}_n^{\mathrm{L}}(r)$。

在深入研究第 n 个视距分量 $\zeta(r)$，第 n 个非视距分量 ζ_n^{NL} 和第 n 个视距概率函数 $\mathrm{Pr}_n^{\mathrm{L}}(r)$ 的细节之前，让我们先注意一下这个路径损耗模型的一些特性。

这种路径损耗模型是通用的，能够适应文献中广泛使用的多个模型。例如，2.1.6 节所示的在文献[153]中定义的任何第三代合作伙伴项目(3GPP)多斜率路径损耗模型。此外，通过设置相应的段数和斜率数，该模型还可以用于实现学术界中采用的大部分路径损耗模型，例如文献[205-207]中的模型。

该模型还具有准确性和可操作性。一个现实中的视距分量、非视距分量和现实中的视距概率函数可能采用复杂的数学形式，4.4.4 节将以视距传输概率函数为例加以说明。为了获得准确的结果和分析上的可操作性，该模型将这种复杂函数近似为分段函数，每段由一个基本函数表示。这样，既能保持精度，又能减小其复杂性。

1. 视距和非视距路径损耗函数

现在让我们正式介绍第 n 个视距分量 $\zeta_n^{\mathrm{L}}(r)$ 和第 n 个非视距分量 $\zeta_n^{\mathrm{NL}}(r)$。

第 n 个视距分量 $\zeta_n^{\mathrm{L}}(r)$ 描述了在传输路径畅通无阻的情况下，信号功率随距离 r 衰减的情况，可模拟为

$$\zeta_n^{\mathrm{L}}(r)=A_n^{\mathrm{L}}r^{-\alpha_n^{\mathrm{L}}} \tag{4.2}$$

其中：

- A_n^{L} 是参考距离 $r=1\mathrm{km}$ 处，在视距情况下，给定载波频率的路径损耗。

- α_n^{L} 是路径损耗指数。

同样，第 n 个非视距分量 $\zeta_n^{\mathrm{NL}}(r)$ 表征了当传输路径受阻时，信号功率随距离 r 衰减的情况，可表示为

$$\zeta_n^{\mathrm{NL}}(r)=A_n^{\mathrm{NL}}r^{-\alpha_n^{\mathrm{NL}}} \tag{4.3}$$

其中：

- A_n^{NL} 是参考距离 $r=1\mathrm{km}$ 处，在非视距情况下，给定的载波频率的路径损耗。
- α_n^{NL} 是路径损耗指数。

为便于表述，第 n 个视距分量 $\zeta_n^{\mathrm{L}}(r)$，$n\in\{1,2,\cdots,N\}$ 和第 n 个非视距分量 $\zeta_n^{\mathrm{NL}}(r)$，$n\in\{1,2,\cdots,N\}$，使用分段函数叠加为

$$\zeta^{\mathrm{Path}}(r)=\begin{cases}\zeta_1^{\mathrm{Path}}(r) & 0\leqslant r\leqslant d_1\\ \zeta_2^{\mathrm{Path}}(r) & d_1<r\leqslant d_2\\ \vdots & \\ \zeta_N^{\mathrm{Path}}(r) & r>d_{N-1}\end{cases} \tag{4.4}$$

其中，字符串变量 Path 的值为 L 或 NL，分别表示视距和非视距。

所有这些函数的具体数值将在 4.4.1 节构建具体案例研究时提供。

2. 视距概率函数

关于式(4.1)中的第 n 个视距概率函数 $\mathrm{Pr}_n^{\mathrm{L}}(r)$，应该注意的是，它表征了传输路径是否受阻。$\mathrm{Pr}_n^{\mathrm{L}}(r)$ 是关于距离 r 的函数，通常被建模为与距离有关的单调递减函数。

为方便表述，第 n 个视距概率函数 $\mathrm{Pr}_n^{\mathrm{L}}$，$n\in\{1,2,\cdots,N\}$，也可以表示为一个分段视距概率函数，即

$$\mathrm{Pr}^{\mathrm{L}}(r)=\begin{cases}\mathrm{Pr}_1^{\mathrm{L}}(r) & 0\leqslant r\leqslant d_1\\ \mathrm{Pr}_2^{\mathrm{L}}(r) & d_1<r\leqslant d_2\\ \vdots & \\ \mathrm{Pr}_N^{\mathrm{L}}(r) & r>d_{N-1}\end{cases} \tag{4.5}$$

由于我们将在本章研究具有多个视距概率函数 $\mathrm{Pr}_n^{\mathrm{L}}(r)$ 的超密集网络的性能，因此将在后面的相应章节提供各部分的具体表达式。

4.2.2　用户关联策略

每个移动终端都将与路径损耗最小($\zeta(r)$ 最小)的小基站相连接。并且现在可以通过用户关联策略获取这种行为的状态。请注意，在第 3 章中，每个移动终端都与距离最近的小基站

相连接。然而，如果同时考虑视距和非视距传输的新路径损耗模型，这种假设与实际情况并不一致。与提供最强接收信号强度的小基站连接的移动终端可能会与距离较远但处于视距状态的小基站连接，而不是与距离较近但处于非视距状态的小基站连接。

4.3　理论性能分析及主要结果

网络覆盖率 p^{cov} 和面积比特效率 A^{ASE} 的定义分别在式(2.22)和式(2.25)中给出，为方便起见，表4.2中对此进行了总结。在本节中，我们将分析4.2节中提出的新路径损耗模型和新用户关联策略这两个关键性能指标。使用本节导出的表达式，我们将展示视距和非视距传输对超密集网络的重要影响，此外，我们将详细说明它们如何改变第3章中提出的传统理解和结论。

表4.2　关键表现指标

指标	形式化表达	参考
网络覆盖率，p^{cov}	$p^{\text{cov}}(\lambda,\gamma_0)=\Pr[\Gamma>\gamma_0]=\bar{F}_{\Gamma}(\gamma_0)$	见2.1.12节，式(2.22)
面积比特效率，A^{ASE}	$A^{\text{ASE}}(\lambda,\gamma_0)=\frac{\lambda}{\ln 2}\int_{\gamma_0}^{+\infty}\frac{p^{\text{cov}}(\lambda,\gamma)}{1+\gamma}\text{d}\gamma+\lambda\log_2(1+\gamma_0)p^{\text{cov}}(\lambda,\gamma_0)$	见2.1.12节，式(2.25)

4.3.1　网络覆盖率

在本小节中，我们考虑将上述因素引入系统模型中，并通过定理4.3.1介绍网络覆盖率 p^{cov} 的主要结果，考虑因素如下：

- 具有视距和非视距传输的多斜率路径损耗模型；
- 最强接收信号强度移动终端关联策略。

读者如果对最初提出这些结果的研究文章感兴趣，可参阅文献[208]。

定理4.3.1　考虑到式(4.1)中的路径损耗模型，可求得网络覆盖率 p^{cov}：

$$p^{\text{cov}}(\lambda,\gamma_0)=\sum_{n=1}^{\text{N}}\left(T_n^{\text{L}}+T_n^{\text{NL}}\right)\tag{4.6}$$

其中：

$$T_n^{\text{L}}=\int_{d_{n-1}}^{d_n}\Pr\left[\frac{P\zeta_n^{\text{L}}(r)h}{I_{\text{agg}}+P^{\text{N}}}>\gamma_0\right]f_{R,n}^{\text{L}}(r)\,\text{d}r\tag{4.7}$$

$$T_n^{\text{NL}}=\int_{d_{n-1}}^{d_n}\Pr\left[\frac{P\zeta_n^{\text{NL}}(r)h}{I_{\text{agg}}+P^{\text{N}}}>\gamma_0\right]f_{R,n}^{\text{NL}}(r)\,\text{d}r\tag{4.8}$$

并且 d_0 和 d_N 被分别定义为0和$+\infty$。

此外，概率密度函数$f_{R,n}^{\mathrm{L}}(r)$和$f_{R,n}^{\mathrm{NL}}(r)$分别为

$$f_{R,n}^{\mathrm{L}}(r)=\exp\left(-\int_0^{r_1}(1-\mathrm{Pr}^{\mathrm{L}}(u))2\pi u\lambda \mathrm{d}u\right)\exp\left(-\int_0^{r}\mathrm{Pr}^{\mathrm{L}}(u)2\pi u\lambda \mathrm{d}u\right)\times$$
$$\mathrm{Pr}_n^{\mathrm{L}}(r)2\pi r\lambda\quad d_{n-1}<r\leqslant d_n \tag{4.9}$$

和

$$f_{R,n}^{\mathrm{NL}}(r)=\exp\left(-\int_0^{r_2}\mathrm{Pr}^{\mathrm{L}}(u)2\pi u\lambda \mathrm{d}u\right)\exp\left(-\int_0^{r}(1-\mathrm{Pr}^{\mathrm{L}}(u))2\pi u\lambda \mathrm{d}u\right)\times$$
$$(1-\mathrm{Pr}_n^{\mathrm{L}}(r))2\pi r\lambda\quad d_{n-1}<r\leqslant d_n \tag{4.10}$$

其中，r_1 和 r_2 取决于

$$r_1=\underset{r_1}{\arg}\{\zeta^{\mathrm{NL}}(r_1)=\zeta_n^{\mathrm{L}}(r)\} \tag{4.11}$$

和

$$r_2=\underset{r_2}{\arg}\{\zeta^{\mathrm{L}}(r_2)=\zeta_n^{\mathrm{NL}}(r)\} \tag{4.12}$$

接下来计算概率 $\mathrm{Pr}\left[\frac{P\zeta_n^{\mathrm{L}}(r)h}{I_{\mathrm{agg}}+P^{\mathrm{N}}}>\gamma_0\right]$ 和 $\mathrm{Pr}\left[\frac{P\zeta_n^{\mathrm{NL}}(r)h}{I_{\mathrm{agg}}+P^{\mathrm{N}}}>\gamma_0\right]$，有

$$\mathrm{Pr}\left[\frac{P\zeta_n^{\mathrm{L}}(r)h}{I_{\mathrm{agg}}+P^{\mathrm{N}}}>\gamma_0\right]=\exp\left(-\frac{\gamma_0P^{\mathrm{N}}}{P\zeta_n^{\mathrm{L}}(r)}\right)\mathscr{L}_{I_{\mathrm{agg}}}^{\mathrm{L}}\left(\frac{\gamma_0}{P\zeta_n^{\mathrm{L}}(r)}\right) \tag{4.13}$$

其中，$\mathscr{L}_{I_{\mathrm{agg}}}^{\mathrm{L}}(s)$是小区间干扰随机变量 I_{agg} 的拉普拉斯变换，在视距信号传输条件下，当变量 $s=\frac{\gamma_0}{P\zeta_n^{\mathrm{L}}(r)}$时可表示为

$$\mathscr{L}_{I_{\mathrm{agg}}}^{\mathrm{L}}(s)=\exp\left(-2\pi\lambda\int_r^{+\infty}\frac{\mathrm{Pr}^{\mathrm{L}}(u)u}{1+(sP\zeta^{\mathrm{L}}(u))^{-1}}\mathrm{d}u\right)\times$$
$$\exp\left(-2\pi\lambda\int_{r_1}^{+\infty}\frac{[1-\mathrm{Pr}^{\mathrm{L}}(u)]u}{1+(sP\zeta^{\mathrm{NL}}(u))^{-1}}\mathrm{d}u\right) \tag{4.14}$$

和

$$\mathrm{Pr}\left[\frac{P\zeta_n^{\mathrm{NL}}(r)h}{I_{\mathrm{agg}}+P^{\mathrm{N}}}>\gamma_0\right]=\exp\left(-\frac{\gamma_0P^{\mathrm{N}}}{P\zeta_n^{\mathrm{NL}}(r)}\right)\mathscr{L}_{I_{\mathrm{agg}}}^{\mathrm{NL}}\left(\frac{\gamma_0}{P\zeta_n^{\mathrm{NL}}(r)}\right) \tag{4.15}$$

其中，$\mathscr{L}_{I_{\mathrm{agg}}}^{\mathrm{NL}}(s)$是小区间干扰聚合随机变量 I_{agg} 的拉普拉斯变换，在变量值 $s=\frac{\gamma_0}{P\zeta_n^{\mathrm{NL}}(r)}$时，用于评估非视距信号传输，可表示为

$$\mathscr{L}_{I_{\mathrm{agg}}}^{\mathrm{NL}}(s)=\exp\left(-2\pi\lambda\int_{r_2}^{+\infty}\frac{\Pr^{\mathrm{L}}(u)u}{1+(sP\zeta^{\mathrm{L}}(u))^{-1}}\mathrm{d}u\right)\times$$
$$\exp\left(-2\pi\lambda\int_{r}^{+\infty}\frac{[1-\Pr^{\mathrm{L}}(u)]u}{1+(sP\zeta^{\mathrm{NL}}(u))^{-1}}\mathrm{d}u\right)\tag{4.16}$$

证明　参考附录 A。

为便于理解该定理，图 4.2 展示了一个流程图，描述了为计算定理 4.3.1 的结论而对第 3 章中介绍的传统随机几何框架进行的必要改进。在图 3.2 所示逻辑的基础上，典型移动终端的信号功率大于小区间干扰功率乘以信干噪比阈值 γ_0 的概率，现在需要在视距和非视距两种情况中都分别考虑信号强度和小区间干扰，如图 4.2 中的虚线块所示。

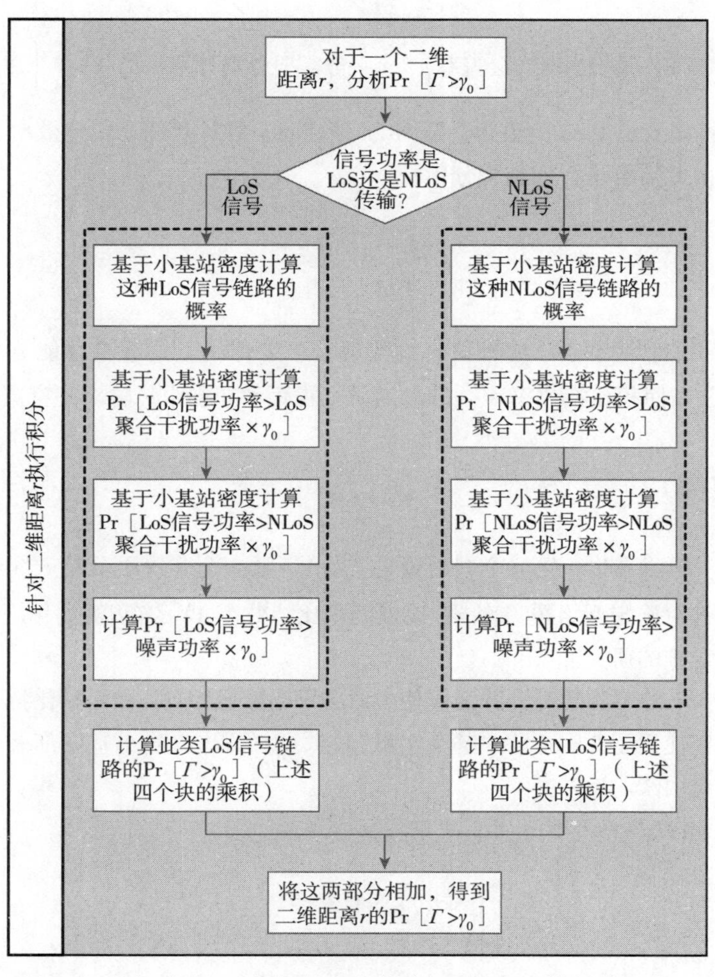

图 4.2　在标准随机几何框架内考虑非视距和视距传输获得定理 4.3.1 所述结论的逻辑步骤

4.3.2 面积比特效率

与第3章类似，要计算面积比特效率 A^{ASE} 的理论结果，必须将从定理4.3.1中得到的网络覆盖率 p^{cov} 代入式(2.24)，以计算典型移动终端的信干噪比 Γ 的概率密度函数 $f_{\Gamma}(\gamma)$。然后，我们可以通过求解式(2.25)得到面积比特效率 A^{ASE}。有关面积比特效率计算的更多信息，请参见表4.2。

4.3.3 计算复杂度

要计算定理4.3.1中提出的网络覆盖率 p^{cov}，一般需要分别计算 $\{f_{R,n}^{\mathrm{Path}}(r)\}$、$\left\{\mathscr{L}_{I_{\mathrm{agg}}}\left(\frac{\gamma_0}{P\zeta_n^{\mathrm{Path}}(r)}\right)\right\}$ 和 $\{T_n^{\mathrm{Path}}\}$，其中字符串变量 Path 的值为 L 或 NL。请注意，在计算面积比特效率 A^{ASE} 时还需要额外的积分计算，因此需要进行四重积分计算。

4.4 讨论

在本节中，我们利用静态系统级仿真的数值结果来评估上述理论性能分析的准确性，并从网络覆盖率 p^{cov} 和面积比特效率 A^{ASE} 的角度研究视距和非视距传输对超密集网络的影响。

4.4.1 案例研究

从定理4.3.1可以看出，第 n 个视距分量 $\zeta_n^{\mathrm{L}}(r)$、第 n 个非视距分量 $\zeta_n^{\mathrm{NL}}(r)$ 和第 n 个视距概率函数 $\mathrm{Pr}_n^{\mathrm{L}}(r)$ 都对确定网络覆盖率 p^{cov} 以及面积比特效率 A^{ASE} 有积极的作用。本章其余部分将对这些进行更详细的研究。

作为定理4.3.1的案例研究，并为了使本章中网络覆盖率 p^{cov} 和面积比特效率 A^{ASE} 的计算更具实用性，我们使用了2.1.6节中基于文献[153]的3GPP户外小基站部署的现实假设，同时考虑了以下两个因素。

- 路径损耗函数 $\zeta(r)$：

$$\zeta(r)=\begin{cases}A^{\mathrm{L}}r^{-\alpha^{\mathrm{L}}} & \text{概率为}\mathrm{Pr}^{\mathrm{L}}(r)\\ A^{\mathrm{NL}}r^{-\alpha^{\mathrm{NL}}} & \text{概率为}(1-\mathrm{Pr}^{\mathrm{L}}(r))\end{cases}\tag{4.17}$$

- 指数分布的视距概率函数 $\mathrm{Pr}^{\mathrm{L}}(r)$：

$$\Pr^{L}(r)=0.5-\min\left\{0.5,5\exp\left(-\frac{R_1}{r}\right)\right\}+\min\left\{0.5,5\exp\left(-\frac{r}{R_2}\right)\right\} \tag{4.18}$$

其中，R_1 和 R_2 是形状参数，用于确保视距概率函数 $\Pr^{L}(r)$ 的连续性。

重要的是，这个概率函数 $\Pr^{L}(r)$ 可以根据式(4.5)中提出的一般路径损耗模型重新表述为

$$\Pr^{L}(r)=\begin{cases}1-5\exp(-R_1/r) & 0<r\leqslant d_1\\ 5\exp(-r/R_2) & r>d_1\end{cases} \tag{4.19}$$

其中，$d_1=\dfrac{R_1}{\ln 10}$。

考虑到式(4.1)中提出的一般路径损耗模型，由式(4.17)和式(4.19)组合而成的特殊路径损耗模型可视为式(4.1)的特例，其赋值如下：

- $N=2$；
- $\zeta_1^{L}(r)=\zeta_2^{L}(r)=A^{L}r^{-\alpha^{L}}$；
- $\zeta_1^{NL}(r)=\zeta_2^{NL}(r)=A^{NL}r^{-\alpha^{NL}}$；
- $\Pr_1^{L}(r)=1-5\exp(-R_1/r)$；
- $\Pr_2^{L}(r)=5\exp(-r/R_2)$。

为清晰起见，在本书中将对基于 3GPP 的用例(称为 3GPP 案例研究)进行详细的说明，根据文献[153]的表 A.1-3、表 A.1-4 和表 A.1-7，它使用以下参数：

- 最大天线增益，$G_M=0\text{dB}$；
- 当载波频率为 2GHz 时，路径损耗指数为 $\alpha^{L}=2.09$ 和 $\alpha^{NL}=3.75$；
- 参考路径损耗为 $A^{L}=10^{-10.38}$ 和 $A^{NL}=10^{-14.54}$；
- 发射功率 $P=24\text{dBm}$；
- 噪声功率 $P^{N}=-95\text{dBm}$，其中包括移动终端的噪声系数 9dB。

根据系统模型定义，要获得该 3GPP 案例研究的网络覆盖率 p^{cov} 和面积比特效率 A^{ASE} 的结果，需要将式(4.17)和式(4.19)代入定理 4.3.1。

1. 小基站密度

关于小基站密度的研究，与第 3 章类似，我们认为当 $\lambda=10^4$ 个小基站/km^2 时小基站密度达到最高。在仍然使用基于齐次泊松点过程(HPPP)部署的简单系统模型时，我们能够接受的所选路径损耗模型的发射机到接收机的最小距离为 10m。

2. 测量基准

在本性能评估中，我们使用第 3 章前面介绍的单斜率路径损耗模型作为基准，参考路径损耗 $A^{NL}=10^{-14.54}$，路径损耗指数 $\alpha=3.75$。

4.4.2 网络覆盖率的性能

首先，图 4.3 显示了信干噪比阈值 $\gamma_0=0\mathrm{dB}$ 时，以下四种配置下的网络覆盖率 p^{cov}：

- 配置 a：单斜率路径损耗模型(分析结果)。
- 配置 b：单斜率路径损耗模型(仿真结果)。
- 配置 c：视距和非视距传输的多斜率路径损耗模型(分析结果)。
- 配置 d：视距和非视距传输的多斜率路径损耗模型(仿真结果)。

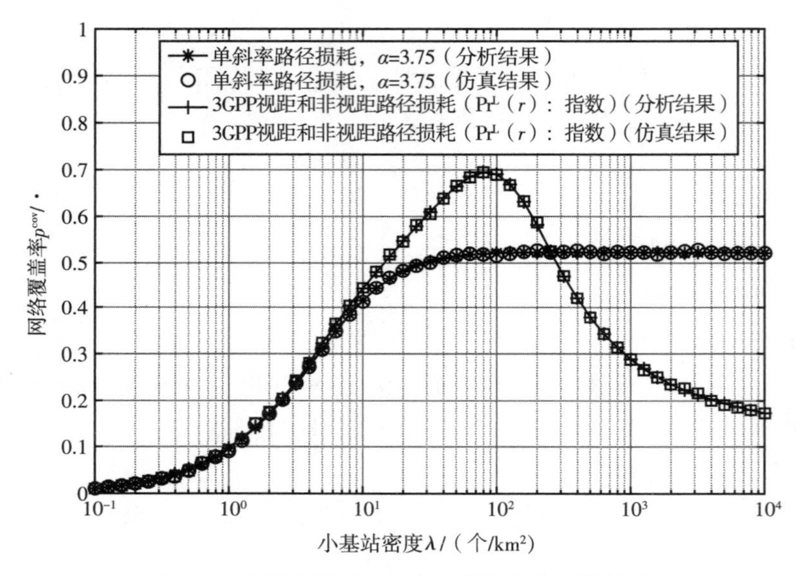

图 4.3 网络覆盖率 p^{cov} 与小基站密度 λ 的关系

请注意比较，图 4.3 中包含了第 3 章中已经介绍并讨论过的配置 a 和配置 b。

从图 4.3 中可以看出，分析结果配置 c 与仿真结果配置 d 非常吻合。这证实了定理 4.3.1 及其推导的准确性。由于准确度的拟合效果很好，而且面积比特效率 A^{ASE} 的结果是根据网络覆盖率 p^{cov} 的结果计算的，因此本章以下部分只对分析结论进行讨论。

从图 4.3 中我们可以看到配置 a 中单斜率路径损耗模型的网络覆盖率 p^{cov}：

- 首先，随着小基站密度 λ 的增加而增加，因为在噪声受限的网络中，更多的小基站会提供更好的覆盖；
- 其次，当小基站密度 λ 足够大时，例如 $\lambda>10^2$ 个/km²，由于网络已进入干扰受限状态，所以网络覆盖率 p^{cov} 就与小基站密度 λ 无关了。由此我们可以判断，在单斜率路径损耗函数的简单假设下，干扰受限的网络中，典型移动终端与干扰小基站之间距离变小导致的小区间干扰功率增加，正好被典型移动终端与其关联的小基站之间距离变小导致的信号功率增加所抵消。因此，随着小基站密度 λ 的增加，典型移动终端的信干噪比 Γ 以及网络覆盖率 p^{cov} 保持不变。

相反，从图 4.3 中我们还可以观察到，多斜率路径损耗模型得出的网络覆盖率 p^{cov} 与同时考虑视距和非视距传输的配置 c 有不同的行为表现。在 3GPP 案例研究中：

- 当网络稀疏时，网络覆盖率 p^{cov} 会随着小基站密度 λ 的增加而增加，这与单斜率路径损耗函数类似。
- 当小基站密度 λ 足够大时，例如 $\lambda>10^2$ 个/km^2，由于密集网络中大量干扰链路从非视距过渡到视距，网络覆盖率 p^{cov} 会随着小基站密度 λ 的增加而降低。换句话说，当小基站密度 λ 增加时，发射机和接收机之间的平均距离减小，视距传输发生的概率越来越高于非视距传输，从而明显增强了小区间干扰。请注意，最大网络覆盖率 p^{cov} 是存在的，而且在本 3GPP 案例研究中，它是在一定的小基站密度 λ_0 条件下获得的（即 p^{cov} 相对于小基站密度 λ 的偏导数为 0 时，$\lambda_0=\arg\left\{\frac{\partial p^{cov}}{\partial\lambda}=0\right\}$）。这个公式的解可以用文献[209]标准的分段搜索法进行计算。在图 4.3 中，小基站密度 $\lambda_0=79.43$ 个/km^2。
- 当小基站密度 λ 相当大时，例如 $\lambda\geqslant10^3$ 个/km^2，网络覆盖率 p^{cov} 的下降速度较慢，逐渐趋向于一个恒定值。这是因为信号和小区间干扰功率水平都逐渐趋向以视距为主，因此最终会趋向于相同的路径损耗指数，即视距分量，并以相同的速度增长。

在比较单斜率和多斜率两种不同路径损耗模型的结果时，在图 4.3 中还必须注意到，当小基站密度在 $\lambda\in[20,200]$ 范围内时，对比分析结果，同时包含视距和非视距输的多斜率路径损耗模型比单斜率路径损耗模型拥有更好的网络覆盖率 p^{cov}。这是因为在如此小的小基站密度范围内，在多斜率路径损耗情况下，小区间干扰功率以非视距为主，而信号功率以视距为主，而对于单斜率路径损耗情况，小区间干扰和信号功率始终是非视距模型。因此，前一种情况下路径损耗指数越小，信号功率就越大，从而提高了典型移动终端的信干噪比 Γ，进而提高了网络覆盖率 p^{cov}。

1. NetVisual 分析

为了更直观地显示网络覆盖率 p^{cov} 的基本特性，图 4.4 显示了 50、250 和 2500 三种不同小基站密度场景，并且同时考虑了单斜率和多斜率路径损耗函数，以及视距和非视距传输的网络覆盖率热力图。这些热力图使用 NetVisual 计算。如 2.4 节所述，该工具不仅能记录网络覆盖率 p^{cov} 的平均值，还能体现其标准差，同时还提供了直观的图表用于评估性能。

从图 4.4 可以看出，与单斜率路径损耗模型相比：

- 当小基站密度 λ 约为 50 个/km^2 时，多斜率路径损耗模型的网络覆盖率热力图变得更加明亮。这是因为和大多数非视距传输干扰链路相比，视距传输增强了信号功率。从数据上来看，平均值和标准差分别从 0.54 和 0.31 变化到 0.71 和 0.22，即平均值提高了 31.48%。

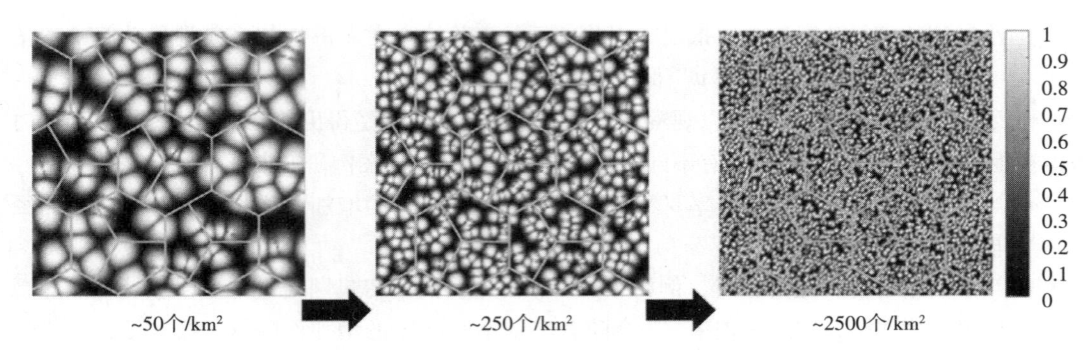

a）非视距单斜率路径损耗模型的网络覆盖率p^{cov}。亮区（高信干噪比网络覆盖率）和暗区（低信干噪比网络覆盖率）的大小与网络密度大致相同，表明信干噪比性能不变

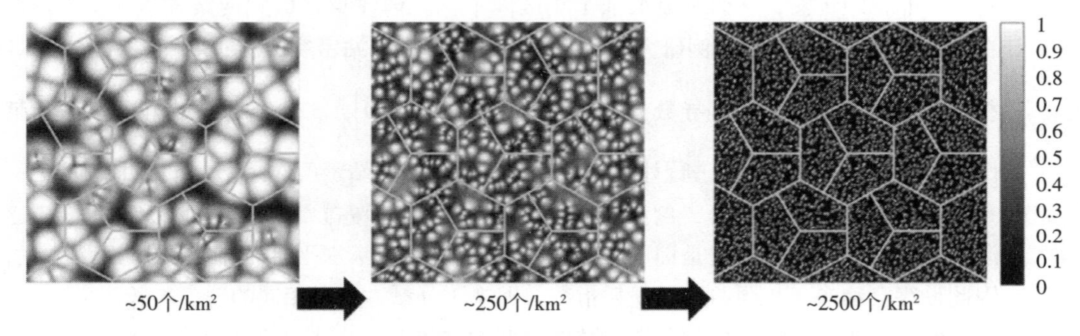

b）包含视距和非视距传输的多斜率路径损耗模型网络覆盖率p^{cov}。与图4.4a相比，随着小基站密度λ的增加，信干噪比热力图变得更暗，这表明在密集网络中大量干扰链路从非视距过渡到视距会导致性能显著下降

图 4.4　网络覆盖率 p^{cov} 与小基站密度 λ 的 NetVisual 图(亮区表示高概率，暗区表示低概率)

- 当小基站密度 λ 等于或大于 250 个/km^2 时，多斜率路径损耗模型的网络覆盖率热力图变暗，从而显示出性能下降。这是由于在密集网络中，大量干扰链路从非视距过渡到视距。从数据上来看，在 250 个/km^2 的情况下，平均值和标准差分别从 0.54 和 0.31 降为 0.51 和 0.23，即平均值下降了 5.56%。
- 图中的测试结果显示，在小基站密度 λ 最大的情况下，非视距到视距小区间干扰的转换使网络覆盖率热力图下降幅度更大。从数据上来看，在 2500 个/km^2 的情况下，平均值和标准差分别从 0.53 和 0.32 降为 0.22 和 0.26，即平均值下降了 58.49%。

2. 网络覆盖率的调研结果摘要

评述 4.1　参考同时包括视距和非视距传输的多斜率路径损耗模型，在密集网络中，从非视距过渡到视距的大量干扰链路会影响典型移动终端的信干噪比 Γ。因此，网络覆盖率 p^{cov} 并不像第 3 章描述的那样保持不变，而是在密集和超密集网络状态下随着小基站密度 λ 的增加而降低。

4.4.3 面积比特效率的性能

现在让我们探讨面积比特效率 A^{ASE} 的性能。

图 4.5 显示了信干噪比的值 $\gamma_0=0\mathrm{dB}$ 时，面积比特效率 A^{ASE} 的两种配置：

- 配置 a：单斜率路径损耗模型(分析结果)。
- 配置 b：同时包括视距和非视距传输的多斜率路径损耗模型(分析结果)。

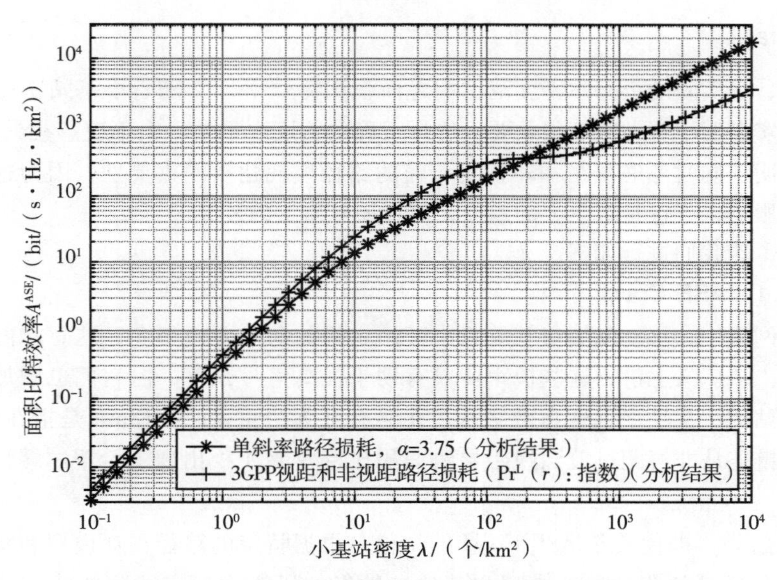

图 4.5　面积比特效率 A^{ASE} 与小基站密度 λ 的关系

从图 4.5 配置 a(单斜率路径损耗函数)的结果中可以观察到的面积比特效率 A^{ASE} 如 3.4.3 节所述，一旦网络进入干扰受限状态，随着小基站密度 λ 的增加而线性增加。网络覆盖率的结果表明，在这种小基站密度机制下，网络覆盖率 p^{cov} 与小基站密度 λ 无关。

与此相反，从图 4.5 中我们还可以观察到，配置 b(包含视距和非视距传输的多斜率路径损耗函数)的面积比特效率 A^{ASE} 显示出更复杂的趋势。在这项 3GPP 案例研究中：

- 当网络稀疏时，例如 $\lambda\leqslant\lambda_0$ 个/km^2 时，面积比特效率 A^{ASE} 会随着小基站密度 λ 的增加而迅速增加，这是因为网络通常是噪声受限的，因此增加小基站的数量会显著提高信号质量和空间重用率。重要的是，在这种密度情况下，对数图中面积比特效率 A^{ASE} 的上升斜率大于 1，这表明，根据式(2.25)，通过空间重用(在公式中直接相乘)，不仅可以通过增加小基站密度 λ 来增加面积比特效率 A^{ASE}，通过增加网络覆盖率 p^{cov} 也可以达到这样的效果，这一点在前面的讨论中已经有过说明。
- 当小基站密度 λ 足够大时，例如 $\lambda>10^2$ 个/km^2，随着小基站密度 λ 的增加，面积比特

效率 A^{ASE} 的增长率会放缓甚至下降。这是因为在图 4.3 所示的密度下，在密集网络中，大量干扰链路从非视距过渡到视距传输，进而导致网络覆盖率 p^{cov} 下降。

- 当小基站密度 λ 非常大时，例如 $\lambda \geqslant 10^3$ 个/km^2，面积比特效率 A^{ASE} 再次增长，并且与小基站密度 λ 的增长呈近似线性增长。[⊖]这是因为在超密集网络中，网络覆盖率 p^{cov} 的衰减率下降，网络覆盖率 p^{cov} 渐近趋于恒定值。因为信号和小区间干扰功率水平都逐渐以视距为主，最终取决于相同的路径损耗指数，即视距分量，所以以相同的速度增长。

1. ASE Crawl

总的来说，在实际的小基站密度范围内，面积比特效率 A^{ASE} 随着小基站密度 λ 的增加而减少，这一事实表明小基站密度很重要，选择正确的密度水平是一个不应忽视的问题。此外，这些结果也表明了同时考虑视距和非视距传输的路径损耗建模的重要性，因为这些考虑对最终结果产生的影响，不仅是数量上的差异，而且还有质量的差异。

有鉴于此，让我们进行如下定义。

定义 4.4.1 ASE Crawl

在超密集网络中，移动终端与其关联小基站之间的距离要短得多，这意味着出现视距传输的概率较高。从广义上讲，这些视距传输有助于提高信号强度，但它们也增加了来自更多且更近的小基站的干扰功率，这在网络密集化时会更为严重。ASE Crawl 是指在密集网络中，由于大量干扰链路从非视距过渡到视距导致面积比特效率 A^{ASE} 出现不希望的缓慢增长甚至下降的现象。

值得注意的是，即使关于 ASE Crawl 的结论是根据特定的路径损耗模型和特定的参数集得出的，一些使用其他路径损耗模型和其他参数集的研究也证实了这些结论的普遍性。我们将在下面两节中举例说明。重要的是，这种非视距到视距小区间干扰转换的影响和这一理论结果背后的结论也在文献[80]的实验中得到了证实。在该实验中，密集化因子增加 100 多倍(从 9 增加到 1107)，而网络容量增加了近 70 倍(从 16 增加到 1107)，这显然不是线性的。

2. 面积比特效率的调研结果摘要

评述 4.2 同时考虑视距和非视距传输的多斜率路径损耗模型，面积比特效率 A^{ASE} 并不像第 3 章中那样随着小基站密度 λ 的增加而线性增加，而是随着小基站密度 λ 的增加而增速放缓甚至下降。由于小区间干扰不断增加，每个小基站对面积比特效率 A^{ASE} 的贡献无法保持恒定。一旦大多数干扰小基站处于视距状态，超密集网络的面积比特效率 A^{ASE} 就会开始线性增长，但斜率较小。

⊖ 对数-对数图中的一元斜率表示等价线性图中的线性关系。

4.4.4 视距传输概率和建模对主要结果的影响

为了完整性，应该注意的是与式(4.18)中呈现的指数函数不同，还可能存在其他视距概率函数，因此人们可能会想知道对非视距到视距的小区间干扰转换进行不同的建模是否会改变上述结论。

为了回答这个问题，我们在本节中使用不同的视距概率函数 $\mathrm{Pr}^{\mathrm{L}}(r)$ 分析了网络覆盖率 p^{cov} 和面积比特效率 A^{ASE}。更详细地说，我们使用的是文献[157]第5.5.3节中定义的视距概率函数 $\mathrm{Pr}^{\mathrm{L}}(r)$，这同样适用于室外小基站部署，其数学形式为

$$\mathrm{Pr}^{\mathrm{L}}(r)=\begin{cases}1-\dfrac{r}{d_1} & 0<r\leqslant d_1\\ 0 & r>d_1\end{cases} \tag{4.20}$$

其中，d_1 是一个参数，决定了视距概率函数 $\mathrm{Pr}^{\mathrm{L}}(r)$ 的斜率。在文献[157]中，$d_1=0.3\mathrm{km}$，用于城市情况。

值得注意的是，这个视距概率函数 $\mathrm{Pr}^{\mathrm{L}}(r)$ 并非指数形式，而是线性形式，因此可以进一步推导，得到更简洁的结果。

考虑到式(4.1)中提出的一般路径损耗模型，由式(4.17)和式(4.20)组合而成的特殊路径损耗模型可视为式(4.1)的另一种特例，其赋值如下：

- $N=2$；
- $\zeta_1^{\mathrm{L}}(r)=\zeta_2^{\mathrm{L}}(r)=A^{\mathrm{L}}r-\alpha^{\mathrm{L}}$；
- $\zeta_1^{\mathrm{NL}}(r)=\zeta_2^{\mathrm{NL}}(r)=A^{\mathrm{NL}}r-\alpha^{\mathrm{NL}}$；
- $\mathrm{Pr}_1^{\mathrm{L}}(r)=1-\dfrac{r}{d_1}$；
- $\mathrm{Pr}_2^{\mathrm{L}}(r)=0$。

为清晰起见，本章将基于3GPP的这个用例称为替代3GPP案例研究。

下面，我们将利用式(4.20)提出的新视距概率函数 $\mathrm{Pr}^{\mathrm{L}}(r)$，并利用更好的可处理性，推导出该替代3GPP案例研究的网络覆盖率 p^{cov} 和面积比特效率 A^{ASE}。

1. 网络覆盖率

根据定理4.3.1，该替代3GPP案例研究的网络覆盖率 p^{cov} 可计算为

$$p^{\mathrm{cov}}(\lambda,\gamma_0)=\sum_{n=1}^{2}(T_n^{\mathrm{L}}+T_n^{\mathrm{NL}})=T_1^{\mathrm{L}}+T_1^{\mathrm{NL}}+T_2^{\mathrm{L}}+T_2^{\mathrm{NL}} \tag{4.21}$$

下面，我们将介绍如何使用数值可控的积分形式计算分量 T_1^{L}，T_1^{NL}，T_2^{L} 和 T_2^{NL}。

1)分量 T_1^{L} 的计算

根据定理 4.3.1，分量 T 可以推导为

$$\begin{aligned} T_1^{\mathrm{L}} &= \int_0^{d_1} \exp\left(-\frac{\gamma_0 P^{\mathrm{N}}}{P\zeta_1^{\mathrm{L}}(r)}\right) \mathscr{L}_{I_{\mathrm{agg}}}\left(\frac{\gamma_0}{P\zeta_1^{\mathrm{L}}(r)}\right) f_{R,1}^{\mathrm{L}}(r)\,\mathrm{d}r \\ &\overset{(a)}{=} \int_0^{d_1} \exp\left(-\frac{\gamma_0 r^{\alpha^{\mathrm{L}}} P^{\mathrm{N}}}{PA^{\mathrm{L}}}\right) \mathscr{L}_{I_{\mathrm{agg}}}\left(\frac{\gamma_0 r^{\alpha^{\mathrm{L}}}}{PA^{\mathrm{L}}}\right) f_{R,1}^{\mathrm{L}}(r)\,\mathrm{d}r \end{aligned} \tag{4.22}$$

其中：

- 将式(4.17)中的 $\zeta(r)=A^{\mathrm{L}}r^{-\alpha^{\mathrm{L}}}$ 代入式(4.22)的步骤 a。
- $\mathscr{L}_{I_{\mathrm{agg}}}$ 是聚集的小区间干扰随机变量 I_{agg} 在变量值 $s=\frac{\gamma_0 r^{\alpha^{\mathrm{L}}}}{PA^{\mathrm{L}}}$时的拉普拉斯变换。

在式(4.22)中，根据定理 4.3.1 和式(4.20)，可求得概率密度函数$f_{R,1}^{\mathrm{L}}(r)$为

$$\begin{aligned} f_{R,1}^{\mathrm{L}}(r) &= \exp\left(-\int_0^{r_1} \lambda \frac{u}{d_1} 2\pi u \mathrm{d}u\right) \exp\left(-\int_0^{r} \lambda\left(1-\frac{u}{d_1}\right) 2\pi u \mathrm{d}u\right) \left(1-\frac{r}{d_1}\right) 2\pi r\lambda \\ &= \exp\left(-\pi\lambda r^2 + 2\pi\lambda\left(\frac{r^3}{3d_1} - \frac{r_1^3}{3d_1}\right)\right) \left(1-\frac{r}{d_1}\right) 2\pi r\lambda \quad 0<r\leqslant d_1 \end{aligned} \tag{4.23}$$

其中，$r_1=\left(\frac{A^{\mathrm{NL}}}{A^{\mathrm{L}}}\right)^{\frac{1}{\alpha^{\mathrm{NL}}}} r^{\frac{\alpha^{\mathrm{L}}}{\alpha^{\mathrm{NL}}}}$可以根据式(4.11)计算。

此外，为了计算式(4.22)中在$0<r\leqslant d_1$ 范围内的拉普拉斯变换 $\mathscr{L}_{I_{\mathrm{agg}}}\left(\frac{\gamma_0 r^{\alpha^{\mathrm{L}}}}{PA^{\mathrm{L}}}\right)$，我们提供了引理 4.4.2。

引理 4.4.2　在$0<r\leqslant d_1$ 范围内的拉普拉斯变换 $\mathscr{L}_{I_{\mathrm{agg}}}\left(\frac{\gamma_0 r^{\alpha^{\mathrm{L}}}}{PA^{\mathrm{L}}}\right)$ 可以通过以下方法计算：

$$\begin{aligned} &\mathscr{L}_{I_{\mathrm{agg}}}\left(\frac{\gamma_0 r^{\alpha^{\mathrm{L}}}}{PA^{\mathrm{L}}}\right) = \\ &\exp(-2\pi\lambda(\rho_1(\alpha^{\mathrm{L}},1,(\gamma_0 r^{\alpha^{\mathrm{L}}})^{-1},d_1) - \rho_1(\alpha^{\mathrm{L}},1,(\gamma_0 r^{\alpha^{\mathrm{L}}})^{-1},r)))\times \\ &\exp\left(\frac{2\pi\lambda}{d_0}(\rho_1(\alpha^{\mathrm{L}},2,(\gamma_0 r^{\alpha^{L}})^{-1},d_1) - \rho_1(\alpha^{\mathrm{L}},2,(\gamma_0 r^{\alpha^{L}})^{-1},r))\right)\times \\ &\exp\left(-\frac{2\pi\lambda}{d_0}\left(\rho_1\left(\alpha^{\mathrm{NL}},2,\left(\frac{\gamma_0 A^{\mathrm{NL}}}{A^{L}} r^{\alpha^{\mathrm{L}}}\right)^{-1},d_1\right) - \rho_1\left(\alpha^{\mathrm{NL}},2,\left(\frac{\gamma_0 A^{\mathrm{NL}}}{A^{L}} r^{\alpha^{\mathrm{L}}}\right)^{-1},r_1\right)\right)\right)\times \\ &\exp\left(-2\pi\lambda\rho_2\left(\alpha^{\mathrm{NL}},1,\left(\frac{\gamma_0 A^{\mathrm{NL}}}{A^{L}} r^{\alpha^{\mathrm{L}}}\right)^{-1},d_1\right)\right) \quad 0<r\leqslant d_1 \end{aligned} \tag{4.24}$$

其中:

$$\rho_1(\alpha,\beta,t,d)=\left[\frac{d^{(\beta+1)}}{\beta+1}\right]{}_2F_1\left[1,\frac{\beta+1}{\alpha};1+\frac{\beta+1}{\alpha};-td^{\alpha}\right] \tag{4.25}$$

$$\rho_2(\alpha,\beta,t,d)=\left[\frac{d^{-(\alpha-\beta-1)}}{t(\alpha-\beta-1)}\right]{}_2F_1\left[1,1-\frac{\beta+1}{\alpha};2-\frac{\beta+1}{\alpha};-\frac{1}{td^{\alpha}}\right]\quad \alpha>\beta+1 \tag{4.26}$$

其中，${}_2F_1[\cdot,\cdot;\cdot;\cdot]$是超几何函数[156]。

证明　参考附录 B。

总之，分量 T_1^{L} 可以计算为

$$T_1^{\mathrm{L}}=\int_0^{d_1}\exp\left(-\frac{\gamma_0 r^{\alpha^{\mathrm{L}}}P^{\mathrm{N}}}{PA^{\mathrm{L}}}\right)\mathscr{L}_{I_{\mathrm{agg}}}\left(\frac{\gamma_0 r^{\alpha^{\mathrm{L}}}}{PA^{\mathrm{L}}}\right)f_{R,1}^{\mathrm{L}}(r)\,\mathrm{d}r \tag{4.27}$$

其中:

- 概率密度函数$f_{R,1}^{\mathrm{L}}(r)$由式(4.23)给出。
- 拉普拉斯变换$\mathscr{L}_{I_{\mathrm{agg}}}\left(\frac{\gamma_0 r^{\alpha^{\mathrm{L}}}}{PA^{\mathrm{L}}}\right)$由引理 4.4.2 给出。

2)分量 T_1^{NL} 的计算

根据定理 4.3.1，分量 T_1^{NL} 的计算公式为

$$\begin{aligned}T_1^{\mathrm{NL}}&=\int_0^{d_1}\exp\left(-\frac{\gamma_0 P^{\mathrm{N}}}{P\zeta_1^{\mathrm{NL}}(r)}\right)\mathscr{L}_{I_{\mathrm{agg}}}\left(\frac{\gamma_0}{P\zeta_1^{\mathrm{NL}}(r)}\right)f_{R,1}^{\mathrm{NL}}(r)\,\mathrm{d}r\\&\overset{(a)}{=}\int_0^{d_1}\exp\left(-\frac{\gamma_0 r^{\alpha^{\mathrm{NL}}}P^{\mathrm{N}}}{PA^{\mathrm{NL}}}\right)\mathscr{L}_{I_{\mathrm{agg}}}\left(\frac{\gamma_0 r^{\alpha^{\mathrm{NL}}}}{PA^{\mathrm{NL}}}\right)f_{R,1}^{\mathrm{NL}}(r)\,\mathrm{d}r\end{aligned} \tag{4.28}$$

其中:

- 将式(4.17)中的$\zeta_1^{\mathrm{NL}}(r)=A^{\mathrm{NL}}r^{-\alpha^{\mathrm{NL}}}$代入式(4.28)的步骤 a。
- $\mathscr{L}_{I_{\mathrm{agg}}}(s)$是随机变量 I_{agg} 在变量值 $s=\frac{\gamma_0 r^{\alpha^{\mathrm{NL}}}}{PA^{\mathrm{NL}}}$时的拉普拉斯变换。

在式(4.28)中，根据定理 4.3.1 和式(4.20)，可求得概率密度函数$f_{R,1}^{\mathrm{NL}}(r)$为

$$\begin{aligned}f_{R,1}^{\mathrm{NL}}(r)=&\exp\left(-\int_0^{r_2}\lambda\mathrm{Pr}^{\mathrm{L}}(u)2\pi u\mathrm{d}u\right)\times\\&\exp\left(-\int_0^{r}\lambda(1-\mathrm{Pr}^{\mathrm{L}}(u))\,2\pi u\mathrm{d}u\right)\left(\frac{r}{d_1}\right)2\pi r\lambda\quad 0<r\leqslant d_1\end{aligned} \tag{4.29}$$

其中，根据式(4.12)，$r_2=\left(\frac{A^{\mathrm{L}}}{A^{\mathrm{NL}}}\right)^{\frac{1}{\alpha^{\mathrm{L}}}}r^{\frac{\alpha^{\mathrm{NL}}}{\alpha^{\mathrm{L}}}}$。

由于距离 r_2 和距离 d_1 之间的数值关系会影响式(4.29)中第一个乘数的计算，即 $\exp\left(-\int_0^{r_2}\lambda \Pr^{\mathrm{L}}(u)2\pi u\mathrm{d}u\right)$，我们将在下文中分别讨论 $0<r_2\leqslant d_1$ 和 $r_2>d_1$ 的情况。

如果 $0<r_2\leqslant d_1$，即 $0<r\leqslant y_1=d_1^{\frac{\alpha^{\mathrm{L}}}{\alpha^{\mathrm{NL}}}}\left(\frac{A^{\mathrm{NL}}}{A^{\mathrm{L}}}\right)^{\frac{1}{\alpha^{\mathrm{NL}}}}$，可推导概率密度函数 $f_{R,1}^{\mathrm{NL}}(r)$ 为

$$\begin{aligned}f_{R,1}^{\mathrm{NL}}(r)&=\exp\left(-\int_0^{r_2}\lambda\left(1-\frac{u}{d_1}\right)2\pi u\mathrm{d}u\right)\exp\left(-\int_0^{r}\lambda\frac{u}{d_1}2\pi u\mathrm{d}u\right)\left(\frac{r}{d_1}\right)2\pi r\lambda\\&=\exp\left(-\pi\lambda r_2^2+2\pi\lambda\left(\frac{r_2^3}{3d_1}-\frac{r^3}{3d_1}\right)\right)\left(\frac{r}{d_1}\right)2\pi r\lambda\quad 0<r\leqslant y_1\end{aligned}\tag{4.30}$$

否则，如果 $r_2>d_1$，即 $y_1<r\leqslant d_1$，则得到的概率密度函数为

$$\begin{aligned}f_{R,1}^{\mathrm{NL}}(r)&=\exp\left(-\int_0^{d_1}\lambda\left(1-\frac{u}{d_1}\right)2\pi u\mathrm{d}u\right)\exp\left(-\int_0^{r}\lambda\frac{u}{d_1}2\pi u\mathrm{d}u\right)\left(\frac{r}{d_1}\right)2\pi r\lambda\\&=\exp\left(-\frac{\pi\lambda d_1^2}{3}-\frac{2\pi\lambda r^3}{3d_1}\right)\left(\frac{r}{d_1}\right)2\pi r\lambda\quad y_1<r\leqslant d_1\end{aligned}\tag{4.31}$$

此外，为了计算式(4.28)中 $0<r\leqslant d_1$ 的拉普拉斯变换 $\mathscr{L}_{I_{\mathrm{agg}}}\left(\frac{\gamma_0 r^{\alpha^{\mathrm{NL}}}}{PA^{\mathrm{NL}}}\right)$，我们提供了引理4.4.3。请注意，由于概率密度函数 $f_{R,1}^{\mathrm{NL}}(r)$ 的计算分别如式4.30和式4.31所示，计算 $0<r\leqslant d_1$ 拉普拉斯变换 $\mathscr{L}_{I_{\mathrm{agg}}}\left(\frac{\gamma_0 r^{\alpha^{\mathrm{NL}}}}{PA^{\mathrm{NL}}}\right)$ 时，也应分为这两种情况，因为小区间干扰是从距离 r 开始积分的。

引理4.4.3　在 $0<r\leqslant d_1$ 范围内的拉普拉斯变换 $\mathscr{L}_{I_{\mathrm{agg}}}\left(\frac{\gamma_0 r^{\alpha^{\mathrm{NL}}}}{PA^{\mathrm{NL}}}\right)$ 可以分为两种情况，即 $0<r\leqslant y_1$ 和 $y_1<r\leqslant d_1$ 两种情况，结果如下：

$$\begin{aligned}&\mathscr{L}_{I_{\mathrm{agg}}}\left(\frac{\gamma_0 r^{\alpha^{\mathrm{NL}}}}{PA^{\mathrm{NL}}}\right)=\\&\exp\left(-2\pi\lambda\left(\rho_1\left(\alpha^{\mathrm{L}},1,\left(\frac{\gamma_0A^{\mathrm{L}}}{A^{\mathrm{NL}}}r^{\alpha^{\mathrm{NL}}}\right)^{-1},d_1\right)-\rho_1\left(\alpha^{\mathrm{L}},1,\left(\frac{\gamma_0A^{\mathrm{L}}}{A^{\mathrm{NL}}}r^{\alpha^{\mathrm{NL}}}\right)^{-1},r_2\right)\right)\right)\times\\&\exp\left(\frac{2\pi\lambda}{d_0}\left(\rho_1\left(\alpha^{\mathrm{L}},2,\left(\frac{\gamma_0A^{L}}{A^{\mathrm{NL}}}r^{\alpha^{\mathrm{NL}}}\right)^{-1},d_1\right)-\rho_1\left(\alpha^{\mathrm{L}},2,\left(\frac{\gamma_0A^{\mathrm{L}}}{A^{\mathrm{NL}}}r^{\alpha^{\mathrm{NL}}}\right)^{-1},r_2\right)\right)\right)\times\\&\exp\left(-\frac{2\pi\lambda}{d_0}(\rho_1(\alpha^{\mathrm{NL}},2,(\gamma_0r^{\alpha^{\mathrm{NL}}})^{-1},d_1)-\rho_1(\alpha^{\mathrm{NL}},2,(\gamma_0r^{\alpha^{\mathrm{NL}}})^{-1},r))\right)\times\\&\exp\left(-2\pi\lambda\rho_2(\alpha^{\mathrm{NL}},1,(\gamma_0r^{\alpha^{\mathrm{NL}}})^{-1},d_1)\right)\quad 0<r\leqslant y_1\end{aligned}\tag{4.32}$$

$$
\begin{aligned}
&\mathscr{L}_{I_{\mathrm{agg}}}\left(\frac{\gamma_0 r^{\alpha^{\mathrm{NL}}}}{PA^{\mathrm{NL}}}\right)\\
&=\exp\left(-\frac{2\pi\lambda}{d_0}\left(\rho_1(\alpha^{\mathrm{NL}},2,(\gamma_0 r^{\alpha^{\mathrm{NL}}})^{-1},d_1)-\rho_1(\alpha^{\mathrm{NL}},2,(\gamma_0 r^{\alpha^{\mathrm{NL}}})^{-1},r)\right)\right)\times\\
&\quad\exp\left(-2\pi\lambda\rho_2(\alpha^{\mathrm{NL}},1,(\gamma_0 r^{\alpha^{\mathrm{NL}}})^{-1},d_1)\right)\quad y_1<r\leqslant d_1,x
\end{aligned}
\tag{4.33}
$$

其中，$\rho_1(\alpha,\beta,t,d)$ 和 $\rho_2(\alpha,\beta,t,d)$ 分别定义在式(4.25)和式(4.26)中。

证明　参考附录 C。

总之，T_1^{NL} 分量的计算公式为

$$
\begin{aligned}
T_1^{\mathrm{NL}}=&\int_0^{y_1}\exp\left(-\frac{\gamma_0 r^{\alpha^{\mathrm{NL}}}P^{\mathrm{N}}}{PA^{\mathrm{NL}}}\right)\left[\mathscr{L}_{I_{\mathrm{agg}}}\left(\frac{\gamma_0 r^{\alpha^{\mathrm{NL}}}}{PA^{\mathrm{NL}}}\right)f_{R,1}^{\mathrm{NL}}(r)\,\middle|\,0<r\leqslant y_1\right]\mathrm{d}r+\\
&\int_{y_1}^{d_1}\exp\left(-\frac{\gamma_0 r^{\alpha^{\mathrm{NL}}}P^{\mathrm{N}}}{PA^{\mathrm{NL}}}\right)\left[\mathscr{L}_{I_{\mathrm{agg}}}\left(\frac{\gamma_0 r^{\alpha^{\mathrm{NL}}}}{PA^{\mathrm{NL}}}\right)f_{R,1}^{\mathrm{NL}}(r)\,\middle|\,y_1<r\leqslant d_1\right]\mathrm{d}r
\end{aligned}
\tag{4.34}
$$

其中：

- 由式(4.30)和式(4.31)可以得出概率密度函数 $f_{R,1}^{\mathrm{NL}}(r)$；
- 通过引理 4.4.3 可以求得拉普拉斯变换 $\mathscr{L}_{I_{\mathrm{agg}}}\left(\frac{\gamma_0 r^{\alpha^{\mathrm{NL}}}}{PA^{\mathrm{NL}}}\right)$。

3)分量 T_2^{L} 的计算

根据定理 4.3.1，分量 T_2^{L} 可推导为

$$
T_2^{\mathrm{L}}=\int_{d_1}^{\infty}\exp\left(-\frac{\gamma_0 P^{\mathrm{N}}}{P\zeta_2^{\mathrm{L}}(r)}\right)\mathscr{L}_{I_{\mathrm{agg}}}\left(\frac{\gamma_0}{P\zeta_2^{\mathrm{L}}(r)}\right)f_{R,2}^{\mathrm{L}}(r)\,\mathrm{d}r \tag{4.35}
$$

根据定理 4.3.1 和式(4.20)，可求得概率密度函数 $f_{R,2}^{\mathrm{NL}}(r)$ 为

$$
\begin{aligned}
f_{R,2}^{\mathrm{L}}(r)&=\exp\left(-\int_0^{r_1}\lambda(1-\mathrm{Pr}^{\mathrm{L}}(u))2\pi u\mathrm{d}u\right)\exp\left(-\int_0^{r}\lambda\mathrm{Pr}^{\mathrm{L}}(u)2\pi u\mathrm{d}u\right)\times 0\times 2\pi r\lambda\\
&=0\quad r>d_1
\end{aligned}
\tag{4.36}
$$

将式(4.36)代入式(4.35)，我们可以得出

$$
T_2^{\mathrm{L}}=0 \tag{4.37}
$$

4)分量 T_2^{NL} 的计算

根据定理 4.3.1，分量 T_2^{NL} 可推导为

$$T_2^{\mathrm{NL}} = \int_{d_1}^{\infty} \exp\left(-\frac{\gamma_0 P^{\mathrm{N}}}{P\zeta_2^{\mathrm{NL}}(r)}\right) \mathscr{L}_{I_{\mathrm{agg}}}\left(\frac{\gamma_0}{P\zeta_2^{\mathrm{NL}}(r)}\right) f_{R,2}^{\mathrm{NL}}(r)\,\mathrm{d}r$$
$$\stackrel{(\mathrm{a})}{=} \int_{d_1}^{\infty} \exp\left(-\frac{\gamma_0 r^{\alpha^{\mathrm{NL}}} P^{\mathrm{N}}}{PA^{\mathrm{NL}}}\right) \mathscr{L}_{I_{\mathrm{agg}}}\left(\frac{\gamma_0 r^{\alpha^{\mathrm{NL}}}}{PA^{\mathrm{NL}}}\right) f_{R,2}^{\mathrm{NL}}(r)\,\mathrm{d}r \tag{4.38}$$

其中：

- 将式(4.17)中的$\zeta^{\mathrm{L}}(r)=A^{\mathrm{NL}}r^{-\alpha^{\mathrm{NL}}}$代入式(4.38)的步骤a。
- $\mathscr{L}_{I_{\mathrm{agg}}}(s)$是聚集的小区间干扰随机变量$I_{\mathrm{agg}}$在变量值$s=\frac{\gamma_0 r^{\alpha^{\mathrm{NL}}}}{PA^{\mathrm{NL}}}$时的拉普拉斯变换。

在式(4.38)中，根据定理4.3.1和式(4.20)，可以求得概率密度函数$f_{R,2}^{\mathrm{NL}}(r)$为

$$f_{R,2}^{\mathrm{NL}}(r) = \exp\left(-\int_0^{d_1}\lambda\left(1-\frac{u}{d_1}\right)2\pi u\mathrm{d}u\right)\exp\left(-\int_0^{d_1}\lambda\frac{u}{d_1}2\pi u\mathrm{d}u - \int_{d_1}^{r}\lambda 2\pi u\mathrm{d}u\right)2\pi r\lambda$$
$$= \exp(-\pi\lambda r^2)2\pi r\lambda \quad r>d_1 \tag{4.39}$$

此外，为了计算式(4.38)中$r>d_1$时的拉普拉斯变换$\mathscr{L}_{I_{\mathrm{agg}}}\left(\frac{\gamma_0 r^{\alpha^{\mathrm{NL}}}}{PA^{\mathrm{NL}}}\right)$，我们提供了引理4.4.4。

引理4.4.4　在$r>d_1$时，拉普拉斯变换$\mathscr{L}_{I_{\mathrm{agg}}}\left(\frac{\gamma_0 r^{\alpha^{\mathrm{NL}}}}{PA^{\mathrm{NL}}}\right)$的计算公式为

$$\mathscr{L}_{I_{\mathrm{agg}}}\left(\frac{\gamma_0 r^{\alpha^{\mathrm{NL}}}}{PA^{\mathrm{NL}}}\right) = \exp(-2\pi\lambda\rho_2(\alpha^{\mathrm{NL}},1,(\gamma_0 r^{\alpha^{\mathrm{NL}}})^{-1},r)) \quad r>d_1 \tag{4.40}$$

其中，$\rho_2(\alpha,\beta,t,d)$定义在式(4.26)中。

证明　参考附录D。

总之，T_2^{NL}分量的计算公式为

$$T_2^{\mathrm{NL}} = \int_{d_1}^{\infty} \exp\left(-\frac{\gamma_0 r^{\alpha^{\mathrm{NL}}} P^{\mathrm{N}}}{PA^{\mathrm{NL}}}\right) \mathscr{L}_{I_{\mathrm{agg}}}\left(\frac{\gamma_0 r^{\alpha^{\mathrm{NL}}}}{PA^{\mathrm{NL}}}\right) f_{R,2}^{\mathrm{NL}}(r)\,\mathrm{d}r \tag{4.41}$$

其中：

- 式(4.39)给出了概率密度函数$f_{R,2}^{\mathrm{NL}}(r)$。
- 根据引理4.4.4，可以求得拉普拉斯变换$\mathscr{L}_{I_{\mathrm{agg}}}\left(\frac{\gamma_0 r^{\alpha^{\mathrm{NL}}}}{PA^{\mathrm{NL}}}\right)$。

2. 面积比特效率

与之前类似，将从式(4.21)中得到的网络覆盖率p^{cov}插入式(2.24)，然后计算典型移动终端的信干噪比Γ的概率密度函数$f_{\Gamma}(\gamma)$。我们就通过解式(2.25)可以得到面积比特效率A^{ASE}。

关于在这种特殊情况下网络覆盖率 p^{cov} 的计算过程，与定理4.3.1中一般情况下所需的三次积分相比，式(4.21)中的 $\{T_n^L\}$ 和 $\{T_n^{NL}\}$ 只需一次积分。需要注意的是，计算面积比特效率 A^{ASE} 时还需要额外的一次积分，使其成为两次积分计算。由于式(4.20)中的视距概率函数 $Pr^L(r)$ 更为简单，因此与4.4节中介绍的3GPP案例研究相比，这个替代3GPP案例研究的结果更容易理解。

3. 讨论

从图4.6和图4.7中可以看出，4.4节中用指数视距概率函数 $Pr^L(r)$ 得出的有关网络覆盖率 p^{cov} 和面积比特效率 A^{ASE} 的所有观测结果，在本节中对线性视距概率函数 $Pr^L(r)$ 也是有效的。它们的趋势相同。

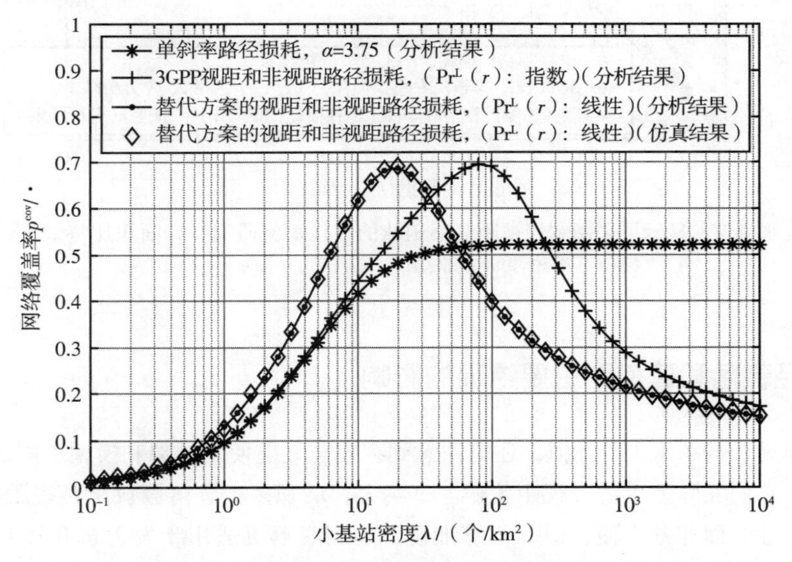

图4.6　显示了采用线性视距传输概率函数的替代案例研究中，网络覆盖率 p^{cov} 与小基站密度 λ 的关系

网络覆盖率 p^{cov} 先增大后减小，只存在定量偏差。具体而言，在图4.6中，小基站密度 λ_0 的网络覆盖率 p^{cov} 在20个/km^{2}左右达到最大，而不是80个/km^{2}左右。因为该新的视距概率函数中的视距传输概率更大，即信号从非视距到视距的转换距离更远，因此大量干扰链路从非视距到视距的转换发生在更稀疏的小基站密度上。这就是网络覆盖率 p^{cov} 达到最大值的小基站密度 λ_0 比以前小的原因。请注意，这两种情况下网络覆盖率 p^{cov} 的最大值是相同的，都在0.7左右。

同样的逻辑也适用于ASE Crawl中的面积比特效率 A^{ASE}。

总的来说，改变视距概率函数 $Pr^L(r)$ 可能会导致网络覆盖率 p^{cov} 和面积比特效率 A^{ASE} 在数量上的差异，但观察到的网络性能趋势保持不变。这证实了本章所展示的结论具有普遍性，在密集网络中从非视距到视距的大量干扰链路会对性能产生影响。

在本书的其余部分，我们坚持使用式(4.19)中提出的原始指数视距概率函数 $Pr^L(r)$。

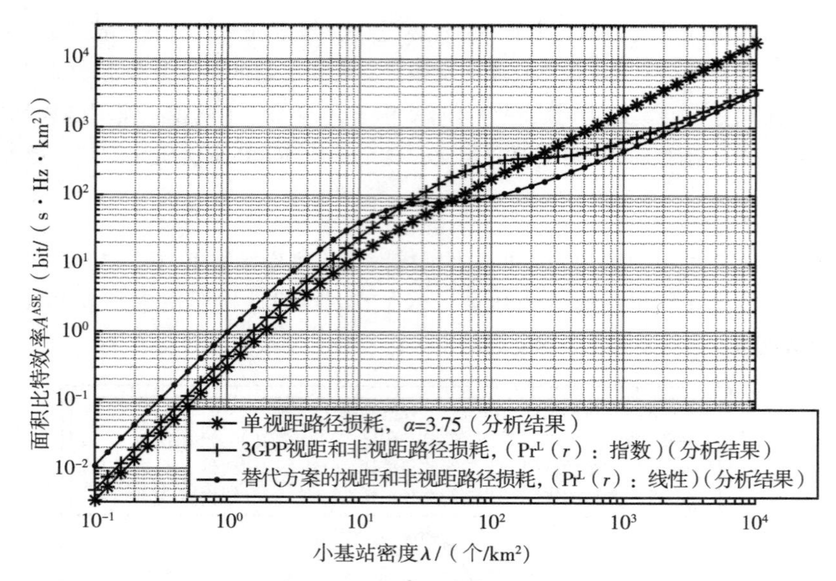

图 4.7　显示了采用线性视距概率函数的替代案例研究中，面积比特效率 A^{ASE} 与小基站密度 λ 的关系

4.4.5　多径衰落和建模对主要结果的影响

为完整起见，与 4.4.4 节类似，还应注意到存在与先前使用的瑞利模型不同的其他多径衰落信道模型，它们实际上更适合视距传输。事实上，瑞利多径衰落假设是对视距传输的简化，在分析可操作性方面非常方便，但并不够准确。瑞利衰落更适用于发射机和接收机之间没有视距传播的情况，而信号预计会从空间的多个方向到达接收机（见 2.1.8 节）。

这就对本章结论的准确性提出了质疑，人们可能会问：

- 一个更精确的多径衰落信道模型是否会改变迄今为止得出的结论？
- 这种更精确的多径衰落信道模型是否会减轻或加剧从非视距到视距过渡所造成的信干噪比下降？

由于在超密集网络中，移动终端和小基站之间的距离很近，为了在本节中回答这个问题，我们考虑了 2.1.8 节中为视距分量介绍的更精确的莱斯多径衰落模型，该模型能够捕捉移动终端和小基站之间的距离 r 的函数，即直达路径中的功率和其他散射路径中的功率之比。

考虑数学上的复杂性，我们在下文中只介绍基于莱斯多径衰落模型的系统级仿真结果。

图 4.8 显示了网络覆盖率 p^{cov} 的结果，图 4.9 显示了面积比特效率 A^{ASE} 的结果。读者如果对网络覆盖率 p^{cov} 和面积比特效率 A^{ASE} 的数学建模和推导感兴趣，可参阅文献[96]。此外，需要提醒的是，除了这里考虑的与距离相关的莱斯多径快衰落外，得出这两张图中的结果所使用的假设和参数与本章之前得出结果所使用的假设和参数相同。

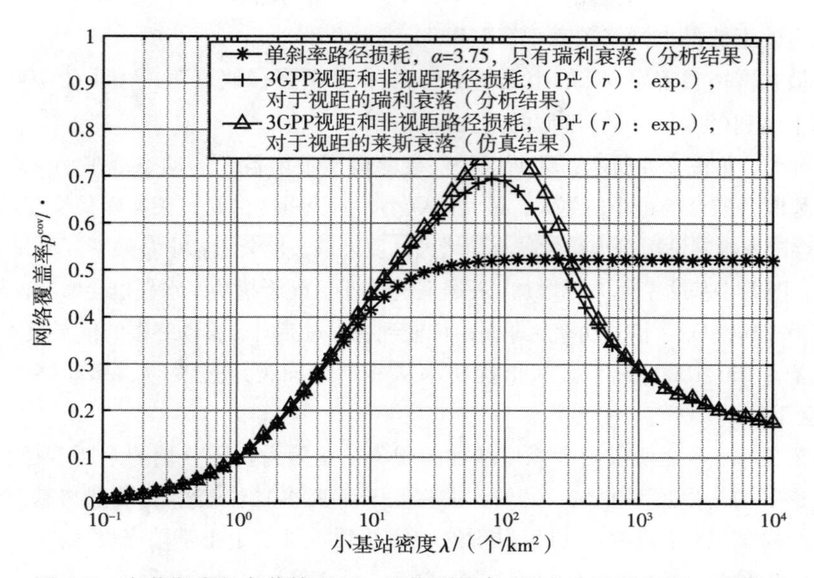

图 4.8　在莱斯多径衰落情况下，网络覆盖率 p^{cov} 与小基站密度 λ 的关系

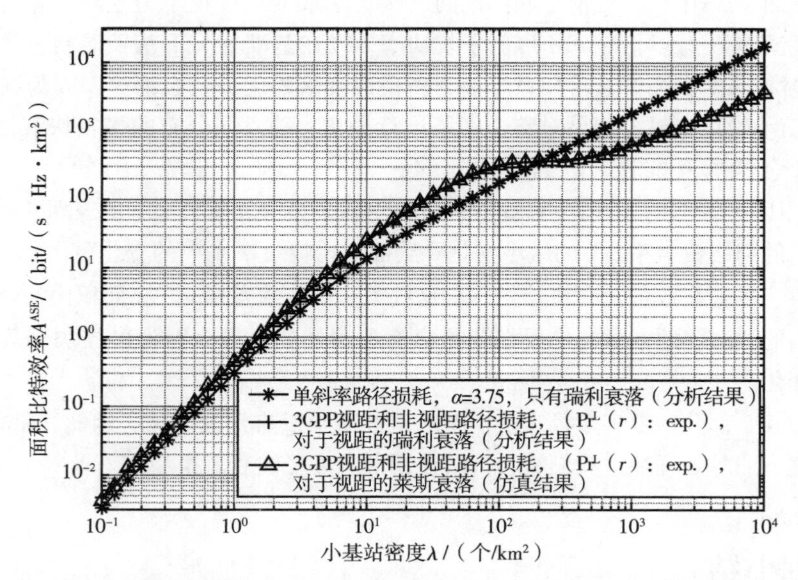

图 4.9　在莱斯多径衰落情况下，面积比特效率 A^{ASE} 与小基站密度 λ 的关系

从图 4.6 和图 4.7 中可以看出，在 4.4 节中基于瑞利多径快衰落模型获得的有关网络覆盖率 p^{cov} 和面积比特效率 A^{ASE} 的所有观测结果，在基于莱斯多径快衰落模型下都是定性有效的，它们的趋势相同。

网络覆盖率 p^{cov} 会随着小基站密度 λ 的增大而先增大后减小，只存在数量偏差。具体来说：

- 图 4.8 中，基于莱斯多径快衰落模型的最大网络覆盖率 p^{cov}(0.77)略大于基于瑞利多径快衰落模型的最大网络覆盖率 $p^{cov}(0.7)$。

- 获得最大网络覆盖率 p^{cov} 的小基站密度 λ_0 在莱斯多径快衰落模型下为 100 个/km^2，也比基于瑞利(80 个/km^2)模型的稍大。

  这是因为，如图 2.4 所示，莱斯多径快衰落模型下增益 h 的动态范围小于瑞利模型下的动态范围，前者的最小值更大，最大值更小。但更重要的是，莱斯多径快衰落增益 h 的平均值会随着小基站覆盖半径的减小而增大，反过来，也会随着小基站密度 λ 的增大而增大。因此，随着小基站密度 λ 的增加，平均信号和小区间干扰功率水平也会增加，从而导致：

  - 当 $\lambda\in[10,100]$，信号功率从非视距传输到视距过渡时，移动终端的信干噪比 Γ 会增强。
  - 当 $\lambda\in[100,1000]$，小区间干扰功率从非视距向视距过渡时，移动终端的信干噪比 Γ 会下降。

  网络覆盖率 p^{cov} 之所以出现峰值增加的现象，是因为视距分量的莱斯多径快衰落增益 h 导致了平均信号功率增加。另外，在将基于莱斯多径快衰落的模型与基于瑞利多径快衰落的模型进行比较时，可以发现这种增益延缓了由于小基站密度 λ_0 引起的网络覆盖率 p^{cov} 下降。

- 在超密集网络中，一旦信号和小区间干扰功率水平都以视距为主导，并且基于莱斯多径快衰落模型计算信号和小区间干扰功率，或在基准情况下基于瑞利多径快衰落模型计算时，莱斯多径快衰落相对于瑞利多径快衰落的优势就会消失，因为在计算移动终端的信干噪比 Γ 时，如果对整个网络进行平均，独立同分布的多径快衰落信道增益 h 在统计上会相互抵消。

关于面积比特效率 A^{ASE}，请注意基于莱斯和瑞利多径快衰落模型下的表现几乎相同。这是因为前面讨论的网络覆盖率 p^{cov} 的微小变化导致面积比特效率 A^{ASE} 的变化更小。

总体而言，尽管在数量上存在差异，但这些关于网络覆盖率 p^{cov} 和面积比特效率 A^{ASE} 的结果证实了我们的说法，即本章的主要结论是具有普遍性的，不会因为多径快衰落模型的假设而发生质的变化。[⊖]

在本书的其余部分，由于多径衰落模型对定性结果没有深远影响，因此，除非另有说明，否则为了数学上的易处理性，我们将会持续使用瑞利多径快衰落模型。

4.5　本章小结

在本章中，我们强调了信道模型在网络性能分析中的重要性。更确切地说，我们描述了在第 3 章中介绍的系统模型的基础上，为实现更实用、更贴近现实的研究，在视距和非视距

⊖ 请注意，这一声明适用于单天线移动终端和小基站的研究情况，但可能不适用于多天线情况，因为在多天线情况下，阵列天线之间的衰落相关性起着关键作用。

传输、多径衰落和用户关联策略等方面进行的必要升级。我们还详细介绍了理论性能分析中的新推导，并给出了网络覆盖率 p^{cov} 和面积比特效率 A^{ASE} 的表达式。此外，我们还分享了具有不同密度和特征的小基站部署的数值结果。最后，我们还讨论了从这项工作中得出的重要结论，这些结论与第 3 章中的结论有明显不同。

重要的是，这些结论在评述 4.1 和评述 4.2 中进行了总结，同时表明在超密集网络中存在一种新的性能行为，在本书中称为 ASE Crawl。这一新行为表明，网络运营商或服务提供商应仔细考虑网络的密集程度和实施小区间干扰的协调技术，以避免小区间干扰问题。否则，他们可能会投入成倍的资金来增加网络密度，但获得的网络性能收益却越来越少。这传递了一个重要信息：

信道特性和小基站密度都很重要！

在本章中，我们还证明了 ASE Crawl 在数量上会受到小基站布局和多径快衰落模型的影响，但在质量上不会。这些也表明了研究结论具有普适性。

附录 A　定理 4.3.1 的证明

为了清楚起见，让我们先描述一下定理 4.3.1 证明背后的主要思想，然后再进行更详细的说明。根据 2.3.2 节中提供的指导原则，要评估网络覆盖率 p^{cov}，我们需要正确表示以下内容：

- $f_R(r)$ 是随机变量 R 的概率密度函数，在典型移动终端通过视距或非视距路径与最强信号小基站连接的情况下，用来表示典型移动终端与其关联的小基站之间距离的特征。
- 条件概率 $\Pr[\Gamma>\gamma_0|r]$ 中，$r=R(\omega)$ 是距离随机变量 R 在视距和非视距传输中的实现。

一旦这些表达式已知，我们就可以通过执行相应的积分计算，最终得出 p^{cov}，其中一些积分将在接下来展示。

然而，在继续进行更详细的计算之前，有必要指出，我们可以根据式(2.22)和式(3.3)推导出网络覆盖率 p^{cov} 为

$$
\begin{aligned}
p^{\mathrm{cov}}(\lambda,\gamma_0) &\overset{(a)}{=} \int_{r>0} \Pr[\mathrm{SINR}>\gamma_0|r] f_R(r)\,\mathrm{d}r \\
&= \int_{r>0} \Pr\left[\frac{P\zeta(r)h}{I_{\mathrm{agg}}+P^{\mathrm{N}}}>\gamma_0\right] f_R(r)\,\mathrm{d}r \\
&= \int_0^{d_1} \Pr\left[\frac{P\zeta_1^{\mathrm{L}}(r)h}{I_{\mathrm{agg}}+P^{\mathrm{N}}}>\gamma_0\right] f_{R,1}^{\mathrm{L}}(r)\,\mathrm{d}r + \int_0^{d_1} \Pr\left[\frac{P\zeta_1^{\mathrm{NL}}(r)h}{I_{\mathrm{agg}}+P^{\mathrm{N}}}>\gamma_0\right] f_{R,1}^{\mathrm{NL}}(r)\,\mathrm{d}r + \\
&\quad \cdots + \\
&\quad \int_{d_{N-1}}^{\infty} \Pr\left[\frac{P\zeta_N^{\mathrm{L}}(r)h}{I_{\mathrm{agg}}+P^{\mathrm{N}}}>\gamma_0\right] f_{R,n}^{\mathrm{L}}(r)\,\mathrm{d}r + \int_{d_{N-1}}^{\infty} \Pr\left[\frac{P\zeta_N^{\mathrm{NL}}(r)h}{I_{\mathrm{agg}}+P^{\mathrm{N}}}>\gamma_0\right] f_{R,n}^{\mathrm{NL}}(r)\,\mathrm{d}r \\
&\triangleq \sum_{n=1}^{N} (T_n^{\mathrm{L}}+T_n^{\mathrm{NL}})
\end{aligned}
\tag{4.42}
$$

其中：

- R_n^{L} 和 R_n^{NL} 分别是典型移动终端通过视距或非视距路径连接到小基站的距离分段分布，请注意，这两个事件是不相交的，即典型的移动终端通过视距或非视距路径与小基站连接是不相交的，因此网络覆盖率 p^{cov} 是这两个事件的概率之和。
- $f_{R,n}^{\mathrm{L}}(r)$ 和 $f_{R,n}^{\mathrm{NL}}(r)$ 分别是距离随机变量 R_n^{L} 和 R_n^{NL} 的分段概率密度函数：
  - 为清晰起见，在式(4.42)的步骤 a 中，$f_{R,n}^{\mathrm{L}}(r)$ 和 $f_{R,n}^{\mathrm{NL}}(r)$ 将叠加为 $f_R(r)$，叠加后的 $f_R(r)$ 定义在式(4.45)中，并与式(4.1)的形式类似。
  - 如前所述，由于这两个事件是不相交的，即典型移动终端通过视距或非视距路径与小基站连接是互不相交的，因此我们可以依赖以下公式：

$$\sum_{n=1}^{N}\int_{d_{n-1}}^{d_n} f_{R,n}(r)\,\mathrm{d}r=\sum_{n=1}^{N}\int_{d_{n-1}}^{d_n} f_{R,n}^{\mathrm{L}}(r)\,\mathrm{d}r+\sum_{n=1}^{N}\int_{d_{n-1}}^{d_n} f_{R,n}^{\mathrm{NL}}(r)\,\mathrm{d}r=1$$

- T_n^{L} 和 T_n^{NL} 是两个分段函数，定义为

$$T_n^{\mathrm{L}}=\int_{d_{n-1}}^{d_n}\Pr\left[\frac{P\zeta_n^{\mathrm{L}}(r)h}{I_{\mathrm{agg}}+P^{\mathrm{N}}}>\gamma_0\right]f_{R,n}^{\mathrm{L}}(r)\,\mathrm{d}r \tag{4.43}$$

和

$$T_n^{\mathrm{NL}}=\int_{d_{n-1}}^{d_n}\Pr\left[\frac{P\zeta_n^{\mathrm{NL}}(r)h}{I_{\mathrm{agg}}+P^{\mathrm{N}}}>\gamma_0\right]f_{R,n}^{\mathrm{NL}}(r)\,\mathrm{d}r \tag{4.44}$$

- d_0 和 d_n 分别为 0 和$+\infty$。

$$f_R(r)=\begin{cases} f_{R,1}(r)=\begin{cases} f_{R,1}^{\mathrm{L}}(r) & \text{移动终端与一个视距基站相连} \\ f_{R,1}^{\mathrm{NL}}(r) & \text{移动终端与一个非视距基站相连}\end{cases} & 0\leqslant r\leqslant d_1 \\ f_{R,2}(r)=\begin{cases} f_{R,2}^{\mathrm{L}}(r) & \text{移动终端与一个视距基站相连} \\ f_{R,2}^{\mathrm{NL}}(r) & \text{移动终端与一个非视距基站相连}\end{cases} & d_1<r\leqslant d_2 \\ \vdots & \\ f_{R,N}(r)=\begin{cases} f_{R,N}^{\mathrm{L}}(r) & \text{移动终端与一个视距基站相连} \\ f_{R,N}^{\mathrm{NL}}(r) & \text{移动终端与一个非视距基站相连}\end{cases} & r\leqslant d_{n-1} \end{cases} \tag{4.45}$$

现在让我们按照这种方法进行更详细的推导。

1. 视距相关的计算

让我们首先研究视距传输，并说明如何计算概率密度函数 $f_{R,n}^{\mathrm{L}}(r)$，然后再计算式(4.42)

中的概率 $\Pr\left[\frac{P\zeta_n^{\mathrm{L}}(r)h}{I_{\mathrm{agg}}+P^{\mathrm{N}}}>\gamma_0\right]$。

为此，我们首先定义以下两个事件。

- 事件 B^{L}：具有视距路径的典型移动终端位于距离最近小基站的 $x=X^{\mathrm{L}}(\omega)$ 处，由距离随机变量 X^{L} 确定。根据 2.3.2 节的结果，可按以下公式计算事件 B^{L} 中随机变量 R 的概率密度函数 $f_R(r)$：

$$f_X^{\mathrm{L}}(x)=\exp\left(-\int_0^x \Pr{}^{\mathrm{L}}(u)2\pi u\lambda\mathrm{d}u\right)\Pr{}^{\mathrm{L}}(x)\,2\pi x\lambda \tag{4.46}$$

这是因为根据文献[52]，事件 B^{L} 中随机变量 X^{L} 的互补累积分布函数(CCDF) $\bar{F}_X^{\mathrm{L}}(x)$ 可以表示为

$$\bar{F}_X^{\mathrm{L}}(x)=\exp\left(-\int_0^x \Pr{}^{\mathrm{L}}(u)2\pi u\lambda\mathrm{d}u\right) \tag{4.47}$$

对随机变量 X^{L} 关于距离 x 的累积分布函数(CDF) $1-\bar{F}_X^{\mathrm{L}}(x)$ 进行求导，我们就可以得到如式(4.46)所示的随机变量 X^{L} 的概率密度函数 $f_X^{\mathrm{L}}(x)$。值得注意的是，推导出的式(4.46)比 2.3.2 节中的式(2.42)更加复杂。这是因为视距小基站的部署是不均匀的，离典型移动终端较近的小基站比较远的基站更有可能建立视距链路。与式(4.42)相比，我们可以看到式(4.46)有两个重要变化。

  - ■ 如 2.3.2 节式(2.38)所示，半径为 r 的原型区域包含 0 个点的概率为 $\exp(-\pi\lambda r^2)$，现在已经改变，并在式(4.46)中被以下表达式取代：

$$\exp\left(-\int_0^x \Pr{}^{\mathrm{L}}(u)2\pi u\lambda\mathrm{d}u\right)$$

这是因为在非齐次泊松点过程(PPP)中，视距小基站的等效强度与距离有关，即 $\Pr^{\mathrm{L}}(u)\lambda$。这就为式(4.46)增加了一个与距离 u 有关的新积分。

  - ■ 在式(2.42)中，齐次泊松点过程(PPP)的强度 λ 已被式(4.46)中的非齐次泊松点过程(PPP)的等效强度 $\Pr^{\mathrm{L}}(x)\lambda$ 所取代。

- 以随机变量 $X^{\mathrm{L}}(x=X^{\mathrm{L}}(\omega))$ 为条件的事件 C^{NL}：典型移动终端通过视距路径与最近($x=X^{\mathrm{L}}(\omega)$)的小基站相连接。如果典型移动终端连接到最近($x=X^{\mathrm{L}}(\omega)$)的视距小基站，那么这个基站必须具有最小的路径损耗 $\zeta(r)$。因此，在该区域内不能有任何非视距小基站存在：
  - ■ 以典型移动终端为中心。
  - ■ 以 x_1 为半径，其中半径 x_1 满足 $x_1=\arg\limits_{x_1}\{\zeta^{\mathrm{NL}}(x_1)=\zeta^{\mathrm{L}}(x)\}$。否则，在距离 $x=X^{\mathrm{L}}(\omega)$ 处，非视距小基站的性能将优于视距小基站。

根据文献[52]，当 $x=X^{\mathrm{L}}(\omega)$ 时，事件 C^{NL} 关于随机变量 X^{L} 的条件概率记作 $\Pr[C^{\mathrm{NL}}|X^{\mathrm{L}}=x]$，可以表示为

$$\Pr[C^{\mathrm{NL}}|X^{\mathrm{L}}=x]=\exp\left(-\int_0^{x_1}(1-\Pr^{\mathrm{L}}(u))2\pi u\lambda \mathrm{d}u\right) \tag{4.48}$$

综上所述，在 $x=X^{\mathrm{L}}(\omega)$ 处，事件 B^{L} 可以确定任意视距小基站的路径损耗 $\zeta^{\mathrm{L}}(x)$ 总是大于所考虑的视距小基站的路径损耗。此外，在 $x=X^{\mathrm{L}}(\omega)$ 处，事件 C^{NL} 也可以确定任意非视距小基站的路径损耗 $\zeta^{\mathrm{NL}}(x)$ 总是大于所考虑的视距小基站的路径损耗。因此，我们可以确定典型的移动终端与最强信号的视距小基站具有相关性。

因此，让我们继续考虑，典型移动终端与视距小基站相连接，且基站位于 $r=R^{\mathrm{L}}(\omega)$ 处的情况，这时随机变量 R^{L} 的互补累积分布函数 $\overline{F}_R^{\mathrm{L}}(r)$ 可以推导为

$$\begin{aligned}\overline{F}_R^{\mathrm{L}}(r) &= \Pr[R^{\mathrm{L}}>r]\\ &\overset{(a)}{=} \mathrm{E}_{[X^{\mathrm{L}}]}\{\Pr[R^{\mathrm{L}}>r|X^{\mathrm{L}}]\}\\ &= \int_0^{+\infty}\Pr[R^{\mathrm{L}}>r|X^{\mathrm{L}}=x]f_X^{\mathrm{L}}(x)\mathrm{d}x\\ &\overset{(b)}{=} \int_0^{r}0\times f_X^{\mathrm{L}}(x)\mathrm{d}x+\int_r^{+\infty}\Pr[C^{\mathrm{NL}}|X^{\mathrm{L}}=x]f_X^{\mathrm{L}}(x)\mathrm{d}x\\ &= \int_r^{+\infty}\Pr[C^{\mathrm{NL}}|X^{\mathrm{L}}=x]f_X^{\mathrm{L}}(x)\mathrm{d}x\end{aligned} \tag{4.49}$$

其中：

- 步骤 a 中的 $\mathbb{E}_{[X]}\{\cdot\}$ 是关于随机变量 X 的期望运算；
- 步骤 b 有效是因为：
    - 当 $0<x\leqslant r$ 时，$\Pr[R^{\mathrm{L}}>r|X^{\mathrm{L}}=x]=0$；
    - 当 $x>r$ 时，条件事件 $[R^{\mathrm{L}}>r|X^{\mathrm{L}}=x]$ 等价于条件事件 $[C^{\mathrm{NL}}|X^{\mathrm{L}}=x]$。

现在，给定互补累积分布函数 $\overline{F}_R^{\mathrm{L}}(r)$，通过对距离 r 求导，即 $\frac{\partial(1-\overline{F}_R^{\mathrm{L}}(r))}{\partial r}$，可以得到关于 r 的概率密度函数 $f_R^{\mathrm{L}}(r)$，即

$$f_R^{\mathrm{L}}(r)=\Pr[C^{\mathrm{NL}}|X^{\mathrm{L}}=r]\,f_X^{\mathrm{L}}(r) \tag{4.50}$$

考虑到距离范围 $d_{n-1}<r\leqslant d_n$，我们可以通过概率密度函数 $f_R^{\mathrm{L}}(r)$ 求出对应距离范围的概率密度函数 $f_{R,n}^{\mathrm{L}}(r)$，即

$$f_{R,n}^{\mathrm{L}}(r)=\exp\left(-\int_0^{r_1}(1-\Pr^{\mathrm{L}}(u))2\pi u\lambda \mathrm{d}u\right)\times$$

$$\exp\left(-\int_0^r \Pr^{\mathrm{L}}(u)2\pi u\lambda \mathrm{d}u\right) \Pr_n^{\mathrm{L}}(r)2\pi r\lambda \quad d_{n-1}<r\leqslant d_n \tag{4.51}$$

其中，$r_1=\arg\limits_{r_1}\{\zeta^{\mathrm{NL}}(r_1)=\zeta_n^{\mathrm{L}}(r)\}$

在得到部分概率密度函数 $f_{R,n}^{\mathrm{L}}(r)$ 之后，我们可以根据式(4.42)求概率 $\Pr\left[\frac{P\zeta_n^{\mathrm{L}}(r)h}{I_{\mathrm{agg}}+P^{\mathrm{N}}}>\gamma_0\right]$，表示为

$$\begin{aligned}\Pr\left[\frac{P\zeta_n^{\mathrm{L}}(r)h}{I_{\mathrm{agg}}+P^{\mathrm{N}}}>\gamma_0\right] &= \mathbb{E}_{[I_{\mathrm{agg}}]}\left\{\Pr\left[h>\frac{\gamma_0(I_{\mathrm{agg}}+P^{\mathrm{N}})}{P\zeta_n^{\mathrm{L}}(r)}\right]\right\}\\ &= \mathbb{E}_{[I_{\mathrm{agg}}]}\left\{\bar{F}_H\left[\frac{\gamma_0(I_{\mathrm{agg}}+P^{\mathrm{N}})}{P\zeta_n^{\mathrm{L}}(r)}\right]\right\}\end{aligned} \tag{4.52}$$

其中，$\bar{F}_H(h)$ 是多径快衰落信道增益 h 的互补累积分布函数，假定该增益来自瑞利多径快衰落分布(见 2.1.8 节)。

由于多径快衰落信道增益 h 的互补累积分布函数 $\bar{F}_H(h)$ 遵循指数分布，其单位均值表示如下：

$$\bar{F}_H(h)=\exp(-h)$$

式(4.52)可进一步推导为

$$\begin{aligned}\Pr\left[\frac{P\zeta_n^{\mathrm{L}}(r)h}{I_{\mathrm{agg}}+P^{\mathrm{N}}}>\gamma_0\right] &= \mathbb{E}_{[I_{\mathrm{agg}}]}\left\{\exp\left(-\frac{\gamma_0(I_{\mathrm{agg}}+P^{\mathrm{N}})}{P\zeta_n^{\mathrm{L}}(r)}\right)\right\}\\ &\overset{(a)}{=} \exp\left(-\frac{\gamma_0 P^{\mathrm{N}}}{P\zeta_n^{\mathrm{L}}(r)}\right)\mathbb{E}_{[I_{\mathrm{agg}}]}\left\{\exp\left(-\frac{\gamma_0}{P\zeta_n^{\mathrm{L}}(r)}I_{\mathrm{agg}}\right)\right\}\\ &= \exp\left(-\frac{\gamma_0 P^{\mathrm{N}}}{P\zeta_n^{\mathrm{L}}(r)}\right)\mathscr{L}_{I_{\mathrm{agg}}}^{\mathrm{L}}\left(\frac{\gamma_0}{P\zeta_n^{\mathrm{L}}(r)}\right)\end{aligned} \tag{4.53}$$

其中，$\mathscr{L}_{I_{\mathrm{agg}}}^{\mathrm{L}}(s)$ 是视距信号传输在变量值 $s=\frac{\gamma_0}{P\zeta_n^{\mathrm{L}}(r)}$ 时，聚合的小区间干扰随机变量 I_{agg} 的拉普拉斯变换。

为了清楚起见，应该指出使用拉普拉斯变换是为了便于数学表达。根据定义，$\mathscr{L}_{I_{\mathrm{agg}}}^{\mathrm{L}}(s)$ 是在与变量 s 相等处求值的聚合小区间干扰随机变量 I_{agg} 的概率密度函数的拉普拉斯变换

$$\mathscr{L}_X(s)=\mathbb{E}_{[X]}\{\exp(-sX)\}$$

遵循第 2 章式(2.46)的定义和推导。

根据视距信号传输的条件，拉普拉斯变换 $\mathscr{L}_{I_{\mathrm{agg}}}^{\mathrm{L}}(s)$ 可推导为

$$\mathscr{L}_{I_{\mathrm{agg}}}^{\mathrm{L}}(s)=\mathbb{E}_{[I_{\mathrm{agg}}]}\{\exp(-sI_{\mathrm{agg}})\}$$

$$
\begin{aligned}
&= \mathbb{E}_{[\Phi,\{\beta_i\},\{g_i\}]}\left\{\exp\left(-s\sum_{i:b_i\in\Phi/b_o}P\beta_i g_i\right)\right\}\\
&\overset{(a)}{=}\exp\left(-2\pi\lambda\int\left(1-\mathbb{E}_{[g]}\left\{\exp(-sP\beta(u)g)\right\}\right)u\mathrm{d}u\right)
\end{aligned}
\tag{4.54}
$$

其中

- Φ 是小基站的集合；
- b_o 是为典型移动终端提供服务的小基站；
- b_i 是第 i 个产生干扰的小基站；
- β_i 和 g_i 是典型移动终端与第 i 个产生干扰的小基站之间的路径损耗和多径快衰落增益；
- 式(4.54)的步骤 a 已在式(3.18)中详细解释，并在第 3 章式(3.19)中进行推导。

式(3.19)考虑的是单斜率路径损耗模型的小区间干扰，与之相比，式(4.54)的表达式 $\mathbb{E}_{[g]}\{\exp(-sP\beta(u)g)\}$ 同时考虑视距和非视距路径的小区间干扰。因此，拉普拉斯变换 $\mathscr{L}^{\mathrm{L}}_{I_{\mathrm{agg}}}(s)$ 可以进一步展开为

$$
\begin{aligned}
\mathscr{L}^{\mathrm{L}}_{I_{\mathrm{agg}}}(s) &= \exp\left(-2\pi\lambda\int(1-\mathbb{E}_{[g]}\{\exp(-sP\beta(u)g)\})u\mathrm{d}u\right)\\
&\overset{(a)}{=}\exp\Big(-2\pi\lambda\int[\mathrm{Pr}^{\mathrm{L}}(u)(1-\mathbb{E}_{[g]}\{\exp(-sP\zeta^{\mathrm{L}}(u)g)\})+\\
&\qquad(1-\mathrm{Pr}^{\mathrm{L}}(u))(1-\mathbb{E}_{[g]}\{\exp(-sP\zeta^{\mathrm{NL}}(u)g)\})]u\mathrm{d}u\Big)\\
&\overset{(b)}{=}\exp\left(-2\pi\lambda\int_r^{+\infty}\mathrm{Pr}^{\mathrm{L}}(u)(1-\mathbb{E}_{[g]}\{\exp(-sP\zeta^{\mathrm{L}}(u)g)\})u\mathrm{d}u\right)\times\\
&\quad\exp\left(-2\pi\lambda\int_{r_1}^{+\infty}(1-\mathrm{Pr}^{\mathrm{L}}(u))(1-\mathbb{E}_{[g]}\{\exp(-sP\zeta^{\mathrm{NL}}(u)g)\})u\mathrm{d}u\right)\\
&\overset{(c)}{=}\exp\left(-2\pi\lambda\int_r^{+\infty}\frac{\mathrm{Pr}^{\mathrm{L}}(u)u}{1+(sP\zeta^{\mathrm{L}}(u))^{-1}}\mathrm{d}u\right)\times\\
&\quad\exp\left(-2\pi\lambda\int_{r_1}^{+\infty}\frac{[1-\mathrm{Pr}^{\mathrm{L}}(u)]u}{1+(sP\zeta^{\mathrm{NL}}(u))^{-1}}\mathrm{d}u\right)
\end{aligned}
\tag{4.55}
$$

其中：

- 在步骤 a 中，考虑视距和非视距的小区间干扰，积分依据概率被分为两部分；
- 在步骤 b 中，视距和非视距的小区间干扰分别取决于大于 r 和 r_1 的距离；
- 在步骤 c 中，多径衰落随机变量 g 的概率密度函数 $f_G(g)=1-\exp(-g)$ 被用来计算期望值 $\mathbb{E}_{[g]}\{\exp[-sP\zeta^{\mathrm{L}}(u)g]\}$ 和 $\mathbb{E}_{[g]}\{\exp[-sP\zeta^{\mathrm{NL}}(u)g]\}$。

为了给式(4.53)提供一些直观印象，应该注意：

- 指数表达式 $\exp\left(-\frac{\gamma_0 P^{\mathrm{N}}}{P\zeta^{\mathrm{L}}_n(r)}\right)$ 用来衡量信号功率超过噪声功率至少 γ_0 倍的概率。

• 拉普拉斯变换$\mathscr{L}_{I_{\mathrm{agg}}}\left(-\frac{\gamma_0}{P\zeta_n^{\mathrm{L}}(r)}\right)$用来测量信号功率超过小区间干扰总功率至少 γ_0 倍的概率。

因此，由于多斜率路径快衰落信道增益 h 遵循指数分布，由式(4.53)的步骤 a 所示的上述概率的乘积可以得出信号功率超过噪声和聚合小区间干扰总功率至少 γ_0 倍的概率。

2. 非视距相关的计算

现在让我们研究非视距传输，并说明如何计算概率密度函数 $f_{R,n}^{\mathrm{NL}}(r)$，然后计算式(4.42)中的概率 $\Pr\left[\frac{P\zeta_n^{\mathrm{NL}}(r)h}{I_{\mathrm{agg}}+P^{\mathrm{N}}}>\gamma_0\right]$。

为此，我们定义了以下两个事件：

• 事件 B^{NL}：具有非视距路径的典型移动终端位于到最近小基站 $x=X^{\mathrm{NL}}(\omega)$ 距离处，由距离随机变量 X^{NL} 确定。与式(4.46)类似，我们可以得出概率密度函数 $f_X^{\mathrm{NL}}(x)$ 为

$$f_X^{\mathrm{NL}}(x)=\exp\left(-\int_0^x(1-\mathrm{Pr}^{\mathrm{L}}(u))2\pi u\lambda\,\mathrm{d}u\right)(1-\mathrm{Pr}^{\mathrm{L}}(x))2\pi x\lambda \tag{4.56}$$

值得注意的是，推导出的式(4.56)比 2.3.2 节中的式(2.42)更加复杂。这是因为非视距小基站的部署是不均匀的，距离典型移动终端较远的小基站比距离较近的小基站更有可能建立非视距链路。与式(2.42)相比，我们可以看到式(4.56)有两个重要变化：

■ 在 2.3.2 节的式(2.38)中，半径为 r 的圆形区域恰好包含 0 个点的概率为 $\exp(-\pi\lambda r^2)$，现在这个概率发生了变化，并在式(4.56)中被以下表达式取代：

$$\exp\left(-\int_0^x(1-\mathrm{Pr}^{\mathrm{L}}(u))2\pi u\lambda\,\mathrm{d}u\right)$$

这是因为在非齐次泊松点过程中，非视距小基站的等效强度与距离有关，即 $(1-\mathrm{Pr}^{\mathrm{L}}(u))\lambda$。这就为式(4.56)增加了一个与距离 u 有关的新积分。

■ 在式(2.42)中，齐次泊松点过程的强度 λ 已被式(4.56)中非齐次泊松点过程的等效强度 $(1-\mathrm{Pr}^{\mathrm{L}}(u))\lambda$ 所取代。

• 以随机变量 $X^{\mathrm{NL}}(x=X^{\mathrm{NL}}(\omega))$ 为条件的事件 C^{L}：典型移动终端通过非视距路径与最近 $(x=X^{\mathrm{NL}}(\omega))$ 的小基站相连接。如果典型移动终端连接到最近 $(x=X^{\mathrm{NL}}(\omega))$ 的非视距小基站，那么这个基站必须具有最小路径损耗 $\zeta(r)$。因此，在该区域内不能有任何视距小基站存在：

■ 以典型移动终端为中心。

■ 以 x_2 为半径，其中半径 x_2 满足条件 $x_2=\arg\limits_{x_2}\{\zeta^{\mathrm{L}}(x_2)=\zeta^{\mathrm{NL}}(x)\}$。否则，在距离 $x=X^{\mathrm{NL}}(\omega)$ 处，视距基站的性能将优于非视距小基站。

与式(4.48)类似，当 $x=X^{\mathrm{NL}}(\omega)$ 时，事件 C^{L} 关于随机变量 X^{NL} 的条件概率记作 $\Pr[C^{\mathrm{L}}|X^{\mathrm{NL}}=x]$，

可表示为

$$\Pr[C^{\mathrm{L}} \mid X^{\mathrm{NL}}=x]=\exp\left(-\int_{0}^{x_2}\Pr^{\mathrm{L}}(u)2\pi u\lambda\,\mathrm{d}u\right) \tag{4.57}$$

因此，让我们继续考虑，典型移动终端与非视距小基站相连接，且小基站位于 $r=R^{\mathrm{NL}}(\omega)$ 处的情况。这时随机变量 R^{NL} 的互补累积分布函数 $\bar{F}_R^{\mathrm{NL}}(r)$ 可推导为

$$\begin{aligned}\bar{F}_R^{\mathrm{NL}}(r)&=\Pr[R^{\mathrm{NL}}>r]\\&=\int_{r}^{+\infty}\Pr[C^{\mathrm{L}} \mid X^{\mathrm{NL}}=x]\,f_X^{\mathrm{NL}}(x)\,\mathrm{d}x\end{aligned} \tag{4.58}$$

现在，给定互补累积分布函数 $\bar{F}_R^{\mathrm{NL}}(r)$，通过对距离 r 求导，即 $\frac{\partial(1-\bar{F}_R^{\mathrm{NL}}(r))}{\partial r}$，可以得到关于 r 的概率密度函数 $f_R^{\mathrm{NL}}(r)$：

$$f_R^{\mathrm{NL}}(r)=\Pr[C^{\mathrm{L}} \mid X^{\mathrm{NL}}=r]f_X^{\mathrm{NL}}(r) \tag{4.59}$$

考虑到距离范围 $d_{n-1}<r\leqslant d_n$，我们可以通过概率密度函数 $f_R^{\mathrm{NL}}(r)$ 求出对应距离范围的概率密度函数 $f_{R,n}^{\mathrm{NL}}(r)$，即

$$\begin{aligned}f_{R,n}^{\mathrm{NL}}(r)=&\exp\left(-\int_{0}^{r_2}\Pr^{\mathrm{L}}(u)2\pi u\lambda\,\mathrm{d}u\right)\times\\&\exp\left(-\int_{0}^{r}(1-\Pr^{\mathrm{L}}(u))\,2\pi u\lambda\,\mathrm{d}u\right)(1-\Pr_n^{\mathrm{L}}(r))\,2\pi r\lambda\quad d_{n-1}<r\leqslant d_n\end{aligned} \tag{4.60}$$

其中：

$$r_2=\arg_{r_2}\{\zeta^{\mathrm{L}}(r_2)=\zeta_n^{\mathrm{NL}}(r)\}$$

在得到部分概率密度函数 $f_{R,n}^{\mathrm{NL}}(r)$ 之后，我们可以根据式(4.42)求概率 $\Pr\left[\frac{P\zeta_n^{\mathrm{NL}}(r)h}{I_{\mathrm{agg}}+P^{\mathrm{N}}}>\gamma_0\right]$，表示为

$$\begin{aligned}\Pr\left[\frac{P\zeta_n^{\mathrm{NL}}(r)h}{I_{\mathrm{agg}}+P^{\mathrm{N}}}>\gamma_0\right]&=\mathbb{E}_{[I_{\mathrm{agg}}]}\left\{\Pr\left[h>\frac{\gamma_0(I_{\mathrm{agg}}+P^{\mathrm{N}})}{P\zeta_n^{\mathrm{NL}}(r)}\right]\right\}\\&=\mathbb{E}_{[I_{\mathrm{agg}}]}\left\{\bar{F}_H\left(\frac{\gamma_0(I_{\mathrm{agg}}+P^{\mathrm{N}})}{P\zeta_n^{\mathrm{NL}}(r)}\right)\right\}\end{aligned} \tag{4.61}$$

由于多径快衰落信道增益 h 的互补累积分布函数 $\bar{F}_H(h)$ 遵循指数分布，它的单位均值表示如下：

$$\bar{F}_H(h) = \exp(-h)$$

式(4.61)可进一步推导为

$$\begin{aligned}
\Pr\left[\frac{P\zeta_n^{\mathrm{NL}}(r)h}{I_{\mathrm{agg}}+P^{\mathrm{N}}}>\gamma_0\right] &= \mathbb{E}_{[I_{\mathrm{agg}}]}\left\{\exp\left(-\frac{\gamma_0(I_{\mathrm{agg}}+P^{\mathrm{N}})}{P\zeta_n^{\mathrm{NL}}(r)}\right)\right\} \\
&= \exp\left(-\frac{\gamma_0 P^{\mathrm{N}}}{P\zeta_n^{\mathrm{NL}}(r)}\right)\mathbb{E}_{[I_{\mathrm{agg}}]}\left\{\exp\left(-\frac{\gamma_0}{P\zeta_n^{\mathrm{NL}}(r)}I_{\mathrm{agg}}\right)\right\} \\
&= \exp\left(-\frac{\gamma_0 P^{\mathrm{N}}}{P\zeta_n^{\mathrm{NL}}(r)}\right)\mathscr{L}_{I_{\mathrm{agg}}}^{\mathrm{NL}}\left(\frac{\gamma_0}{P\zeta_n^{\mathrm{NL}}(r)}\right)
\end{aligned} \tag{4.62}$$

基于非视距信号传输条件，拉普拉斯变换$\mathscr{L}_{I_{\mathrm{agg}}}^{\mathrm{NL}}(s)$可推导为

$$\begin{aligned}
\mathscr{L}_{I_{\mathrm{agg}}}^{\mathrm{NL}}(s) &= \mathbb{E}_{[I_{\mathrm{agg}}]}\{\exp(-sI_{\mathrm{agg}})\} \\
&= \mathbb{E}_{[\Phi,\{\beta_i\},\{g_i\}]}\left\{\exp\left(-s\sum_{i\in\Phi/b_o}P\beta_i g_i\right)\right\} \\
&\overset{(a)}{=} \exp\left(-2\pi\lambda\int\left(1-\mathbb{E}_{[g]}\{\exp(-sP\beta(u)g)\}\right)u\mathrm{d}u\right)
\end{aligned} \tag{4.63}$$

其中，式(4.63)的步骤 a 已在式(3.18)中详细解释，并在式(3.19)中进行推导。

式(3.19)考虑了单斜率路径损耗模型的小区间干扰，与之相比，式(4.63)的表达式$\mathbb{E}_{[g]}\{\exp(-sP\beta(u)g)\}$同时考虑视距和非视距路径的小区间干扰。因此，与式(4.64)类似，拉普拉斯变换$\mathscr{L}_{I_{\mathrm{agg}}}^{\mathrm{NL}}(s)$可进一步展开为

$$\begin{aligned}
\mathscr{L}_{I_{\mathrm{agg}}}^{\mathrm{NL}}(s) &= \exp\left(-2\pi\lambda\int(1-\mathbb{E}_{[g]}\{\exp(-sP\beta(u)g)\})u\mathrm{d}u\right) \\
&\overset{(a)}{=} \exp\left(-2\pi\lambda\int_{r_2}^{+\infty}\Pr^{\mathrm{L}}(u)(1-\mathbb{E}_{[g]}\{\exp(-sP\zeta^{\mathrm{L}}(u)g)\})u\mathrm{d}u\right)\times \\
&\quad \exp\left(-2\pi\lambda\int_{r}^{+\infty}(1-\Pr^{\mathrm{L}}(u))(1-\mathbb{E}_{[g]}\{\exp(-sP\zeta^{\mathrm{NL}}(u)g)\})u\mathrm{d}u\right) \\
&\overset{(b)}{=} \exp\left(-2\pi\lambda\int_{r_2}^{+\infty}\frac{\Pr^{\mathrm{L}}(u)u}{1+(sP\zeta^{\mathrm{L}}(u))^{-1}}\mathrm{d}u\right)\times \\
&\quad \exp\left(-2\pi\lambda\int_{r}^{+\infty}\frac{[1-\Pr^{\mathrm{L}}(u)]u}{1+(sP\zeta^{\mathrm{NL}}(u))^{-1}}\mathrm{d}u\right)
\end{aligned} \tag{4.64}$$

其中：

- 在步骤 a 中，视距和非视距的小区间干扰分别取决于大于 r_2 和 r 的距离。
- 在步骤 b 中，多径快衰落随机变量 g 的概率密度函数 $f_G(g)=1-\exp(-g)$ 用于计算期望值 $\mathbb{E}_{[g]}\{\exp(-sP\zeta^{\mathrm{L}}(u)g)\}$ 和 $\mathbb{E}_{[g]}\{\exp(-sP\zeta^{\mathrm{NL}}(u)g)\}$。

将式(4.51)、式(4.53)、式(4.60)和式(4.62)代入式(4.42)即可完成定理 4.3.1 的证明。

附录 B　引理 4.4.2 的证明

基于移动终端关联策略中用最强信号基站作为度量指标，当 $0<r\leqslant d_1$ 时，拉普拉斯变换 $\mathscr{L}_{I_{\text{agg}}}(s)$ 可推导为

$$
\begin{aligned}
\mathscr{L}_{I_{\text{agg}}}(s) &= \mathbb{E}_{[I_{\text{agg}}]}\left\{\exp(-sI_{\text{agg}}) \mid 0<r\leqslant d_1\right\} \\
&= \mathbb{E}_{[\Phi,\{\beta_i\},\{g_i\}]}\left\{\exp\left(-s\sum_{i\in\Phi/b_o} P\beta_i g_i\right) \middle| \ 0<r\leqslant d_1\right\} \\
&\overset{(a)}{=} \exp\left(-2\pi\lambda\int_r^{\infty}\left(1-\mathbb{E}_{[g]}\left\{\exp(-sP\beta(u)g)\right\}\right) u\mathrm{d}u \middle| \ 0<r\leqslant d_1\right)
\end{aligned} \tag{4.65}
$$

其中，步骤 a 在式(3.18)中已有详细解释。

重要的是，鉴于我们现在考虑 r 的范围是 $0<r\leqslant d_1$，那么式(4.65)中的表达式 $\mathbb{E}_{[g]}\{\exp(-sP\beta(u)g)\}$ 应进一步考虑来自视距和非视距的小区间干扰。因此，拉普拉斯变换 $\mathscr{L}_{I_{\text{agg}}}(s)$ 可进一步展开为

$$
\begin{aligned}
\mathscr{L}_{I_{\text{agg}}}(s) = &\exp\left(-2\pi\lambda\int_r^{d_1}\left(1-\frac{u}{d_1}\right)\left[1-\mathbb{E}_{[g]}\{\exp(-sPA^{\text{L}}u^{-\alpha^{\text{L}}}g)\}\right]u\mathrm{d}u\right)\times \\
&\exp\left(-2\pi\lambda\int_{r_1}^{d_1}\frac{u}{d_1}\left[1-\mathbb{E}_{[g]}\{\exp(-sPA^{\text{NL}}u^{-\alpha^{\text{NL}}}g)\}\right]u\mathrm{d}u\right)\times \\
&\exp\left(-2\pi\lambda\int_{d_1}^{\infty}\left[1-\mathbb{E}_{[g]}\{\exp(-sPA^{\text{NL}}u^{-\alpha^{\text{NL}}}g)\}\right]u\mathrm{d}u\right) \\
= &\exp\left(-2\pi\lambda\int_r^{d_1}\left(1-\frac{u}{d_1}\right)\frac{u}{1+(sPA^{\text{L}})^{-1}u^{\alpha^{\text{L}}}}\mathrm{d}u\right)\times \\
&\exp\left(-2\pi\lambda\int_{r_1}^{d_1}\frac{u}{d_1}\frac{u}{1+(sPA^{\text{NL}})^{-1}u^{\alpha^{\text{NL}}}}\mathrm{d}u\right)\times \\
&\exp\left(-2\pi\lambda\int_{d_1}^{\infty}\frac{u}{1+(sPA^{\text{NL}})^{-1}u^{\alpha^{\text{NL}}}}\mathrm{d}u\right)
\end{aligned} \tag{4.66}
$$

将变量 $s=\dfrac{\gamma_0 r^{\alpha^{\text{L}}}}{PA^{\text{L}}}$ 代入式(4.66)，并根据式(4.25)中变量 $\rho_1(\alpha,\beta,t,d)$ 和式(4.26)中变量 $\rho_2(\alpha,\beta,t,d)$ 的定义，我们可以计算拉普拉斯变换 $\mathscr{L}_{I_{\text{agg}}}\left(\dfrac{\gamma_0 r^{\alpha^{\text{L}}}}{PA^{\text{L}}}\right)$，完整的拉普拉斯变换见引理 4.4.2。

证明完毕。

附录 C　引理 4.4.3 的证明

与附录 B 类似，当 $0<r\leqslant y_1$ 时，拉普拉斯变换 $\mathscr{L}_{I_{\mathrm{agg}}}\left(\frac{\gamma_0 r^{\alpha^{\mathrm{NL}}}}{PA^{\mathrm{NL}}}\right)$ 可推导为

$$\mathscr{L}_{I_{\mathrm{agg}}}\left(\frac{\gamma_0 r^{\alpha^{\mathrm{NL}}}}{PA^{\mathrm{NL}}}\right)=\exp\left(-2\pi\lambda\int_{r_2}^{d_1}\left(1-\frac{u}{d_1}\right)\frac{u}{1+\left(\frac{\gamma_0 r^{\alpha^{\mathrm{NL}}}}{PA^{\mathrm{NL}}}PA^{\mathrm{L}}\right)^{-1}u^{\alpha^{\mathrm{L}}}}\mathrm{d}u\right)\times$$
$$\exp\left(-2\pi\lambda\int_{r}^{d_1}\frac{u}{d_1}\frac{u}{1+\left(\frac{\gamma_0 r^{\alpha^{\mathrm{NL}}}}{PA^{\mathrm{NL}}}PA^{\mathrm{NL}}\right)^{-1}u^{\alpha^{\mathrm{NL}}}}\mathrm{d}u\right)\times$$
$$\exp\left(-2\pi\lambda\int_{d_1}^{\infty}\frac{u}{1+\left(\frac{\gamma_0 r^{\alpha^{\mathrm{NL}}}}{PA^{\mathrm{NL}}}PA^{\mathrm{NL}}\right)^{-1}u^{\alpha^{\mathrm{NL}}}}\mathrm{d}u\right)\quad 0<r\leqslant y_1 \tag{4.67}$$

当 $y_1<r\leqslant d_1$ 时：

$$\mathscr{L}_{I_{\mathrm{agg}}}\left(\frac{\gamma_0 r^{\alpha^{\mathrm{NL}}}}{PA^{\mathrm{NL}}}\right)=\exp\left(-2\pi\lambda\int_{r}^{d_1}\frac{u}{d_1}\frac{u}{1+\left(\frac{\gamma_0 r^{\alpha^{\mathrm{NL}}}}{PA^{\mathrm{NL}}}PA^{\mathrm{NL}}\right)^{-1}u^{\alpha^{\mathrm{NL}}}}\mathrm{d}u\right)\times$$
$$\exp\left(-2\pi\lambda\int_{d_1}^{\infty}\frac{u}{1+\left(\frac{\gamma_0 r^{\alpha^{\mathrm{NL}}}}{PA^{\mathrm{NL}}}PA^{\mathrm{NL}}\right)^{-1}u^{\alpha^{\mathrm{NL}}}}\mathrm{d}u\right)\quad y_1<r\leqslant d_1 \tag{4.68}$$

将式(4.25)和式(4.26)分别代入式(4.67)和式(4.68)即可完成证明。

附录 D　引理 4.4.4 的证明

与附录 B 和附录 C 类似，当 $r>d_1$ 时，拉普拉斯变换 $\mathscr{L}_{I_{\mathrm{agg}}}\left(\frac{\gamma_0 r^{\alpha^{\mathrm{NL}}}}{PA^{\mathrm{NL}}}\right)$ 可推导为

$$\mathscr{L}_{I_{\mathrm{agg}}}\left(\frac{\gamma_0 r^{\alpha^{\mathrm{NL}}}}{PA^{\mathrm{NL}}}\right)=\exp\left(-2\pi\lambda\int_{r}^{\infty}\frac{u}{1+(\gamma_0 r^{\alpha^{\mathrm{NL}}})^{-1}u^{\alpha^{\mathrm{NL}}}}\mathrm{d}u\right)\quad r>d_1 \tag{4.69}$$

将式(4.26)代入式(4.69)即可完成证明。

第 5 章

天线高度对超密集无线通信网络的影响

5.1 概述

与宏蜂窝网络相比，小基站网络具有许多优势，是下一代无线电技术网络部署的正确选择。小基站不仅总成本更低，而且有极大的部署灵活性。由于小基站的外形尺寸和发射功率都远低于宏蜂窝基站，因此它们可以被放置在更靠近终端用户聚集的地方，从而显著提高网络的覆盖范围和容量。由于更靠近移动终端，因此小基站能够提供更高质量的无线接口，从而实现更多更快、更可靠的数据连接，为视频等高带宽要求的应用提供更高的吞吐量和更低的延迟。小基站还能与宏蜂窝基站协同工作，当移动终端在宏蜂窝网络覆盖区域之间移动时为其提供无缝移动体验。

如第 4 章所示，从非视距到视距的转变会引入大量干扰链路，因此在更密集的小基站部署中，小区间干扰功率会显著增加。然而，在整个超密集网络部署中，包括电线杆、路灯和建筑物侧面的许多小基站的设想仍然被认为是有效的。这种超密集网络部署有可能显著提高网络的网络覆盖率和面积比特效率。然而，要实现这一构想并不容易，特别是在室外环境中。

需要注意的是，虽然在电线杆、路灯和建筑物侧面部署的小基站似乎是解决无线宽带连接难题的快速而简单的方法，但室外小基站的部署可能非常烦琐。虽然用小基站覆盖一个区域要比架设高塔部署宏蜂窝基站更快，但在网络运营商或服务提供商建设基站和开通服务之前，对每个小基站都需要进行大量的规划和准备工作。如第 4 章所述，需要避免未经规划的网络所带来的负面影响，这主要是由信道、传播特性以及密集网络中大量从非视距转换到视距的干扰链路造成的。要实际部署室外小基站，实际安装工作大约只占 20%，而规划和场地准备工作占 80%[210]。

在小基站规划中，小基站的位置决定了信道和传播特性，从而决定了密集网络中小区间干扰的大小，也决定了小基站可利用的回传网络和供电能力。回传网络和供电能力至关重要，如果不具备这些条件，或无法以经济有效的方式提供这些条件，一些潜在的基站位置可能不得不在规划阶段被放弃。

值得注意的是，城市小基站可以放置在不同的位置。小基站的小巧外形使其能够部署在更靠近移动终端的位置，也可以放置在隐蔽的地方，从而尽量减少对周围环境的视觉影响。这对于市政当局来说至关重要。小基站放置位置的典型位置有[211]：

- 公共设施与公共建筑，如电线杆、灯柱或交通灯。
- 室外结构，如建筑物外墙或屋顶。
- 室内场所的天花板或室外场所的遮雨棚等。
- 街道设施，如候车亭、广告牌或报刊亭。
- 特殊设计的符合周围环境的设施，如社区公园和类似公共区域的人造美化树。
- 有线电视(CATV)的电缆线或使用现有电缆的服务线路。

可以想象，这些不同的安装方式可能具有不同的特点，因此会有各自的优点和缺点。正如无线网络规划人员所说，没有完美的部署点。不过，上述所有例子都有一个重要的共同特点，那就是高度。以位于地面的传统终端用户作为参考，他们通常都将小基站放置高于这个高度 5~10m，甚至更高的位置。这是由部署结构的性质决定的，同时我们必须承认，这种高度在物理安全方面是有益的，因为这样，小基站不易被人触及，可以防止人为破坏、篡改甚至盗窃。然而，这样的部署结构高度也有其不利之处，它会造成重要的通信限制。与前两章(第 3 章和第 4 章)的假设相反，随着小基站密度的增加，小基站部署位置的高度会阻止移动终端接入其服务的小基站。这反过来阻止了信号功率随网络密度的增加而线性增加，这样，来自相邻小区的小区间干扰功率无法得到补偿。

设计为移动终端提供服务的小基站和产生干扰的小基站的高度是一个基站规划问题，传统上在宏蜂窝网络和稀疏小基站网络部署中没有考虑这个问题。宏蜂窝网络受益于屋顶传播，因此高度差不是问题，而是优势。在稀疏的小基站部署中，与提供服务的小基站连接时大多以视距为主，而与产生干扰小基站的连接时，大多数情况下处于非视距状态。因此，与干扰链路相比，移动终端的信号仍能受益于显著的路径损耗优势，从而获得良好的信号质量。遗憾的是，在超密集网络中情况并非如此，根据第 4 章中的示例，两个或更多小基站可能部署在同一条街道上，彼此相距 100m，因此处于视距状态。在这种情况下，信号和干扰链路都以视距传输为主，在这种情况下，天线高度差 L 就非常重要。

为了说明提供服务的小基站和产生干扰的小基站高度对移动终端的影响，图 5.1 提供了一个有 4 种部署情况的示例。顶部的两种部署对应两种传统的宏蜂窝网络情况，底部的两种部署对应两种小基站网络情况，其中左下方代表稀疏的小基站网络，右下方代表超密集网络。

让我们看看图 5.1 顶部的两种宏蜂窝网络方案，可以看到左侧的图是按照传统宏蜂窝网络布局进行部署，站间距为 500m，其中移动终端的天线距离提供服务的宏蜂窝基站的天线约 67m，并从视距连接中获益，而相邻最近的宏蜂窝基站的天线距离移动终端约 441m，处于非视距状态。请注意，两个宏蜂窝基站天线的高度都是 32m，信号距离与小区间干扰距离之比$\frac{67}{441}\approx$ 0.15。在右侧图中，网络密度增加，站间距减小到 250m，二维距离减半，现在移动终端的天线与提供服务的宏蜂窝基站的天线相距 43m，而相邻最近的宏蜂窝基站与移动终端相距 222m。这使得信号距离与产生小区间干扰的距离之比从 0.15 增加到 0.19。因为这个结果与小区间干扰和信号功率的比例大致相同，所以可以预期大致相同的网络性能。

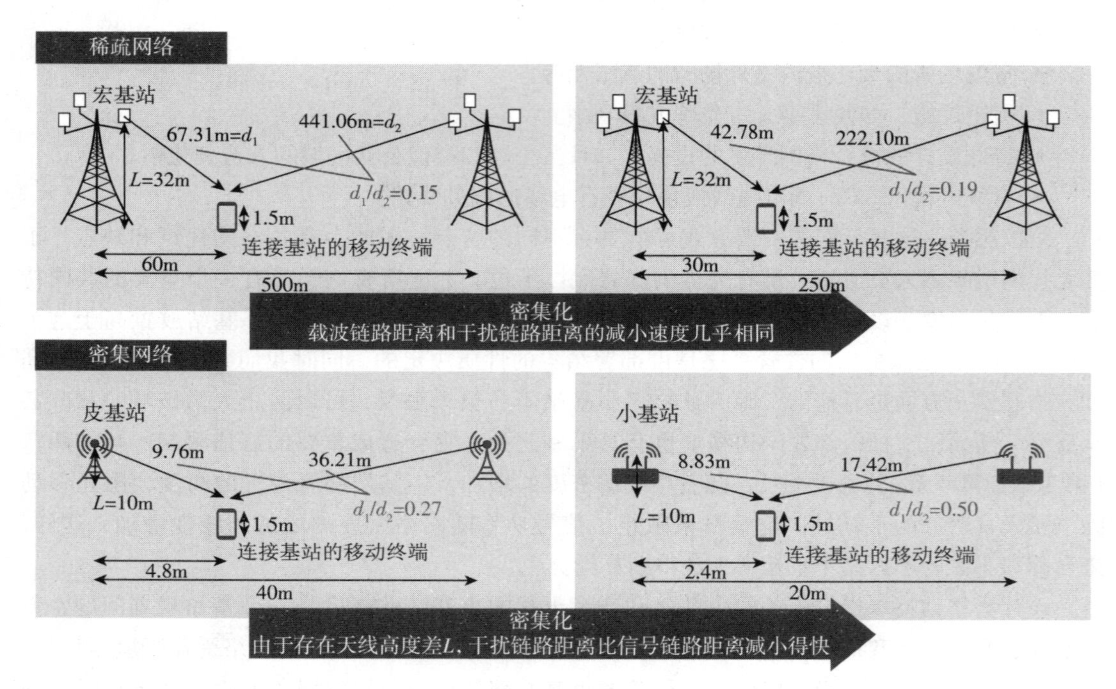

图 5.1　稀疏和密集网络场景中小基站天线高度的影响

现在让我们看看图 5.1 底部的两个小基站网络。在左侧的图中，可以看到与两个宏蜂窝网络场景中的视距特性相同的部署，但站间距为 40m，其中移动终端的天线与提供服务的小基站之间的距离为 9.8m，并受益于视距连接，而相邻最近的小基站与移动终端相距 36m，处于非视距状态。请注意，两个小基站天线都有 10m 高，信号距离与小区间干扰距离的比为 0.27。在右侧图中，网络密度增加形成超密集网络区域，站间距减小到 20m。这就产生了一个重要的影响。现在移动终端的天线与提供服务的小基站天线之间的距离为 8.8m，几乎与以前相同，但与相邻的最近小基站的距离只有 17.4m，近得多。这使得信号距离与小区间干扰距离之比从 0.27 迅速增加到 0.50，从而显示出小区间干扰功率相对于信号功率的增加速度更快。这自然会导致移动终端的信干噪比下降，从而影响网络容量，如果考虑到超密集网络中有许多产生干扰的小基站，对网络容量的影响可能会很大。

尽管本示例中提供的数字可能会根据小基站的安装方式(如电线杆、路灯和建筑物侧面)和其他特性发生变化，但在密集网络中，移动终端天线与提供服务的小基站和产生干扰的小基站天线之间的高度差是不可避免的，再加上城市中的回传网络和电源位置，以上因素共同决定了小基站的部署方式。

鉴于此，特别是考虑到第3章和第4章中使用的模型并未考虑移动终端和小基站天线高度对网络性能的影响，我们不禁要问，在考虑此类实际安装的情况下，迄今为止所展示的结果是否适用于现实中的超密集网络？进一步解释一下，人们可能会担心第4章的结论(在评述4.1和评述4.2中进行了总结)可能不适用于超密集网络系统，而且前面讨论的天线高度差所导致的巨大的小区间干扰产生的负面影响可能比从非视距到视距过渡时小区间干扰产生的影响更大，并使这些超密集网络的部署适得其反。

这就产生了一个基本问题：

移动终端天线与提供服务的基站和产生干扰的基站天线之间的高度差是否会使超密集网络部署陷入完全的小区间干扰过载？

本章其余部分的安排如下：

- 5.2节介绍了在考虑了典型移动终端和小基站的天线高度后理论性能分析框架中的系统模型和假设，同时采用了第4章中介绍的包括视距和非视距传输的信道模型；
- 5.3节介绍了新系统模型下网络覆盖率和面积比特效率的理论表达式；
- 5.4节提供了一些具有不同密度和特性的小基站部署的结果，还介绍了理论性能分析得出的结论，揭示了密集网络中典型移动终端与小基站天线之间高度差的重要性。重要的是，为了完整性，本节还通过系统级仿真研究了多天线模式和下倾角模式以及莱斯多径快衰落(而不是瑞利衰落)对推导结果和结论的影响；
- 5.5节总结了本章的主要结论。

5.2 系统模型修正

为了评估5.1节所述基站高度和天线特性对超密集网络的影响，我们在本节升级了4.2节所述的系统模型。4.2节的模型中：

- 考虑了视距和非视距传输；
- 考虑了基于接收强信号的移动终端关联策略。

本节增加了以下特征：

- 典型移动终端和小基站的天线高度；
- 小基站天线模式。

为便于读者完整理解本章使用的系统模型，表5.1提供了一个简明摘要。

表 5.1　系统模型

模型	描述	参考
传输链路		
链路方向	仅下行链路	从小基站到移动终端的传输
部署		
小基站部署	有限密度的 HPPP，$\lambda<+\infty$	见 3.2.2 节
移动终端部署	满负载的 HPPP，导致每个小区至少一个移动终端	见 3.2.3 节
移动终端与小基站的关联		
信号最强的小基站	移动终端与提供最强接收信号强度的小基站建立连接	见 3.2.8 节及其参考文献，以及式(2.14)
路径损耗		
3GPP UMi[153]	具有概率视距和非视距传输的多斜率路径损耗： • 视距分量 • 非视距分量 • 视距传输的指数概率	见 4.2.1 节，式(4.1) 式(4.2) 式(4.3) 式(4.19)
多径快衰落		
瑞利衰落①	高度分散的场景	见 3.2.7 节及其参考文献，以及式(2.15)
阴影衰落		
未建模	基于易处理性的原因，阴影衰落没有建模，因为它对结果没有定性影响，参见 3.4.5 节	见 3.2.6 节及其参考文献
天线		
小基站天线②	增益为 0dBi 的各向同性单天线单元	见 3.2.4 节
移动终端天线	增益为 0dBi 的各向同性单天线单元	见 3.2.4 节
小基站天线的高度	可变天线高度，$(1.5+L)$m	见 5.2.1 节
移动终端天线的高度	不考虑	—
小基站的空闲态模式能力		
持续开启	小基站总是发送控制信号	—
小基站处的调度器		
轮询调度	移动终端轮流接入无线信道	见 7.1 节

① 5.4.5 节介绍了莱斯多径快衰落的仿真结果，以展示它对所得结果的影响。

② 5.4.4 节介绍了定向天线模式的仿真结果，以展示它对所得结果的影响。

在下文中，我们首先详细介绍将天线高度纳入系统模型的情况，在 5.4.4 节介绍将天线模式纳入系统模型的情况。

天线高度

为了建立关于天线高度的模型，我们将 4.2 节中路径损耗模型中的二维距离替换为三维距离，也就是说，我们将典型移动终端与任意小基站之间的二维距离 r 替换为三维等效距离 d，可以表示为

$$d=\sqrt{r^2+L^2} \tag{5.1}$$

其中，L是典型移动终端天线与任意小基站天线之间的绝对高度差，单位是千米。

请注意，在计算天线绝对高度差($L\geqslant 0$)时，应考虑典型移动终端的天线高度通常大于0这一点。

有了这一变化，将由式(4.1)确定的典型移动终端和任意小基站之间的路径损耗$\zeta(r)$代入式(4.4)中，可表示为

$$\zeta(d)=\begin{cases}\zeta_1(d)=\begin{cases}\zeta_1^{\mathrm{L}}(d) & \text{概率为}\ \mathrm{Pr}_1^{\mathrm{L}}(d)\\ \zeta_1^{\mathrm{NL}}(d) & \text{概率为}\ (1-\mathrm{Pr}_1^{\mathrm{L}}(d))\end{cases} & 0\leqslant d\leqslant d_1\\ \zeta_2(d)=\begin{cases}\zeta_2^{\mathrm{L}}(d) & \text{概率为}\ \mathrm{Pr}_2^{\mathrm{L}}(d)\\ \zeta_2^{\mathrm{NL}}(d) & \text{概率为}\ (1-\mathrm{Pr}_2^{\mathrm{L}}(d))\end{cases} & d_1<d\leqslant d_2\\ \vdots & \\ \zeta_N(d)=\begin{cases}\zeta_N^{\mathrm{L}}(d) & \text{概率为}\ \mathrm{Pr}_N^{\mathrm{L}}(d)\\ \zeta_N^{\mathrm{NL}}(d) & \text{概率为}\ (1-\mathrm{Pr}_N^{\mathrm{L}}(d))\end{cases} & d>d_{N-1}\end{cases} \tag{5.2}$$

同时叠加以下公式：

$$\zeta^{\mathrm{Parh}}(d)=\begin{cases}\zeta_1^{\mathrm{Parh}}(d) & 0\leqslant d\leqslant d_1\\ \zeta_2^{\mathrm{Parh}}(d) & d_1<d\leqslant d_2\\ \vdots & \\ \zeta_N^{\mathrm{Parh}}(d) & d>d_{N-1}\end{cases} \tag{5.3}$$

而式(4.5)中的分段视距概率函数$\mathrm{Pr}_n^{\mathrm{L}}(r)$可以重写为

$$\mathrm{Pr}^{\mathrm{L}}(d)=\begin{cases}\mathrm{Pr}_1^{\mathrm{L}}(d) & 0\leqslant d\leqslant d_1\\ \mathrm{Pr}_2^{\mathrm{L}}(d) & d_1<d\leqslant d_2\\ \vdots & \\ \mathrm{Pr}_N^{\mathrm{L}}(d) & d>d_{N-1}\end{cases} \tag{5.4}$$

5.3　理论性能分析及主要结果

在本节中，为方便起见，我们先在表5.2中给出关于三维路径损耗模型的网络覆盖率p^{cov}和面积比特效率A^{ASE}，这两个关键性能指标的表达式将用于揭示小基站天线高度对超密集网络的重要影响。

表 5.2　主要性能指标

指标	形式化表达	参考
网络覆盖率，p^{cov}	$p^{\mathrm{cov}}(\lambda,\gamma_0)=\Pr[\Gamma>\gamma_0]=\bar{F}_{\Gamma}(\gamma_0)$	见 2.1.12 节，式(2.22)
面积比特效率，A^{ASE}	$A^{\mathrm{ASE}}(\lambda,\gamma_0)=\frac{\lambda}{\ln 2}\int_{\gamma_0}^{+\infty}\frac{p^{\mathrm{cov}}(\lambda,\gamma)}{1+\gamma}\mathrm{d}\gamma+\lambda\log_2(1+\gamma_0)p^{\mathrm{cov}}(\lambda,\gamma_0)$	见 2.1.12 节，式(2.25)

5.3.1　网络覆盖率

接下来，我们通过定理 5.3.1 介绍关于网络覆盖率 p^{cov} 的主要结论，考虑到之前介绍的系统模型，需要强调的是典型移动终端和小基站的天线高度。对这些结论感兴趣的读者可以参考文献[110]。

定理 5.3.1　考虑到式(5.2)中的新路径损耗模型和 4.2 节介绍的最强小基站关联策略，可求得网络覆盖率 p^{cov} 为

$$p^{\mathrm{cov}}(\lambda,\gamma_0)=\sum_{n=1}^{N}(T_n^{\mathrm{L}}+T_n^{\mathrm{NL}}) \tag{5.5}$$

其中：

$$T_n^{\mathrm{L}}=\int_{\sqrt{d_{n-1}^2-L^2}}^{\sqrt{d_n^2-L^2}}\Pr\left[\frac{P\zeta_n^{\mathrm{L}}(\sqrt{r^2+L^2})\ h}{I_{\mathrm{agg}}+P^{\mathrm{N}}}>\gamma_0\right]f_{R,n}^{\mathrm{L}}(r)\,\mathrm{d}r \tag{5.6}$$

$$T_n^{\mathrm{NL}}=\int_{\sqrt{d_{n-1}^2-L^2}}^{\sqrt{d_n^2-L^2}}\Pr\left[\frac{P\zeta_n^{\mathrm{NL}}(\sqrt{r^2+L^2})\ h}{I_{\mathrm{agg}}+P^{\mathrm{N}}}>\gamma_0\right]f_{R,n}^{\mathrm{NL}}(r)\,\mathrm{d}r \tag{5.7}$$

同时，d_0 和 d_N 分别被定义为 $L\geqslant 0$ 和 $+\infty$。

此外，在 $\sqrt{d_{n-1}^2-L^2}<r\leqslant\sqrt{d_n^2-L^2}$ 之间概率密度函数 $f_{R,n}^{\mathrm{L}}(r)$ 和 $f_{R,n}^{\mathrm{NL}}(r)$ 取值范围的表达式为

$$\begin{aligned}f_{R,n}^{\mathrm{L}}(r)=&\exp\left(-\int_0^{r_1}\left(1-\Pr^{\mathrm{L}}(\sqrt{u^2+L^2})\right)2\pi u\lambda\,\mathrm{d}u\right)\times\\&\exp\left(-\int_0^{r}\Pr^{\mathrm{L}}(\sqrt{u^2+L^2})\,2\pi u\lambda\,\mathrm{d}u\right)\times\\&\Pr_n^{\mathrm{L}}(\sqrt{r^2+L^2})\,2\pi r\lambda\end{aligned} \tag{5.8}$$

$$\begin{aligned}f_{R,n}^{\mathrm{NL}}(r)=&\exp\left(-\int_0^{r_2}\Pr^{\mathrm{L}}(\sqrt{u^2+L^2})\,2\pi u\lambda\,\mathrm{d}u\right)\times\\&\exp\left(-\int_0^{r}\left(1-\Pr^{\mathrm{L}}(\sqrt{u^2+L^2})\right)2\pi u\lambda\,\mathrm{d}u\right)\times\end{aligned}$$

$$\left(1-\mathrm{Pr}_n^{\mathrm{L}}\left(\sqrt{r^2+L^2}\right)\right)2\pi r\lambda \tag{5.9}$$

其中，r_1 和 r_2 取决于

$$r_1=\arg_{r_1}\left\{\zeta^{\mathrm{NL}}\left(\sqrt{r_1^2+L^2}\right)=\zeta_n^{\mathrm{L}}\left(\sqrt{r^2+L^2}\right)\right\} \tag{5.10}$$

$$r_2=\arg_{r_2}\left\{\zeta^{\mathrm{L}}\left(\sqrt{r_2^2+L^2}\right)=\zeta_n^{\mathrm{NL}}\left(\sqrt{r^2+L^2}\right)\right\} \tag{5.11}$$

概率 $\mathrm{Pr}\left[\frac{P\zeta_n^{\mathrm{L}}\left(\sqrt{r^2+L^2}\right)h}{l_{\mathrm{agg}}+P^{\mathrm{N}}}>\gamma_0\right]$ 可以被计算为

$$\mathrm{Pr}\left[\frac{P\zeta_n^{\mathrm{L}}\left(\sqrt{r^2+L^2}\right)h}{I_{\mathrm{agg}}+P^{\mathrm{N}}}>\gamma_0\right]=\exp\left(-\frac{\gamma_0 P^{\mathrm{N}}}{P\zeta_n^{\mathrm{L}}\left(\sqrt{r^2+L^2}\right)}\right)\mathscr{L}_{I_{\mathrm{agg}}}^{\mathrm{L}}(s) \tag{5.12}$$

其中，$\mathscr{L}_{I_{\mathrm{agg}}}^{\mathrm{L}}(s)$是聚合的小区间干扰随机变量 I_{agg} 在视距情况下评估 $s=\frac{\gamma_0}{P\zeta_n^{\mathrm{L}}(r)}$的拉普拉斯变换，可以表示为

$$\mathscr{L}_{I_{\mathrm{agg}}}^{\mathrm{L}}(s)=\exp\left(-2\pi\lambda\int_r^{+\infty}\frac{\mathrm{Pr}^{\mathrm{L}}\left(\sqrt{u^2+L^2}\right)u}{1+\left(sP\zeta^{\mathrm{L}}\left(\sqrt{u^2+L^2}\right)\right)^{-1}}\mathrm{d}u\right)\times$$
$$\exp\left(-2\pi\lambda\int_{r_1}^{+\infty}\frac{\left[1-\mathrm{Pr}^{\mathrm{L}}\left(\sqrt{u^2+L^2}\right)\right]u}{1+\left(sP\zeta^{\mathrm{NL}}\left(\sqrt{u^2+L^2}\right)\right)^{-1}}\mathrm{d}u\right) \tag{5.13}$$

此外，概率 $\mathrm{Pr}\left[\frac{P\zeta_n^{\mathrm{NL}}\left(\sqrt{r^2+L^2}\right)h}{l_{\mathrm{agg}}+P^{\mathrm{N}}}>\gamma_0\right]$ 可以计算为

$$\mathrm{Pr}\left[\frac{P\zeta_n^{\mathrm{NL}}\left(\sqrt{r^2+L^2}\right)h}{I_{\mathrm{agg}}+P^{\mathrm{N}}}>\gamma_0\right]=\exp\left(-\frac{\gamma_0 P^{\mathrm{N}}}{P\zeta_n^{\mathrm{NL}}\left(\sqrt{r^2+L^2}\right)}\right)\mathscr{L}_{I_{\mathrm{agg}}}^{\mathrm{NL}}(s) \tag{5.14}$$

其中，$\mathscr{L}_{I_{\mathrm{agg}}}^{\mathrm{NL}}(s)$是聚合小区间干扰随机变量 I_{agg} 在非视距信号传输的情况下评估 $s=\frac{\gamma_0}{P\zeta_n^{\mathrm{NL}}(r)}$的拉普拉斯变换，可以表示为

$$\mathscr{L}_{I_{\mathrm{agg}}}^{\mathrm{NL}}(s)=\exp\left(-2\pi\lambda\int_{r_2}^{+\infty}\frac{\mathrm{Pr}^{\mathrm{L}}\left(\sqrt{u^2+L^2}\right)u}{1+\left(sP\zeta^{\mathrm{L}}\left(\sqrt{u^2+L^2}\right)\right)^{-1}}\mathrm{d}u\right)\times$$
$$\exp\left(-2\pi\lambda\int_{r}^{+\infty}\frac{\left[1-\mathrm{Pr}^{\mathrm{L}}\left(\sqrt{u^2+L^2}\right)\right]u}{1+\left(sP\zeta^{\mathrm{NL}}\left(\sqrt{u^2+L^2}\right)\right)^{-1}}\mathrm{d}u\right) \tag{5.15}$$

证明　参考附录 A。

为了便于理解如何得到新的网络覆盖率 p^{cov}，图 5.2 展示了一个流程图，描述了为得出定理

5.3.1 的新结论而对第 3 章中介绍的传统随机几何框架以及第 4 章中的更新方式所进行的必要改进。

与图 4.2 所示的逻辑相比，从广义上讲，现在的信道模型考虑的是三维距离而不是二维距离。为避免混淆，定理 5.3.1 中使用式(5.1)表示三维距离。但应该注意的是，考虑到齐次泊松点过程(HPPP)模型的特性，以及表示二维平面上典型移动终端和小基站之间距离的方式，当前模型最外层的积分仍然是在二维距离上计算的。

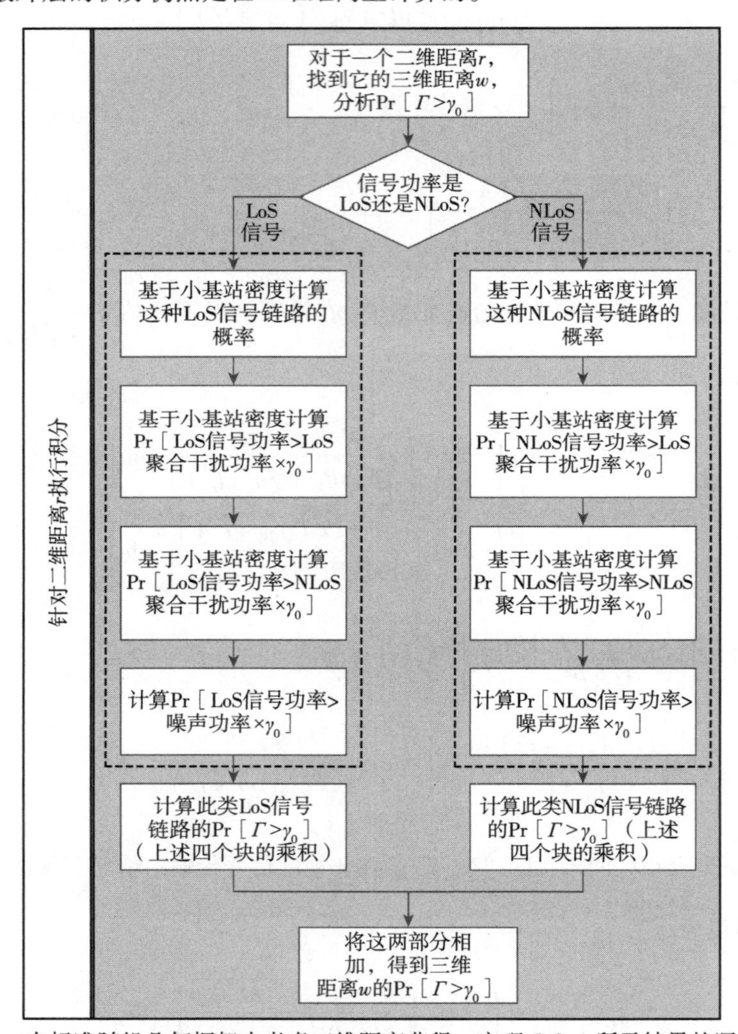

图 5.2　在标准随机几何框架内考虑三维距离获得，定理 5.3.1 所示结果的逻辑步骤

5.3.2　面积比特效率

与前几章类似，将从定理 5.3.1 得到的网络覆盖率 p^{cov} 插入式(2.24)中，计算典型移动终

端的信干噪比 Γ 的概率密度函数 $f_{\Gamma(\gamma)}$，然后就可以通过式(2.25)求出面积比特效率 A^{ASE}。有关面积比特效率计算公式的更多信息，请参见表5.2。

5.3.3 计算复杂度

要计算定理5.3.1中提出的网络覆盖率 p^{cov}，仍要分别计算 $\{f_{R,n}^{\mathrm{Path}}(r)\}$、$\left\{\mathscr{L}_{I_{\mathrm{agg}}}\left(\frac{\gamma_0}{P\zeta_n^{\mathrm{Path}}(r)}\right)\right\}$ 和 $\{T_n^{\mathrm{Path}}\}$，其中字符串变量Path的值为L或NL。请注意，在计算面积比特效率 A^{ASE} 时还需要额外的积分，因此需要进行四重积分计算。

5.4 讨论

本节我们将利用静态系统级仿真的数值结果来评估上述理论性能分析的准确性，并从网络覆盖率 p^{cov} 和面积比特效率 A^{ASE} 的角度研究小基站天线高度对超密集网络的影响。

需要提醒的是，要分析考虑了典型移动终端和小基站的天线高度的网络覆盖率 p^{cov} 和面积比特效率 A^{ASE}，现在应将三维距离公式(4.17)和式(4.19)代入定理5.3.1，并随后推导进行计算。

5.4.1 案例研究

为了评估在超密集网络中典型移动终端天线高度和小型基站天线高度的影响，我们使用了与第4章相同的3GPP案例研究，以便进行逐一比较。读者如果对3GPP案例研究的详细描述感兴趣，请参阅表5.1和4.4.1节。

为对比清楚，请记住3GPP案例研究中使用了以下参数：

- 最大天线增益，$G_{\mathrm{M}}=0\mathrm{dB}$；
- 当载波频率为2GHz时，路径损耗为 $\alpha^{\mathrm{L}}=2.09$ 和 $\alpha^{\mathrm{NL}}=3.75$；
- 参考路径损耗，$A^{\mathrm{L}}=10^{-10.38}$，$A^{\mathrm{NL}}=10^{-14.54}$；
- 发射功率 $P=24\mathrm{dBm}$；
- 噪声功率 $P^{\mathrm{N}}=-95\mathrm{dBm}$，包括移动终端的噪声9dB。

1. 天线配置

关于天线绝对高度差($L\geqslant0$)，我们假设移动终端的天线高度为1.5m，而小基站的天线高度在1.5m、5m、10m和20m之间变化。因此，天线高度差 L 取值为 $L=\{0,3.5,8.5,18.5\}$ m。

2. 小基站密度

正如第 2~4 章所介绍的，文献[153]选定路径损耗模型是利用测量结果构建的，基于测量活动的特点，得出的路径损耗和参考路径损耗适用于从发射到接收不小于 10m 的距离。由于引入了天线高度差 $L(L\geqslant 0)$，从发射器到接收器的最小距离变大，因此我们在本章中研究的小基站密度比前几章的更大，最高可以达到 $\lambda=10^5$ 个/km^2。

3. 基准

在此次性能评估中，我们使用了以下基准数据：

- 3.4 节介绍的单斜率路径损耗模型的分析结果；
- 4.4 节介绍的同时考虑视距和非视距传输的分析结果。

请注意，前者的结果是在参考路径损耗 $A^{\mathrm{NL}}=10^{-14.54}$ 和路径损耗指数 $\alpha=3.75$ 的情况下得出的。

5.4.2 网络覆盖率的性能

图 5.3 显示了信干噪比阈值 $\gamma_0=0$dB 时，以下六种配置下的网络覆盖率 p^{cov}：

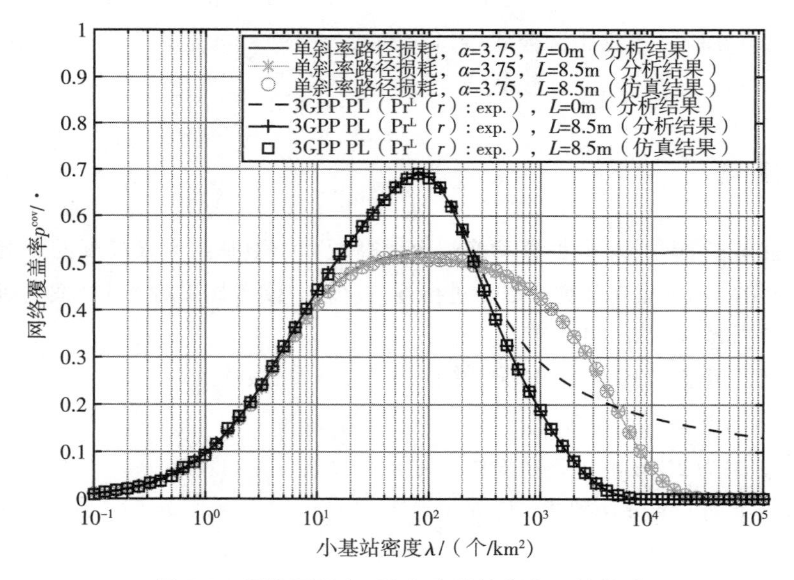

图 5.3 网络覆盖率 p^{cov} 与小基站密度 λ 的关系

- 配置 a：天线高度差 $L=0$ m 的单斜率路径损耗模型(分析结果)。
- 配置 b：天线高度差 $L=8.5$ m 的单斜率路径损耗模型(分析结果)。
- 配置 c：天线高度差 $L=8.5$ m 的单斜率路径损耗模型(仿真结果)。
- 配置 d：视距和非视距传输天线高度差 $L=0$m 的多斜率路径损耗模型(分析结果)。

- 配置 e：视距和非视距传输天线高度差 $L=8.5$ m 的多斜率路径损耗模型(分析结果)。
- 配置 f：视距和非视距传输天线高度差 $L=8.5$m 的多斜率路径损耗模型(仿真结果)。

请注意，第3章和第4章已分别介绍和讨论了配置 a 和配置 d，请同时在图5.3中对各种情况进行比较。

从图5.3中可以看出，分析结果配置 b 和配置 e 分别与仿真结果配置 c 和配置 f 吻合。这证实了定理5.3.1及其推导的准确性。由于准确度的拟合效果很好，而且面积比特效率 A^{ASE} 的结果是根据网络覆盖率 p^{cov} 的结果计算的，因此本章以下部分只对分析结果进行讨论。

从图5.3中还可以看出：

- 在密集的小基站密度下，天线高度差 $L=0$m 的单斜率路径损耗模型配置 a 会导致典型移动终端的信干噪比 Γ 不变，这与小基站密度无关。反过来，随着小基站密度 λ 的增加，网络覆盖率 p^{cov} 保持不变。详见第3章。
- 同时具有视距和非视距传输且天线高度差 $L=0$m 的多斜率路径损耗模型配置 d 的多斜率路径损耗模型的表现明显不同：
  - 当小基站密度 λ 足够大，例如 $\lambda>10^2$ 个/km^2 时，由于密集网络中从非视距过渡到视距会产生大量干扰链路，因此网络覆盖率 p^{cov} 将随小基站密度 λ 的增大而减小。
  - 当小基站密度 λ 相当大，例如 $\lambda\geqslant10^3$ 个/km^2 时，网络覆盖率 p^{cov} 会以较慢的速度下降。这是因为以视距为主导的信号和小区间干扰功率水平都最终趋向于视距路径损耗指数，并以相同的速度增长。

详见第4章。

- 包含视距和非视距传输以及天线高度差 $L=8.5$m 的多斜率路径损耗模型配置 b、配置 c、配置 e 和配置 f 所产生的网络覆盖率 p^{cov} 与没有天线高度差 $L=0$m 的模型配置 a 和配置 d 所产生的网络覆盖率 p^{cov} 有明显不同。包含天线高度差 $L=8.5$m 的模型所产生的网络覆盖率 p^{cov} 在网络进入超密集状态时显示出更明确的趋向于0的轨迹。这是因为当天线高度差 $L>0$m 时，典型移动终端的信干噪比 Γ 会随着小基站密度 λ 的增加而加速下降。由于天线高度差 $L>0$m 是有限且非零的，因此移动终端无法无限接近提供服务的小基站，这就对移动终端可接收的最大信号功率设置了上限，无法补偿小区间干扰功率的增加。这导致典型移动终端的信干噪比 Γ 急剧下降，网络覆盖率 p^{cov} 也受到影响。

下面，我们将提出定理5.4.1来正式解释这一结论，它不仅会影响网络覆盖率 p^{cov}，还会影响面积比特效率 A^{ASE}，这将在下一节中说明。

定理5.4.1 如果包含：

- 一个有限且非零的天线高度差 $L>0$。
- 一个有限且典型移动终端的信干噪比值 $\gamma(0\leqslant\gamma<+\infty)$。
- 一个有限的信干噪比阈值 $\gamma_0(0\leqslant\gamma_0<+\infty)$。

那么网络覆盖率 p^{cov} 和面积比特效率 A^{ASE} 与小基站密度 λ 的近似表达分别为 $\lim\limits_{\lambda\to+\infty}p^{\mathrm{cov}}(\lambda,\gamma_0)=0$ 和 $\lim\limits_{\lambda\to+\infty}A^{\mathrm{ASE}}(\lambda,\gamma_0)=0$。

证明　参考附录 B。

从本质上讲，定理 5.4.1 指出，在天线高度差 L 有限且非零的场景下，当小基站密度 λ 非常大时，网络覆盖率 p^{cov} 和面积比特效率 A^{ASE} 都将会减少并趋近于 0，因此典型移动终端将在这样的密集网络中遭遇完全的服务中断。以下的证明揭示了导致这一现象的原因，简述如下。

让我们考虑图 5.4 所示的有两个小基站的场景，其中，r 是显示的移动终端与提供服务的小基站之间的二维距离，$\tau r(1<\tau<+\infty)$ 是移动终端与任意产生干扰的小基站之间的距离。

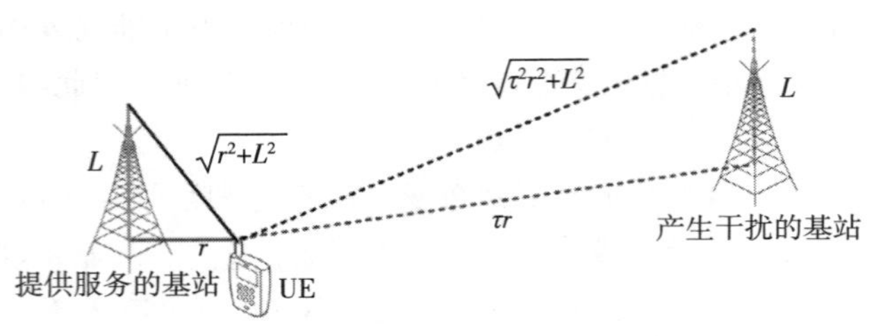

图 5.4　两个小基站的简单示例说明

在这样的网络中，当小基站密度 λ 趋于无限时，即 $\lambda\to+\infty$，则：

- 移动终端与其关联的小基站之间的距离 r 将趋于 0，即 $r\to0$；
- 信号和小区间干扰功率水平都将由式(5.2)的第一部分视距路径损耗函数主导，即

$$\zeta_1^{\mathrm{L}}(d)=A_1^{\mathrm{L}}\left(\sqrt{r^2+L^2}\right)^{-\alpha_1^{\mathrm{L}}}$$

有鉴于此，移动终端的信号干扰比(SIR)可计算为

$$\bar{\gamma}=\frac{A_1^{\mathrm{L}}\left(\sqrt{r^2+L^2}\right)^{-\alpha_1^{\mathrm{L}}}}{A_1^{\mathrm{L}}\left(\sqrt{\tau^2r^2+L^2}\right)^{-\alpha_1^{\mathrm{L}}}}=\left(\sqrt{\frac{1}{1+\dfrac{\tau^2-1}{1+\dfrac{L^2}{r^2}}}}\right)^{-\alpha_1^{\mathrm{L}}}\tag{5.16}$$

其中，不考虑噪声功率。因为这种超密集网络是受干扰限制的，而不是受噪声限制的。

基于这一结论，我们很容易证明，当小基站密度 λ 趋于无限大时，移动终端的信号干扰比趋于 1，即 $\bar{\gamma}\to1$(0dB)。这一结论背后的直观感受和分析结果如下：

- 因为天线高度差 $L>0$，所以移动终端无法无限接近小基站的天线。因此，天线高度差 L 为移动终端到小基站天线的最小距离产生限制，进而为最大信号和最大小区间干扰功率水平产生了限制。这些上限出现在移动终端信号干扰比 $\bar{\gamma}$ 的分子和分母中。然而，信号功率的上限比小区间干扰功率的上限更早出现，即随着密度水平的增加，分子的增长率比分母的增长率更早下降。这是因为当移动终端与最近的小基站进行连接时，相较于计算移动终端与其他小基站之间的距离，计算移动终端与其关联的小基站之间的距离时，天线高度差 L 产生的影响会更大。
- 在本例的超密集网络中，小基站密度 λ 趋于无限大，即 $\lambda\to+\infty$，提供服务的小基站和产生干扰的小基站与出现的移动终端之间的距离 $\approx L$ 几乎相同，它们同时出现在移动

终端的正上方。因此，信号链路和干扰链路几乎会有相同的路径损耗，这就导致移动终端的信号干扰比为1，即 $\bar{\gamma} \to 1$(0dB)。

值得注意的是，定理5.4.1给人的直观效果源于小基站部署的几何原理，因此无论信道模型如何，该定理都是有效的。

根据上述结论，将此示例的逻辑推理推广到具有更多小基站的更一般超密集网络，我们可以推断，由于强干扰小基站的数量庞大，在超密集网络中从各个方向接近典型移动终端，因此小区间干扰功率的总和远远超过信号功率。

这就完成了定理5.4.1关键点的简要证明。

1. 研究各种天线高度差 L

图5.5进一步探讨了网络覆盖率 p^{cov}，这次特别关注了各种天线高度差 $L=\{0,3.5,8.5,18.5\}$ 的影响。

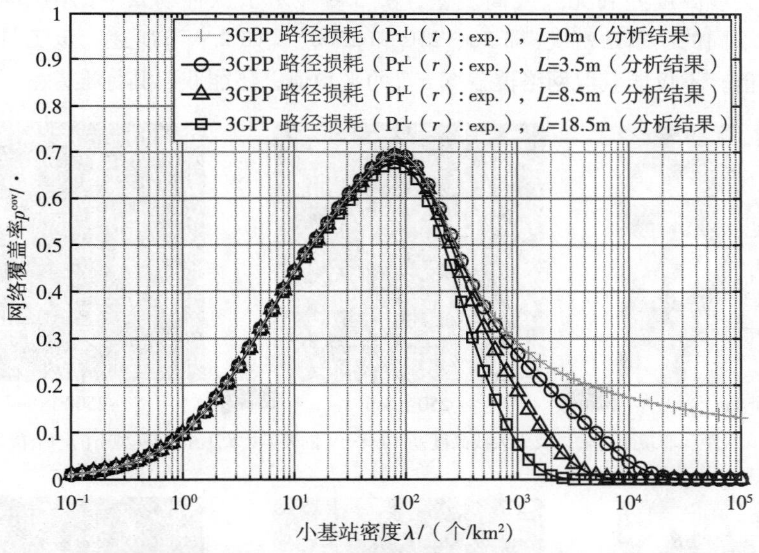

图5.5　不同天线高度差 $L(L\geqslant 0)$ 的网络覆盖率 p^{cov} 与小基站密度 λ 的关系

从图5.5可以看出：

- 天线高度差 $L(L\geqslant 0)$ 越大，网络覆盖率 p^{cov} 向0下降的速度越快。这是因为天线高度差 $L(L\geqslant 0)$ 越大，意味着典型移动终端与提供服务的小基站之间的最小距离越大，反过来，最大接收信号功率也越低。更重要的是，这导致了信号功率的增长随小基站密度 λ 的增加而受到更大限制，因此，从信号功率和小区间干扰功的角度来看，信号功率的增长无法抵消小区间干扰功率，在密集网络中随着接近的小基站数量不断增加，小区间干扰功率会持续增长。以图5.4所示的简单情况为例，天线高度差 $L(L\geqslant 0)$ 越大，随着缩放因子 τ 的减小，移动终端的信干噪比 $\bar{\gamma}$ 越早趋于1，其中缩放因子 τ 减小等同于小基站密度 λ 的增加[见式(5.16)]。

- 与天线高度差 $L=0$ 的基线情况相比，当考虑小基站密度 $\lambda=1\times10^4$ 个/km² 时，天线高度差 $L=8.5$m 会导致网络覆盖率 p^{cov} 从 0.17 降至 0.000 23，降低了 99.86%。
- 从覆盖的角度来看，天线高度差 L 从 $L=8.5$m 减小到 $L=3.5$m 减慢了网络覆盖率 p^{cov} 的下降速度，这里假设网络覆盖率 $p^{\text{cov}}=0.05$ 是基于小基站密度 $\lambda=0.266\times10^4$ 个/km² 下降到 $\lambda=0.865\times10^4$ 个/km²。
- 值得注意的是，与第 4 章的结果相比，我们还可以从图 5.5 中观察到，在密集网络中，天线高度差 $L>0$ 导致的网络覆盖率 p^{cov} 衰落比大量干扰链路从非视距过渡到视距导致的网络覆盖率 p^{cov} 下降影响更大。前者在图中甚至无法体现。

2. NetVisual 分析

为了更直观地显示网络覆盖率 p^{cov} 的基本特性，同时考虑视距和非视距传输的多斜率路径损耗模型，有天线高度差和无天线高度差，图 5.6 显示了三种场景下的网络覆盖率热力图，这些场景具有不同的小基站密度(即 50、250 和 2500)。如 2.4 节所述，该工具能提供直观的图表来评估性能，不仅能获取网络覆盖率 p^{cov} 的平均值，还能获取其标准差。

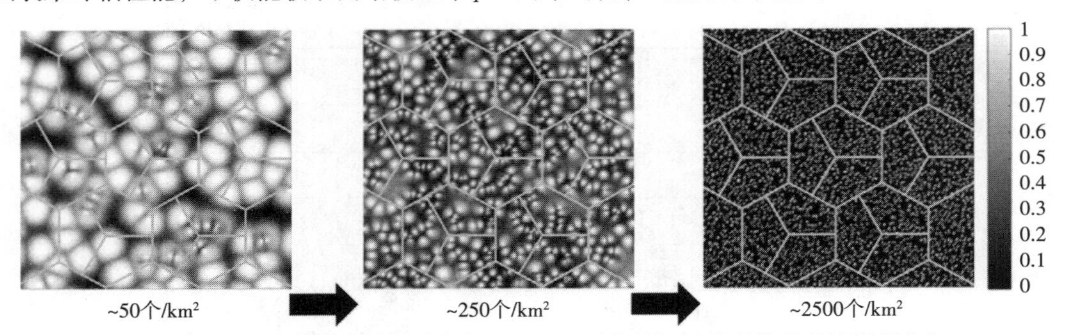

a）在包含视距和非视距传输以及无天线高度差（L=0m）的多斜率路径损耗模型下的网络覆盖率p^{cov}

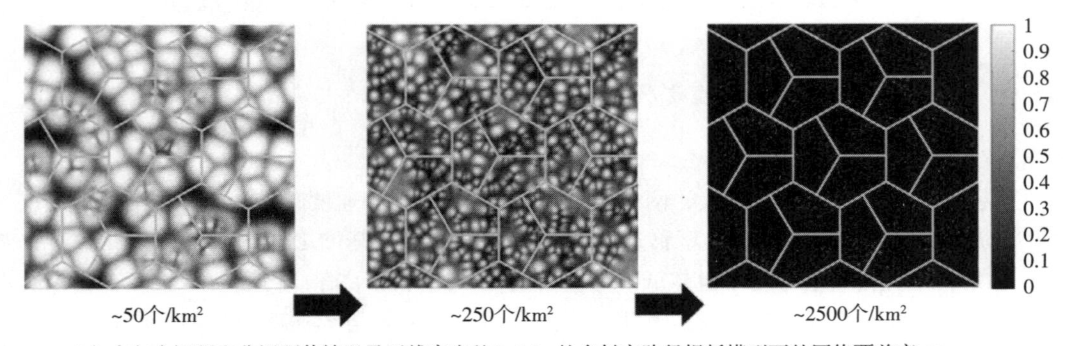

b）在包含视距和非视距传输以及天线高度差L=8.5m的多斜率路径损耗模型下的网络覆盖率p^{cov}。与图5.6a相比，信干噪比热力图随着小基站密度λ的增加而变暗，显示出明显的性能下降，这是因为天线高度差L会对移动终端可接收的最大信号功率产生上限

图 5.6　网络覆盖率 p^{cov} 与小基站密度 λ 的 NetVisual 图(亮区表示高概率，暗区表示低概率)

从图 5.6 中我们可以看到，与没有天线高度差(L=0m)的情况相比：

- 较大的天线高度差 L=8.5m 对性能的影响可以忽略不计，当小基站密度不是超密集网络时，即在我们的例子中，当小基站密度 λ 不大于 250 个/km^2 时，网络覆盖率 p^{cov} 的平均值和标准差与 50 个/km^2 的情况下没有变化，分别为 0.71 和 0.22，而在 250 个/km^2 的情况下则分别从 0.51 和 0.23 降为 0.48 和 0.21，即平均值下降了 5.88%。
- 与图 5.6a 相比，当小基站密度 λ 约为 2500 个/km^2 时，图 5.6b 中的信干噪比热力图变得暗淡得多，表明天线高度差 L>0 导致性能大幅下降。从图中可以看到，网络覆盖率 p^{cov} 的平均值和标准差从没有天线高度差 L=0m 时的 0.22 和 0.26 下降到 0.05 和 0.05。天线高度差 L=8.5m 时，平均值下降了 77.27%。

3. 调研结果摘要：网络覆盖率评述

评述 5.1　考虑到天线高度差 L>0，在密集网络中，典型移动终端的信干噪比 Γ 会受到移动终端接收最大信号功率上限的影响。因此，网络覆盖率 p^{cov} 并不像第 3 章中那样保持不变，而是随着密集和超密集网络中小基站密度 λ 的增加而显著下降，降幅远大于第 4 章中的降幅。

5.4.3　面积比特效率的性能

现在让我们来探讨面积比特效率 A^{ASE}。

图 5.7 显示了信干噪比阈值 γ_0=0dB 时面积比特效率 A^{ASE} 的四种配置。

- 配置 a：天线高度差 L=0 m 时的单斜率路径损耗模型(分析结果)。
- 配置 b：天线高度差 L=8.5 m 时的单斜率路径损耗模型(分析结果)。
- 配置 c：视距和非视距传输且无天线高度差 L=0 m 时的多斜率路径损耗模型(分析结果)。
- 配置 d：视距和非视距传输以及天线高度差 L=8.5m 的多斜率路径损耗模型(分析结果)。

从图 5.7 中我们可以观察到，包含天线高度差 L=8.5m 的模型配置 b 和配置 d 产生的面积比特效率 A^{ASE} 与不包含天线高度差 L=0m 的模型配置 a 和配置 c 产生的面积比特效率 A^{ASE} 完全不同。包含天线高度差(L>0)的模型所产生的面积比特效率 A^{ASE} 表明，当进入超密集网络时，网络性能不仅不再线性增长，而且会迅速变差并趋于 0。在密集网络中，天线高度不同会对移动终端可接收的最大信号功率造成限制，从而直接导致这一结果，并影响网络覆盖率 p^{cov}。定理 5.4.1 为这一结论带来的直观感受提供了正式的解释。

1. 研究各种天线高度差 L

与讨论网络覆盖率 p^{cov} 相似，图 5.8 进一步探讨了面积比特效率 A^{ASE}，这次特别关注了各种天线高度差，如 L={0,3.5,8.5,18.5}产生的影响。

从图 5.8 可以看出：

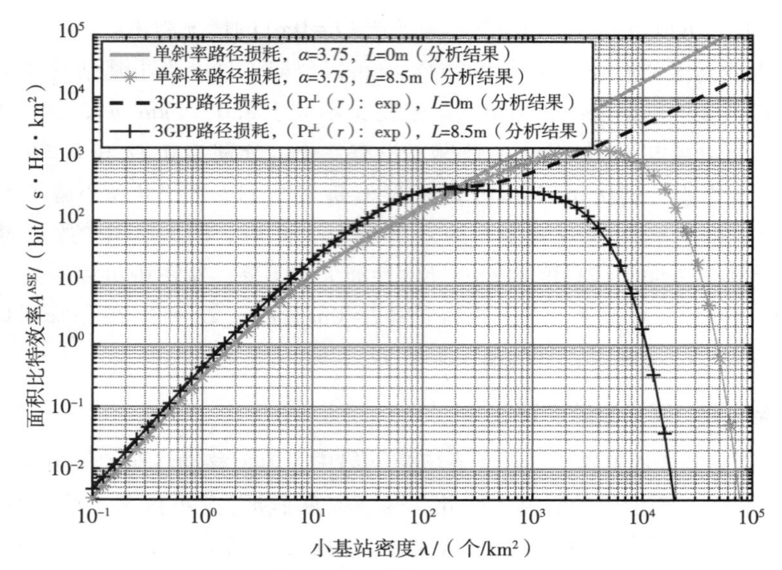

图 5.7　面积比特效率 A^{ASE} 与小基站密度 λ 的关系

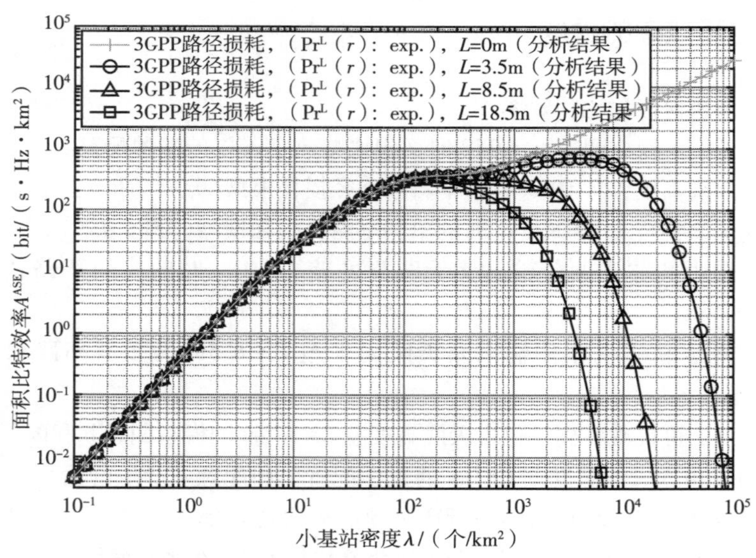

图 5.8　显示不同天线高度差 $L \geqslant 0$ 时的面积比特效率 A^{ASE} 与小基站密度 λ 的关系

- 天线高度差($L>0$)越大，面积比特效率 A^{ASE} 的快速下降就会出现得更早也更严重。这是因为天线高度差($L>0$)越大，信号功率随小基站密度 λ 的增长产生了更大的影响，这反过来又会导致网络覆盖率 p^{cov} 更早下降(见图 5.5)，面积比特效率 A^{ASE} 也是如此。
- 与天线高度差($L=0$)的基线情况相比，考虑小基站密度，当 $\lambda=1\times10^4$ 个/km² 时，天线高度差 $L=8.5$m，这将导致面积比特效率 A^{ASE} 从 3624 降至 1.80/(bit/(s・Hz・km²))(降低了 99.95%)。

- 从小基站密度增加的角度来看，天线高度差 L 从 8.5m 减小到 3.5m，推迟了面积比特效率 A^{ASE} 的快速下降时间，当 $A^{ASE}=1/(\mathrm{bit}/(\mathrm{s}\cdot\mathrm{Hz}\cdot\mathrm{km}^2))$时，小基站密度从 $\lambda=1.1\times10^4$ 个/km^2 增加到 $\lambda=5\times10^4$ 个/km^2。
- 同样重要的是，即使是所有结果中表现最好的，即天线高度差 $L=3.5$m 时，面积比特效率 A^{ASE} 也会在小基站密度 $\lambda^*=4000$ 个/km^2 左右达到峰值，与没有天线高度差 $L=0$m 的配置相比，仍然有 60%的损失。
- 与分析网络覆盖率一样，还应该注意的是关于第 4 章 ASE Crawl 的结论，我们还可以从图 5.5 中观察到，在密集网络中，由天线高度差 $L>0$ 导致的面积比特效率 A^{ASE} 快速下降比从非视距过渡到视距产生大量干扰链路而导致面积比特效率下降的影响更大。

2. ASE Crash

总之，随着小基站密度 λ 进入超密集网络状态，面积比特效率将趋于 0，这一事实证实了在灯杆或建筑物外墙部署小基站的风险。该分析表明，天线高度差 $L(L\geqslant0)$非常重要，应与小基站密度 λ 一并考虑。天线高度差 L 可能会对超密集网络产生巨大的负面影响，根本原因在于它限制了移动终端可接收的最大信号功率。解决这一问题并防止面积比特效率 A^{ASE} 快速下降的方法是设置天线高度差 $L=0$，这意味着降低小基站天线的高度，不仅仅是降低几米，而是直接降低到与移动终端天线高度保持一致。不过，这需要对室外小基站的架构和部署采用新的方法，以避免小基站被入侵、破坏和因此产生的其他不良影响。

有鉴于此，让我们进行如下定义。

定义 5.4.2　ASE Crash

在超密集网络中，移动终端与其关联的小基站之间存在天线高度差($L>0$)，这就产生了两者之间的最小距离。也就是说，这个距离限制了移动终端可接收的最大信号功率的上限，也就无法补偿来自密集网络中更多的邻近小区间干扰功率。ASE Crash 的定义是，在密集网络中，因为天线高度不同($L>0$)，对移动终端限制了可接收的最大信号功率的上限，所以导致面积比特效率 A^{ASE} 出现明显下降。

值得注意的是，即使关于 ASE Crash 的结论是根据本书中的特定模型和参数集得出的，但使用其他天线模型和其他参数集进行的大量研究也证实了这些结论的普适性。我们将在下一节中举例说明。

3. 面积比特效率的调研结果摘要

评述 5.2　考虑到天线高度差 $L>0$m 时，面积比特效率 A^{ASE} 并不像第 3 章那样随着小基站密度 λ 的增加而线性增加，而是随着小基站密度 λ 的增加而趋于 0。由于移动终端可接收的最大信号功率有上限，而且来自更多邻近小区间的干扰越来越大，因此在高密度网络中，每个小基站对面积比特效率 A^{ASE} 的贡献趋于 0。

5.4.4　天线辐射图和下倾角以及建模对主要结果的影响

值得注意的是，前面的结果都是在假设小基站采用全向天线模式的情况下得出的。然而，通过使用多个天线元件组成的天线阵列，可以获得一定的天线指向性，这有助于波束成形，并将能量集中到空间的特定方向或点上。显然，这种天线指向性会对网络覆盖率 p^{cov} 和面积比特效率 A^{ASE} 产生影响，那么它是否能改变前面提到的灾难性 ASE Crash 现象？

为了回答这个问题，在本节中，我们将采用定向天线模式来模拟小基站。更详细地说，我们采用了 2.1.5 节中文献[150]提出的四单元半波偶极天线模型。该模型在准确性和可操作性之间进行了很好的平衡。

在数学上，我们将式(2.2)中模拟的天线增益 $\kappa(\varphi,\theta,\theta_{\mathrm{tilt}})$ 代入式(5.2)所示的路径损耗函数 $\zeta(d)$ 中，可以表示为

$$\zeta(d):=\zeta(d)10^{\frac{1}{10}\kappa(\varphi,\ \theta,\ \theta_{\mathrm{tilt}})} \tag{5.17}$$

选择的参数如下：

- 最大天线增益 $\kappa_{\mathrm{M}}=8.15\mathrm{dB}$；
- 水平衰落偏移，$\kappa_{\mathrm{H}}(\varphi)[\mathrm{dB}]=0$；
- 适配参数 $n=47.64$；
- 副瓣电平(SLL)，$F_{\mathrm{V}}=-12.0\ \mathrm{dB}$。
- 关于下倾角 θ_{tilt}，需要注意的是，对于给定高度的小基站天线，要保持相同的覆盖水平，随着小基站密度 λ 的增加，下倾角也应增加。下倾角 θ_{tilt} 可根据经验计算如下[212]：

$$\theta_{\mathrm{tilt}}=\arctan\left(\frac{L}{r^{\mathrm{cov}}}\right)+zB_{\mathrm{V}} \tag{5.18}$$

其中：

- r^{cov} 是小基站边缘移动终端到提供服务的小基站的平均二维距离，在我们的分析中为 $r^{\mathrm{cov}}=\sqrt{\dfrac{1}{\lambda\pi}}$
- B_{V} 是半功率波束宽度(HPBW)，在我们的小基站天线模式中为 19.5°。
- z 是一个经验参数，用于平衡信号和小区间干扰的功率，设为 0.7。

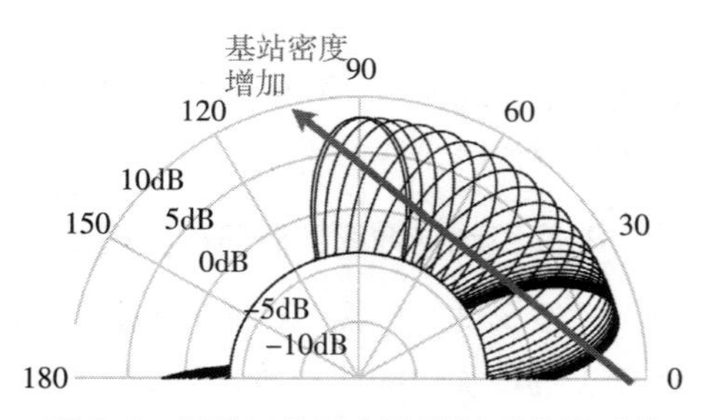

图 5.9　展示四单元半波偶极天线的天线增益 $\kappa(\varphi,\theta,\theta_{\mathrm{tilt}})$ 与仰角 θ 的关系

有关该天线模型及其参数的更多详情，请参阅 2.1.5 节。为清晰起见，图 5.9 显示了对于所选参数和若干不同下倾角 θ_{tilt} 的天线增益 $\kappa(\varphi,\theta,\theta_{\mathrm{tilt}})$，可以

看到随着网络密度的增加，天线增益从 10°左右逐渐增加到 90°。

下面，我们将利用上述天线模型研究小基站天线下倾角模型对面积比特效率 A^{ASE} 的影响。由于数学处理的复杂性较高，因此我们仅在图 5. 10 中给出了系统级仿真结果，并将重点放在天线高度差 $L=8.5\text{m}$ 上。

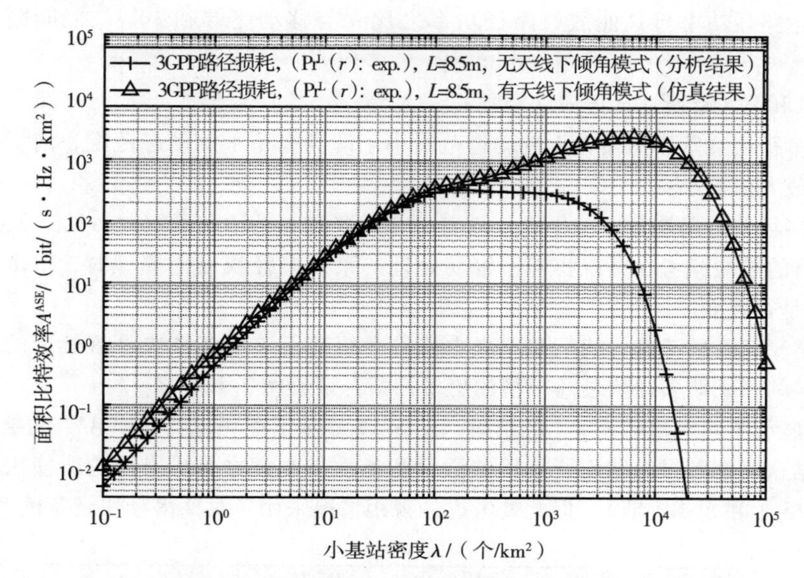

图 5. 10 在图 5. 9 所示实际的天线下倾角模式下，面积比特效率 A^{ASE} 与小基站密度 λ 的关系

从图 5. 10 中，我们可以得出以下结论：

- 如图 5. 9 所示，小基站天线下倾角模式有助于缓解 ASE Crash，因为它们将小基站的能量发射限制在一定的几何范围内，从而减轻了小区间干扰。然而，ASE Crash 并没有消失，它只是被推迟了，并在达到更大的小基站密度 λ 时出现。这是因为在密集网络中，即使小基站天线朝下，下倾角为 90°，天线高度差 L 对信号功率的限制仍然存在。在这种天线朝下的极端情况下，当邻近小基站的(主波束或副波束)波束泄漏到提供服务的小基站的覆盖区域时，ASE 陡降会在小基站密度 λ 非常大时发生。
- 与基线 ASE Crash 性能相比，在面积比特效率 $A^{ASE}=1/(\text{bit}/(\text{s}\cdot\text{Hz}\cdot\text{km}^2))$ 时，小基站使用的天线下倾角模式会将 ASE Crash 从小基站密度 $\lambda=10^4$ 个/km² 延迟到小基站密度 $\lambda=10^5$ 个/km²。因此，部署超密集网络时应考虑天线方向性和适当的下倾角，这对减轻 ASE Crash 非常有用。

5.4.5 多径衰落和建模对主要结果的影响

为完整起见，与第 4 章类似，在本节中，我们将分析 2. 1. 8 节中介绍的精确但不容易处理的莱斯多径快衰落模型对网络覆盖率 p^{cov} 和面积比特效率 A^{ASE} 的影响。

请注意：

- 莱斯多径快衰落模型仅适用于视距情况；
- 莱斯多径快衰落模型与瑞利多径快衰落模型相反，莱斯模型能捕捉到多径快衰落增益中直达路径功率与其他散射路径功率之比 h 与移动终端和小基站之间距离 r 的函数关系。

如第 3 章和第 4 章所述，还应注意到：

- 莱斯多径快衰落模型增益 h 的动态范围小于瑞利模型下的动态范围，前者的最小值更大，最大值更小；
- 莱斯多径快衰落增益 h 的平均值随着小基站密度 λ 的增加而增大，见图 2.4。

本节的目的是检验考虑更现实但不容易处理的莱斯多径快衰落模型时，本章中关于 ASE Crash 的结论是否成立。

出于数学复杂性的考虑，我们在下文中将只介绍基于莱斯多径快衰落模型的系统级仿真结果。有关瑞利和莱斯多径快衰落模型的更多详情，请参阅 2.1.8 节。

图 5.11 显示了网络覆盖率 p^{cov} 的结果，图 5.12 显示了面积比特效率 A^{ASE} 的结果。需要提醒的是，根据这两幅图得出结论所使用的假设和参数与本章之前得出结论所使用的假设和参数相同(见表 5.1 和 5.4.1 节)，但此处考虑的视距情况采用了莱斯多径快衰落模型。

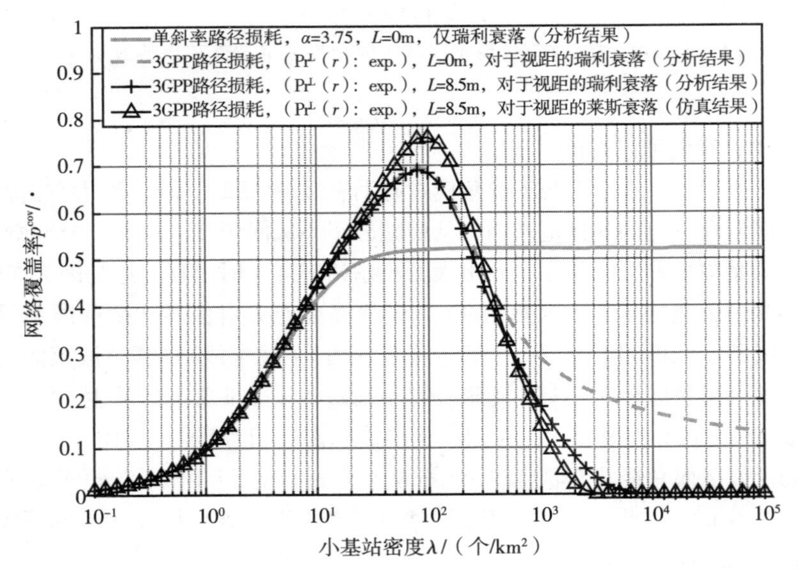

图 5.11 网络覆盖率 p^{cov} 与小基站密度 λ 的关系，针对莱斯多径快衰落的另一种情况研究

从图 5.11 和图 5.12 中可以看出，5.4 节中基于瑞利多径快衰落模型获得的有关网络覆盖率 p^{cov} 和面积比特效率 A^{ASE} 的所有观测结果，在莱斯多径快衰落模型下都是定性有效且趋势相同的。

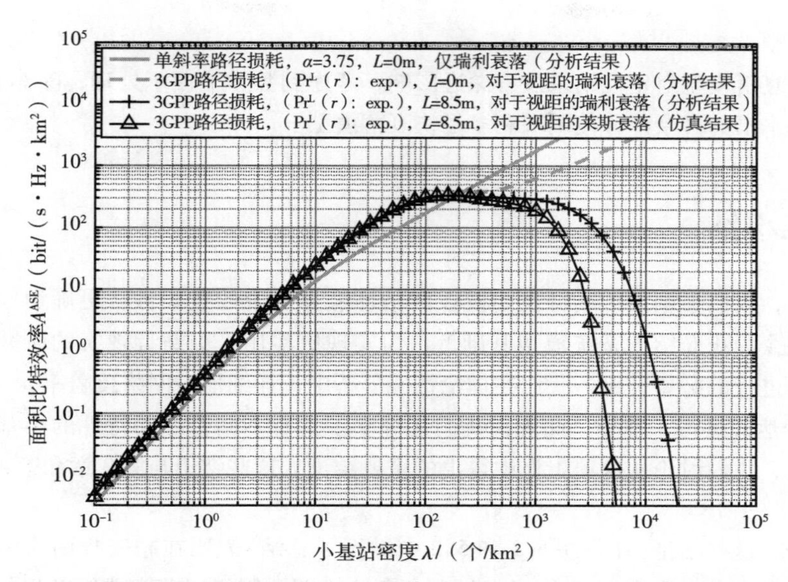

图 5.12　在莱斯多径快衰落情况下，面积比特效率 A^{ASE} 与小基站密度 λ 的关系

现在让我们更详细地分析网络覆盖率 p^{cov}。网络覆盖率会随着小基站密度 λ 的增大而先增大后减小，并且只存在定量偏差。具体来说：

- 图 5.11 中，基于莱斯多径快衰落模型的最大网络覆盖率 p^{cov}(0.77)略大于基于瑞利多径快衰落模型的最大网络覆盖率 p^{cov}(0.7)。
- 获得最大网络覆盖率 p^{cov} 的小基密度 λ_0 在基于莱斯多径快衰落模型时为 100 个/km²，也略大于基于瑞利模型的 80 个/km²。
- 这些结果与第 4 章图 4.8 中的结果基本相同，因此可以使用相同的解释说明。不过，需要注意的是，在小基站密度 $\lambda=500$ 个/km² 时，基于莱斯多径快衰落模型的网络覆盖率 p^{cov} 与基于瑞利模型的网络覆盖率 p^{cov} 有交叉，前者的网络覆盖率更低。这是因为造成 ASE Crash 现象的天线高度差 L 也在多径快衰落水平上发挥作用。值得注意的是，如图 2.4 所示，随着移动终端与基站之间距离 d 的减小，多径快速衰落增益 h 趋向于更大的正值，反过来，K 因子也会增大。因此，在超密集网络中，当移动终端与提供服务的小基站的距离已经相当近时，天线高度差 L 会阻止信号功率中的多径快衰落增益 h 的增强，而干扰链路(距离较大)中的增益则会随着网络的不断密集而持续增长。

关于面积比特效率 A^{ASE}，在达到小基站密度 $\lambda=500$ 个/km² 之前，基于莱斯和基于瑞利的多径快衰落模型的表现几乎相同。从这个密度开始，基于莱斯多径快衰落模型下的面积比特效率 A^{ASE} 变得更差，并且更快地趋向于 0，这是因为天线高度差 L 对多径快衰落的影响，这一点在描述网络覆盖率结果时已经说明。

总的来说，尽管在数量上存在差异，但这些关于网络覆盖率 p^{cov} 和面积比特效率 A^{ASE} 的结果证实了我们的说法，即本章的主要结论是一般性的，不会因为多径快衰落模型的假设而发

生质的变化。[⊖]

由于多径衰落模型对定性结果没有深远影响，考虑到数学上便于处理，除非有特殊说明，否则我们将在本书的其余部分使用瑞利多径快衰落模型。

5.5　本章小结

在本章中，我们强调了天线特性建模在网络性能分析中的重要性。更确切地说，我们描述了在本书迄今为止介绍的系统模型基础上，为实现更实用、更贴近现实的研究，在天线高度和模式方面进行的必要升级。我们在理论性能分析中，详细地对网络覆盖率 p^{cov} 和面积比特效率 A^{ASE} 的表达式进行了推导。此外，我们还分享了具有不同密度和特性的小基站部署的数值结果。最后，我们讨论从这项工作中得出的重要结论，这些结论与第3章和第4章中的结论有明显不同。

重要的是，这些结论(在备注5.1和5.2中进行了总结)表明在超密集网络中存在一种新的性能行为，在本书中称为ASE Crash。这一新行为表明，网络运营商或服务提供商在规划网络时，不仅要仔细考虑网络的密度水平，还要考虑小基站天线的高度。否则，网络运营商或服务提供商可能会投入成倍的资金来增加网络密度，但获得的是一个无法正常运行的超密集网络。这传递了一个重要信息：

小基站的天线高度很重要！

在本章中，我们还证明了ASE Crash在数量上会受到小基站的天线和下倾角或多径快衰落模型的影响，但在质量上不会。这也表明了研究结论具有普适性。

附录A　定理5.3.1的证明

为便于读者理解，需要指出本证明与第4章附录A中的证明有很多相似之处，主要区别在于某些推导需要使用三维而非二维距离来体现天线高度差 L 的影响。完整的证明过程如下。

首先，让我们先描述一下定理5.3.1证明背后的主要思想，然后再进行更详细的解释。

根据2.3.2节提供的指导原则，为了评估网络覆盖率 p^{cov}，我们需要以下表达式：

- 当典型移动终端在视距或非视距情况下与具有最强信号的小基站进行连接时，随机变量 R 的概率密度函数 $f_R(r)$ 表征典型移动终端和提供服务的小基站之间的二维距离；
- 在条件概率 $\Pr[\Gamma>\gamma_0 \mid r]$ 中，$r=R(\omega)$ 是在视距和非视距传输时，二维距离随机变量 R 的实现。

⊖　请注意，这一声明适用于单天线移动终端和小基站的情况，但可能不适用于多天线情况，因为在多天线情况下，阵列天线之间的衰落相关性起着关键作用。

一旦知道了这些表达式，我们就可以通过执行相应的积分操作来计算网络覆盖率 p^{cov}，其中一些积分操作将在接下来的部分中介绍。

在进行更详细的计算之前，有必要指出，根据式(2.22)和式(3.3)，我们可以得出网络覆盖率 p^{cov} 为

$$
\begin{aligned}
& p^{\text{cov}}(\lambda,\gamma_0) \\
& \overset{(a)}{=} \int_{r>0} \Pr[\text{SINR}>\gamma_0 \mid r] f_R(r)\,\mathrm{d}r \\
& = \int_{r>0} \Pr\left[\frac{P\zeta(\sqrt{r^2+L^2})\,h}{I_{\text{agg}}+P^{\text{N}}}>\gamma_0\right] f_R(r)\,\mathrm{d}r \\
& = \int_0^{d_1} \Pr\left[\frac{P\zeta_1^{\text{L}}(\sqrt{r^2+L^2})\,h}{I_{\text{agg}}+P^{\text{N}}}>\gamma_0\right] f_{R,1}^{\text{L}}(r)\,\mathrm{d}r + \int_0^{d_1} \Pr\left[\frac{P\zeta_1^{\text{NL}}(\sqrt{r^2+L^2})\,h}{I_{\text{agg}}+P^{\text{N}}}>\gamma_0\right] f_{R,1}^{\text{NL}}(r)\,\mathrm{d}r + \\
& \quad \cdots + \\
& \quad \int_{d_{N-1}}^{\infty} \Pr\left[\frac{P\zeta_N^{\text{L}}(\sqrt{r^2+L^2})\,h}{I_{\text{agg}}+P^{\text{N}}}>\gamma_0\right] f_{R,N}^{\text{L}}(r)\,\mathrm{d}r + \int_{d_{N-1}}^{\infty} \Pr\left[\frac{P\zeta_N^{\text{NL}}(\sqrt{r^2+L^2})\,h}{I_{\text{agg}}+P^{\text{N}}}>\gamma_0\right] f_{R,N}^{\text{NL}}(r)\,\mathrm{d}r \\
& \triangleq \sum_{n=1}^{N} (T_n^{\text{L}}+T_n^{\text{NL}})
\end{aligned}
\tag{5.19}
$$

其中：

- R_n^{L} 和 R_n^{NL} 分别是典型移动终端通过视距或非视距路径与小基站相连接的二维距离的分段分布。注意这两个事件，即典型移动终端通过视距或非视距与小基站相关联且不相交，因此网络覆盖率 p^{cov} 是这两个事件相应概率之和。
- $f_{R,n}^{\text{L}}(r)$ 和 $f_{R,n}^{\text{NL}}(r)$ 分别是二维距离随机变量 R_n^{L} 和 R_n^{NL} 的概率密度函数：
  - 为清晰起见，在式(5.19)的步骤 a 中，将 $f_{R,n}^{\text{L}}(r)$ 和 $f_{R,n}^{\text{NL}}(r)$ 的分段概率密度函数叠加后为 $f_R(r)$，叠加后的概率密度函数与第 4 章式(4.42)中的形式类似。
  - 如前所述，由于典型的移动终端在视距或非视距情况下与小基站连接是互不相关的，因此我们可以依赖以下公式：

$$
\sum_{n=1}^{N}\int_{d_{n-1}}^{d_n} f_{R,n}(r)\,\mathrm{d}r = \sum_{n=1}^{N}\int_{d_{n-1}}^{d_n} f_{R,n}^{\text{L}}(r)\,\mathrm{d}r + \sum_{n=1}^{N}\int_{d_{n-1}}^{d_n} f_{R,n}^{\text{NL}}(r)\,\mathrm{d}r = 1
$$

- T_n^{L} 和 T_n^{NL} 是两个分段函数，分别定义为

$$
T_n^{\text{L}} = \int_{d_{n-1}}^{d_n} \Pr\left[\frac{P\zeta_n^{\text{L}}(\sqrt{r^2+L^2})\,h}{I_{\text{agg}}+P^{\text{N}}}>\gamma_0\right] f_{R,n}^{\text{L}}(r)\,\mathrm{d}r
\tag{5.20}
$$

和

$$T_n^{\mathrm{NL}}=\int_{d_{n-1}}^{d_n}\Pr\left[\frac{P\zeta_n^{\mathrm{NL}}\left(\sqrt{r^2+L^2}\right)h}{I_{\mathrm{agg}}+P^{\mathrm{N}}}>\gamma_0\right]f_{R,n}^{\mathrm{NL}}(r)\,\mathrm{d}r \tag{5.21}$$

同时，d_0 和 d_N 分别等于 0 和$+\infty$。

$$f_R(r)=\begin{cases}f_{R,1}(r)=\begin{cases}f_{R,1}^{\mathrm{L}}(r) & \text{移动终端与视距基站相连}\\ f_{R,1}^{\mathrm{NL}}(r) & \text{移动终端与非视距基站相连}\end{cases} & 0\leqslant r\leqslant d_1\\ f_{R,2}(r)=\begin{cases}f_{R,2}^{\mathrm{L}}(r) & \text{移动终端与视距基站相连}\\ f_{R,2}^{\mathrm{NL}}(r) & \text{移动终端与非视距基站相连}\end{cases} & d_1<r\leqslant d_2\\ \vdots & \\ f_{R,N}(r)=\begin{cases}f_{R,N}^{\mathrm{L}}(r) & \text{移动终端与视距基站相连}\\ f_{R,N}^{\mathrm{NL}}(r) & \text{移动终端与非视距基站相连}\end{cases} & r>d_{N-1}\end{cases} \tag{5.22}$$

现在让我们按照这种方法进行更详细的推导。

1. 视距相关的计算

让我们首先研究一下视距传输，并说明如何先计算概率密度函数 $f_{R,n}^{\mathrm{L}}(r)$，然后再计算式(5.19)的概率 $\Pr\left[\frac{P\zeta_n^{\mathrm{L}}\left(\sqrt{r^2+L^2}\right)h}{I_{\mathrm{agg}}+P^{\mathrm{N}}}>\gamma_0\right]$。

为此，我们首先定义以下两个事件：

- 事件 B^{L}：距离典型移动终端最近的小基站且具有视距路径，二维距离为 $x=X^{\mathrm{L}}(\omega)$，由距离随机变量 X^{L} 确定。根据 2.3.2 节介绍的结论，事件 B^{L} 中二维距离随机变量 R 的概率密度函数 $f_R(r)$ 为

$$f_X^{\mathrm{L}}(x)=\exp\left(-\int_0^x \Pr^{\mathrm{L}}\left(\sqrt{u^2+L^2}\right)2\pi u\lambda\,\mathrm{d}u\right)\Pr^{\mathrm{L}}\left(\sqrt{x^2+L^2}\right)2\pi x\lambda \tag{5.23}$$

这是因为根据文献[52]，事件 B^{L} 中随机变量 X^{L} 的互补累积分布函数 $\bar{F}_X^{\mathrm{L}}(x)$ 可以表示为

$$\bar{F}_X^{\mathrm{L}}(x)=\exp\left(-\int_0^x \Pr^{\mathrm{L}}\left(\sqrt{u^2+L^2}\right)2\pi u\lambda\,\mathrm{d}u\right) \tag{5.24}$$

对随机变量 X^{L} 关于二维距离 x 的累积分布函数 $1-\bar{F}_X^{\mathrm{L}}(x)$ 求导数，我们就可以得到如式(5.23)所示 X^{L} 的概率密度函数 $f_X^{\mathrm{L}}(x)$。值得注意的是，推导出的式(5.23)比 2.3.2 节中的式(2.42)更加复杂。这是因为视距小基站的部署是不均匀的，离典型移动终端较近的小基站比较远的基站更有可能建立视距链路。与式(2.42)相比，我们可以看到式(5.23)有三个重要变化。

■ 如 2.3.2 节中的式(2.38)所示，半径为 r 的圆形区域包含 0 个点的概率为 $\exp(-\pi\lambda r^2)$，

该值现在已经改变，并在式(5.23)中被以下表达式取代：

$$\exp\left(-\int_0^x \Pr^{\mathrm{L}}\left(\sqrt{u^2+L^2}\right) 2\pi u\lambda \mathrm{d}u\right)$$

这是因为在非齐次泊松点过程中，视距小基站的等效强度与距离有关，即 $\Pr^{\mathrm{L}}\left(\sqrt{u^2+L^2}\right)\lambda$。这就为式(5.23)增加了一个与二维距离 u 有关的新积分。

- 值得注意的是，与第4章中的式(4.46)相比，式(5.23)使用了三维距离 $\sqrt{u^2+L^2}$。这是因为存在天线高度差 $L(L\geqslant 0)$，视距概率是根据三维距离确定的。
- 式(2.42)中齐次泊松点过程的强度 λ 已被式(5.23)中非齐次泊松点过程的等效强度 $\Pr^{\mathrm{L}}\left(\sqrt{X^2+L^2}\right)\lambda$ 所取代。

- 以二维距离随机变量 $X^{\mathrm{L}}(x=X^{\mathrm{L}}(\omega))$ 为条件的事件 C^{NL}：典型移动终端通过视距路径与位于二维距离 $(x=X^{\mathrm{L}}(\omega))$ 最近的小基站相连接。如果典型移动终端连接到二维距离 $(x=X^{\mathrm{L}}(\omega))$ 最近的视距小基站，那么这个基站就处于最小路径损耗 $\zeta^{\mathrm{l}}\left(\sqrt{x^2+L^2}\right)$ 的位置。因此，在以典型移动终端为中心的圆内不能有非视距小基站存在：
  - 以典型移动终端为中心；
  - 以 x_1 为二维半径，其中，半径 x_1 满足 $x_1=\arg\limits_{x_1}\left\{\zeta^{\mathrm{NL}}\left(\sqrt{x_1^2+L^2}\right)=\zeta^{\mathrm{L}}\left(\sqrt{x^2+L^2}\right)\right\}$，否则，在二维距离 $x=X^{\mathrm{L}}(\omega)$ 处，非视距小基站的性能将优于视距小基站。

根据文献[52]，当 $x=X^{\mathrm{L}}(\omega)$ 时，事件 C^{NL} 关于随机变量 X^{L} 的条件概率记作 $\Pr[C^{\mathrm{NL}}\mid X^{\mathrm{L}}=x]$，可表示为

$$\Pr[C^{\mathrm{NL}}|X^{\mathrm{L}}=x]=\exp\left(-\int_0^{x_1}\left(1-\Pr^{\mathrm{L}}\left(\sqrt{u^2+L^2}\right)\right) 2\pi u\lambda \mathrm{d}u\right) \tag{5.25}$$

综上所述，在 $x=X^{\mathrm{L}}(\omega)$ 处，事件 B^{L} 可确保二维距离视距小基站的路径损耗 $\zeta^{\mathrm{L}}(x)$ 始终大于所考虑的视距小基站的路径损耗。此外，在 $x=X^{\mathrm{L}}(\omega)$ 处，事件 C^{NL} 也可以确定非视距小基站的路径损耗 $\zeta^{\mathrm{NL}}(x)$ 也总是大于在二维距离 $x=X^{\mathrm{L}}(\omega)$ 处所考虑的视距小基站的路径损耗 $\zeta^{\mathrm{NL}}(x)$。因此，我们可以保证典型的移动终端与最强信号的视距传输小基站相关联。

因此，现在让我们继续考虑，典型移动终端与视距小基站相连接，且该小基站位于二维距离 $r=R^{\mathrm{L}}(\omega)$ 处。这时随机变量 R^{L} 互补累积分布函数 $\bar{F}_R^{\mathrm{L}}(r)$ 可推导为

$$\begin{aligned}
\bar{F}_R^{\mathrm{L}}(r) &= \Pr[R^{\mathrm{L}}>r] \\
&\overset{(a)}{=} \mathrm{E}_{[X^{\mathrm{L}}]}\{\Pr[R^{\mathrm{L}}>r|X^{\mathrm{L}}]\} \\
&= \int_0^{+\infty}\Pr[R^{\mathrm{L}}>r|X^{\mathrm{L}}=x]f_X^{\mathrm{L}}(x)\,\mathrm{d}x \\
&\overset{(b)}{=} \int_0^r 0\times f_X^{\mathrm{L}}(x)\,\mathrm{d}x+\int_r^{+\infty}\Pr[C^{\mathrm{NL}}|X^{\mathrm{L}}=x]f_X^{\mathrm{L}}(x)\,\mathrm{d}x
\end{aligned}$$

$$= \int_{r}^{+\infty} \Pr[C^{\mathrm{NL}} \mid X^{\mathrm{L}}=x] f_{X}^{\mathrm{L}}(x)\,\mathrm{d}x \tag{5.26}$$

其中：

- 步骤 a 中的 $\mathbb{E}_{[X]}\{\cdot\}$ 是关于随机变量 X 的期望运算；
- 步骤 b 有效是因为
  - 在 $0<x\leqslant r$ 时，$\Pr[R^{\mathrm{L}}>r \mid X^{\mathrm{L}}=x]=0$；
  - 当 $x>r$ 时，条件事件 $[R^{\mathrm{L}}>r \mid X^{\mathrm{L}}=x]$ 等价于条件事件 $[C^{\mathrm{NL}} \mid X^{\mathrm{L}}=x]$。

现在，给定互补累积分布函数 $\bar{F}_{R}^{\mathrm{L}}(r)$，通过对二维距离 r 求导，即 $\frac{\partial(1-\bar{F}_{R}^{\mathrm{L}}(r))}{\partial r}$，可以得到关于 r 的概率密度函数 $f_{R}^{\mathrm{L}}(r)$，即

$$f_{R}^{\mathrm{L}}(r) = \Pr[C^{\mathrm{NL}} \mid X^{\mathrm{L}}=r] f_{X}^{\mathrm{L}}(r) \tag{5.27}$$

考虑到二维距离范围 $d_{n-1}<r\leqslant d_{n}$，我们可以通过概率密度函数 $f_{R}^{\mathrm{L}}(r)$ 求出对应距离范围的概率密度函数 $f_{R,n}^{\mathrm{L}}(r)$，即

$$\begin{aligned} f_{R,n}^{\mathrm{L}}(r) = {} & \exp\left(-\int_{0}^{r_1}\left(1-\Pr{}^{\mathrm{L}}\left(\sqrt{u^2+L^2}\right)\right) 2\pi u\lambda\,\mathrm{d}u\right) \times \\ & \exp\left(-\int_{0}^{r}\Pr{}^{\mathrm{L}}\left(\sqrt{u^2+L^2}\right) 2\pi u\lambda\,\mathrm{d}u\right) \times \\ & \Pr{}_{n}^{\mathrm{L}}\left(\sqrt{r^2+L^2}\right) 2\pi r\lambda \quad d_{n-1}<r\leqslant d_{n} \end{aligned} \tag{5.28}$$

其中：

$$r_1 = \arg_{r_1}\left\{\zeta^{\mathrm{NL}}\left(\sqrt{r_1^2+L^2}\right) = \zeta_{n}^{\mathrm{L}}\left(\sqrt{r^2+L^2}\right)\right\}$$

在得到分段的概率密度函数 $f_{R,n}^{\mathrm{L}}(r)$ 之后，我们可以根据式(5.19)求概率 $\Pr\left[\frac{P\zeta_{n}^{\mathrm{L}}\left(\sqrt{r^2+L^2}\right)h}{I_{\mathrm{agg}}+P^{\mathrm{N}}}>\gamma_0\right]$，表示为

$$\begin{aligned} \Pr\left[\frac{P\zeta_{n}^{\mathrm{L}}\left(\sqrt{r^2+L^2}\right)h}{I_{\mathrm{agg}}+P^{\mathrm{N}}}>\gamma_0\right] & = \mathbb{E}_{[I_{\mathrm{agg}}]}\left\{\Pr\left[h>\frac{\gamma_0(I_{\mathrm{agg}}+P^{\mathrm{N}})}{P\zeta_{n}^{\mathrm{L}}\left(\sqrt{r^2+L^2}\right)}\right]\right\} \\ & = \mathbb{E}_{[I_{\mathrm{agg}}]}\left\{\bar{F}_{H}\left(\frac{\gamma_0(I_{\mathrm{agg}}+P^{\mathrm{N}})}{P\zeta_{n}^{\mathrm{L}}\left(\sqrt{r^2+L^2}\right)}\right)\right\} \end{aligned} \tag{5.29}$$

其中，$\bar{F}_{\mathrm{H}}(h)$ 是多径快衰落信道增益 h 的互补累积分布函数，假定该增益来自瑞利衰落分布（见 2.1.8 节）。

多径快衰落信道增益 h 的互补累积分布函数 $\bar{F}_{H}(h)$ 遵循指数分布，其单位均值表示如下：

$$\bar{F}_H(h)=\exp(-h)$$

式(5.29)可进一步推导为

$$\begin{aligned}
&\Pr\left[\frac{P\zeta_n^{\mathrm{L}}(\sqrt{r^2+L^2})\,h}{I_{\mathrm{agg}}+P^{\mathrm{N}}}>\gamma_0\right]\\
&=\mathbb{E}_{[I_{\mathrm{agg}}]}\left\{\exp\left(-\frac{\gamma_0(I_{\mathrm{agg}}+P^{\mathrm{N}})}{P\zeta_n^{\mathrm{L}}(\sqrt{r^2+L^2})}\right)\right\}\\
&\overset{(a)}{=}\exp\left(-\frac{\gamma_0 P^{\mathrm{N}}}{P\zeta_n^{\mathrm{L}}(\sqrt{r^2+L^2})}\right)\mathbb{E}_{[I_{\mathrm{agg}}]}\left\{\exp\left(-\frac{\gamma_0}{P\zeta_n^{\mathrm{L}}(\sqrt{r^2+L^2})}I_{\mathrm{agg}}\right)\right\}\\
&=\exp\left(-\frac{\gamma_0 P^{\mathrm{N}}}{P\zeta_n^{\mathrm{L}}(\sqrt{r^2+L^2})}\right)\mathscr{L}_{I_{\mathrm{agg}}}^{\mathrm{L}}\left(\frac{\gamma_0}{P\zeta_n^{\mathrm{L}}(\sqrt{r^2+L^2})}\right)
\end{aligned}\tag{5.30}$$

其中，$\mathscr{L}_{I_{\mathrm{agg}}}^{\mathrm{L}}(s)$是在变量值$s=\frac{\gamma_0}{P\zeta_n^{\mathrm{L}}(\sqrt{r^2+L^2})}$时，以视距信号传输为条件的小区间干扰聚合随机变量$I_{\mathrm{agg}}$的拉普拉斯变换。

需要指出的是，使用拉普拉斯变换是为了简化数学表达。根据定义，$\mathscr{L}_{I_{\mathrm{agg}}}^{\mathrm{L}}(s)$是以视距信号传输为条件，在变量$s$相等处求值的聚合小区间干扰随机变量$I_{\mathrm{agg}}$的概率密度函数的拉普拉斯变换

$$\mathscr{L}_X(s)=\mathbb{E}_{[X]}\{\exp(-sX)\}$$

遵循第 2 章式(2.46)的定义和推导。

根据视距信号传输的条件，拉普拉斯变换$\mathscr{L}_{I_{\mathrm{agg}}}^{\mathrm{L}}(s)$可推导为

$$\begin{aligned}
\mathscr{L}_{I_{\mathrm{agg}}}^{\mathrm{L}}(s)&=\mathbb{E}_{[I_{\mathrm{agg}}]}\{\exp(-sI_{\mathrm{agg}})\}\\
&=\mathbb{E}_{[\Phi,\{\beta_i\},\{g_i\}]}\left\{\exp\left(-s\sum_{i\in\Phi/b_o}P\beta_i g_i\right)\right\}\\
&\overset{(a)}{=}\exp\left(-2\pi\lambda\int\left(1-\mathbb{E}_{[g]}\left\{\exp\left(-sP\beta(\sqrt{u^2+L^2})\,g\right)\right\}\right)u\mathrm{d}u\right)
\end{aligned}\tag{5.31}$$

其中：

- Φ 是小基站的集合。
- b_o 是为典型移动终端提供服务的小基站。
- β_i 和 g_i 是典型移动终端和第 i 个产生干扰的小基站之间的路径损耗和多径衰落增益。
- 步骤 a 已在式(3.18)中详细解释，并在式(3.19)中进行推导。

式(3.19)考虑的是单斜率路径损耗模型的小区间干扰，与之相比，式(5.31)中的表达式$\mathbb{E}_{[g]}\{\exp(-sP\beta(\sqrt{u^2+L^2})\,g)\}$同时考虑视距和非视距路径的小区间干扰。因此，拉普拉斯变换$\mathscr{L}_{I_{\mathrm{agg}}}^{\mathrm{L}}(s)$可以进一步扩展为

$$
\begin{aligned}
\mathscr{L}^{\mathrm{L}}_{I_{\mathrm{agg}}}(s) &= \exp\left(-2\pi\lambda\int\left(1-\mathbb{E}_{[g]}\left\{\exp\left(-sP\beta\left(\sqrt{u^2+L^2}\right)g\right)\right\}\right)u\mathrm{d}u\right)\\
&\overset{(\mathrm{a})}{=} \exp\left(-2\pi\lambda\int\left[\mathrm{Pr}^{\mathrm{L}}\left(\sqrt{u^2+L^2}\right)\left(1-\mathbb{E}_{[g]}\left\{\exp\left(-sP\zeta^{\mathrm{L}}\left(\sqrt{u^2+L^2}\right)g\right)\right\}\right)+\right.\right.\\
&\quad\left.\left.\left(1-\mathrm{Pr}^{\mathrm{L}}\left(\sqrt{u^2+L^2}\right)\right)\left(1-\mathbb{E}_{[g]}\left\{\exp\left(-sP\zeta^{\mathrm{NL}}\left(\sqrt{u^2+L^2}\right)g\right)\right\}\right)\right]u\mathrm{d}u\right)\\
&\overset{(\mathrm{b})}{=} \exp\left(-2\pi\lambda\int_{r}^{+\infty}\mathrm{Pr}^{\mathrm{L}}\left(\sqrt{u^2+L^2}\right)\left(1-\mathbb{E}_{[g]}\left\{\exp\left(-sP\zeta^{\mathrm{L}}\left(\sqrt{u^2+L^2}\right)g\right)\right\}\right)u\mathrm{d}u\right)\times\\
&\quad\exp\left(-2\pi\lambda\int_{r_1}^{+\infty}\left(1-\mathrm{Pr}^{\mathrm{L}}\left(\sqrt{u^2+L^2}\right)\right)\left(1-\mathbb{E}_{[g]}\left\{\exp\left(-sP\zeta^{\mathrm{NL}}\left(\sqrt{u^2+L^2}\right)g\right)\right\}\right)u\mathrm{d}u\right)\\
&\overset{(\mathrm{c})}{=} \exp\left(-2\pi\lambda\int_{r}^{+\infty}\frac{\mathrm{Pr}^{\mathrm{L}}\left(\sqrt{u^2+L^2}\right)u}{1+\left(sP\zeta^{\mathrm{L}}\left(\sqrt{u^2+L^2}\right)\right)^{-1}}\mathrm{d}u\right)\times\\
&\quad\exp\left(-2\pi\lambda\int_{r_1}^{+\infty}\frac{\left[1-\mathrm{Pr}^{\mathrm{L}}\left(\sqrt{u^2+L^2}\right)\right]u}{1+\left(sP\zeta^{\mathrm{NL}}\left(\sqrt{u^2+L^2}\right)\right)^{-1}}\mathrm{d}u\right)
\end{aligned}
\tag{5.32}
$$

其中：

- 在步骤 a 中，考虑视距和非视距小区间干扰，积分被依据概率分为两部分。
- 在步骤 b 中，视距和非视距小区间干扰分别取决于大于 r 和 r_1 的距离。
- 在步骤 c 中，通过瑞利随机变量 g 的概率密度函数 $f_G(g)=1-\exp(-g)$ 来计算期望值

  $\mathbb{E}_{[g]}\left\{\exp\left(-sP\zeta^{\mathrm{L}}\left(\sqrt{u^2+L^2}\right)g\right)\right\}$ 和 $\mathbb{E}_{[g]}\left\{\exp\left(-sP\zeta^{\mathrm{NL}}\left(\sqrt{u^2+L^2}\right)g\right)\right\}$。

为了让式(5.30)更直观，应该注意：

- 指数表达式 $\exp\left(-\dfrac{\gamma_0 P^{\mathrm{N}}}{P\zeta^{\mathrm{L}}_n\left(\sqrt{r^2+L^2}\right)}\right)$ 用来衡量信号功率超过噪声功率至少 γ_0 倍的概率。
- 拉普拉斯变换 $\mathscr{L}_{I_{\mathrm{agg}}}\left(\dfrac{\gamma_0}{P\zeta^{\mathrm{L}}_n\left(\sqrt{r^2+L^2}\right)}\right)$ 用来测量信号功率超过小区间干扰总功率至少 γ_0 倍的概率。

因此，由于多径快衰落信道增益 h 遵循指数分布，根据式(5.30)的步骤 a 所示的上述概率的乘积可以得出信号功率超过噪声和聚合小区间干扰总功率至少 γ_0 倍的概率。

2. 非视距相关的计算

现在让我们来研究非视距传输，并说明如何通过计算概率密度函数 $f^{\mathrm{NL}}_{R,n}(r)$ 计算式(5.19)中的概率 $\mathrm{Pr}\left[\dfrac{P\zeta^{\mathrm{NL}}_n\left(\sqrt{r^2+L^2}\right)h}{I_{\mathrm{agg}}+P^{\mathrm{N}}}>\gamma_0\right]$。

为此，我们定义了以下两个事件：

- 事件 B^{NL}：具有非视距路径的典型移动终端的最近小基站位于二维距离 $x=X^{\mathrm{NL}}(\omega)$ 处，由二维距离随机变量 X^{NL} 确定。与式(5.23)类似，我们可以得出概率密度函数 $f_X^{\mathrm{NL}}(x)$ 为

$$f_X^{\mathrm{NL}}(x)=\exp\left(-\int_0^x\left(1-\mathrm{Pr}^{\mathrm{L}}\left(\sqrt{u^2+L^2}\right)\right)2\pi u\lambda\,\mathrm{d}u\right)\left(1-\mathrm{Pr}^{\mathrm{L}}\left(\sqrt{x^2+L^2}\right)\right)2\pi x\lambda \tag{5.33}$$

值得注意的是，推导出的式(5.33)比2.3.2节的式(2.42)更加复杂。这是因为非视距小基站的部署是不均匀的，距离典型移动终端较远的小基站比距离较近的小基站更有可能建立非视距链路。与式(2.42)相比，我们可以看到式(5.33)有三个重要变化：

- 在2.3.2节式(2.38)中，半径为 r 的二维圆形区域恰好包含0个点的概率形式为 $\exp(-\pi\lambda r^2)$，现在发生变化后在式(5.33)中的表达式为

$$\exp\left(-\int_0^x\left(1-\mathrm{Pr}^{\mathrm{L}}\left(\sqrt{u^2+L^2}\right)\right)2\pi u\lambda\,\mathrm{d}u\right)$$

这是因为非齐次泊松点过程中非视距小基站的等效强度与距离有关，即 $\left(1-\mathrm{Pr}^{\mathrm{L}}\left(\sqrt{u^2+L^2}\right)\right)\lambda$。这就在式(5.33)中增加了一个与二维距离 u 有关的新积分。

- 值得注意的是，与第4章中的式(4.56)相比，式(5.33)使用了三维距离 $\sqrt{u^2+L^2}$。这是因为存在天线高度差 L，视距概率是根据三维距离确定的。
- 式(2.42)中齐次泊松点过程的强度 λ 已被式(5.33)中非齐次泊松点过程的等效强度 $\left(1-\mathrm{Pr}^{\mathrm{L}}\left(\sqrt{u^2+L^2}\right)\right)\lambda$ 所取代。

- 以二维距离的随机变量 $X^{\mathrm{NL}}(x=X^{\mathrm{NL}}(\omega))$ 为条件的事件 C^{L}：典型移动终端通过非视距路径与位于二维距离 $x=X^{\mathrm{NL}}(\omega)$ 处的最近小基站相连接。如果典型移动终端与位于二维距离 $x=X^{\mathrm{NL}}(\omega)$ 处的最近非视距小基站连接，那么这个基站具有最小路径损耗。因此，在以典型移动终端为中心的圆内不能有视距小基站存在：
  - 以典型移动终端为中心。
  - 以 x_2 为半径，半径 x_2 满足条件 $x_2=\underset{x_2}{\arg}\left\{\zeta^{\mathrm{L}}\left(\sqrt{x_2^2+L^2}\right)=\zeta_n^{\mathrm{NL}}\left(\sqrt{x^2+L^2}\right)\right\}$。否则，在二维距离 $x=X^{\mathrm{NL}}(\omega)$ 处，该视距小基站性能将优于非视距小基站。

与式(5.25)类似，当 $x=X^{\mathrm{NL}}(\omega)$ 时，事件 C^{L} 关于随机变量 X^{NL} 的条件概率记作 $\mathrm{Pr}[C^{\mathrm{L}}\mid X^{\mathrm{NL}}=x]$，可表示为

$$\mathrm{Pr}[C^{\mathrm{L}}\mid X^{\mathrm{NL}}=x]=\exp\left(-\int_0^{x_2}\mathrm{Pr}^{\mathrm{L}}\left(\sqrt{u^2+L^2}\right)2\pi u\lambda\,\mathrm{d}u\right) \tag{5.34}$$

因此，让我们继续考虑典型移动终端与非视距小基站相连接且小基站位于二维距离 $r=R^{\mathrm{NL}}(\omega)$ 处。这种随机变量 R^{NL} 的互补累积分布函数 $\bar{F}_R^{\mathrm{NL}}(r)$ 可以推导为

$$\bar{F}_R^{\mathrm{NL}}(r)=\mathrm{Pr}[R^{\mathrm{NL}}>r]$$

$$= \int_{r}^{+\infty} \Pr[C^{\mathrm{L}} \mid X^{\mathrm{NL}} = x] f_X^{\mathrm{NL}}(x) \mathrm{d}x \tag{5.35}$$

现在，给定互补累积分布函数 $\bar{F}_R^{\mathrm{NL}}(r)$，通过对二维距离 r 求导，即$\frac{\partial(1-\bar{F}_R^{\mathrm{NL}}(r))}{\partial r}$，可以得到关于 r 的概率密度函数$f_R^{\mathrm{NL}}(r)$，有

$$f_R^{\mathrm{NL}}(r) = \Pr[C^{\mathrm{L}} \mid X^{\mathrm{NL}} = r] f_X^{\mathrm{NL}}(r) \tag{5.36}$$

考虑到二维距离范围 $d_{n-1}<r\leqslant d_n$，我们可以通过$f_R^{\mathrm{NL}}(r)$求出对应距离范围的概率密度函数$f_{R,n}^{\mathrm{NL}}(r)$，即

$$\begin{aligned} f_{R,n}^{\mathrm{NL}}(r) = & \exp\left(-\int_0^{r_2} \mathrm{Pr}^{\mathrm{L}}\left(\sqrt{u^2+L^2}\right) 2\pi u\lambda \mathrm{d}u\right) \times \\ & \exp\left(-\int_0^{r} \left(1-\mathrm{Pr}^{\mathrm{L}}\left(\sqrt{u^2+L^2}\right)\right) 2\pi u\lambda \mathrm{d}u\right) \times \\ & \left(1-\mathrm{Pr}_n^{\mathrm{L}}\left(\sqrt{r^2+L^2}\right)\right) 2\pi r\lambda \quad d_{n-1}<r\leqslant d_n \end{aligned} \tag{5.37}$$

在得到部分概率密度函数$f_{R,n}^{\mathrm{RL}}(r)$之后，我们可以根据式(5.19)求概率 $\Pr\left[\frac{P\zeta_n^{\mathrm{NL}}\left(\sqrt{r^2+L^2}\right) h}{I_{\mathrm{agg}}+P^{\mathrm{N}}}>\gamma_0\right]$，有

$$\begin{aligned} \Pr\left[\frac{P\zeta_n^{\mathrm{NL}}\left(\sqrt{r^2+L^2}\right) h}{I_{\mathrm{agg}}+P^{\mathrm{N}}}>\gamma_0\right] & = \mathbb{E}_{[I_{\mathrm{agg}}]}\left\{\Pr\left[h > \frac{\gamma_0(I_{\mathrm{agg}}+P^{\mathrm{N}})}{P\zeta_n^{\mathrm{NL}}\left(\sqrt{r^2+L^2}\right)}\right]\right\} \\ & = \mathbb{E}_{[I_{\mathrm{agg}}]}\left\{\bar{F}_H\left(\frac{\gamma_0(I_{\mathrm{agg}}+P^{\mathrm{N}})}{P\zeta_n^{\mathrm{NL}}\left(\sqrt{r^2+L^2}\right)}\right)\right\} \end{aligned} \tag{5.38}$$

由于多径衰落信道增益 h 的互补累积分布函数 $\bar{F}_H(h)$遵循指数分布，其单位均值

$$\bar{F}_H(h) = \exp(-h)$$

因此式(5.38)可进一步推导为

$$\begin{aligned} & \Pr\left[\frac{P\zeta_n^{\mathrm{NL}}\left(\sqrt{r^2+L^2}\right) h}{I_{\mathrm{agg}}+P^{\mathrm{N}}}>\gamma_0\right] \\ & = \mathbb{E}_{[I_{\mathrm{agg}}]}\left\{\exp\left(-\frac{\gamma_0(I_{\mathrm{agg}}+P^{\mathrm{N}})}{P\zeta_n^{\mathrm{NL}}\left(\sqrt{r^2+L^2}\right)}\right)\right\} \\ & = \exp\left(-\frac{\gamma_0 P^{\mathrm{N}}}{P\zeta_n^{\mathrm{NL}}\left(\sqrt{r^2+L^2}\right)}\right) \mathbb{E}_{[I_{\mathrm{agg}}]}\left\{\exp\left(-\frac{\gamma_0}{P\zeta_n^{\mathrm{NL}}\left(\sqrt{r^2+L^2}\right)} I_{\mathrm{agg}}\right)\right\} \\ & = \exp\left(-\frac{\gamma_0 P^{\mathrm{N}}}{P\zeta_n^{\mathrm{NL}}\left(\sqrt{r^2+L^2}\right)}\right) \mathscr{L}_{I_{\mathrm{agg}}}^{\mathrm{NL}}\left(\frac{\gamma_0}{P\zeta_n^{\mathrm{NL}}\left(\sqrt{r^2+L^2}\right)}\right) \end{aligned} \tag{5.39}$$

基于非视距传输条件，拉普拉斯变换$\mathscr{L}_{I_{agg}}^{NL}(s)$可推导为

$$
\begin{aligned}
\mathscr{L}_{I_{agg}}^{NL}(s) &= \mathbb{E}_{[I_{agg}]}\{\exp(-sI_{agg})\} \\
&= \mathbb{E}_{[\Phi,\{\beta_i\},\{g_i\}]}\left\{\exp\left(-s\sum_{i\in\Phi/b_o} P\beta_i g_i\right)\right\} \\
&\overset{(a)}{=} \exp\left(-2\pi\lambda\int\left(1-\mathbb{E}_{[g]}\left\{\exp\left(-sP\beta\left(\sqrt{u^2+L^2}\right)g\right)\right\}\right)u\mathrm{d}u\right)
\end{aligned} \tag{5.40}
$$

其中，步骤a已在式(3.18)中给出了详细解释，并在式(3.19)中进行推导。

式(3.19)考虑了单斜率路径损耗模型的小区间干扰，与之相比式(5.40)的表达式$\mathbb{E}_{[g]}\left\{\exp\left(-sP\beta\left(\sqrt{u^2+L^2}\right)g\right)\right\}$同时考虑视距和非视距路径的小区间干扰。因此，与式(5.41)类似，拉普拉斯变换$\mathscr{L}_{I_{agg}}^{NL}(s)$可进一步展开为

$$
\begin{aligned}
\mathscr{L}_{I_{agg}}^{NL}(s) &= \exp\left(-2\pi\lambda\int\left(1-\mathbb{E}_{[g]}\left\{\exp\left(-sP\beta\left(\sqrt{u^2+L^2}\right)g\right)\right\}\right)u\mathrm{d}u\right) \\
&\overset{(a)}{=} \exp\left(-2\pi\lambda\int_{r_2}^{+\infty}\mathrm{Pr}^{L}\left(\sqrt{u^2+L^2}\right)\left(1-\mathbb{E}_{[g]}\left\{\exp\left(-sP\zeta^{L}\left(\sqrt{u^2+L^2}\right)g\right)\right\}\right)u\mathrm{d}u\right)\times \\
&\quad \exp\left(-2\pi\lambda\int_{r}^{+\infty}\left(1-\mathrm{Pr}^{L}\left(\sqrt{u^2+L^2}\right)\right)\left(1-\mathbb{E}_{[g]}\left\{\exp\left(-sP\zeta^{NL}\left(\sqrt{u^2+L^2}\right)g\right)\right\}\right)u\mathrm{d}u\right) \\
&\overset{(b)}{=} \exp\left(-2\pi\lambda\int_{r_2}^{+\infty}\frac{\mathrm{Pr}^{L}\left(\sqrt{u^2+L^2}\right)u}{1+\left(sP\zeta^{L}\left(\sqrt{u^2+L^2}\right)\right)^{-1}}\mathrm{d}u\right)\times \\
&\quad \exp\left(-2\pi\lambda\int_{r}^{+\infty}\frac{\left[1-\mathrm{Pr}^{L}\left(\sqrt{u^2+L^2}\right)\right]u}{1+\left(sP\zeta^{NL}\left(\sqrt{u^2+L^2}\right)\right)^{-1}}\mathrm{d}u\right)
\end{aligned} \tag{5.41}
$$

其中：

- 在步骤a中，视距和非视距的小区间干扰取决于r_2和r的距离。
- 在步骤b中，瑞利随机变量g的概率密度函数$f_G(g)=1-\exp(-g)$可以用来计算期望值$\mathbb{E}_{[g]}\left\{\exp\left(-sP\zeta^{L}\left(\sqrt{u^2+L^2}\right)g\right)\right.$和$\mathbb{E}_{[g]}\left\{\exp\left(-sP\zeta^{NL}\left(\sqrt{u^2+L^2}\right)g\right)\right.$。

将式(5.28)、式(5.30)、式(5.37)和式(5.39)代入式(5.19)即可完成定理5.3.1的证明。

附录B 定理5.4.1的证明

让我们考虑现在提出的方案，并应用定理5.3.1中得出的网络覆盖率p^{cov}极限理论，可以得到：

$$
\lim_{\lambda\to+\infty} p^{cov} = \lim_{\lambda\to+\infty} T_1^{L} + \lim_{\lambda\to+\infty} T_1^{NL} \tag{5.42}
$$

其中，T_1^{L} 和 T_1^{NL} 分别是第一条视距路径和第一条非视距路径的网络覆盖率。

换言之，当小基站密度 λ 趋于无限($\lambda \to +\infty$)时，典型移动终端与其关联的小基站的二维距离 r 趋于 0($r \to 0$)，因此，在超密集网络中，它们之间的通信由第一条视距路径损耗或第一条非视距路径损耗的函数主导。请注意，在这种情况下，如式(4.1)所述，我们假定二维距离 r 和天线高度差都小于距离 d_1，这里需要注意的是，d_1 是多斜率路径损耗模型从第一条过渡到第二条路径的三维距离。

1. 非视距相关的计算

现在让我们把注意力集中在 T_1^{NL} 分量，我们可以得出以下结果。

当小基站密度 λ 趋于无穷时，分量 T_1^{NL} 趋于 0，即 $\lambda \to +\infty$，$\lim\limits_{\lambda \to +\infty} T_1^{\mathrm{NL}} = 0$。

这是因为：

- 根据式(5.11)，$r_2^{\min} \triangleq \lim\limits_{r \to 0} r_2 = \arg\limits_{r_2}\{\zeta^{\mathrm{L}}(\sqrt{r_2^2+L^2}) = \zeta_1^{\mathrm{NL}}(L)\}$，如果天线高度差 $L>0$，则 $r_2^{\min}$ 也大于 0，因此，当小基站密度 λ 趋于正无穷时，即 $\lambda \to +\infty$，$\lim\limits_{\lambda \to +\infty} \exp(-\mathrm{Pr}^{\mathrm{L}}(\sqrt{(r_2^{\min})^2+L^2})\pi\lambda(r_2^{\min})^2) = 0$，式(5.9)中 $\exp\left(-\int_0^{r_2} \mathrm{Pr}^{\mathrm{L}}(\sqrt{u^2+L^2})2\pi u\lambda \mathrm{d}u\right)$ 在 $\exp(-\mathrm{Pr}^{\mathrm{L}}(\sqrt{(r_2^{\min})^2+L^2})\pi\lambda(r_2^{\min})^2)$ 时有上限，该项也趋于 0。正如 5.2 节中所介绍的，在这里假设视距概率函数 $\mathrm{Pr}^{\mathrm{L}}(d)$ 是关于典型移动终端和任意小基站之间的三维距离 d 的单调递减函数。
- 利用上述结论，通过式(5.9)中概率密度函数 $f_{R,1}^{\mathrm{NL}}(r)$ 的定义，可以证明 $\lim\limits_{\lambda \to +\infty} f_{R,1}^{\mathrm{NL}}(r) = 0$，因此，我们可以得出以下结论：

$$\lim_{\lambda \to +\infty} T_1^{\mathrm{NL}} = 0 \tag{5.43}$$

2. 视距相关的计算

现在让我们把注意力集中在分量 T_1^{L} 上，可以得出以下结果，当小基站密度 λ 趋于正无穷时，分量 T_1^{L} 趋于 0，即 $\lambda \to +\infty$，$\lim\limits_{\lambda \to +\infty} T_1^{\mathrm{L}} = 0$。

这有以下三个原因：

- 利用式(5.12)和式(5.13)，我们可以证明

$$\mathrm{Pr}\left[\frac{P\zeta_1^{\mathrm{L}}(\sqrt{r^2+L^2})\,h}{I_{\mathrm{agg}}+N_0} > \gamma_0\right] < \exp\left(-2\pi\lambda\int_r^{+\infty}\frac{\mathrm{Pr}^{\mathrm{L}}(\sqrt{u^2+L^2})\,u}{1+\left(\dfrac{\gamma_0 P\zeta^{\mathrm{L}}(\sqrt{u^2+L^2})}{P\zeta_1^{\mathrm{L}}(\sqrt{r^2+L^2})}\right)^{-1}}\mathrm{d}u\right) < \tag{5.44}$$

$$\exp\left(-2\pi\lambda\int_{r}^{\tau r}\frac{\Pr^{\mathrm{L}}\left(\sqrt{u^{2}+L^{2}}\right)u}{1+\frac{1}{\gamma_{0}}\left(\frac{\sqrt{r^{2}+L^{2}}}{\sqrt{u^{2}+L^{2}}}\right)^{-\alpha_{1}^{\mathrm{L}}}}\mathrm{d}u\right)< \tag{5.45}$$

$$\exp\left(-2\pi\lambda\frac{\Pr^{\mathrm{L}}\left(\sqrt{\tau^{2}r^{2}+L^{2}}\right)\int_{r}^{\tau r}u\mathrm{d}u}{1+\frac{1}{\gamma_{0}}\left(\frac{\sqrt{r^{2}+L^{2}}}{\sqrt{\tau^{2}r^{2}+L^{2}}}\right)^{-\alpha_{1}^{\mathrm{L}}}}\right)\overset{r\to 0}{<} \tag{5.46}$$

$$\exp\left(-\frac{\Pr^{\mathrm{L}}(L)(\tau^{2}-1)}{1+\frac{1}{\gamma_{0}}}\right) \tag{5.47}$$

其中：

- 在不等式(5.44)中，我们改变了 $s=\frac{\gamma_{0}}{P\zeta_{1}^{\mathrm{L}}\left(\sqrt{r^{2}+L^{2}}\right)}$，并忽略了非视距小区间干扰。因此，我们只考虑信号功率大于所有来自视距小区间干扰功率总和至少一个系数 γ_0 的情况，这导致在我们的例子中高估了网络覆盖率 p^{cov}。
- 在不等式(5.45)中，我们进一步将注意力集中在视距小区间干扰上，并假设它仅由第一次出现的视距损失函数造成，即 $u\in(r,\tau r]$ $(1<\tau<+\infty)$。
- 为了得到不等式(5.46)，我们在式(5.45)中使用了以下不等式，这是因为视距概率函数 $\Pr^{\mathrm{L}}(d)$ 是典型移动终端与任意小基站之间三维距离 d 的单调递减函数：

$$\left(\frac{\sqrt{r^{2}+L^{2}}}{\sqrt{u^{2}+L^{2}}}\right)^{-\alpha_{1}^{\mathrm{L}}}<\left(\frac{\sqrt{r^{2}+L^{2}}}{\sqrt{\tau^{2}r^{2}+L^{2}}}\right)^{-\alpha_{1}^{\mathrm{L}}}\qquad u\in(r,\tau r]$$

$$\Pr^{\mathrm{L}}\left(\sqrt{u^{2}+L^{2}}\right)>\Pr^{\mathrm{L}}\left(\sqrt{\tau^{2}r^{2}+L^{2}}\right)\qquad u\in(r,\tau r]$$

- 为了得到不等式(5.47)中的结果，我们将下列等式代入式(5.46)中：
  - □ $\lim\limits_{\lambda\to+\infty}\Pr^{\mathrm{L}}\left(\sqrt{\tau^{2}r^{2}+L^{2}}\right)=\Pr^{\mathrm{L}}(L)$
  - □ $\lim\limits_{\lambda\to+\infty}\frac{\sqrt{r^{2}+L^{2}}}{\sqrt{\tau^{2}r^{2}+L^{2}}}=1$
  - □ $\int_{r}^{\tau r}u\mathrm{d}u=\frac{1}{2}(\tau^{2}-1)r^{2}$
  - □ $\lim\limits_{\lambda\to+\infty}\pi r^{2}\lambda=1$。关于极限的最后一个结果是因为齐次泊松点过程中的典型覆盖面积

πr^2 大约是$\frac{1}{\lambda}$，因此我们得出上述结论，该极限等于 1。

- 由于参数 τ 可以取任意大于 1 的整数值($1<\tau<+\infty$)，因此只要参数 τ 足够大，我们就可以将式(5.47)中不等式的左侧减小到任意小的值，可以得出 $\lim\limits_{\lambda\to+\infty}\Pr\left[\frac{P\zeta_1^{\mathrm{L}}\left(\sqrt{r^2+L^2}\right)h}{I_{\mathrm{agg}}+N_0}>\gamma_0\right]=0$。
- 综上，我们可以得出以下结论：

$$\lim_{\lambda\to+\infty}T_1^{\mathrm{L}}=\lim_{\lambda\to+\infty}\Pr\left[\frac{P\zeta_1^{\mathrm{L}}\left(\sqrt{r^2+L^2}\right)h}{I_{\mathrm{agg}}+N_0}>\gamma_0\right]=0 \tag{5.48}$$

将式(5.43)和式(5.48)代入式(5.42)，我们可以最终证明，当小基站密度 λ 趋于无穷($\lambda\to+\infty$)时，网络覆盖率 p^{cov} 趋于0，同样地，面积比特效率 A^{ASE} 也趋于0，即 $\lim\limits_{\lambda\to+\infty}A^{\mathrm{ASE}}=\lim\limits_{\lambda\to+\infty}p^{\mathrm{cov}}=0$。这就完成了我们的证明。

第 6 章

有限用户密度对超密集无线通信网络的影响

6.1 概述

在传统的室外宏蜂窝部署中，例如基于通用移动通信系统(UMTS)和长期演进技术(LTE)广泛部署的第三代合作伙伴计划(3GPP)，无论基站中的通信活跃情况如何，基站都在持续传输基站的专用参考信号并广播系统信息。这种技术以“基站小区”为中心，旨在减轻移动终端的任务。这样做的一个重要原因是降低移动终端程序的复杂性，方便那些没有数据传输的移动终端(即处于空闲状态的移动终端)检测基站信号。换句话说，如果没有来自基站的参考信号和系统信息的传输，移动终端就没有可判断的标准，也就无法检测到基站并与之连接[13]。这种设计原则在大型宏蜂窝部署中是合理的，因为在宏蜂窝中至少有一个移动终端处于活跃状态的概率相对较高。因此，连续传输所有这些控制信号(也称为“始终在线”或导频信号)不会造成任何损失。这些“始终在线”信号包括基站检测信号、选择信号、解调信号、信道估计信号以及系统信息广播信号等。有关 UMTS 和长期演进技术(LTE)“始终在线”基本原理的更多详情，请分别参阅文献[213]和文献[214]。

然而，在有多个小基站或超密集网络的部署中，情况就不同了。在某些情况下，小基站在给定时间内没有为任何移动终端提供服务的概率可能会非常高，因此“始终在线”信号会产生两个负面影响[13]：

- 它们对可实现的网络能效施加了上限；
- 它们会造成小区间干扰，从而降低可实现的数据传输速率。

特别需要强调的是，在密集部署中，即使邻近小基站是空的，一些移动终端在下行链路情况下的小区间干扰也可能非常严重。如第 4 章和第 5 章所示，这些移动终端的信干噪比可能会非常低，这有可能来自邻近的小基站干扰，还有可能来自始终打开且没有连接设备的小基站产生的干扰，尤其是存在大量的视距传播情况。

为了解决这一重要问题，在过去几年中，已经引入了许多机制，根据通信负载函数来开启/关闭单个小基站，或至少是开启/关闭“始终在线”信号，以降低功耗和小区间干扰。这些机制中有些是专有机制，有些则产生了新的标准化功能。不过，这些机制在目前部署的小基站硬件中还没有得到广泛应用，这些特性在第五代无线电技术(5G)中将得到更广泛的应用。

其中一种专有机制是文献[215]中提出的小基站空闲态模式能力，它依赖于宏蜂窝网络的覆盖，并根据测量到的上行链路噪声电平来检测小基站范围内的活跃移动终端。当不需要小基站支持数据传输时，该程序可禁用小基站的“始终在线”信号和大部分处理操作。这是通过小基站的低功耗嗅探器功能实现的，该功能可检测移动终端向底层宏蜂窝网络基站的数据传输。当位于小基站覆盖范围内的移动终端向宏蜂窝发送信号或从其接收信号时，嗅探器会检测到上行链路频段接收功率的上升。如果该噪声上升超过预定阈值，则认为检测到的移动终端距离小基站足够近，有可能被小基站覆盖，从而开启小基站。否则，它将保持关闭状态。一旦小基站处于激活模式，移动终端就会向与其连接的宏蜂窝网络基站报告从小基站接收到的导频信号强度，然后移动终端将会从宏蜂窝网络基站切换到小基站。这种空闲态模式能力允许小基站在没有移动终端参与数据传输时，关闭所有导频信号传输以及与无线接收有关的处理，概念上非常简单，同时基于 OTT 的实现方式，可与任何标准兼容。不过，应该注意这一程序需要宏蜂窝网络覆盖，因为它依赖于检测移动终端向宏蜂窝网络基站的数据传输。因此，小基站需要确定是否有足够的宏蜂窝网络覆盖。这可以通过在小基站上测量宏蜂窝网络基站导频信号或通过移动终端测量报告来检测。如果没有足够的宏蜂窝网络覆盖，则必须停用小基站的空闲态模式能力。有关空闲态模式能力的更多详情，请参阅文献[146]。

如果其他小基站能在小基站处理的区域内提供基本覆盖，则可以简化小基站的开关。然而，这种空闲态模式能力的另一个缺点是，从休眠状态过渡到完全激活状态可能需要数百毫秒。移动终端也需要一段时间才能发现刚刚开启的小基站。考虑到延迟情况，3GPP LTE Release 12[87]的开发过程中广泛讨论了在密集部署中实现更快速的小基站开/关操作的机制，包括毫秒级别的延迟。在这些讨论的基础上，人们决定以载波聚合架构中的激活和停用机制为基础来实现小基站的开/关操作。因此，这种开启/关闭操作仅限于处于激活模式的辅助小基站，而主载波始终处于开启状态。当辅载波关闭时，将不会传输“始终在线”信号，即同步信号、特定小基站参考信号、信道状态信息(CSI)参考信号或来自停用小基站的系统信息。应该注意的是，虽然载波完全静默可带来最佳的节能效果和最低的小区间干扰，但这也意味着移动终端无法与该载波保持同步或执行任何检测操作，例如与移动性相关的检测。为了解决这些问题，我们引入了一种新的参考信号——探测参考信号。该信号的传输频率较低，移动终端可以使用它来保持同步和执行移动性检测。有关这些标准化小基站开/关增强功能的更多详情，请参阅文献[216]。

为了满足当今更具挑战性的性能要求，3GPP 新无线电（NR）Release 15 打破了其前身长期演进技术的设计原则，并且没有向后兼容的要求。在这些新的设计原则中，这里应该强调的是降低能耗和减少空基站干扰的超精益网络设计（ultra-lean network design）。这种超精益设计原则的目标是尽可能减少“始终在线”信号的传输。通过转向以用户为中心的设计，并改变移动终端检测小基站和连接小基站所需的信号和程序，新无线电（NR）从根本上解决了“始终在线”信号所带来的能效问题和小区间干扰问题[13]。如前所述，长期演进技术采用的是以小基站为中心的设计，这种设计在很大程度上基于“始终在线”信号，即信号始终存在并通过小基站进行检测、选择、解调以及信道估计。然而，在新无线电中，这些程序已被重新审视和修改，以减轻“始终在线”信号的负担。例如，新无线电同步信号块的周期（20 ms）比长期演进技术主同步信道（PSS）和辅助同步信道（SSS）的周期（5 ms）长 4 倍。重要的是，与长期演进技术不同，新无线电不包括特定小基站的参考信号。用于解调和信道估计的参考信号都是特定于用户的，只有在有数据时才会传输[13]。

考虑到小基站技术的进步，我们不禁要问，这些现实的和即将到来的功能对未来超密集网络性能有多大的影响。特别是考虑第 3~5 章中使用的模型，既没有考虑有限的移动终端密度 $\rho<+\infty$ 的情况，也没有考虑空闲态模式能力在小区间干扰缓解方面带来的好处。因此，对于第 4 章和第 5 章中的悲观结论，即 ASE Crawl（总结于评述 4.1 和评述 4.2）和 ASE Crash（总结于评述 5.1 和评述 5.2）分别可以通过这种空闲态模式能力来解决。

这就提出了一个基本问题：

小基站的简单空闲态模式能力对具有有限移动终端密度的实用超密集网络的性能有何影响？

在本章中，我们将通过深入的理论分析来回答这一基本问题。

本章其余部分的安排如下：

- 6.2 节将介绍本章中提出的系统模型和理论性能分析框架中的假设，考虑了有限移动终端密度和小基站的简单空闲态模式能力，同时采用了第 4 章中介绍的视距和非视距传输信道模型。
- 6.3 节将介绍新假设下网络覆盖率和面积比特效率的理论表达式。
- 6.4 节将提供一些具有不同密度和特性的小基站部署的结果，还将介绍理论性能分析得出的结论，揭示在密集网络中，相对于移动终端和基站空闲态模式能力，较大数量的小基站的重要性。重要的是，为了完整性，本节还将通过系统级仿真研究莱斯多径快衰落（替代瑞利多径快衰落）对推导结果和结论的影响。
- 6.5 节将总结本章的主要结论。

6.2　系统模型修正

为了评估 6.1 节中描述的有限移动终端密度和空闲态模式能力对超密集网络的影响，我们在本节中升级了 4.2 节中描述的系统模型。4.2 节中的模型考虑了视距和非视距传输，也考虑了基于接收最强信号的移动终端关联策略，本节增加了以下特征：

- 有限移动终端密度；
- 小基站的简单空闲态模式能力。

为便于读者完整理解本章使用的系统模型，表 6.1 提供了一个简明摘要。

表 6.1 系统模型

模型	描述	参考
传输链路		
链路方向	仅下行链路	从小基站到移动终端的传输
部署		
小基站部署	有限密度的 HPPP，$\lambda<+\infty$	见 3.2.2 节
移动终端部署	满负载的 HPPP，导致每小区至少一个移动终端	见 3.2.3 节
移动终端与小基站的关联		
信号最强的小基站	移动终端与提供最强接收信号强度的小基站建立连接	见 3.2.8 节及其参考文献，以及式(2.14)
路径损耗		
3GPP UMi[153]	具有概率视距和非视距传输的多斜率路径损耗： • 视距分量 • 非视距分量 • 视距传输的指数概率	见 4.2.1 节，式(4.1) 式(4.2) 式(4.3) 式(4.19)
多径快衰落		
瑞利衰落①	高度分散的场景	见 3.2.7 节及其参考文献，以及式(2.15)
阴影衰落		
未建模	基于易处理性的原因，阴影衰落没有建模，因为它对结果没有定性影响，参见 3.4.5 节	见 3.2.6 节及其参考文献
天线		
小基站天线	增益为 0dBi 的各向同性单天线单元	见 3.2.4 节
移动终端天线	增益为 0dBi 的各向同性单天线单元	见 3.2.4 节
小基站天线的高度	不考虑	—
移动终端天线的高度	不考虑	—
小基站的空闲态模式能力		
连接感知	在其覆盖区域中没有移动终端关联的小基站被关闭	见 6.2.2 节
小基站处的调度器		
轮询调度	移动终端轮流接入无线信道	见 7.1 节

① 6.4.5 节将介绍莱斯多径快衰落的仿真结果，以展示其对所得结果的影响。

在下文中，我们将详细介绍如何通过引入有限移动终端密度和小基站的简单空闲态模式能力来升级系统模型。但在此之前，需要注意的是，第 5 章中考虑的典型移动终端天线与小基站天线之间的高度差在本章中并未考虑。这样做是为了更好地理解在超密集网络中有限的移动终端密度和小基站空闲态模式能力的影响。因此，本章中的所有距离都是二维距离。

6.2.1 有限移动终端密度

为了模拟有限移动终端密度，我们认为网络场景中的所有移动终端[㊀]都是活跃的，而且这些移动终端在二维平面上按照每平方千米中的移动终端密度($\rho<+\infty$)遵循静态齐次泊松点过程，记作Φ^{UE}，单位为“个/km²”。与3.2节中的描述相反，本章中移动终端密度$\rho<+\infty$采用有限的合理值，因此我们不能假设每个小基站在其覆盖范围内至少有一个移动终端。

6.2.2 小基站的空闲态模式能力

为了模拟小基站的空闲态模式能力，我们考虑了一种简单的方法，即如果小基站的覆盖范围内至少有一个移动终端，则该小基站处于活跃状态。否则，它就处于空闲态模式。

鉴于前面关于小基站和移动终端分布的假设，并考虑到上述小基站的空闲态模式能力，我们认为由此产生的活跃小基站强度$\tilde{\lambda}$遵循另一个静态齐次泊松点过程分布，记作$\tilde{\Phi}$，单位为“个/km²”。

关于活跃小基站建模的这一假设，需要注意，到目前为止，即使小基站的集合遵循齐次泊松点过程，也没有理论证明活跃小基站的集合遵循齐次泊松点过程。从理论上讲，每个小基站的激活取决于其附近移动终端的活跃情况，因此这两个过程应该是相关的。尽管如此，这种齐次泊松点过程的分布假设在文献中得到了广泛应用，可参考开创性著作文献[160,217-219]。为了进一步支持这一假设，6.4节将介绍理论和仿真结果，尽管它们是通过不同的方法[㊁]得出的，但结果完全相同。这种相同结果给人的直观感受是，因为移动终端遵循静态齐次泊松点过程，并且在此框架中不考虑信道相关性，所以每个小基站的激活和停用(取决于移动终端是否活跃，因此也取决于移动终端的分布)在整个网络中是均匀且随机分布的，这就引出了我们齐次泊松点过程的假设。

有鉴于此，必须注意模型的以下特性：

- 活跃小基站密度$\tilde{\lambda}$不大于小基站密度λ，即$\tilde{\lambda}\leqslant\lambda$；
- 活跃小基站密度$\tilde{\lambda}$不大于有限移动终端密度$\rho<+\infty$，即$\tilde{\lambda}\leqslant\rho$，因为在我们的分析中，

㊀ 在这个基于下行链路的模型中，如果提供服务的小基站有数据包向移动终端发送，则该移动终端被视为活跃移动终端。换句话说，活跃移动终端可以接收数据包。

㊁ 虽然在仿真中没有假设活跃小基站的分布情况，而且小基站是根据移动终端的活跃情况激活的，但为了获得分析结果，还是采用了齐次泊松点过程假设。

一个移动终端最多由一个小基站提供服务。[⊖]
从以上两点可以看出，较大的有限移动终端密度 ρ 会导致较大或相等(但绝不会较小)的活跃小基站密度 $\tilde{\lambda}$ 。

6.3 理论性能分析及主要结果

在本节中，根据表 6.2 中总结的网络覆盖率 p^{cov} 和面积比特效率 A^{ASE} 的定义，同时考虑 6.2 节中介绍的有限移动终端密度 $\rho<+\infty$ ，以及小基站的简单空闲态模式能力，我们推导出这两个关键性能指标的表达式。有了这些新的表达式，我们就能在更为现实的网络假设条件下评估超密集网络的性能。

表 6.2 关键性能指标

指标	形式化表达	参考
网络覆盖率 p^{cov}	$p^{\mathrm{cov}}(\lambda,\gamma_0)=\Pr[\Gamma>\gamma_0]=\bar{F}_{\Gamma}(\gamma_0)$	见 2.1.12 节，式(2.22)
面积比特效率 A^{ASE}	$A^{\mathrm{ASE}}(\lambda,\gamma_0)=\frac{\lambda}{\ln 2}\int_{\gamma_0}^{+\infty}\frac{p^{\mathrm{cov}}(\lambda,\gamma)}{1+\gamma}\mathrm{d}\gamma+\lambda\log_2(1+\gamma_0)p^{\mathrm{cov}}(\lambda,\gamma_0)$	见 2.1.12 节，式(2.25)

注：请注意，小基站的空闲态模式能力将改变面积比特效率的定义，这将在 6.3.3 节中说明。

6.3.1 网络覆盖率

下面我们通过定理 6.3.1 介绍关于网络覆盖率 p^{cov} 的主要结论，考虑之前介绍的系统模型，需要强调的是：

- 有限的移动终端密度 $\rho<+\infty$ ；
- 小基站的简单空闲态模式能力。

读者如果对最初介绍这些结果的研究文章感兴趣，可参阅文献[88]。

定理 6.3.1 考虑到式(4.1)中的路径损耗模型和 4.2 节中介绍的最强小基站关联策略，可求得网络覆盖率 p^{cov} 为

$$p^{\mathrm{cov}}(\lambda,\gamma_0)=\sum_{n=1}^{N}\left(T_n^{\mathrm{L}}+T_n^{\mathrm{NL}}\right) \tag{6.1}$$

其中：

$$T_n^{\mathrm{L}}=\int_{d_{n-1}}^{d_n}\Pr\left[\frac{P\zeta_n^{\mathrm{L}}(r)h}{I_{\mathrm{agg}}+P^{\mathrm{N}}}>\gamma_0\right]f_{R,n}^{\mathrm{L}}(r)\,\mathrm{d}r \tag{6.2}$$

⊖ 本章不考虑小基站之间的协调传输/接收。

$$T_n^{\mathrm{NL}}=\int_{d_{n-1}}^{d_n}\Pr\left[\frac{P\zeta_n^{\mathrm{NL}}(r)h}{I_{\mathrm{agg}}+P^{\mathrm{N}}}>\gamma_0\right]f_{R,n}^{\mathrm{NL}}(r)\,\mathrm{d}r \tag{6.3}$$

并且 d_0 和 d_N 分别定义为 0 和 $+\infty$。

此外，在 $d_{n-1}<r\leqslant d_n$ 的范围内，概率密度函数 $f_{R,n}^{\mathrm{L}}(r)$ 和 $f_{R,n}^{\mathrm{NL}}(r)$ 取值范围的表达式为

$$f_{R,n}^{\mathrm{L}}(r)=\exp\left(-\int_0^{r_1}(1-\mathrm{Pr}^{\mathrm{L}}(u))2\pi u\lambda\mathrm{d}u\right)\times\exp\left(-\int_0^{r}\mathrm{Pr}^{\mathrm{L}}(u)2\pi u\lambda\mathrm{d}u\right)\mathrm{Pr}_n^{\mathrm{L}}(r)2\pi r\lambda \tag{6.4}$$

和

$$f_{R,n}^{\mathrm{NL}}(r)=\exp\left(-\int_0^{r_2}\mathrm{Pr}^{\mathrm{L}}(u)2\pi u\lambda\mathrm{d}u\right)\times\exp\left(-\int_0^{r}(1-\mathrm{Pr}^{\mathrm{L}}(u))2\pi u\lambda\mathrm{d}u\right)(1-\mathrm{Pr}_n^{\mathrm{L}}(r))2\pi r\lambda \tag{6.5}$$

其中，r_1 和 r_2 分别为

$$r_1=\arg_{r_1}\{\zeta^{\mathrm{NL}}(r_1)=\zeta_n^{\mathrm{L}}(r)\} \tag{6.6}$$

和

$$r_2=\arg_{r_2}\{\zeta^{\mathrm{L}}(r_2)=\zeta_n^{\mathrm{NL}}(r)\} \tag{6.7}$$

概率 $\Pr\left[\frac{P\zeta_n^{\mathrm{L}}(r)h}{I_{\mathrm{agg}}+P^{\mathrm{N}}}>\gamma_0\right]$ 的计算公式为

$$\Pr\left[\frac{P\zeta_n^{\mathrm{L}}(r)h}{I_{\mathrm{agg}}+P^{\mathrm{N}}}>\gamma_0\right]=\exp\left(-\frac{\gamma_0P^{\mathrm{N}}}{P\zeta_n^{\mathrm{L}}(r)}\right)\mathscr{L}_{I_{\mathrm{agg}}}^{\mathrm{L}}\left(\frac{\gamma_0}{P\zeta_n^{\mathrm{L}}(r)}\right) \tag{6.8}$$

其中，$\mathscr{L}_{I_{\mathrm{agg}}}^{\mathrm{L}}(s)$ 是在视距情况下，聚合的小区间干扰随机变量 I_{agg} 在 $s=\frac{\gamma_0}{P\zeta_n^{\mathrm{L}}(r)}$ 处的拉普拉斯变换，可以表示为

$$\mathscr{L}_{I_{\mathrm{agg}}}^{\mathrm{L}}(s)=\exp\left(-2\pi\tilde{\lambda}\int_r^{+\infty}\frac{\mathrm{Pr}^{\mathrm{L}}(u)u}{1+(sP\zeta^{\mathrm{L}}u))^{-1}}\mathrm{d}u\right)\times\exp\left(-2\pi\tilde{\lambda}\int_{r_1}^{+\infty}\frac{[1-\mathrm{Pr}^{\mathrm{L}}(u)]u}{1+(sP\zeta^{\mathrm{NL}}(u))^{-1}}\mathrm{d}u\right) \tag{6.9}$$

此外，概率 $\Pr\left[\frac{P\zeta_n^{\mathrm{NL}}(r)h}{I_{\mathrm{agg}}+P^{\mathrm{N}}}>\gamma_0\right]$ 的计算公式为

$$\Pr\left[\frac{P\zeta_n^{\mathrm{NL}}(r)h}{I_{\mathrm{agg}}+P^{\mathrm{N}}}>\gamma_0\right]=\exp\left(-\frac{\gamma_0P^{\mathrm{N}}}{P\zeta_n^{\mathrm{NL}}(r)}\right)\mathscr{L}_{I_{\mathrm{agg}}}^{\mathrm{NL}}\left(\frac{\gamma_0}{P\zeta_n^{\mathrm{NL}}(r)}\right) \tag{6.10}$$

其中，$\mathscr{L}_{I_{\text{agg}}}^{\text{NL}}(s)$是在非视距信号传输的情况下，聚合小区间干扰随机变量I_{agg}在$s=\frac{\gamma_0}{P\zeta_n^{\text{NL}}(r)}$处的拉普拉斯变换，可以表示为

$$\mathscr{L}_{I_{\text{agg}}}^{\text{NL}}(s)=\exp\left(-2\pi\tilde{\lambda}\int_{r_2}^{+\infty}\frac{\Pr^{\text{L}}(u)u}{1+(sP\zeta^{\text{L}}(u))^{-1}}\text{d}u\right)\times\exp\left(-2\pi\tilde{\lambda}\int_{r}^{+\infty}\frac{[1-\Pr^{\text{L}}(u)]u}{1+(sP\zeta^{\text{NL}}(u))^{-1}}\text{d}u\right)\quad(6.11)$$

证明　参考本章附录A。

通过对定理6.3.1的分析，我们可以得出引理6.3.2。

引理6.3.2　考虑到有限移动终端密度$\rho<+\infty$和前面介绍的小基站的简单空闲态模式能力，网络覆盖率p^{cov}总是不小于所有小基站都处于活跃状态且没有空闲态模式能力时的网络覆盖率。

证明　参考本章附录B。

为便于理解如何实际获得新的网络覆盖率p^{cov}，图6.1展示了对传统随机几何框架(在第3章介绍，并在第4章更新)进行改进的伪代码，以此计算定理6.3.1的结果。

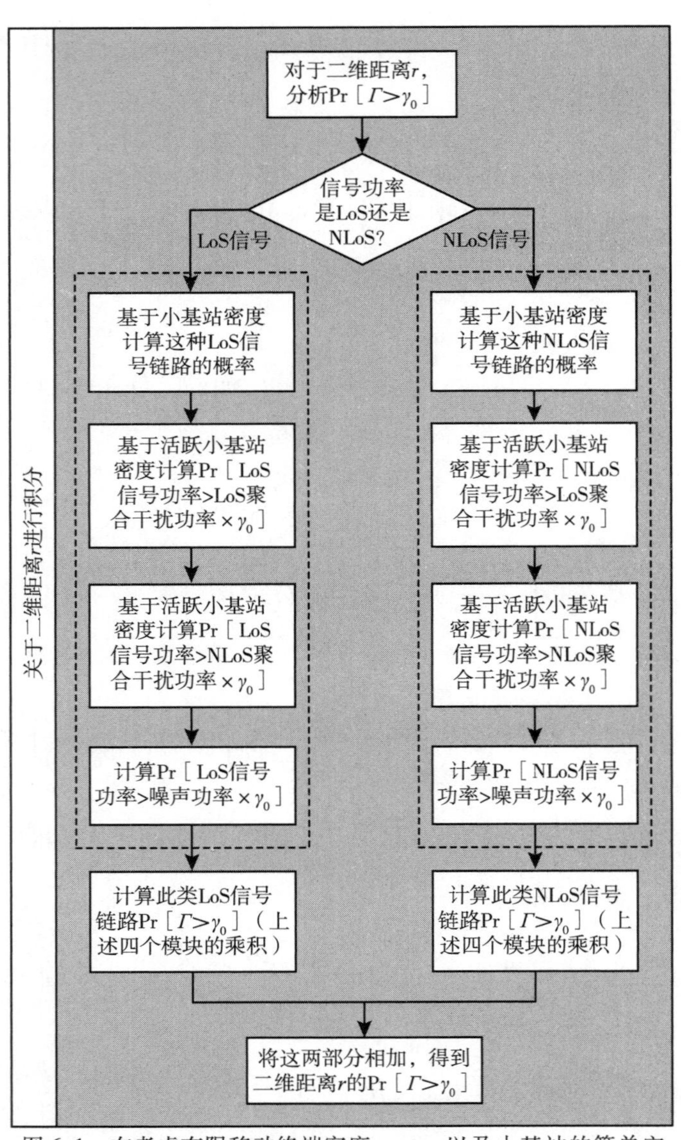

图6.1　在考虑有限移动终端密度$\rho<+\infty$以及小基站的简单空闲态模式能力的情况下，在标准随机几何框架内获得定理6.3.1结果的逻辑步骤

与图4.2所示逻辑相比，值得注意的是，小区间干扰并非来自所有小基站，而是仅来自活跃小基站。

进一步深入细节，比较定理6.3.1和定理4.3.1(所有小基站都处于活跃状态，每个小基站至少有一个移动终端)，必须注意以下几点：

- 提供服务的小基站对网络覆盖率p^{cov}的影响可通过式(6.4)和式(6.5)来衡量。这些表达式基于小基

站密度 λ，而非活跃小基站密度 $\tilde{\lambda}$。这在两个定理中都是一样的。

- 聚合小区间干扰 I_{agg} 对网络覆盖率 p^{cov} 的影响可通过式(6.9)和式(6.11)来衡量。由于只有活跃小基站会产生小区间干扰，因此这些表达式都是基于活跃小基站密度 $\tilde{\lambda}$，而非小基站密度 λ。这与定理 4.3.1 不同。
- 活跃小基站密度 $\tilde{\lambda}$ 的导数是非平凡的，$\tilde{\lambda}$ 将在 6.3.2 节给出。

6.3.2　活跃小基站密度

在本节中，我们将详细介绍活跃小基站密度 $\tilde{\lambda}$ 的理论计算。

为了完成这项任务，我们借鉴了以前的研究成果。特别是使用了文献[217]中的结果，假设每个移动终端连接的不是信号最强的小基站，而是距离最近的小基站，作者根据维诺分布基站小区大小推导出了活跃小基站密度 $\tilde{\lambda}$ 的近似表达式。该表达式来自文献[217]的主要结果，活跃小基站密度 $\tilde{\lambda}$ 的表达式为

$$\tilde{\lambda}^{\text{minDis}} \approx \lambda\left[1-\frac{1}{\left(1+\frac{\rho}{q\lambda}\right)^{q}}\right] \triangleq \lambda_0(\lambda,\rho,q) \tag{6.12}$$

其中，$\tilde{\lambda}^{\text{minDis}}$ 是基于最近距离连接的活跃小基站密度、λ 是小基站密度，ρ 是有限移动终端密度，q 是拟合参数，经验值为 3.5。

值得注意的是，到目前为止，包含连接距离最近活跃小基站密度 $\tilde{\lambda}^{\text{minDis}}$ 的精确表达式仍是未知的，但表达式的近似值已经在最近的一些工作中被证明是相当准确的[217,219,220]。然而，这种近似值不能用于本书所限定的更现实的建模中，在这种建模中，每个移动终端连接的不是最近的小基站，而是信号最强的小基站。因此，同时考虑概率视距和非视距传输以及连接的最强信号小基站，我们需要一个新的近似表达式来表示活跃小基站密度 $\tilde{\lambda}$，以便继续进行分析。

下面将介绍本章假设的活跃小基站密度 $\tilde{\lambda}$ 的下限、上限和近似值。

1. 活跃小基站密度下限

定理 6.3.3 提出，式(6.12)所示的基于最近距离连接的活跃小基站密度 $\tilde{\lambda}^{\text{minDis}}$ 是基于最强信号连接的活跃小基站密度 $\tilde{\lambda}$ 的下限。

定理 6.3.3　根据式(4.1)中的路径损耗模型和 4.2 节中介绍的最强信号连接小基站的表达式，密度 $\tilde{\lambda}$ 的下限为

$$\tilde{\lambda} \geqslant \tilde{\lambda}^{\text{minDis}} \triangleq \tilde{\lambda}^{\text{LB}} \tag{6.13}$$

证明　参考本章附录 C。

直观上，定理6.3.3的证明指出，从典型移动终端的角度来看，基于最强信号连接小基站的等效小基站密度$\tilde{\lambda}$不小于基于最近距离连接小基站的等效小基站密度$\tilde{\lambda}^{\text{minDis}}$，即$\tilde{\lambda}\geqslant\tilde{\lambda}^{\text{minDis}}$。

这一下限$\tilde{\lambda}^{\text{LB}}$的严密性将在6.4.2节中用数值结果来验证。

2. 活跃小基站密度上限

定理6.3.4提出，最强信号连接小基站限定了活跃小基站密度$\tilde{\lambda}$的上限。

定理6.3.4　根据式(4.1)中的路径损耗模型和4.2节中介绍的最强信号连接活跃小基站的表达式，密度$\tilde{\lambda}$的上限值为

$$\tilde{\lambda}\leqslant\lambda(1-Q^{\text{off}})\triangleq\tilde{\lambda}^{\text{UB}} \tag{6.14}$$

其中

$$Q^{\text{off}}=\lim_{r_{\max}\to+\infty}\sum_{k=0}^{+\infty}\{\Pr[w\nsim b]\}^{k}\frac{\lambda_{\Omega}^{k}\mathrm{e}^{-\lambda_{\Omega}}}{k!} \tag{6.15}$$

这里，$\lambda=\rho\pi r_{\max}^{2}$；$\Pr[w\nsim b]$是移动终端不与小基站相连接的概率，其计算公式为

$$\Pr[w\nsim b]=\int_{0}^{r_{\max}}\Pr[w\nsim b\mid r]\frac{2r}{r_{\max}^{2}}\mathrm{d}r \tag{6.16}$$

其中：

$$\Pr[w\nsim b\mid r]=[f_{R}^{\text{L}}(r)+F_{R}^{\text{NL}}(r_{1})]\Pr^{\text{L}}(r)+[f_{R}^{\text{L}}(r_{2})+F_{R}^{\text{NL}}(r)][1-\Pr^{\text{L}}(r)] \tag{6.17}$$

$$f_{R}^{\text{L}}(r)=\int_{0}^{r}f_{R}^{\text{L}}(u)\mathrm{d}u \tag{6.18}$$

$$F_{R}^{\text{NL}}(r)=\int_{0}^{r}f_{R}^{\text{NL}}(u)\mathrm{d}u \tag{6.19}$$

并且r_1和r_2分别在式(6.6)和式(6.7)中定义。

证明　参考本章附录D。

从直观上看，定理6.3.4的证明通过定义圆形区域$\mathcal{D}$完成：

- 以典型的小基站为圆心；
- 以$r_{\max}$为半径。

计算该典型小基站在圆形区域$\mathcal{D}$内进入空闲态模式(即无移动终端连接)的概率Q^{off}。

需要注意的是，在计算概率Q^{off}时不考虑同时连接附近的两个移动终端的相关性。实际上，如果一个移动终端k与小基站b没有连接，那么这可能意味着大概率上附近的另一个移动终端k'也与小基站b没有连接。上述分析没有考虑这种相关性，因此低估了概率Q^{off}，进而高估了活跃小基站密度$\tilde{\lambda}$，参考式(6.14)。

这一密度上限$\tilde{\lambda}^{\text{UB}}$的紧性将在6.4.2节中用数值结果来验证。

3. 活跃小基站密度近似值

考虑到$\tilde{\lambda}^{\mathrm{LB}}$的定义事实上是由拟合参数$q$的递增函数决定的，同时考虑$\tilde{\lambda}^{\mathrm{LB}}$的紧性(这将在6.4.2节中说明)，可以通过推论6.3.5获得活跃小基站密度$\tilde{\lambda}$的紧近似值。

推论6.3.5　根据式(4.1)中的路径损耗模型和4.2节中介绍的最强小基站关联策略，活跃小基站密度$\tilde{\lambda}$可近似为

$$\tilde{\lambda} \approx \lambda_0(\lambda, \rho, q^*) \tag{6.20}$$

其中，q^*是最优拟合参数，经验值的范围为

$$3.5 \leqslant q^* \leqslant \arg_x \{\lambda_0(\lambda, \rho, x) = \tilde{\lambda}^{\mathrm{UB}}\} \tag{6.21}$$

公式中$\tilde{\lambda}^{\mathrm{UB}}$是由式(6.14)计算得出的基于最强信号小基站关联策略的活跃小基站密度$\tilde{\lambda}$的上限。

根据定理6.3.3和定理6.3.4分别给出的下限$\tilde{\lambda}^{\mathrm{LB}}$和上限$\tilde{\lambda}^{\mathrm{UB}}$，可以得到推论6.3.5中的最优拟合参数$q^*$。值得注意的是，最优拟合参数$q^*$取决于许多参数，其中包括小基站密度$\lambda$、移动终端密度$\rho$和路径损耗模型的具体参数。在本例中，路径损耗模型的具体参数由式(4.4)和式(4.5)给出。一般来说，最优拟合参数q^*可以通过离线求解器和推论6.3.5中的确定性边界计算出来。为了在准确性和可操作性之间取得平衡，我们假设最优拟合参数q^*仅是移动终端密度ρ的函数。因为活跃小基站密度$\tilde{\lambda}$已经是小基站密度λ的函数，所以这一假设避免了最优拟合参数q^*受小基站密度λ复杂性的影响。有鉴于此，可以使用均方误差(MSE)等方法来测量小基站密度λ的所有可能近似结果与仿真结果之间的平均差异，从而使用最小均方误差(MMSE)来寻找最优拟合参数q^*。举例来说，这项任务可以使用分段法[209]最小化活跃小基站近似结果$\tilde{\lambda}$[其范围由式(6.14)表征]与仿真结果之间的差值。更进一步，我们可以将拟合参数q^*的左、右边界分别设为3.5和$\arg\{\lambda_0(\lambda, \rho, x) = \tilde{\lambda}^{\mathrm{UB}}\}$。然后，找到一个中间点作为左右两个点的平均值。根据最小均方误差准则对仿真结果进行比较，如果中间点比左侧点更好地估计了最优拟合参数q^*，则中间点将作为新的左侧点；否则，中间点将作为新的右侧点。这个过程一直持续到均方误差小到足以估算出满意的最优拟合参数q^*为止。

从复杂性的角度应该指出，虽然计算最优拟合参数q^*(小基站密度λ和移动终端密度ρ的函数)以及路径损耗模型的具体细节可确保最精确地近似计算活跃小基站密度$\tilde{\lambda}$，但这也会导致复杂的计算过程。为了避免这种复杂性，作者在文献[217]中建议，在所有小基站和移动终端密度的近似表达式中使用一个常数拟合参数q。但在本章中，由于引入了视距和非视距传输的情况，这种方法可能并不合适。

近似值$\lambda_0(q^*)$的紧性将在6.4.2节中用数值结果来验证。

4. 活跃小基站密度的渐近性行为

为了完整性，也因为它在后续章节中有用，我们接下来将在引理中推导当小基站密度$\tilde{\lambda}$

趋于无穷大，即 $\lim_{\lambda\to+\infty}\tilde{\lambda}$ 时，活跃小基站密度 $\tilde{\lambda}$ 的极限。

在继续讨论结果之前，有必要指出，在本书中一个移动终端最多由一个小基站提供服务。换句话说，本书没有考虑小基站之间的协调技术。

引理 6.3.6 在给定的有限移动终端密度 $\rho<+\infty$ 的情况下，$\lim_{\lambda\to+\infty}\tilde{\lambda}$ 趋向于有限移动终端密度 $\rho<+\infty$，即

$$\lim_{\lambda\to+\infty}\tilde{\lambda}=\rho \tag{6.22}$$

证明 简单证明，由于无限的小基站密度 λ 服务于有限的移动终端密度 ρ，会导致每个基站一个用户的极端情况，因此活跃小基站密度 $\tilde{\lambda}$ 的极限等于移动终端密度 ρ。

6.3.3 面积比特效率

下面我们将上述内容引入系统模型中，进而介绍面积比特效率 A^{ASE} 的理论结果。值得注意的是，并非所有小基站都对面积比特效率 A^{ASE} 有贡献，只有活跃的小基站才有贡献。因此，2.1.12 节中面积比特效率 A^{ASE} 的定义并不适用，式(2.23)必须重新表述为

$$A^{\mathrm{ASE}}(\lambda,\gamma_0)=\tilde{\lambda}\int_{\gamma_0}^{\infty}\log_2(1+\gamma)f_{\Gamma}(\gamma)\,\mathrm{d}\gamma \tag{6.23}$$

其中，原表述中的小基站密度 λ 已被活跃小基站密度 $\tilde{\lambda}$ 所取代。

由于活跃小基站密度 $\tilde{\lambda}$ 与小基站密度 λ 密切相关，为了表述的通用性，我们仍将面积比特效率变量命名为 $A^{\mathrm{ASE}}(\lambda,\gamma_0)$，而不是 $A^{\mathrm{ASE}}(\tilde{\lambda},\gamma_0)$。

按照与最初公式相同的步骤，利用分段积分定理，可以得到 A^{ASE}(如表 6.2 所示)为

$$A^{\mathrm{ASE}}(\lambda,\gamma_0)=\frac{\tilde{\lambda}}{\ln 2}\int_{\gamma_0}^{+\infty}\frac{p^{\mathrm{cov}}(\lambda,\gamma)}{1+\gamma}\mathrm{d}\gamma+\tilde{\lambda}\log_2(1+\gamma_0)p^{\mathrm{cov}}(\lambda,\gamma_0) \tag{6.24}$$

计算这个新的面积比特效率表达式，先将定理 6.3.1 得到的网络覆盖率 p^{cov} 代入式(2.24)，再计算典型移动终端的信干噪比 Γ 的概率密度函数 $f_{\Gamma}(\gamma)$，然后就可以得到与第 4 章和第 5 章类似的面积比特效率 A^{ASE} 的表达式。

6.3.4 计算复杂度

要计算定理 6.3.1 中提出的网络覆盖率 p^{cov}，仍需要三重积分，分别是 $\{f_{R,n}^{\mathrm{Path}}(r)\}$，$\left\{\mathscr{L}_{I_{\mathrm{agg}}}\left(\frac{\gamma_0}{P\zeta_n^{\mathrm{Path}}(r)}\right)\right\}$ 和 $\{T_n^{\mathrm{Path}}\}$，其中字符串变量 Path 的值为 L 或 NL。需要注意的是，计算面积比特效率 A^{ASE} 时还需要额外的积分，因此需要四重积分计算。

6.4　讨论

在本节中，我们将利用静态系统级仿真的数值结果来评估上述理论性能分析的准确性，并从网络覆盖率 p^{cov} 和面积比特效率 A^{ASE} 的视角，研究有限移动终端密度 $\rho(\rho<+\infty)$ 和小基站的简单空闲态模式能力对超密集网络的影响。

需要提醒的是，要获得网络覆盖率 p^{cov} 和面积比特效率 A^{ASE} 的结果，现在应将使用二维距离的式(4.17)和式(4.19)代入定理6.3.1，并遵循随后的推导。这样，就可以在分析中加入有限移动终端密度 ρ 以及小基站的简单空闲态模式能力。

6.4.1　案例研究

为了评估有限移动终端密度 ρ 和超密集网络小基站简单空闲态模式能力的影响，我们使用了与第4章相同的3GPP案例进行研究，以便逐一进行比较。读者如果对3GPP案例研究的详细说明感兴趣，请参阅表6.1和4.4.1节。

为了便于介绍，请注意我们在3GPP案例研究中使用的以下参数：

- 最大天线增益 $G_{\mathrm{M}}=0$ dB；
- 当载波频率为2 GHz时，路径损耗为 $\alpha^{\mathrm{L}}=2.09$ 和 $\alpha^{\mathrm{NL}}=3.75$；
- 参考路径损耗为 $A^{\mathrm{L}}=10^{-10.38}$ 和 $A^{\mathrm{NL}}=10^{-14.54}$；
- 发射功率 $P=24$ dBm；
- 噪声功率 $P^{\mathrm{N}}=-95$ dBm，包括移动终端的噪声9 dB。

1. 天线配置

本章不考虑典型移动终端的天线高度与任意小基站的天线高度之间的高度差，因为我们希望将天线高度对性能的影响与小基站的比例公平(PF)调度器对性能的影响隔离开。

2. 移动终端密度

对于有限移动终端密度 $\rho<+\infty$，我们在本次性能评估中研究了 $\rho=\{100,300,600\}$ 这三种情况。

3. 小基站密度

由于本章不考虑天线高度，在使用基于HPPP部署的简单系统模型时，我们将路径损耗模型的发射机到接收机的最小距离定为10 m，因此我们在以下分析研究中的小基站密度最高可达 $\lambda=10^4$ 个/km^2。

4. 基准

在此次性能评估中，我们使用了以下基准数据：

- 3.4 节介绍的单斜率路径损耗模型的分析结果；
- 4.4 节介绍的同时考虑视距和非视距传输的分析结果。

请注意，前者的结果是在参考路径损耗 $A^{\mathrm{NL}}=10^{-14.54}$ 和路径损耗指数 $\alpha=3.75$ 的情况下得出的。

6.4.2 活跃小基站密度

活跃小基站密度 $\tilde{\lambda}$ 是关于小基站密度 λ 和有限移动终端密度 ρ 的函数，6.3.2 节中提出了理论分析，在本节中，我们将展示如何精确计算。

为此，图 6.2 展示了在各种小基站密度 λ 和移动终端密度 $\rho=\{100,300,600\}$ 的情况下，活跃小基站密度 $\tilde{\lambda}$ 的仿真结果。这些仿真结果将作为我们理论评估的基本事实。

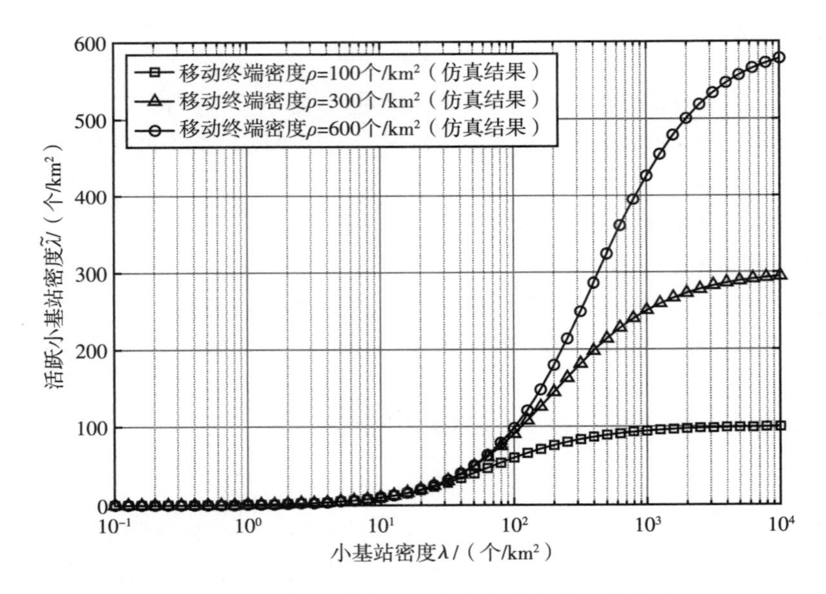

图 6.2　活跃小基站密度 $\tilde{\lambda}$ 与小基站密度 λ 的关系

从图中可以看出：

- 随着小基站密度 λ 的增加，活跃小基站密度 $\tilde{\lambda}$ 也会增加；
- 由于一个移动终端最多只能激活一个小基站为其提供服务，因此活跃小基站密度 $\tilde{\lambda}$ 的上限是有限移动终端密度 ρ，这里不考虑多小基站协调方案。

在深入探讨这些结果的细节之前，应该注意到，如前文所述，推论 6.3.5 进行了分段搜索，以数值方式找到最优拟合参数 q^*，用于计算近似的活跃小基站密度 $\tilde{\lambda}$。根据最小均方误差(MMSE)标准，对于所分析的各种有限移动终端密度 $\rho=\{100,300,600\}$，最优拟合参数分别为 $q^*=\{4.73,4.18,3.97\}$。

为了评估活跃小基站密度 $\tilde{\lambda}$ 理论分析的准确性，图 6.3~图 6.5 显示了仿真值(地面实况)

与 6.3.2 节中推导的密度下限 $\tilde{\lambda}^{LB}$、密度上限 $\tilde{\lambda}^{UB}$ 和近似值 $\lambda_0(q^*)$ 之间的平均误差。需要注意上述每幅图都是针对不同移动终端密度 $\rho=\{100,300,600\}$ 绘制的，并且密度下限 $\tilde{\lambda}^{LB}$ 采用了拟合参数 $q=3.5$。

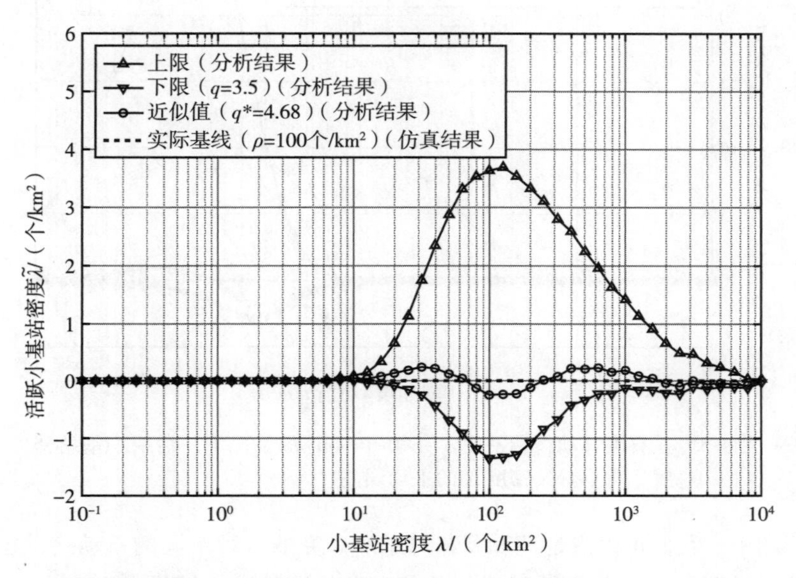

图 6.3　在有限的移动终端密度 $\rho=100$ 个/km^2 的情况下，活跃小基站密度 $\tilde{\lambda}$ 与小基站密度 λ 的平均误差

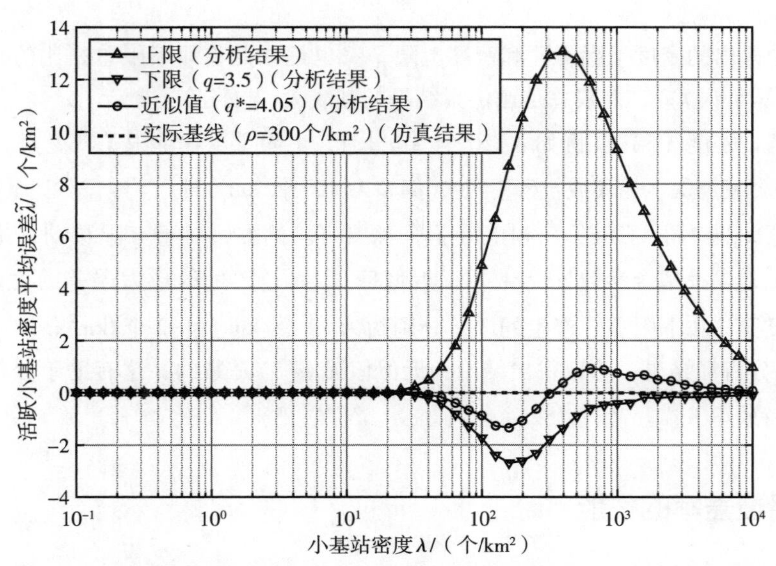

图 6.4　在有限移动终端密度 $\rho=300$ 个/km^2 的情况下，活跃小基站密度 $\tilde{\lambda}$ 与小基站密度 λ 的平均误差

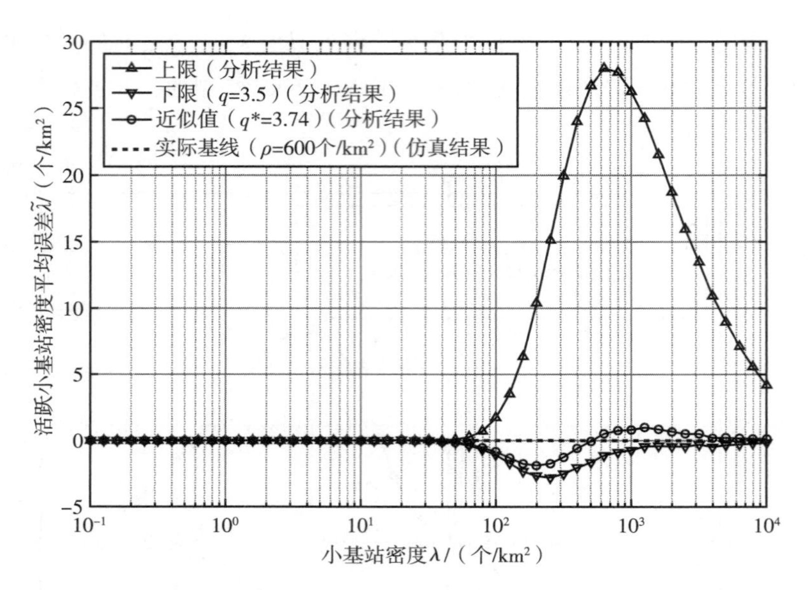

图 6.5　在有限移动终端密度 $\rho=600$ 个/km^2 的情况下，活跃小基站密度 $\tilde{\lambda}$ 与小基站密度 λ 的平均误差

从这三幅图中，我们可以清楚地看到，对于所研究的三种不同的移动终端密度 $\rho=\{100,300,600\}$，分析得出平均误差遵循相同的趋势，即相同的定性结果，但存在一些定量偏差。因此在图 6.4 中，我们将重点放在有限移动终端密度 $\rho=300$ 个/km^2 来进行分析。可以得出以下结论：

- 本章中得出的密度下限 $\tilde{\lambda}^{\mathrm{LB}}$ 和密度上限 $\tilde{\lambda}^{\mathrm{UB}}$ 也是如此，即下限总是比仿真结果的基线小(显示负误差)，上限总是比仿真结果的基线大(显示正误差)。
- 当小基站密度 λ 稀疏(例如 $\lambda<30$ 个/km^2)时，上限 $\tilde{\lambda}^{\mathrm{UB}}$ 比下限 $\tilde{\lambda}^{\mathrm{LB}}$ 更紧。
- 当小基站密度 λ 为密集或超密集网络(例如 $\lambda>100$ 个/km^2)时，下限 $\tilde{\lambda}^{\mathrm{LB}}$ 比上限 $\tilde{\lambda}^{\mathrm{UB}}$ 更紧。
- 近似值 $\lambda_0(q^*)$ 比下限 $\tilde{\lambda}^{\mathrm{LB}}$ 和上限 $\tilde{\lambda}^{\mathrm{UB}}$ 都要好。例如，对于有限移动终端密度 $\rho=300$ 个/km^2，以及拟合参数 $q^*=4.18$，近似值 $\lambda_0(q^*)$ 产生的最大误差约为 ±0.5 个/km^2，而上限 $\tilde{\lambda}^{\mathrm{UB}}$ 和下限 $\tilde{\lambda}^{\mathrm{LB}}$ 产生的误差分别约为 12 个/km^2 和 -2 个/km^2。

根据上述分析和结果，可以得出结论：近似值 $\lambda_0(q^*)$ 是紧的，这有助于分析网络覆盖率 p^{cov} 和面积比特效率 A^{ASE}。

6.4.3　网络覆盖率的性能

图 6.6 显示了信干噪比阈值 $\gamma_0=0$ dB、最优拟合参数 $q^*=4.18$ 时，以下五种配置的网络覆盖率 p^{cov}：

- 配置 a：单斜率路径损耗模型，移动终端数量无限或每个小基站至少有一个移动终端，因此所有小基站都处于活跃状态(分析结果)。
- 配置 b：同时具有视距和非视距传输的多斜率路径损耗模型，移动终端数量无限或每个小基站至少有一个移动终端，因此所有小基站都处于活跃状态(分析结果)。
- 配置 c：同时具有视距和非视距传输的多斜率路径损耗模型，有限移动终端密度 $\rho<+\infty$，但小基站没有简单空闲态模式能力，因此所有小基站都处于活跃状态(分析结果)。
- 配置 d：同时具有视距和非视距传输的多斜率路径损耗模型，有限移动终端密度 $\rho<+\infty$，小基站具有简单空闲态模式能力，因此并非所有小基站都处于活跃状态(分析结果)。
- 配置 e：同时具有视距和非视距传输的多斜率路径损耗模型，有限移动终端密度 $\rho<+\infty$，小基站具有简单空闲态模式能力，因此并非所有小基站都处于活跃状态(仿真结果)。

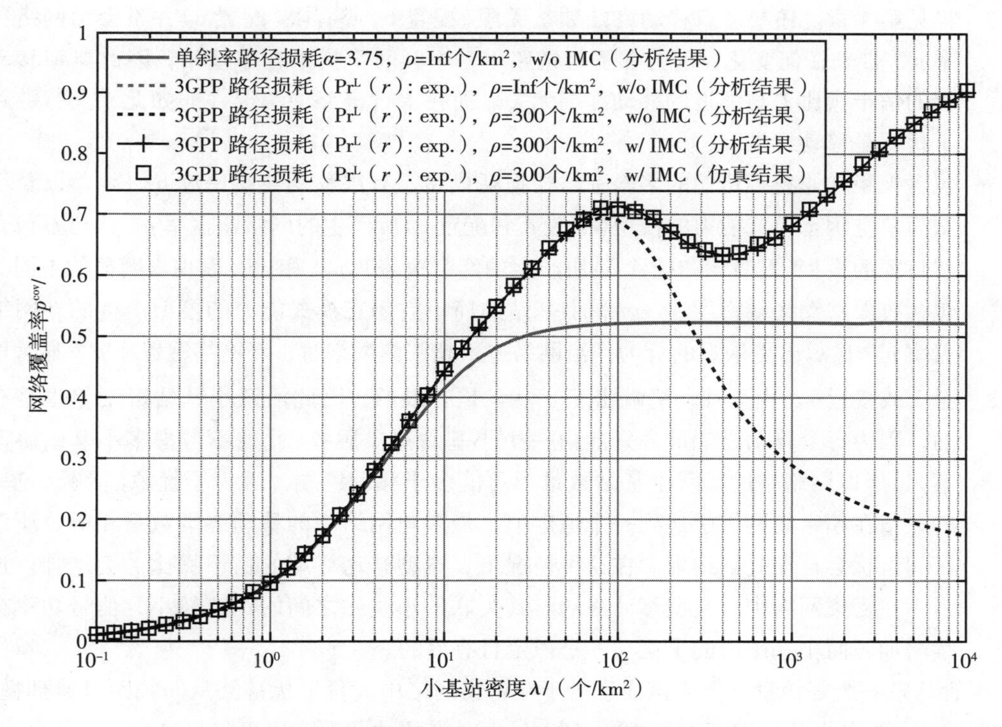

图 6.6　网络覆盖率 p^{cov} 与小基站密度 λ 的关系

请注意，图 6.6 中配置 a 和配置 b 已经分别在第 3 章和第 4 章进行了介绍和讨论。在本图中，我们选择有限移动终端密度 $\rho=300$ 个/km^2 进行分析。

从图 6.6 中可以看出，分析结果配置 d 与仿真结果配置 e 非常吻合。这证实了定理 6.3.1

及其推导的准确性。由于精确度如此之高，而且面积比特效率 A^{ASE} 的结果是根据网络覆盖率 p^{cov} 的结果计算得出的，因此本章以下的讨论只考虑分析结果。

从图 6.6 中我们还可以观察到：

- 在密集小基站密度情况下，所有活跃小基站的单斜率路径损耗模型（配置 a）导致典型移动终端的信干噪比 Γ 不变，与小基站密度 λ 无关，反过来，随着小基站密度 λ 的增加，网络覆盖率 p^{cov} 保持不变。详见第 3 章。
- 在同时进行视距和非视距传输的情况下，所有活跃小基站的多斜率路径损耗模型（配置 b 和配置 c）具有不同的行为：
  - 当小基站密度 λ 比较大（例如 $\lambda>10^2$ 个/km^2）时，由于密集网络中大量干扰链路从非视距过渡到视距，因此网络覆盖率 p^{cov} 随小基站密度 λ 的增加而降低。
  - 当小基站密度 λ 更大（例如 $\lambda\geqslant10^3$ 个/km^2）时，网络覆盖率 p^{cov} 的下降速度较慢。这是因为信号和小区间干扰功率水平都逐渐以视距为主导，从而最终趋向于视距路径损耗指数，并以相同的速度增长。

  详见第 4 章。还要注意移动终端数量无限（配置 b）或有限（配置 c）并不会给网络覆盖率 p^{cov} 带来任何变化，因为在下行链路中，小区间干扰来自小基站，因此典型移动终端的信干噪比 Γ 与邻近的移动终端无关。而在上行链路中情况并非如此，上行链路的干扰源是移动终端。
- 包含视距和非视距传输的多斜率路径损耗模型、有限移动终端密度 $\rho<+\infty$，以及小基站简单空闲态模式能力的模型（配置 d 和配置 e）所产生的网络覆盖率 p^{cov}，与不包含这些特征的模型（配置 a 和配置 b）所产生的网络覆盖率 p^{cov} 相比，表现出明显的不同。由包含有限移动终端密度 $\rho<+\infty$ 和小基站的简单空闲态模式能力的模型产生的新网络覆盖率 p^{cov} 显示出更乐观的行为，当网络进入超密集网络时，新网络覆盖率 p^{cov} 显著增大至 1 或接近 1。由于移动终端密度 $\rho<+\infty$ 是有限的，因此活跃小基站密度 $\tilde{\lambda}$ 也是有限的，因为每个移动终端最多只能由一个小基站提供服务（此处不考虑多小基站协调方案），所以网络中的活跃小基站数量不可能多于移动终端。因为干扰源（活跃小基站）的数量在超密集网络中达到一个恒定值，最多与网络中的移动终端数量相等，所以小区间干扰会自动受到约束。在这种情况下，典型移动终端的信干噪比 Γ 会增加。这是因为在密集网络中，典型移动终端与其关联的小基站之间的距离较小，信号功率会继续增加，而小基站间的干扰功率是恒定且有界的。

尽管这是一个好消息，但应该注意由于在密集网络中大量干扰链路从非视距过渡到视距，网络覆盖率 p^{cov} 在小基站密度 λ 为 100~500 个/km^2 范围内仍呈现出下降趋势。

1. 研究各种移动终端密度

图 6.7 进一步探讨了网络覆盖率 p^{cov}，这次特别关注了不同移动终端密度 $\rho=\{100,300,600\}$ 的影响。由于配置 b 和配置 c 在网络覆盖率 p^{cov} 方面具有相同的性能，因此这里只考虑了

上述不同移动终端密度的配置 b。

从图 6.7 可以看出：

- 这是因为较小的有限移动终端密度 ρ 意味着产生的干扰小基站的数量较少，反过来，接收到的最大干扰功率也较低，更重要的是，小区间干扰功率的增长与小基站密度 λ 的关系更为紧密。从信号功率和小区间干扰功的角度来看，信号功率的增长无法抵消小区间干扰功率，在密集的网络中随着快速接近的小基站数量不断增加，小区间干扰功率会持续增长。
- 与所有小基站都处于激活状态的基线情况相比，当考虑到小基站密度 $\lambda=1\times10^4$ 个/km^2 时，有限移动终端密度 $\rho=300$ 个/km^2 会导致网络覆盖率 p^{cov} 大幅提升，p^{cov} 从 0.173 增加到 0.902，提升了 4.21 倍。
- 从密集化的角度来看，有限的移动终端密度 ρ 从 600 个/km^2 降到 100 个/km^2，且网络覆盖率 $p^{\text{cov}}=0.8$ 时，小基站密度 λ 将从 0.8×10^4 个/km^2 降到 0.0126×10^4 个/km^2。
- 需要注意，与第 4 章中的结果相比，有限移动终端密度越小，小区间干扰功率越早趋于有界，从而导致网络覆盖率 p^{cov} 随小基站 λ 的增加而提前增加，这有助于缓解由于密集网络中大量干扰链路从非视距过渡到视距而导致的网络覆盖率下降，甚至在某些情况下几乎可以消除网络覆盖率下降。

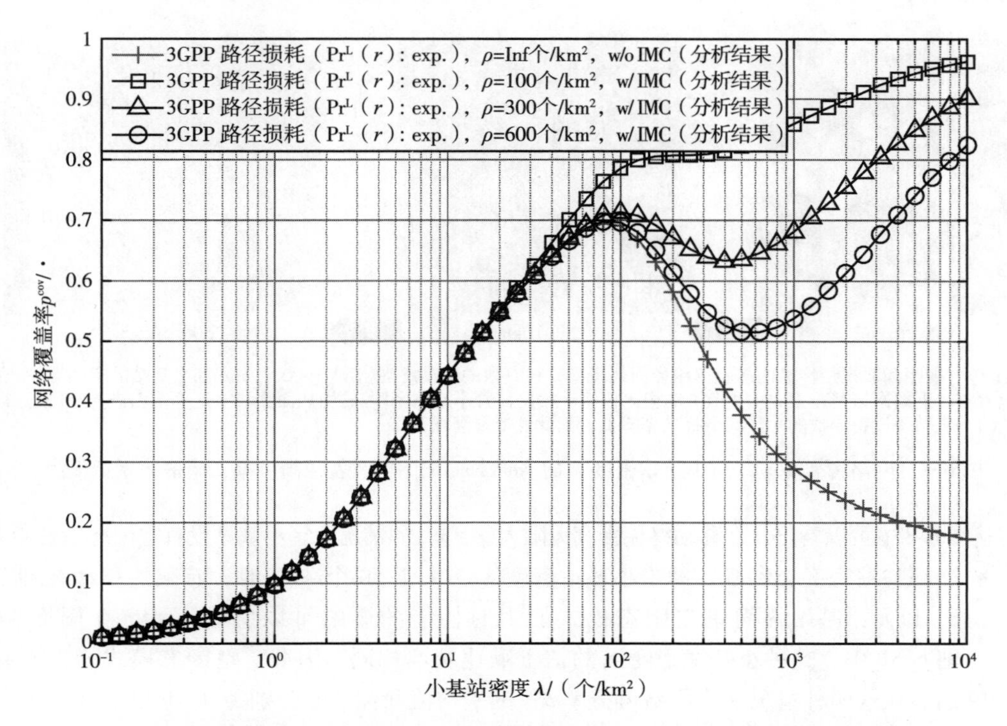

图 6.7　各种移动终端密度 ρ 的网络覆盖率 p^{cov} 与小基站密度 λ 的关系

2. NetVisual 分析

为了更直观地显示网络覆盖率 p^{cov} 的基本特性，图 6.8 显示了三种不同场景下的网络覆盖率热力图，即小基站密度为 50、250 和 2500，同时考虑视距和非视距传输的多斜率路径损耗模型、是否包含有限移动终端密度 ρ，以及小基站的简单空闲态模式能力。NetVisual 分析选择有限的移动终端密度 $\rho=300$ 个/km²。与第 3～5 章一样，这些热力图使用 2.4 节介绍的工具 NetVisual 计算，它不仅能获得网络覆盖率 p^{cov} 的平均值，还能获得其标准差。

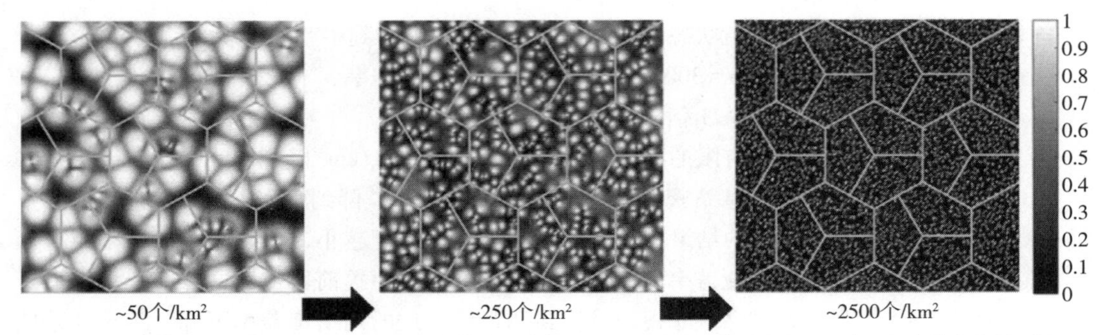

a）包含视距和非视距传输的多斜率路径损耗模型，在小基站无限的移动终端密度且没有空闲态能力条件下的网络覆盖率 p^{cov}

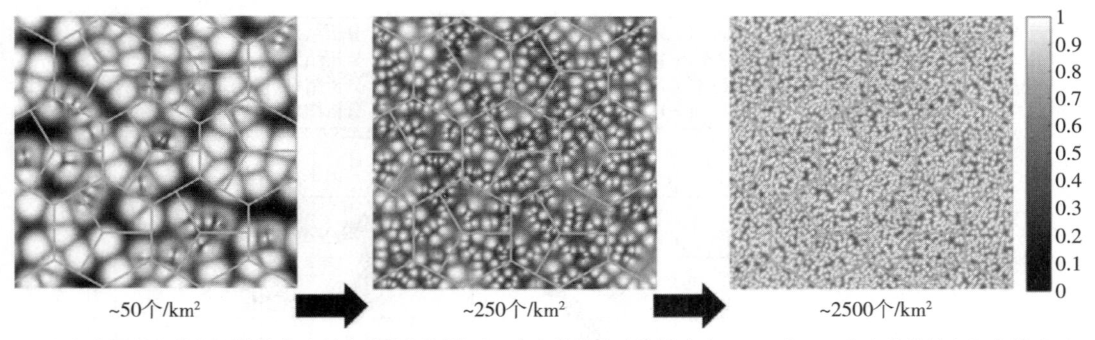

b）包含视距和非视距传输的多斜率路径损耗模型，在有限移动终端密度 $\rho=300$ 个/km² 和小基站的空闲态模式能力条件下的网络覆盖率 p^{cov}，与图6.8a相比，信干噪比随着小基站密度 λ 的增加而变浅，这表明由进入空闲态模式的小基站子设备导致的小区间干扰功率降低，因此性能显著增强。

图 6.8　网络覆盖率 p^{cov} 与小基站密度 λ 的 NetVisual 图（亮区表示高概率，暗区表示低概率）

从图 6.8 中可以看出，在移动终端密度无限大（$\rho=\infty$）的情况下，小基站没有空闲态模式能力：

- 当小基站密度 λ 稀疏，即当小基站密度 λ 不大于 50 个/km² 时，有限的移动终端密度 ρ，以及小基站的简单空闲态模式能力对性能的影响可以忽略不计。在图 6.8a 和图 6.8b 中，这种小基站密度 λ 的信干噪比基本相同。因此，空闲态模式能力不起作用。在这两种情况下，网络覆盖率 p^{cov} 的平均值和标准差分别为 0.71 和 0.22。
- 与图 6.8a 相比，当小基站密度 λ 约为 250 个/km² 时，图 6.8b 中的信干噪比变得明亮，当 $\lambda=2500$ 个/km² 时，信干噪比更加明亮。这表明，由于移动终端密度 ρ 有限，加上小基站具有简单的空闲态模式能力，因此性能有了很大提高。例如，在小基站密度为 $\lambda=2500$ 个/km^2 的情况下，网络覆盖率 p^{cov} 的平均值和标准差分别从移动终端密度无限大($\rho=\infty$)和小基站无空闲态模式能力时的 0.22 和 0.26 变为移动终端密度 ρ 有限和小基站具有简单空闲态模式能力时的 0.79 和 0.13，平均值提高了 259.09%。

3. 关于网络覆盖率的调查结果摘要

评述 6.1　在密集网络中，考虑到有限的移动终端密度 ρ 以及小基站的简单空闲态模式能力，典型移动终端的信干噪比 Γ 会因移动终端可接收的最大干扰功率上限而提高。因此，如第 3 章和第 5 章所述，随着小基站密度 λ 的增加，网络覆盖率 p^{cov} 既不会保持不变，也不会趋向于 0。相反，在密集和超密集网络下，随着小基站密度 λ 的增加，网络覆盖率会向 1 或非常接近 1 的值增加。

6.4.4　面积比特效率的性能

现在让我们来探讨面积比特效率 A^{ASE}。

图 6.9 显示了信干噪比阈值 $\gamma=0$ dB，最优拟合参数 $q^*=4.18$ 的面积比特效率 A^{ASE} 的配置。

- 配置 a：单斜率路径损耗模型，移动终端数量无限，或每个小基站至少有一个移动终端，因此所有小基站都处于活跃状态(分析结果)。
- 配置 b：同时具有视距和非视距传输的多斜率路径损耗模型，移动终端数量无限，或每个小基站至少有一个移动终端，因此所有小基站都处于活跃状态(分析结果)。
- 配置 c：同时具有视距和非视距传输的多斜率路径损耗模型，移动终端密度有限($\rho<+\infty$)，但小基站没有简单空闲态模式能力，因此所有小基站都处于活跃状态(分析结果)。
- 配置 d：同时具有视距和非视距传输的多斜率路径损耗模型，移动终端密度有限($\rho<+\infty$)，小基站具有简单空闲态模式能力，因此并非所有小基站都处于活跃状态(分析结果)。

从图 6.9 中我们可以发现，包含视距和非视距传输的多斜率路径损耗模型和有限移动终端密度 ρ 的模型(配置 c 和配置 d)产生的面积比特效率与不包含这些特征的模型(配置 a 和配置 b)产生的面积比特效率表现出不同的行为。从图 6.9 中可以看出两个重要方面：

- 有限移动终端密度 ρ 在面积比特效率中起着关键作用，需要注意权衡利弊。有限移动终端密度越大，活跃小基站的密度 $\tilde{\lambda}$ 就越大，因为可能需要更多的小基站为更多的移动终端服务。由于移动终端的有限密度 ρ 越大，活跃小基站密度 $\tilde{\lambda}$ 也就越大，因此：
  - 网络中的空间重用率越高，单位频率和单位面积每秒传输的比特数就越多，这是积极影响。
  - 如图 6.7 所示，网络中的空间重用率越高，系统中的小区间干扰也更大，这导致典型移动终端的信干噪比更低，进而导致网络覆盖率 p^{cov} 更低，这是消极影响。

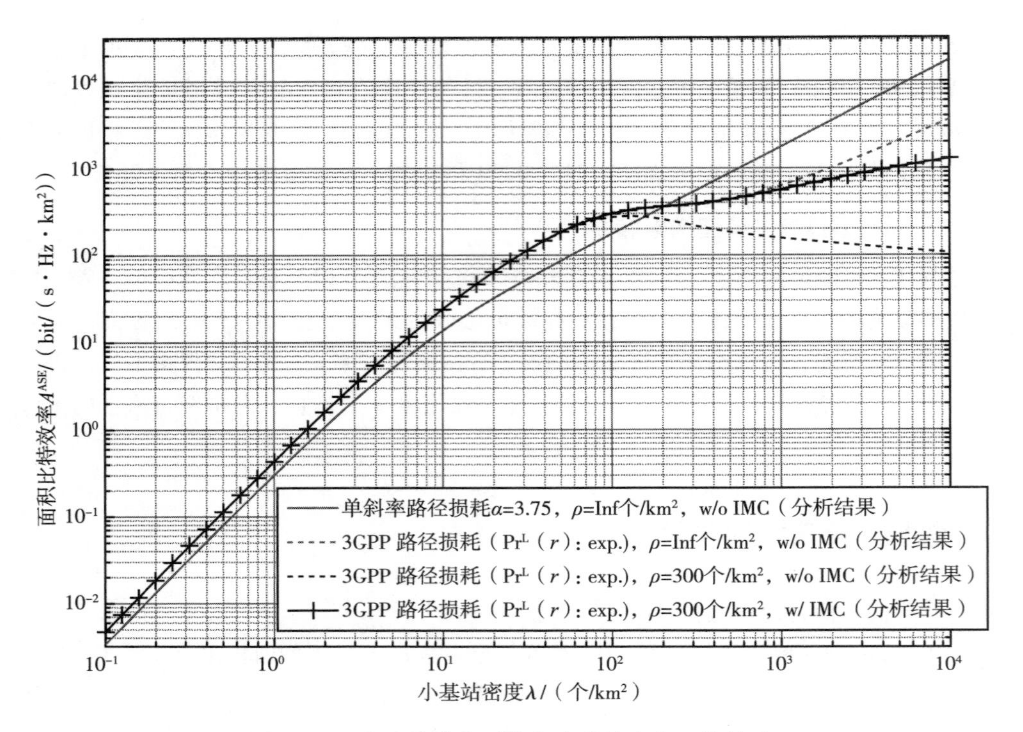

图 6.9 面积比特效率 A^{ASE} 与小基站密度 λ 的关系

有鉴于此，图 6.9 的结果显示，移动终端密度为无限大($\rho=\infty$)的配置(配置 a 和配置 b)优于移动终端密度有限大的配置(配置 c 和配置 d)。这表明，至少在这种情况下，空间重用的效果大于小区间干扰的效果。式(1.1)可以大致解释前者对容量有线性比例影响，而后者的影响更像对数曲线。因此，无论空闲态模式能力是否激活，有限移动终端密度的模型在面积比特效率 A^{ASE} 方面表现较差。换句话说，网络服务的移动终端越多，面积比特效率就越好。更应该记住的是，每个移动终端的性能并不是随着活跃小基站密度 $\tilde{\lambda}$ 越大而越好，而是越差。

- 然而，考虑到移动终端密度有限($\rho<+\infty$)的现实网络，我们应该注意具有简单空闲态模式能力的配置(配置 d)优于不具有该功能的配置(配置 c)。在移动终端密度有限的情况下，网络中的空间重用是有上限的，不会随着小基站密度 λ 的增加而增加。然而，在不考虑空闲态模式能力的情况下，网络中的小区间干扰会随着小基站密度 λ 的增加而继续增加，这是小基站发射的“始终在线”信号造成的。如前面的网络覆盖率分析所示，这对典型移动终端的信干噪比 Γ 有负面影响。相反，考虑简单模式能力时，覆盖区域内没有移动终端的小基站将被关闭，因此它们不会发射“始终开启”信号。所以，一旦所有移动终端都在超密集网络中得到服务，干扰源(活跃小基站)的数量就会达到一个恒定值，从而使小区间干扰自动趋于有界。这导致典型移动终端的信干噪比 Γ 增加，

反过来又增加了面积比特效率 A^{ASE}。这也与之前的网络覆盖率结果相一致。现有的移动终端信号质量更好，传输速率更高，从而增加了单位频率、时间和面积的比特数。

1. 不同移动终端密度研究

图 6.10 进一步探讨了面积比特效率(A^{ASE})，这次特别关注了不同移动终端密度($\rho=\{100, 300, 600\}$)的影响。与之前的网络覆盖率结果不同，图 6.10 同时考虑了配置 b 和配置 c，因为它们对空间重用的影响不同，因此对面积比特效率 A^{ASE} 的影响也不同。

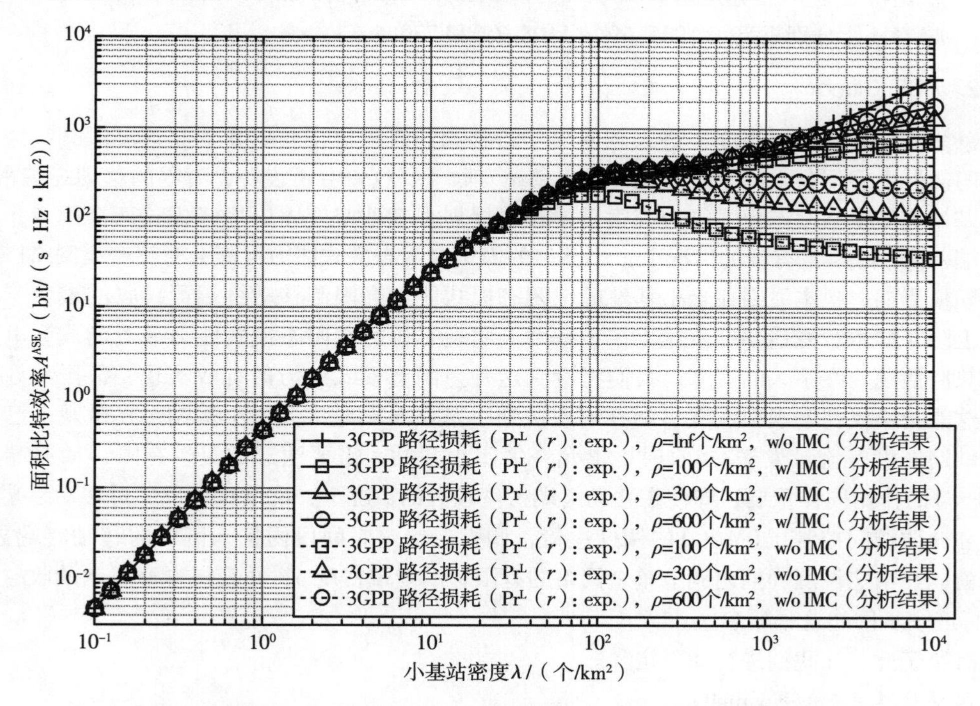

图 6.10　不同移动终端密度 ρ 下的面积比特效率(A^{ASE})与小基站密度 λ 的关系

从图 6.10 中我们可以观察到与图 6.9 所示相同的性能趋势，因此也适用于相同的核心解释。

- 由于有更好的空间重用，因此有限移动终端密度 ρ 越大，在面积比特效率 A^{ASE} 方面的性能就越好。换句话说，空间重用带来的线性缩放效应超过了由小区间干扰减轻引起的典型移动终端的信干噪比 Γ 的对数增加效应。
- 对于基站密度 $\lambda=1\times10^4$ 个/km²，移动终端密度 $\rho=100$ 个/km² 作为配置基准，当小基站空闲态模式能力开启，移动终端密度为 $\rho=\{300, 600\}$ 时，面积比特效率 A^{ASE} 分别从 732.8 增加到 1289.7 和 1822.6。这意味着性能分别提高了 76.00%和 2.49 倍。当移动终端密度为无穷大($\rho=\infty$)且每个小基站中都有一个移动终端时，面积比特效率 A^{ASE} 的上限为 3624.1/(bit/(s·Hz·km²))。

- 在移动终端密度ρ有限时，小基站的空闲态模式能力能够通过关闭“始终打开”信号有效缓解小区间干扰，因此配置 d 总是优于配置 c。重要的是，因为有更多的小基站可以关闭，有限移动终端密度ρ越小，小基站的空闲态模式能力带来的好处就越大。因此，可以消除更多的小区间干扰，从而提高相应典型移动终端的信干噪比Γ。
- 在小基站密度为$\lambda=1\times10^4$个/km^{2}的情况下，将小基站不具备空闲态模式能力的配置作为基准，当小基站空闲态模式能力开启，移动终端密度为$\rho=\{100,300,600\}$时，面积比特效率A^{ASE}分别从 36.0、106.7 和 209.4 增加到 732.8、1289.7 和 1822.6。这意味着性能分别提高了 1935.6%、1108.7%和 770.4%。

2. ASE Climb

总之，随着小基站密度λ进入超密集网络状态，面积比特效率A^{ASE}将逐渐攀升，这一事实表明部署更多配备空闲态模式能力的小基站有收益。这一分析表明，有限的移动终端密度ρ和小基站的简单空闲态模式能力都很重要，在规划小基站密度λ时应考虑这两个因素。在移动终端密度($\rho<+\infty$)有限的情况下，小基站的简单空闲态模式能力可能会对超密集网络产生巨大的积极影响，根本原因在于小基站的空闲态模式能力会限制移动终端可接收的最大干扰功率的上限。如本章概述部分所述，在小基站上实现有效的空闲态模式能力最近已成为电信行业的热门话题。在不久的将来，我们将看到这种空闲态模式能力的有效实现，甚至允许微睡眠，这是指不仅在宏观上没有移动终端连接到小基站时，允许关闭小基站，在微观上已连接的移动终端没有流量发送/接收时，也允许关闭小基站。需要注意的是，有限移动终端密度($\rho<+\infty$)的作用同样重要，即使在移动终端密度较大的情况下，网络也可以通过移动终端访问控制和介质访问控制层(MAC)的调度决策，调整在给定时间段内接入网络的移动终端数量。这样就能在给定调度周期内调节整个网络的有限移动终端密度ρ，并获得本章所示的收益。第9章将进一步阐述这一概念。

有鉴于此，让我们进行如下定义。

定义 6.4.1　ASE Climb

在非协调网络中，每个移动终端连接到单个小基站，由于移动终端密度ρ有限，小基站具有简单的空闲态模式能力，这限制了超密集网络中为移动终端服务而激活的小基站的数量。在这样的网络中，激活的小基站不可能多于移动终端。因此，激活的小基站数量的限制对移动终端可接收的最大小区间干扰功率设置了上限。ASE Climb 被定义为由移动终端可接收的最大干扰功率上限导致的面积比特效率A^{ASE}的显著增加，我们可以利用有限的移动终端密度ρ或者网络流量等情况，在小基站上实施空闲态模式能力来实现。

值得注意的是，即使关于 ASE Climb 的结论是根据本书中的特定模型和参数集得出的，但使用其他天线模型和其他参数集进行的大量研究也证实了这些结论的普适性。我们将在下一节中举例说明。

3. 面积比特效率的调研结果

评述 6.2　考虑到有限移动终端密度ρ，以及小基站的简单空闲态模式能力，随着小基站

密度 λ 的增加，面积比特效率 A^{ASE} 既不会像第 3 章和第 5 章那样线性增加，也不会趋于 0。相反，随着小基站密度 λ 的增加，它以较快的速度向较大的正值攀升。由于移动终端可接收的最大干扰功率有上限，而且信号功率不断增加(移动终端到提供服务的小基站的距离缩短)，因此在密度不断增加的超密集网络中，每个小基站对面积比特效率 A^{ASE} 的贡献都会增加。

6.4.5　多径衰落和建模对主要结果的影响

为完整起见，与第 3~5 章类似，我们在本节中也分析了 2.1.8 节中介绍的更精确但也不那么容易处理的莱斯多径快衰落模型对网络覆盖率 p^{cov} 和面积比特效率 A^{ASE} 的影响。

请注意:

- 莱斯多径快衰落模型仅适用于视距分量情况。
- 莱斯多径快衰落模型与瑞利多径快衰落模型相反，莱斯模型能够捕捉到多径快衰落增益中直达路径功率与其他散射路径功率之比 h 与移动终端和小基站之间距离 r 的函数关系。

如第 3~5 章所述，还应注意到:

- 莱斯多径快衰落模型下增益 h 的动态范围小于瑞利模型下的动态范围，前者的最小值更大，最大值更小。
- 莱斯多径快衰落增益 h 的平均值随小基站密度 λ 的增加而增大(见图 2.4)。

莱斯多径快衰落模型虽然不容易理解，但更符合实时情况，本节的目的就是检验 ASE Climb 在基于莱斯多径快衰落的模型上是否成立。

考虑数学上的复杂性，我们在下文中只介绍基于莱斯多径快衰落模型的系统级仿真结果。有关瑞利和莱斯多径快衰落模型的更多详情，请参阅 2.1.8 节。

图 6.11 显示的是网络覆盖率 p^{cov} 的结果，图 6.12 显示的是面积比特效率 A^{ASE} 的结果。这两幅图中结果所使用的假设和参数与本章前面显示的结果相同，只是这里考虑的视距分量采用了莱斯多径快衰落模型。

从图 6.11 和图 6.12 中可以看出，6.4 节中基于瑞利多径快衰落模型得到的有关网络覆盖率 p^{cov} 和面积比特效率 A^{ASE} 的所有观测结果，与基于莱斯多径快衰落模型得到的观测结果在性质上是一致的，具有相同的趋势。

现在让我们更详细地分析网络覆盖率 p^{cov}。网络覆盖率 p^{cov} 会随着小基站密度 λ 的增大而先增大后减小，最后再增大。具体来说:

- 如图 6.11 所示，在莱斯多径快衰落模型下，网络覆盖率 p^{cov} 的第一个峰值(0.80)大于基于瑞利模型下的网络覆盖率 p^{cov} 的第一个峰值(0.71)。
- 在莱斯多径快衰落模型下，获得网络覆盖率 p^{cov} 第一个峰值的小基站密度 λ_0(126 个/km^2)也略大于基于瑞利模型(100 个/km^2)获得的值。
- 这些结果与第 4 章图 4.8 中的结果基本相同，也适用相同的解释。不过，应该指出的是，在这两种多径快衰落模型下，网络覆盖率 p^{cov} 第一个峰值的性能要稍好一些。这是因为引入小基站空闲态模式能力，已经开始对小区间干扰产生抑制作用，它增加了网络覆盖率的峰值，并延长了这种峰值在绝对值和密度水平上的存在。更详细地说，随着小基站密度 λ 的增加，小基站的空闲态模式能力会逐渐关闭越来越多的小基站，因此：

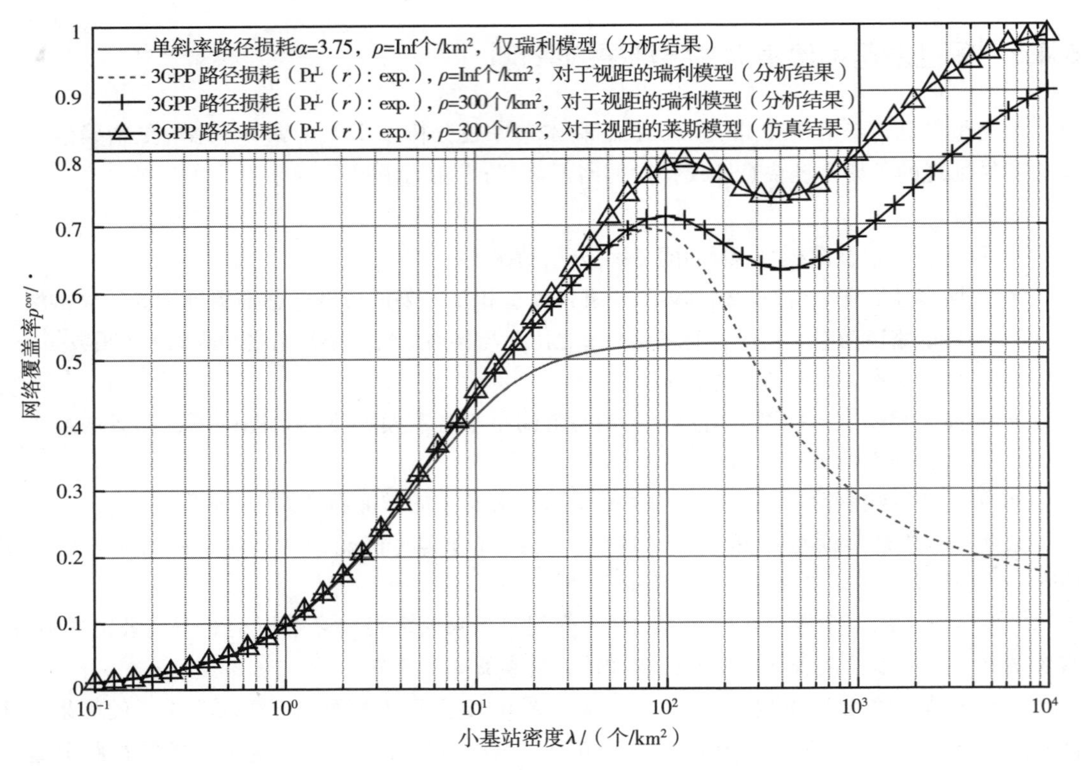

图 6.11 网络覆盖率 p^{cov} 与小基站密度 λ 的关系，适用于莱斯多径快衰落的另一种情况研究

- 增加移动终端与相邻干扰小基站之间的平均距离，进而增加移动终端与相邻干扰小基站之间的平均距离。
- 推迟非视距到视距的小区间干扰转换。

后一种情况加剧了基于莱斯多径快衰落和基于瑞利多径快衰落模型之间的性能差异。[⊖]

- 另一个重要的观察结果是，一旦基于莱斯多径快衰落模型和基于瑞利多径快衰落模型的网络覆盖率 p^{cov} 达到第一个峰值，它们之间的网络覆盖率差距显然会随着小基站密度 λ 的增加而保持，不会像第 5 章中那样迅速缩小。这还是因为小基站具备空闲态模式能力，可以逐渐关闭越来越多的小基站，延迟了非视距到视距的小区间干扰转换。

⊖ 请记住，从非视距到视距传输会导致多径快衰落模型从瑞利模型转变为莱斯模型。

这隐含地延迟了从瑞利多径快衰落到莱斯多径快衰落的过渡，如前所述，瑞利多径快衰落模型和莱斯多径快衰落模型之间的性能差异，可以适应更高的小基站密度。

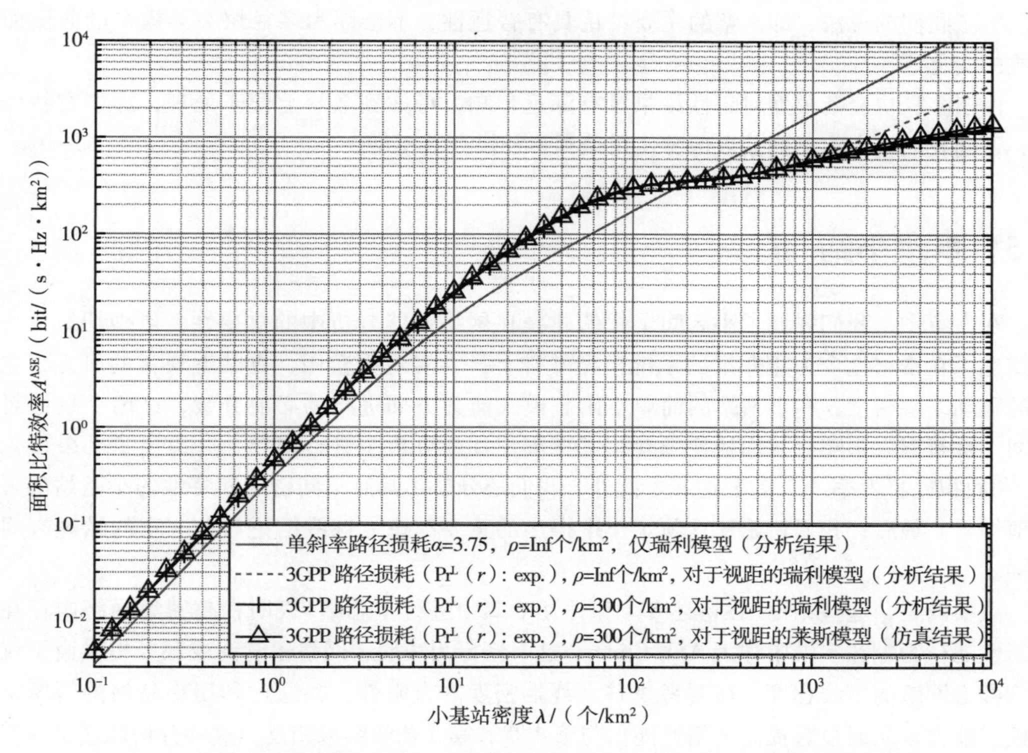

图 6.12　在莱斯多径快衰落情况下，面积比特效率 A^{ASE} 与小基站密度 λ 的关系

- 这种网络覆盖率差距只有在小基站密度非常大时才会减小。对于小基站密度 $\lambda=\{10^3,5\times10^3,10^4\}$，基于莱斯多径快衰落模型的网络覆盖率 p^{cov} 与基于瑞利模型的网络覆盖率 p^{cov} 分别为 {0.81, 0.96, 0.98} 和 {0.68, 0.85, 0.90}，差值为 {19.12%, 12.94%, 8.89%}。按照同样的思路，在较高的小基站密度下，网络覆盖率差距的缩小是由于大量相邻干扰小基站从瑞利多径快衰落过渡到莱斯多径快衰落。为了给大家一些直观印象，让我们看一下信号和较强的小区间干扰功率水平都完全由视距主导的极端情况，参考图 4.8 和第 4 章内容，在这种情况下，就网络覆盖率 p^{cov} 而言，基于莱斯多径快衰落模型还是基于瑞利多径快衰落模型没有区别。这是因为我们在信号和较强的小区间干扰链路中都有独立同分布的多径快衰落信道增益 h(无论是莱斯还是瑞利)，在对整个网络进行平均来计算移动终端的信干噪比 Γ 时，这些增益在统计上会相互抵消。这就是差距缩小的原因。

至于面积比特效率 A^{ASE}，请注意图 6.12 中基于瑞利多径快衰落模型和基于莱斯多径快衰落模型的表现几乎相同。这是因为网络覆盖率 p^{cov} 相对较小的变化导致面积比特效率更小的变化。

总体而言，尽管在数量上存在差异，但这些关于网络覆盖率 p^{cov} 和面积比特效率 A^{ASE} 的结果证实了我们的说法，即本章的主要结论具有普适性，不会因为多径快衰落模型的假设而发生质的变化。[⊖]

由于多径快衰落模型对定性结果没有深远影响，考虑到数学上便于处理，除非有特殊说明，否则我们将在本书的其余部分使用瑞利多径快衰落模型。

6.5　本章小结

在本章中，我们强调了小区间干扰的建模在网络性能分析中的重要性。更确切地说，我们描述了在本书迄今为止介绍的系统模型基础上，为实现更实用、更贴近现实的研究，在有限的移动终端密度 ρ 和小基站的简单空闲态模式能力方面进行的必要升级，这两个特性对小区间干扰有重大影响。我们还详细介绍了在理论性能分析中进行推导，并给出了网络覆盖率 p^{cov} 和面积比特效率 A^{ASE} 的表达式。此外，我们还分享了具有不同密度和特性的小基站部署的数值结果。最后，我们讨论从这项工作中得出的重要结论，这些结论与前三章的结论有明显不同。

重要的是，这些结论(在评述 6.1 和评述 6.2 中进行了总结)表明在超密集网络中存在一种新性能行为，在本书中称为 ASE Climb。这一新行为表明，网络运营商或服务提供商不仅要仔细考虑网络的密集程度，还要考虑移动终端密度的有限性，并通过利用小基站的简单空闲态模式能力，从而显著提高网络性能。与第 4 章和第 5 章的结果相反，这一分析传递了一个重要的乐观信息：

超密集网络中增加的小区间干扰功率可以通过小基站的空闲态模式能力来解决!

在本章中，我们还证明了这种 ASE Climb 在数量上会受到多径快衰落模型的影响，但在质量上不会。这验证了研究结果的普适性。

附录 A　定理 6.3.1 的证明

为了便于读者理解，需要指出本证明与第 5 章附录 A 中的证明有很多相似之处，主要区别在于某些推导中需要使用活跃的小基站密度 $\tilde{\lambda}$ 捕捉小基站空闲态模式能力的影响，而不是小基站密度 λ。为完整起见，下文将给出全部证明。

首先，让我们先描述一下定理 6.3.1 证明背后的主要思想，然后再进行更详细的解释。

⊖　请注意，这一声明适用于单天线移动终端和小基站的情况，但可能不适用于多天线情况，因为在多天线情况下，阵列天线之间的衰落相关性起着关键作用。

根据2.3.2节提供的指导原则评估网络覆盖率 p^{cov}，我们需要正确表达以下内容：

- 当典型移动终端在视距或非视距情况下与具有最强信号的小基站进行连接时，随机变量 R 的概率密度函数 $f_R(r)$，表征典型移动终端和提供服务的小基站之间的二维距离；
- 在条件概率 $\Pr[\Gamma>\gamma_0|r]$ 中 $r=R(\omega)$ 是视距和非视距传输时随机变量 R 的实现。

一旦知道了这些表达式，我们就可以通过执行相应的积分操作来计算网络覆盖率 p^{cov}，其中一些积分操作将在接下来的部分介绍。

不过，在进行更详细的计算之前，有必要指出的是，根据式(2.22)和式(3.3)，我们可以得出网络覆盖率 p^{cov} 为

$$\begin{aligned}
p^{\text{cov}}(\lambda,\gamma_0) &\overset{(a)}{=} \int_{r>0} \Pr[\text{SINR}>\gamma_0 \mid r] f_R(r)\,\mathrm{d}r \\
&= \int_{r>0} \Pr\left[\frac{P\zeta(r)h}{I_{\text{agg}}+P^{\text{N}}}>\gamma_0\right] f_R(r)\,\mathrm{d}r \\
&= \int_0^{d_1} \Pr\left[\frac{P\zeta_1^{\text{L}}(r)h}{I_{\text{agg}}+P^{\text{N}}}>\gamma_0\right] f_{R,1}^{\text{L}}(r)\,\mathrm{d}r + \int_0^{d_1} \Pr\left[\frac{P\zeta_1^{\text{NL}}(r)h}{I_{\text{agg}}+P^{\text{N}}}>\gamma_0\right] f_{R,1}^{\text{NL}}(r)\,\mathrm{d}r + \\
&\quad \cdots + \\
&\quad \int_{d_{N-1}}^{\infty} \Pr\left[\frac{P\zeta_N^{\text{L}}(r)h}{I_{\text{agg}}+P^{\text{N}}}>\gamma_0\right] f_{R,N}^{\text{L}}(r)\,\mathrm{d}r + \int_{d_{N-1}}^{\infty} \Pr\left[\frac{P\zeta_N^{\text{NL}}(r)h}{I_{\text{agg}}+P^{\text{N}}}>\gamma_0\right] f_{R,N}^{\text{NL}}(r)\,\mathrm{d}r \\
&\triangleq \sum_{n=1}^{N} (T_n^{\text{L}}+T_n^{\text{NL}})
\end{aligned} \tag{6.25}$$

其中：

- R_n^{L} 和 R_n^{NL} 分别是典型移动终端通过视距或非视距路径与小基站相连接二维距离的分段分布。注意这两个事件，即典型移动终端通过视距或非视距与小基站相关联且不相交，因此网络覆盖率 p^{cov} 是这两个事件相应概率之和。
- $f_{R,n}^{\text{L}}(r)$ 和 $f_{R,n}^{\text{NL}}(r)$ 分别是二维距离随机变量 R_n^{L} 和 R_n^{NL} 的概率密度函数：
  - 为清晰起见，在式(6.25)的步骤a中，将 $f_{R,n}^{\text{L}}(r)$ 和 $f_{R,n}^{\text{NL}}(r)$ 的分段概率密度函数叠加后为 $f_R(r)$，叠加后的概率密度函数与式(4.45)中定义的式(4.1)的形式类似。
  - 如前所述，由于典型的移动终端在视距或非视距情况与小基站连接是互不相关的，因此我们可以依赖以下公式：

$$\sum_{n=1}^{N} \int_{d_{n-1}}^{d_n} f_{R,n}(r)\,\mathrm{d}r = \sum_{n=1}^{N} \int_{d_{n-1}}^{d_n} f_{R,n}^{\text{L}}(r)\,\mathrm{d}r + \sum_{n=1}^{N} \int_{d_{n-1}}^{d_n} f_{R,n}^{\text{NL}}(r)\,\mathrm{d}r = 1$$

- T_n^{L} 和 T_n^{NL} 是两个分段函数，定义如下：

$$T_n^{\text{L}} = \int_{d_{n-1}}^{d_n} \Pr\left[\frac{P\zeta_n^{\text{L}}(r)h}{I_{\text{agg}}+P^{\text{N}}}>\gamma_0\right] f_{R,n}^{\text{L}}(r)\,\mathrm{d}r \tag{6.26}$$

$$T_n^{\mathrm{NL}} = \int_{d_{n-1}}^{d_n} \Pr\left[\frac{P\zeta_n^{\mathrm{NL}}(r)h}{I_{\mathrm{agg}}+P^{\mathrm{N}}} > \gamma_0\right] f_{R,n}^{\mathrm{NL}}(r)\,\mathrm{d}r \tag{6.27}$$

- d_0 和 d_N 分别等于 0 和+∞ 。

$$f_R(r) = \begin{cases} f_{R,1}(r) = \begin{cases} f_{R,1}^{\mathrm{L}}(r) & \text{移动终端与视距基站相连} \\ f_{R,1}^{\mathrm{NL}}(r) & \text{移动终端与非视距基站相连} \end{cases} & 0 \leqslant r \leqslant d_1 \\ f_{R,2}(r) = \begin{cases} f_{R,2}^{\mathrm{L}}(r) & \text{移动终端与视距基站相连} \\ f_{R,2}^{\mathrm{NL}}(r) & \text{移动终端与非视距基站相连} \end{cases} & d_1 \leqslant r \leqslant d_2 \\ \vdots \\ f_{R,N}(r) = \begin{cases} f_{R,N}^{\mathrm{L}}(r) & \text{移动终端与视距基站相连} \\ f_{R,N}^{\mathrm{NL}}(r) & \text{移动终端与非视距基站相连} \end{cases} & r > d_{N-1} \end{cases} \tag{6.28}$$

现在让我们按照这种方法进入更详细的推导。

1. 视距相关的计算

让我们首先研究一下视距传输，并说明如何首先计算概率密度函数 $f_{R,n}^{\mathrm{L}}(r)$，然后再计算式(6.25)中的概率 $\Pr\left[\frac{P\zeta_n^{\mathrm{L}}(r)h}{I_{\mathrm{agg}}+P^{\mathrm{N}}}>\gamma_0\right]$。为此，我们先定义以下两个事件：

- 事件 B^{L}：距离典型移动终端最近的小基站且具有视距路径，其距离为 $x=X^{\mathrm{L}}(\omega)$，由距离随机变量 X^{L} 定义。根据 2.3.2 节介绍的结果，事件 B^{L} 中随机变量 R 的概率密度函数 $f_R(r)$ 为

$$f_X^{\mathrm{L}}(x) = \exp\left(-\int_0^x \Pr^{\mathrm{L}}(u)2\pi u\lambda\,\mathrm{d}u\right) \Pr^{\mathrm{L}}(x)2\pi x\lambda \tag{6.29}$$

这是因为，根据文献[52]，事件 B^{L} 中随机变量 X^{L} 的互补累积分布函数 $\bar{F}_X^{\mathrm{L}}(x)$ 可表示为

$$\bar{F}_X^{\mathrm{L}}(x) = \exp\left(-\int_0^x \Pr^{\mathrm{L}}(u)2\pi u\lambda\,\mathrm{d}u\right) \tag{6.30}$$

并对随机变量 X^{L} 关于二维距离 x 的累积分布函数 $1-\bar{F}_X^{\mathrm{L}}(x)$ 求导数，我们就可以得到如式(6.29)所示 X^{L} 的概率密度函数 $f(x)$。值得注意的是，推导出的式(6.29)比 2.3.2 节中的式(2.42)更加复杂。这是因为视距小基站的部署是不均匀的，离典型移动终端较近的小基站比离得较远的小基站更有可能建立视距链路。与式(2.42)相比，我们可以看到式(6.29)有两个重要变化。

- ■ 如 2.3.2 节式(2.38)中所表示的，半径为 r 的圆形区域包含 0 个点的概率为 $\exp(-\pi\lambda r^2)$，

现在已经改变，并在式(6.29)中被以下表达式取代：

$$\exp\left(-\int_0^x \Pr^{\mathrm{L}}(u)2\pi u\lambda\mathrm{d}u\right)$$

这是因为在非齐次泊松点过程中，视距小基站的等效强度与距离有关，即 $\Pr^{\mathrm{L}}(u)\lambda$。这就为式(6.29)增加了一个与距离 u 有关的新积分。

- ■ 式(2.42)中齐次泊松点过程的强度 λ 已被式(6.29)中非齐次泊松点过程的等效强度 $\Pr^{\mathrm{L}}(x)\lambda$ 所取代。

- 以随机变量 $X^{\mathrm{L}}(x=X^{\mathrm{L}}(\omega))$ 为条件的事件 C^{NL}：典型移动终端通过视距路径与距离($x=X^{\mathrm{L}}(\omega)$)最近的小基站相连接。如果典型移动终端连接到距离($x=X^{\mathrm{L}}(\omega)$)最近的视距小基站，那么这个基站就处于最小路径损耗 $\zeta(r)$ 位置。因此，在以典型移动终端为中心的圆形内不能有非视距小基站存在：
  - ■ 以典型移动终端为中心；
  - ■ 以 x_1 为半径，其中，半径 x_1 满足以下条件：$x_1=\arg\limits_{x_1}\{\zeta^{\mathrm{NL}}(x_1)=\zeta^{\mathrm{L}}(x)\}$。否则，在距离 $x=X^{\mathrm{L}}(\omega)$ 处，非视距小基站的性能将优于视距小基站。

根据文献[52]，当 $x=X^{\mathrm{L}}(\omega)$ 时，事件 C^{NL} 关于随机变量 X^{L} 的条件概率记作 $\Pr[C^{\mathrm{NL}}|X^{\mathrm{L}}=x]$，可表示为

$$\Pr[C^{\mathrm{NL}}|X^{\mathrm{L}}=x]=\exp\left(-\int_0^{x_1}(1-\Pr^{\mathrm{L}}(u))2\pi u\lambda\mathrm{d}u\right) \tag{6.31}$$

综上所述，在 $x=X^{\mathrm{L}}(\omega)$ 处，事件 B^{L} 可确保距离视距小基站的路径损耗 $\zeta^{\mathrm{L}}(x)$ 始终大于所考虑的视距小基站的路径损耗。此外，在 $x=X^{\mathrm{L}}(\omega)$ 处，事件 C^{NL} 也可以确定非视距小基站的路径损耗 $\zeta^{\mathrm{NL}}(x)$ 也总是大于在距离 $x=X^{\mathrm{L}}(\omega)$ 处所考虑的视距小基站的路径损耗 $\zeta^{\mathrm{NL}}(x)$。因此，我们可以保证典型的移动终端与最强信号的视距小基站具有相关性。

因此，现在让我们继续考虑，典型的移动终端与视距小基站相连接，且该小基站位于距离 $r=R^{\mathrm{L}}(\omega)$ 处。这时随机变量 R^{L} 的互补累积分布函数可推导为 $\bar{F}_R^{\mathrm{L}}(r)$：

$$\begin{aligned}\bar{F}_R^{\mathrm{L}}(r)&=\Pr[R^{\mathrm{L}}>r]\\&\overset{(a)}{=}\mathrm{E}_{[X^{\mathrm{L}}]}\{\Pr[R^{\mathrm{L}}>r|X^{\mathrm{L}}]\}\\&=\int_0^{+\infty}\Pr[R^{\mathrm{L}}>r|X^{\mathrm{L}}=x]f_X^{\mathrm{L}}(x)\mathrm{d}x\\&\overset{(b)}{=}\int_0^r 0\times f_X^{\mathrm{L}}(x)\mathrm{d}x+\int_r^{+\infty}\Pr[C^{\mathrm{NL}}|X^{\mathrm{L}}=x]f_X^{\mathrm{L}}(x)\mathrm{d}x\\&=\int_r^{+\infty}\Pr[C^{\mathrm{NL}}|X^{\mathrm{L}}=x]f_X^{\mathrm{L}}(x)\mathrm{d}x\end{aligned} \tag{6.32}$$

其中：

- 步骤 a 中的 $\mathbb{E}_{[X]}\{\cdot\}$ 是关于随机变量 X 的期望运算；
- 步骤 b 有效是因为：
  - 在 $0<x\leqslant r$ 时，$\Pr[R^{\mathrm{L}}>r \mid X^{\mathrm{L}}=x]=0$；
  - 当 $x>r$ 时，条件事件 $[R^{\mathrm{L}}>r \mid X^{\mathrm{L}}=x]$ 等价于条件事件 $[C^{\mathrm{NL}} \mid X^{\mathrm{L}}=x]$。

现在，给定互补累积分布函数 $\bar{F}_R^{\mathrm{L}}(r)$，通过对距离 r 求导 $\frac{\partial(1-\bar{F}_R^{\mathrm{L}}(r))}{\partial \mathrm{r}}$，可以得到关于 r 的概率密度函数 $f_R^{\mathrm{L}}(r)$，即

$$f_R^{\mathrm{L}}(r)=\Pr[C^{\mathrm{NL}} \mid X^{\mathrm{L}}=r]f_X^{\mathrm{L}}(r) \tag{6.33}$$

考虑到距离范围 $d_{n-1}<r\leqslant d_n$，我们可以通过概率密度函数 $f_{R_1 n}^{\mathrm{L}}(r)$ 求出对应距离范围的概率密度函数 $f_R^{\mathrm{L}}(r)$，即

$$\begin{aligned} f_{R,n}^{\mathrm{L}}(r) =& \exp\left(-\int_0^{r_1}(1-\Pr^{\mathrm{L}}(u))2\pi u\lambda \mathrm{d}u\right)\times \\ & \exp\left(-\int_0^{r}\Pr^{\mathrm{L}}(u)2\pi u\lambda \mathrm{d}u\right)\Pr_n^{\mathrm{L}}(r)2\pi r\lambda \quad d_{n-1}<r\leqslant d_n \end{aligned} \tag{6.34}$$

其中：

$$r_1 = \underset{r_1}{\arg}\{\zeta^{\mathrm{NL}}(r_1)=\zeta_n^{\mathrm{L}}(r)\}$$

在得到部分概率密度函数 $f_{R_1 n}^{\mathrm{L}}(r)$ 之后，我们可以根据式(6.25)求概率 $\Pr\left[\frac{P\zeta_n^{\mathrm{L}}(r)h}{I_{\mathrm{agg}}+P^{\mathrm{N}}}>\gamma_0\right]$，表示为

$$\begin{aligned} \Pr\left[\frac{P\zeta_n^{\mathrm{L}}(r)h}{I_{\mathrm{agg}}+P^{\mathrm{N}}}>\gamma_0\right] &= \mathbb{E}_{[I_{\mathrm{agg}}]}\left\{\Pr\left[h>\frac{\gamma_0(I_{\mathrm{agg}}+P^{\mathrm{N}})}{P\zeta_n^{\mathrm{L}}(r)}\right]\right\} \\ &= \mathbb{E}_{[I_{\mathrm{agg}}]}\left\{\bar{F}_H\left(\frac{\gamma_0(I_{\mathrm{agg}}+P^{\mathrm{N}})}{P\zeta_n^{\mathrm{L}}(r)}\right)\right\} \end{aligned} \tag{6.35}$$

其中，

$\bar{F}_H(h)$ 是多径快衰落信道增益 h 的互补累积分布函数，假定该增益来自瑞利衰落分布(见 2.1.8 节)。

由于多径快衰落信道增益 h 的互补累积分布函数 $\bar{F}_H(h)$ 遵循指数分布，其单位均值表示如下：

$$\bar{F}_H(h)=\exp(-h)$$

式(6.35)可进一步推导为

$$
\begin{aligned}
\Pr\left[\frac{P\zeta_n^{\mathrm{L}}(r)h}{I_{\mathrm{agg}}+P^{\mathrm{N}}}>\gamma_0\right] &= \mathbb{E}_{[I_{\mathrm{agg}}]}\left\{\exp\left(-\frac{\gamma_0(I_{\mathrm{agg}}+P^{\mathrm{N}})}{P\zeta_n^{\mathrm{L}}(r)}\right)\right\} \\
&\overset{(a)}{=} \exp\left(-\frac{\gamma_0 P^{\mathrm{N}}}{P\zeta_n^{\mathrm{L}}(r)}\right)\mathbb{E}_{[I_{\mathrm{agg}}]}\left\{\exp\left(-\frac{\gamma_0}{P\zeta_n^{\mathrm{L}}(r)}I_{\mathrm{agg}}\right)\right\} \\
&= \exp\left(-\frac{\gamma_0 P^{\mathrm{N}}}{P\zeta_n^{\mathrm{L}}(r)}\right)\mathscr{L}_{I_{\mathrm{agg}}}\left(\frac{\gamma_0}{P\zeta_n^{\mathrm{L}}(r)}\right)
\end{aligned}
\tag{6.36}
$$

其中，$\mathscr{L}_{I_{\mathrm{agg}}}(s)$是在变量值$s=\dfrac{\gamma_0}{P\zeta_n^{\mathrm{L}}(r)}$时，以视距信号传输为条件的小区间干扰聚合随机变量$I_{\mathrm{agg}}$的拉普拉斯变换。

需要指出的是，使用拉普拉斯变换是为了简化数学表达。根据定义，$\mathscr{L}_{I_{\mathrm{agg}}}(s)$是以视距信号传输为条件，在变量$s$相等处求值的小区间干扰聚合随机变量$I_{\mathrm{agg}}$的概率密度的拉普拉斯变换：

$$\mathscr{L}_X(s)=\mathbb{E}_{[X]}\{\exp(-sX)\}$$

根据第 2 章中的定义和推导可以得出式(2.46)。

根据视距信号传输的条件，拉普拉斯变换$\mathscr{L}_{I_{\mathrm{agg}}}^{\mathrm{L}}(s)$可推导为

$$
\begin{aligned}
\mathscr{L}_{I_{\mathrm{agg}}}^{\mathrm{L}}(s) &= \mathbb{E}_{[I_{\mathrm{agg}}]}\left\{\exp(-sI_{\mathrm{agg}})\right\} \\
&= \mathbb{E}_{[\Phi,\{\beta_i\},\{g_i\}]}\left\{\exp\left(-s\sum_{i\in\Phi/b_o}P\beta_i g_i\right)\right\} \\
&\overset{(a)}{=} \exp\left(-2\pi\tilde{\lambda}\int\left(1-\mathbb{E}_{[g]}\left\{\exp(-sP\beta(u)g)\right\}\right)u\mathrm{d}u\right)
\end{aligned}
\tag{6.37}
$$

其中：

- Φ是小基站的集合；
- b_o是为典型移动终端提供服务的小基站；
- β_i和g_i是典型移动终端和第i个产生干扰的小基站之间的路径损耗和多径衰落增益；
- 步骤 a 已在式(3.18)中详细解释，并在式(3.19)中进行推导。

重要的是，与式(3.18)不同，式(6.37)所给出的拉普拉斯变换$\mathscr{L}_{I_{\mathrm{agg}}}^{\mathrm{L}}(s)$的详细计算只涉及密度为$\tilde{\lambda}$的活跃小基站，因为只有活跃小基站才会产生小区间干扰。

式(3.19)考虑的是单斜率路径损耗模型的小区间干扰，相比之下，式(6.37)中的表达式$\mathbb{E}_{[g]}\{\exp(-sP\beta(u))g\}$应同时考虑视距和非视距路径的小区间干扰。因此，拉普拉斯变换$\mathscr{L}_{I_{\mathrm{agg}}}^{\mathrm{L}}(s)$可进一步表示为

$$
\begin{aligned}
\mathscr{L}_{I_{\mathrm{agg}}}^{\mathrm{L}}(s) &= \exp(-2\pi\tilde{\lambda}\int(1-\mathbb{E}_{[g]}\{\exp(-sP\beta(u)g)\})u\mathrm{d}u) \\
&\overset{(a)}{=} \exp\Big(-2\pi\tilde{\lambda}\int[\Pr{}^{\mathrm{L}}(u)(1-\mathbb{E}_{[g]}\{\exp(-sP\zeta^{\mathrm{L}}(u)g)\})+
\end{aligned}
$$

$$(1-\Pr^{\mathrm{L}}(u))(1-\mathbb{E}_{[g]}\{\exp(-sP\zeta^{\mathrm{NL}}(u)g)\})]u\mathrm{d}u$$

$$\overset{(b)}{=}\exp\left(-2\pi\tilde{\lambda}\int_{r}^{+\infty}\Pr^{\mathrm{L}}(u)(1-\mathbb{E}_{[g]}\{\exp(-sP\zeta^{\mathrm{L}}(u)g)\})u\mathrm{d}u\right)\times$$

$$\exp\left(-2\pi\tilde{\lambda}\int_{r_1}^{+\infty}(1-\Pr^{\mathrm{L}}(u))(1-\mathbb{E}_{[g]}\{\exp(-sP\zeta^{\mathrm{NL}}(u)g)\})u\mathrm{d}u\right)$$

$$\overset{(c)}{=}\exp\left(-2\pi\tilde{\lambda}\int_{r}^{+\infty}\frac{\Pr^{\mathrm{L}}(u)u}{1+(sP\zeta^{\mathrm{L}}(u))^{-1}}\mathrm{d}u\right)\times$$

$$\exp\left(-2\pi\tilde{\lambda}\int_{r_1}^{+\infty}\frac{[1-\Pr^{\mathrm{L}}(u)]u}{1+(sP\zeta^{\mathrm{NL}}(u))^{-1}}\mathrm{d}u\right) \tag{6.38}$$

其中：

- 在步骤 a 中，考虑到视距和非视距传输的小区间干扰，积分被依据概率分为两部分；
- 在步骤 b 中，视距和非视距传输的小区间干扰分别取决于大于 r 和 r_1 的距离；
- 在步骤 c 中，瑞利随机变量 g 的概率密度函数 $f_G(g)=1-\exp(-g)$ 可以用来计算期望值 $\mathbb{E}_{[g]}\{\exp(-sP\zeta^{\mathrm{L}}(u)g)\}$ 和 $\mathbb{E}_{[g]}\{\exp(-sP\zeta^{\mathrm{NL}}(u)g)\}$。

为使式(6.36)更直观，应注意：

- 指数表达式 $\exp\left(-\frac{\gamma_0 P^{\mathrm{N}}}{P\zeta_n^{\mathrm{L}}(r)}\right)$ 用来衡量信号功率超过噪声功率至少 γ_0 倍的概率；
- 拉普拉斯变换 $\mathscr{L}_{I_{\mathrm{agg}}}\left(\frac{\gamma_0}{P\zeta_n^{\mathrm{L}}(r)}\right)$ 用来测量信号功率超过小区间干扰总功率至少 γ_0 倍的概率。

因此，由于多径快衰落信道增益 h 呈指数分布，因此由式(6.36)的步骤 a 所示的上述概率的乘积可以得出信号功率超过噪声和聚合小区间干扰总功率至少 γ_0 倍的概率。

2. 非视距相关的计算

现在，让我们来研究非视距传输，并说明如何通过计算概率密度函数 $f_{R,n}^{\mathrm{NL}}(r)$，来计算式(6.25)中的概率 $\Pr\left[\frac{P\zeta_n^{\mathrm{NL}}(r)h}{I_{\mathrm{agg}}+P^{\mathrm{N}}}>\gamma_0\right]$。

为此，我们定义了以下两个事件：

- 事件 B^{NL}：具有非视距路径的典型移动终端的最近小基站位于距离 $x=X^{\mathrm{NL}}(\omega)$ 处，由距离随机变量 X^{NL} 确定。与式(6.29)类似，我们可以得出概率密度函数 $f_X^{\mathrm{NL}}(x)$ 为

$$f_X^{\mathrm{NL}}(x)=\exp\left(-\int_0^x(1-\Pr^{\mathrm{L}}(u))2\pi u\lambda\mathrm{d}u\right)(1-\Pr^{\mathrm{L}}(x))2\pi x\lambda \tag{6.39}$$

  值得注意的是，推导出的式(6.39)比 2.3.2 节的式(2.42)更加复杂。这是因为非视距小基站的部署是不均匀的，距离典型移动终端较远的小基站比距离较近的小基站更有

可能建立非视距链路。与式(2.42)相比，我们可以看到式(6.39)有两个重要变化：

- 在 2.3.2 节式(2.38)中，半径为 r 的圆形区域恰好包含 0 个点的概率形式为 $\exp(-\pi\lambda r^2)$，现在发生变化后在式(6.39)中的表达式为

$$\exp\left(-\int_0^x (1-\mathrm{Pr}^{\mathrm{L}}(u))2\pi u\lambda \mathrm{d}u\right)$$

  这是因为非齐次泊松点过程中非视距小基站的等效强度与距离有关，即$(1-\mathrm{Pr}^{\mathrm{L}}(u))\lambda$。

- 式(2.42)中齐次泊松点过程的强度 λ 已被式(6.39)中齐次泊松点过程的等效强度 $(1-\mathrm{Pr}^{\mathrm{L}}(u))\lambda$ 所取代。

• 以随机变量 $X^{\mathrm{NL}}(x=X^{\mathrm{NL}}(\omega))$ 为条件的事件 C^{L}：典型移动终端通过非视距路径与位于距离 $x=X^{\mathrm{NL}}(\omega)$ 处的最近小基站相连接。如果典型移动终端与位于距离 $x=X^{\mathrm{NL}}(\omega)$ 处的最近非视距小基站连接，那么这个基站具有最小路径损耗 $\zeta(r)$。因此，在以典型移动终端为中心的圆内不能有视距小基站存在：

- 以典型移动终端为中心；
- 以 x_2 半径，其中的半径 x_2 满足条件 $x_2=\arg\limits_{x_2}\{\zeta^{\mathrm{L}}(x_2)=\zeta^{\mathrm{NL}}(x)\}$，否则，在距离 $x=X^{\mathrm{NL}}(\omega)$ 处，该视距小基站性能将优于非视距小基站。

与式(6.31)类似，当 $x=X^{\mathrm{NL}}(\omega)$ 时，事件 C^{L} 关于随机变量 X^{NL} 的条件概率记作 $\mathrm{Pr}[C^{\mathrm{L}}\mid X^{\mathrm{NL}}=x]$，可表示为

$$\mathrm{Pr}[C^{\mathrm{L}}\mid X^{\mathrm{NL}}=x]=\exp\left(-\int_0^{x_2}\mathrm{Pr}^{\mathrm{L}}(u)2\pi u\lambda \mathrm{d}u\right) \tag{6.40}$$

因此，让我们继续考虑典型的移动终端与非视距小基站相连接且小基站位于距离 $r=R^{\mathrm{NL}}(\omega)$ 处。这种随机变量 R^{NL} 的互补累积分布函数 $\bar{F}_R^{\mathrm{NL}}(r)$ 可推导为

$$\begin{aligned}\bar{F}_R^{\mathrm{NL}}(r) &=\mathrm{Pr}[R^{\mathrm{NL}}>r]\\ &=\int_r^{+\infty}\mathrm{Pr}[C^{\mathrm{L}}\mid X^{\mathrm{NL}}=x]f_X^{\mathrm{NL}}(x)\mathrm{d}x\end{aligned} \tag{6.41}$$

现在，给定互补累积分布函数 $\bar{F}_R^{\mathrm{NL}}(r)$，通过对二维距离 r 求导，即$\dfrac{\partial(1-\bar{F}_R^{\mathrm{NL}}(r))}{\partial r}$，可以得到关于 r 的概率密度函数$f_R^{\mathrm{NL}}(r)$：

$$f_R^{\mathrm{NL}}(r)=\mathrm{Pr}[C^{\mathrm{L}}\mid X^{\mathrm{NL}}=r]f_X^{\mathrm{NL}}(r) \tag{6.42}$$

考虑到距离范围 $d_{n-1}<r\leqslant d_n$，我们可以通过$f_R^{\mathrm{NL}}(r)$求出对应距离范围的概率密度函数 $f_{R,n}^{\mathrm{NL}}(r)$，即

$$f_{R,n}^{\mathrm{NL}}(r)=\exp\left(-\int_0^{r_2}\Pr^{\mathrm{L}}(u)2\pi u\lambda\mathrm{d}u\right)\times$$
$$\exp\left(-\int_0^{r}(1-\Pr^{\mathrm{L}}(u))2\pi u\lambda\mathrm{d}u\right)(1-\Pr_n^{\mathrm{L}}(r))2\pi r\lambda\quad d_{n-1}<r\leqslant d_n \tag{6.43}$$

其中，

$$r_2=\arg_{r_2}\{\zeta^{\mathrm{L}}(r_2)=\zeta_n^{\mathrm{NL}}(r)\}$$

在得到部分概率密度函数$f_{R,n}^{\mathrm{NL}}(r)$之后，我们可以根据式(6.25)求概率 $\Pr\left[\frac{P\zeta_n^{\mathrm{NL}}(r)h}{I_{\mathrm{agg}}+P^{\mathrm{N}}}>\gamma_0\right]$：

$$\begin{aligned}\Pr\left[\frac{P\zeta_n^{\mathrm{NL}}(r)h}{I_{\mathrm{agg}}+P^{\mathrm{N}}}>\gamma_0\right]&=\mathbb{E}_{[I_{\mathrm{agg}}]}\left\{\Pr\left[h>\frac{\gamma_0(I_{\mathrm{agg}}+P^{\mathrm{N}})}{P\zeta_n^{\mathrm{NL}}(r)}\right]\right\}\\&=\mathbb{E}_{[I_{\mathrm{agg}}]}\left\{\bar{F}_H\left(\frac{\gamma_0(I_{\mathrm{agg}}+P^{\mathrm{N}})}{P\zeta_n^{\mathrm{NL}}(r)}\right)\right\}\end{aligned} \tag{6.44}$$

由于多径快衰落信道增益 h 的互补累积分布函数 $\bar{F}_H(h)$遵循指数分布，其单位均值为

$$\bar{F}_H(h)=\exp(-h)$$

因此式(6.44)可进一步推导为

$$\begin{aligned}\Pr\left[\frac{P\zeta_n^{\mathrm{NL}}(r)h}{I_{\mathrm{agg}}+P^{\mathrm{N}}}>\gamma_0\right]&=\mathbb{E}_{[I_{\mathrm{agg}}]}\left\{\exp\left(-\frac{\gamma_0(I_{\mathrm{agg}}+P^{\mathrm{N}})}{P\zeta_n^{\mathrm{NL}}(r)}\right)\right\}\\&=\exp\left(-\frac{\gamma_0P^{\mathrm{N}}}{P\zeta_n^{\mathrm{NL}}(r)}\right)\mathbb{E}_{[I_{\mathrm{agg}}]}\left\{\exp\left(-\frac{\gamma_0}{P\zeta_n^{\mathrm{NL}}(r)}I_{\mathrm{agg}}\right)\right\}\\&=\exp\left(-\frac{\gamma_0P^{\mathrm{N}}}{P\zeta_n^{\mathrm{NL}}(r)}\right)\mathscr{L}_{I_{\mathrm{agg}}}\left(\frac{\gamma_0}{P\zeta_n^{\mathrm{NL}}(r)}\right)\end{aligned} \tag{6.45}$$

基于非视距信号传输条件，拉普拉斯变换$\mathscr{L}_{I_{\mathrm{agg}}}^{\mathrm{NL}}(s)$可推导为

$$\begin{aligned}\mathscr{L}_{I_{\mathrm{agg}}}^{\mathrm{NL}}(s)&=\mathbb{E}_{[I_{\mathrm{agg}}]}\{\exp(-sI_{\mathrm{agg}})\}\\&=\mathbb{E}_{[\Phi,\{\beta_i\},\{g_i\}]}\left\{\exp\left(-s\sum_{i\in\Phi/b_o}P\beta_ig_i\right)\right\}\\&\overset{(a)}{=}\exp\left(-2\pi\tilde{\lambda}\int(1-\mathbb{E}_{[g]}\{\exp(-sP\beta(u)g)\})u\mathrm{d}u\right)\end{aligned} \tag{6.46}$$

其中，步骤 a 已在式(3.18)中给出了详细解释，并在式(3.19)中进行推导。

值得注意的是，与式(3.18)不同，式(6.46)所给出的拉普拉斯变换$\mathscr{L}_{I_{\mathrm{agg}}}^{\mathrm{NL}}(s)$的详细计算只涉及密度为$\tilde{\lambda}$的活跃小基站，因为只有活跃小基站才会产生小区间干扰。

式(3.19)考虑了单斜率路径损耗模型的小区间干扰，与之相比，式(6.46)中的表达式$\mathbb{E}_{[g]}\{\exp(-sP\beta(u)g)\}$同时考虑视距和非视距路径的小区间干扰。因此，与式(6.47)类似，拉普拉斯变换$\mathscr{L}_{I_{\text{agg}}}^{\text{NL}}(s)$可进一步展开为

$$
\begin{aligned}
\mathscr{L}_{I_{\text{agg}}}^{\text{NL}}(s) &= \exp\left(-2\pi\tilde{\lambda}\int(1-\mathbb{E}_{[g]}\{\exp(-sP\beta(u)g)\})u\mathrm{d}u\right)\\
&\overset{(a)}{=}\exp\left(-2\pi\tilde{\lambda}\int_{r_2}^{+\infty}\Pr^{\mathrm{L}}(u)(1-\mathbb{E}_{[g]}\{\exp(-sP\zeta^{\mathrm{L}}(u)g)\})u\mathrm{d}u\right)\times\\
&\quad\exp\left(-2\pi\tilde{\lambda}\int_{r}^{+\infty}(1-\Pr^{\mathrm{L}}(u))(1-\mathbb{E}_{[g]}\{\exp(-sP\zeta^{\mathrm{NL}}(u)g)\})u\mathrm{d}u\right)\\
&\overset{(b)}{=}\exp\left(-2\pi\tilde{\lambda}\int_{r_2}^{+\infty}\frac{\Pr^{\mathrm{L}}(u)u}{1+(sP\zeta^{\mathrm{L}}(u))^{-1}}\mathrm{d}u\right)\times\\
&\quad\exp\left(-2\pi\tilde{\lambda}\int_{r}^{+\infty}\frac{[1-\Pr^{\mathrm{L}}(u)]u}{1+(sP\zeta^{\mathrm{NL}}(u))^{-1}}\mathrm{d}u\right)
\end{aligned}
\tag{6.47}
$$

其中：

- 在步骤a中，视距和非视距小区间干扰取决于r_2和r的距离；
- 在步骤b中，瑞利随机变量g的概率密度函数$f_G(g)=1-\exp(-g)$可以用来计算期望值$\mathbb{E}_{[g]}\{\exp(-sP\zeta^{\mathrm{L}}(u)g)\}$和$\mathbb{E}_{[g]}\{\exp(-sP\zeta^{\mathrm{NL}}(u)g)\}$。

将式(6.34)、式(6.36)、式(6.43)和式(6.45)代入式(6.25)即可完成定理6.3.1的证明。

附录B 定理6.3.2的证明

在继续证明定理6.3.2之前，首先强调定理6.3.1的一些关键结论。在式(6.1)中，分量T_n^{L}和T_n^{NL}分别是信号来自第n条视距路径和第n条非视距路径的网络覆盖率p^{cov}。

分量T_n^{L}的计算基于式(6.4)和式(6.8)，可解释如下：

- 在式(6.4)中，概率密度函数$f_{R,n}^{\mathrm{L}}(r)$表示典型移动终端的几何密度函数，该函数描述了在没有其他视距或非视距小基站提供比正在服务的小基站更好的链路时，第n个视距小基站的路径损耗；
- 在式(6.8)中，表达式$\exp\left(-\frac{\gamma P^{\mathrm{N}}}{P\zeta_n^{\mathrm{L}}(r)}\right)$是衡量信号功率超过噪声功率至少$\gamma_0$倍的概率，

  在式(6.9)中，表达式$\mathscr{L}_{I_{\text{agg}}}^{\mathrm{L}}\left(\frac{\gamma}{P\zeta_n^{\mathrm{L}}(r)}\right)$是衡量信号功率超过小区间干扰功率至少$\gamma_0$倍的概率。由于多径快衰落信道增益$h$遵循指数分布，因此上述两个信号功率概率的乘积

超过噪声功率和小区间干扰功率之和至少 γ_0 倍。

T_n^{NL} 分量的计算基于式(6.5)和式(6.10)，其解释方法与上文介绍的 T_n^L 分量相似。因此，为简洁起见，我们在此省略了它的推导过程。

有关这些分量组成的推导及其背后的直觉，详见第4章附录A。

有鉴于此，定理6.3.2证明如下：

- 在推导网络覆盖率 p^{cov} 时，信号功率会随着小基站密度 λ 的增加而增加，同时用于：
  - 所有小基站都处于活跃状态；
  - 所有小基站都具有空闲态模式能力，但并非所有小基站都处于活跃状态。

  这是因为随着小基站密度 λ 的增加，二维距离 r 必须减小，才能使式(6.4)中概率密度函数$f_{R,n}^{L}(r)$或式(6.5)中概率密度函数$f_{R,n}^{NL}(r)$达到相同的值，从而表明典型移动终端必须与提供更强信号的更近的小基站连接。
- 在推导网络覆盖率 p^{cov} 时，式(6.9)和式(6.11)中使用了所有小基站都处于活跃状态时的小基站密度 λ。而对于所有小基站都具有空闲态模式能力，但并非所有小基站都处于活跃状态的情况，则将活跃小基站密度 $\tilde{\lambda}$ 代入式(6.9)和式(6.11)。因为 $\tilde{\lambda} \leqslant \lambda$，函数 $\exp(-x)$ 是一个相对于式(6.9)和式(6.11)中变量 x 的递减函数，所以在后一种情况下，网络覆盖率 p^{cov} 要大于前一种情况。这背后的直觉是，在所有小基站都具有空闲态模式能力的情况下，小区间干扰功率的总和始终不会大于没有空闲态模式能力的情况。关闭小基站只能减少小区间干扰。

附录C 定理6.3.3的证明

要证明定理6.3.3，我们基本上需要证明，在采用基于最强接收信号强度的移动终端关联策略以及视距和非视距传输的情况下，活跃小基站密度 $\tilde{\lambda}$ 不小于在采用基于最近距离的移动终端关联策略以及单斜率路径损耗模型情况下的活跃小基站密度 $\tilde{\lambda}^{minDis}$，即 $\tilde{\lambda} \geqslant \tilde{\lambda}^{minDis}$。

下面，我们将进一步详细证明。

让我们首先考虑一种基线场景，即所有移动终端都只有非视距路径通向提供服务的小基站。在这种情况下，基于最近距离移动终端关联策略可能是一种合理的策略，因为它等同于基于最强信号强度的策略。

现在让我们考虑一种新的场景，它具有概率视距和非视距传输，一个典型的移动终端 k 和一个任意的小基站 b 相距一定距离 r。由于存在概率视距和非视距传输，这样一个小基站 b 实际上可以分成两个概率小基站：

- 概率为 $\Pr^{L}(r)$ 的视距小基站 b^{L}；
- 概率为 $1-\Pr^{L}(r)$ 的非视距小基站 b^{NL}。

要在基线场景和新场景中实现相同的接收信号强度，典型移动终端 k 与新场景中任意

视距小基站 b^{L} 之间的等效距离 r_1 应满足式(6.6) $r_1=\arg_{r_1}\{\zeta^{\mathrm{NL}}(r_1)=\zeta^{\mathrm{L}}(r)\}$。换句话说，这个等效距离 r_1 就是新场景中视距小基站 b^{L} 在典型移动终端 k 处接收信号强度与基线场景中非视距小基站 b^{NL} 提供的接收信号强度相同的距离。由于视距传输的衰落速度比非视距传输慢，因此视距小基站 b^{L} 的位置应比非视距小基站 b^{NL} 的位置更远，即 $r_1<r$。由于等效距离 r_1 较大，因此我们认为等效小基站的数量位于圆形区域内：

- 以典型移动终端 k 为中心；
- 以 r_1 为半径。

与基线情况相比，位于以典型移动终端 k 为中心、半径为 r_1 的圆形区域内的等效小基站数量至少增加一个系数 $\Pr^{\mathrm{L}}(r)$。由于这个系数是一个非负值，从典型移动终端 k 的角度来看，我们同样可以断言，在采用基于最强信号强度的移动终端关联策略以及概率视距和非视距传输的情况下，活跃小基站密度 $\tilde{\lambda}$ 必须不小于在采用基于最近距离的移动终端关联策略以及单斜率路径损耗模型的活跃小基站密度 $\tilde{\lambda}^{\mathrm{minDis}}$，即 $\boldsymbol{\lambda}\geqslant\tilde{\lambda}^{\mathrm{minDis}}\approx\boldsymbol{\lambda}_0(q)$。

直观地说，视距小基站的存在“扩大”了典型移动终端的覆盖范围，为典型移动终端提供了更多可连接的候选小基站，从而增加了等效小基站密度。

附录 D　定理 6.3.4 的证明

定理 6.3.4 的主要证明思路如下：

- 给定典型移动终端 u 和任意小基站 b 相距 r，首先计算在距离 r 条件下典型移动终端 u 不与任意小基站 b 相连接的条件概率 $\Pr[w\nsim b\mid r]$；
- 计算典型移动终端 u 不与任意小基站 b 连接的无条件概率 $\Pr[w\nsim b]$。计算方法是对条件距离 r 进行积分；
- 根据前面的结果得出关闭任意小基站 b 的概率下限，即没有连接的移动终端的概率下限；
- 这一下限最终转化为活跃小基站的密度上限 $\tilde{\lambda}$。

下面，我们将进一步阐述上述观点。

为方便起见，分别将视距和非视距的典型移动终端 u 与任意小基站 b 之间距离 r 的概率密度函数 $\{f_{R,n}^{\mathrm{L}}(r)\}$ 和 $\{f_{R,n}^{\mathrm{NL}}(r)\}$ 叠加成一个分段函数 $f_R^{\mathrm{Path}}(r)$，表示为

$$f_R^{\mathrm{Path}}(r)=\begin{cases}f_{R,1}^{\mathrm{Path}}(r) & 0\leqslant r\leqslant d_1\\ f_{R,2}^{\mathrm{Path}}(r) & d_1<r\leqslant d_2\\ \vdots & \vdots\\ f_{R,N}^{\mathrm{Path}}(r) & r>d_{N-1}\end{cases}\tag{6.48}$$

其中，在视距和非视距情况下，字符串变量 Path 的值分别为 L 和 NL。

根据叠加概率密度函数$f_R^{\text{Path}}(r)$可以得出视距和非视距情况下典型移动终端 u 与任意小基站 b 之间距离 r 的累积分布函数$F_R^{\text{Path}}(r)$，即

$$F_R^{\text{Path}}(r)=\int_0^r f_R^{\text{Path}}(v)\,\mathrm{d}v \tag{6.49}$$

我们可以根据最强接收信号强度，进一步将移动终端连接距离的累积分布函数 $F_R(r)$定义为两个累积分布函数之和，即 $F_R(r)=f_R^{\text{L}}(r)+f_R^{\text{NL}}(r)$。

由此可见，$F_R(+\infty)=1$，所以条件概率 $\Pr[w\nsim b\mid r]$可以用式(6.17)计算。这是因为条件概率 $\Pr[w\nsim b\mid r]$的条件$[w\nsim b\mid r]$等于以下两个事件发生的概率之和：

- 式(6.17)中的第一个事件或项：典型移动终端 u 与任意小基站 b 之间的链路是视距链路，概率为 $\Pr^{\text{L}}(r)$，而典型移动终端 u 与另一个比小基站 b 更强的视距/非视距小基站相连接，概率为$f_R^{\text{L}}(r)+f_R^{\text{NL}}(r_1)$，其中$f_R^{\text{L}}(r)$和$f_R^{\text{NL}}(r_1)$分别对应更强的视距小基站和更强的非视距小基站的情况。
- 式(6.17)中的第二个事件或项：典型移动终端 u 与任意小基站 b 之间的链路是非视距链路，概率为 $1-\Pr^{\text{L}}(r)$，而典型移动终端 u 与另一个比小基站 b 更强的视距/非视距小基站相连接，概率为$f_R^{\text{L}}(r_2)+f_R^{\text{NL}}(r)$，其中$f_R^{\text{L}}(r_2)$和$f_R^{\text{NL}}(r)$分别对应更强的视距小基站和更强的非视距小基站的情况。

继续证明，对于任意小基站 b，我们假设其所有候选移动终端都随机分布在以该小基站 b 为中心的圆形中，记作 Ω：

- 以小基站 b 为中心；
- 半径 $r_{\max}>0$。

然后，对于圆形区域 Ω 的典型移动终端 u，无条件概率 $\Pr[w\nsim b]$可通过式(6.16)计算，其中$\frac{2r}{r_{\max}^2}$是第 3 章式(3.11)所示距离 r 的分布密度函数。

为结束证明，应该指出本系统模型中如果圆形区域 Ω 内候选移动终端的数量 K 遵循密度为 $\lambda_\Omega=\rho\pi r_{\max}^2$ 的泊松分布，则候选移动终端数量 K 的概率质量函数(PMF)$f_K(k)$可写成[221]：

$$f_K(k)=\frac{\lambda_\Omega^k\mathrm{e}^{-\lambda_\Omega}}{k!}\quad k\in\{0,1,2,\cdots\} \tag{6.50}$$

因此，任意小基站 b 处于空闲状态(即没有移动终端与之连接)的概率可按式(6.15)计算。

请注意，上述推导和式(6.15)忽略了圆形区域内附近移动终端之间的空间相关性，即如果典型移动终端 k 没有与小基站 b 连接，这可能意味着在典型移动终端 k 附近的另一个移动终端 k'也有很大概率没有与小基站 b 连接，因为它们非常接近。因此，式(6.15)低估了小基站 b 处于空闲状态的概率，因此活跃小基站密度 $\tilde{\lambda}$ 可以由密度 $\lambda(1-Q^{\text{off}})$确定上限，这就完成了证明。

第7章

超密集无线通信网络对多用户分集的影响

7.1 概述

如第1章所述，稀缺的无线资源由网络中的基站操作，并在网络中的移动终端之间共享。因此，希望这些基站以尽可能高效的方式调度移动终端使用如此宝贵的无线资源，以最大化整体网络的性能，其中性能的度量指标由网络运营商定义。

蜂窝网络，包括小基站网络，满足了这种需求，并且通常是下行链路和上行链路上的调度系统。事实上，每个小基站在介质访问控制层都有一个调度器，该调度器决定何时以及对哪个移动终端分配网络的时间、频率和空间资源，以及使用哪些传输参数，包括调制和编码方案(MCS)以及数据速率等。

通常而言，调度可以是动态的，也可以是半静态的：

- 动态调度是基本的操作模式，允许每个小基站处的上述调度器在每个调度间隔(最大粒度)为每个移动终端做出调度决策。重要的是，由于调度间隔可以是1ms或更短，因此动态调度允许调度程序最大限度地跟踪和响应移动终端的流量需求和无线信道质量的快速变化，从而高效地利用可用的无线资源，并实现更高的数据速率[12-13]。
- 相反，半静态调度提供了以一个控制消息的方式周期性地分配资源的可能性，并且在由许多调度间隔组成的相对较大的时间窗口期间完成。这对于减少资源分配所需的控制开销特别有用。诸如VoIP(Voice over IP)之类的服务，其中数据包较小且数据包的到达时间是可预测的，因此可以从这种类型的调度中受益。在这种情况下，每隔一段时间半静态地一次性分配资源，而不是在每个调度间隔中做出决策并通信，反而更加高效[12-13]。

为了遵循小基站的指令并实现调度，无论是动态的还是半静态的，每个移动终端通常都监视一个或多个控制信道，以搜索调度授权。通常，在动态调度的情况下，小基站在每个调度间隔传送一次调度授权。然而，为了支持需要极低延迟的服务，还可以配置更频繁的监控。当检测到小基站提供的有效调度授权时，每个移动终端遵循调度决策，并根据所提供的信息在下行链路中接收数据或在上行链路中发送数据。调度授权包括但不限于，应在时频资源集合上传输的移动终端数据以及 MCS，以及混合自动重传请求(HARQ)的相关信息。

增量冗余的混合自动重传请求现在被广泛使用，其中接收机(下行链路中的移动终端或上行链路中的小基站)将解码操作的结果报告给发射机(下行链路中的小基站或上行链路的移动终端)。如果数据传输成功接收，就在相反的链路方向上报告肯定的确认。然而，如果数据包解码错误，发射机可以在后续调度间隔中将该数据包或其中一部分重新传输到接收机。随后，接收机可以将这些多次传输尝试的软信息组合起来。这增加了每次重传成功接收的可能性[164,222]。

当涉及进行调度决策时，信道依赖调度可能是当前宏蜂窝网络中最常用的方法，也适用于小基站网络。接收信号质量的波动，源于频率选择性衰落、距离相关的路径损耗以及其他小区和其他设备的传输引起的随机小区间干扰变化，是任何无线通信系统中固有的部分。从历史上看，这种在短时间尺度上发生的无线信道变化被视为一个问题，因为它们无法被跟踪。然而，信道依赖调度[223]的发展改变了这一观点，它在高速分组接入(HSPA)的后期版本中首次被引入，是长期演进版本(LTE)[224]不可或缺的一部分。借助周期性的无线信道测量，信道依赖调度使得小基站能够根据当前有利的无线信道状况选择性地向特定移动终端发送或接收数据，有效地利用了无线信道的动态变化。考虑到每个活跃小基站有大量的移动终端要发送或接收数据，很有可能有一些移动终端在相应的调度间隔具有有利的无线信道条件，从而能够受益于相应的高数据速率。在每个调度间隔内，通过对具有有利无线信道条件的移动终端进行传输或接收，所获得的性能增益通常被称为多用户分集。无线信道波动越大，每个活跃小基站的移动终端数量越多，多用户分集增益就越大。

如前所述，为了能够从无线电信道变化中获益，并做出最佳调度决策，小基站的信道相关调度器需要有关每个移动终端的流量和无线信道状况的相关信息。具体的数据取决于实施的调度策略，该策略不是标准化的，而是作为一种差异化的特性，由每个设备供应商开发的。然而，大多数依赖于信道的调度器至少使用以下知识：

- 移动终端处的无线信道状况，包括空间域特性；
- 不同数据流的优先级和缓冲区状态，包括待重传的数据量；
- 相邻小区中的小区间干扰情况，如果实现某种形式的小区间干涉协调，这可能是有用的[166]。

关于移动终端处的无线信道状况的信息，可以通过多种机制获得，这可能是做出基于信道的调度决策的主要因素。然而，从移动终端反馈给小基站的信道状态信息(CSI)报告通常是评估下行信道质量的最常用方法。小基站可以针对每个移动终端配置各种 CSI 报告，这类移动终端将通过下行导频信号进行相应的无线信道测量，然后通过这些 CSI 报告向小基站汇报在时间、频率或空间域中的无线信道质量。具体而言，CSI 报告可能包括信道质量指示符(CQI)、秩指示符(RI)和预编码矩阵指示符(PMI)的不同组合。在时分双工(TDD)系统中，并未采用 CSI 报告，因为上行链路探测信号不仅可以用于访问上行链路的信道质量，还可以用于收集下行链路的信道质量，从而对下行链路-上行链路信道互易性做出一些假设[12-13]。

一旦每个移动终端的相关流量和无线信道状况的相关信息在信道依赖的调度器中可用，该调度器则为特定的调度间隔制定调度决策。比例公平(PF)调度指标是行业中广泛使用的依赖于信道的调度策略，在最大化整个小区的吞吐量与提升不同无线信道条件下移动终端吞吐量公平性之间，实现了一个优秀的平衡。从广义上讲，PF 调度器优先考虑那些当前可实现最大吞吐量的移动终端，因为其无线信道状况较好，这些移动终端的当前可实现吞吐量与它们自己的平均吞吐量相比是最大的[225]。然而，PF 调度器的增益在超密集网络中可能会受到限制，这是由于：

- 考虑到移动终端与它所在的服务小基站之间的距离很近，而视距传输的概率很高，在给定时频资源上的无线信道变化较小；
- 每个活跃小基站的移动终端数量较少。

因此，不依赖于信道的简单调度器，如轮询(RR)调度器，在超密集区域中可能更具吸引力。为了完整起见，我们指出，RR 调度器允许具有数据发送或接收的移动终端以周期性和重复的顺序轮流访问无线信道，而不考虑它们的无线信道条件如何。这种 RR 调度程序简单且易于实现。重要的是，它还为所有移动终端提供了相同的访问无线信道的机会，并且节省了工作量，这意味着如果一个移动终端没有数据包，下一个移动终端将取代它。这样可以防止无线资源闲置[226]。

根据这一总体讨论，有一个基本问题浮现出来：

PF 调度器对于超密集网络来说是正确的选择吗？还是应该用另一种复杂度更低且不依赖于信道的调度策略来替代它？

在本章中，我们将通过深入的理论分析来回答这个基本问题。

本章的其余部分组织如下：

- 7.2 节介绍了系统模型和本章提出的理论性能分析框架中采用的假设，考虑了具有 PF 调度指标的依赖于信道的调度器，同时采用了第 4 章中提出的信道模型，包括视距和非视距传输；
- 7.3 节给出了新假设下的网络覆盖率和面积比特效率的理论表达式；
- 7.4 节提供了几种具有不同密度和特征的小基站部署结果，还给出了理论性能分析得出的结论、对依赖于信道的调度器的影响以及低复杂度方法在密集网络中的潜在优势。重要的是，为了完整起见，本节还通过系统级仿真研究了莱斯多径快衰落(而不是瑞利衰落)对得出的结果和结论的影响；
- 7.5 节总结了本章的要点。

7.2　系统模型修正

为了评估 7.1 节中描述的信道依赖的调度器对超密集网络的影响，在本节中，我们通过添加一个小基站处的 PF 调度器升级了在 6.2 节中描述的系统模型，该模型考虑了以下因素：

- 视距和非视距传输；
- 基于接收信号强度的用户关联策略；
- 有限移动终端密度($\rho<+\infty$)；
- 在小基站中的简单空闲态模式能力。

与第 3~6 章一样，表 7.1 提供了本章中使用的系统模型简明且更新的摘要。

表 7.1　系统模型

模型	描述	参考
传输链路		
链路方向	仅下行链路	从小基站到移动终端的传输
部署		
小基站部署	有限密度的 HPPP，$\lambda<+\infty$	见 3.2.2 节
移动终端部署	满负载的 HPPP，导致每小区至少一个移动终端	见 3.2.3 节
移动终端与小基站的关联		
信号最强的小基站	移动终端与提供最强接收信号强度的小基站建立连接	见 3.2.8 节及其参考文献，以及式(2.14)
路径损耗		
3GPP UMi[153]	具有概率视距和非视距传输的多斜率路径损耗： • 视距分量 • 非视距分量 • 视距传输的指数概率	见 4.2.1 节，式(4.1) 式(4.2) 式(4.3) 式(4.19)
多径快衰落		
瑞利衰落①	高度分散的场景	见 3.2.7 节及其参考文献，以及式(2.15)
阴影衰落		
未建模	基于易处理性的原因，阴影衰落没有建模，因为它对结果没有定性影响，参见 3.4.5 节	见 3.2.6 节及其参考文献
天线		
小基站天线	增益为 0dBi 的各向同性单天线单元	见 3.2.4 节
移动终端天线	增益为 0dBi 的各向同性单天线单元	见 3.2.4 节
小基站天线的高度	不考虑	—
移动终端天线的高度	不考虑	—
小基站的空闲态模式能力		
连接感知	在其覆盖区域中没有移动终端的小基站被关闭	见 7.2.1 和 7.2.2 节
小基站处的调度器		
比例公平	调度器将优先级赋予具有最佳信道条件的移动终端	见 7.2.3 节

① 7.4.4 节给出了莱斯多径快衰落的模拟结果，以证明它对所获得结果的影响。

在系统模型部分，我们再次触及有限的移动终端密度$\rho<+\infty$，以及小基站的空闲态模式能力，开发出了本章中关键的新表达式。此外，我们还对系统模型进行了新的升级，以实现 PF 调度器。然而，在此之前，重要的是要注意到，本章没有考虑第 5 章中考量的典型移动终端天线和任意小基站天线之间的高度差异。这样做是为了更好地隔离并理解 PF 调度器对超密集网络的影响。因此，本章中的所有距离都是二维的。

7.2.1 小基站有限移动终端密度和空闲态模式能力

首先，让我们在本节中回顾一下支撑本章分析框架所需的一些关键概念。

在 6.2 节的基础上，考虑蜂窝网络的下行链路，其中：

- 小基站根据齐次泊松点过程（HPPP）Φ 部署在平面上，其密度为 λ，单位为“个/km²”；
- 移动终端根据另一个齐次泊松点过程 Φ^{UE} 分布在这样的网络上，密度为$\rho<+\infty$，单位为“个/km²”。[⊖]

实际上，如果没有与其关联的移动终端，小基站将进入空闲态模式。这种小基站的空闲态模式能力可以减少对相邻移动终端的小区间干扰，并降低网络的能量消耗。因此，应根据这种空闲态模式能力和所使用的用户关联策略来确定活跃小基站的集合。

如前所述，本书假设了一种实用的用户关联策略，其中每个移动终端连接到提供最大平均接收信号强度的小基站。考虑到这一点，并且由于移动终端在网络中是随机均匀分布的，因此可以安全地假设，如第 6 章所示：活跃小基站也遵循另一个齐次泊松点过程 $\tilde{\Phi}$，密度为 $\tilde{\lambda}$，单位为“个/km²”，而且：

- 活跃的小基站密度 $\tilde{\lambda}$ 不大于小基站的密度 λ，即 $\tilde{\lambda}\leqslant\lambda$；
- 活跃的小基站密度 $\tilde{\lambda}$ 不大于有限的移动终端密度$\rho<+\infty$，即 $\tilde{\lambda}\leqslant\rho$。

还需要提醒的是，根据 6.4.2 节中的分析，该系统模型的活跃小基站密度 $\tilde{\lambda}$ 可以通过下式近似：

$$\tilde{\lambda}=\lambda\left[1-\frac{1}{\left(1+\frac{\rho}{q\lambda}\right)^{q}}\right] \tag{7.1}$$

其中，q 是一个拟合参数，取决于路径损耗模型。

7.2.2 每个活跃小基站的移动终端数量

接下来，我们将介绍如何对每个活跃小基站的移动终端数量进行建模，这是本研究中余

⊖ 作为澄清，与第 6 章类似，请注意，所有移动终端都被视为活跃移动终端，例如，它们都有要接收的数据包。

下部分的一个关键特性。根据文献[217]，小基站覆盖区域的大小 X 可以近似地用 Gamma 分布来表征，它的概率密度函数可以推导为

$$f_X(x)=(q\lambda)^q x^{q-1}\frac{\exp(-q\lambda x)}{\Gamma(q)} \tag{7.2}$$

其中：$\Gamma(\cdot)$是 Gamma 函数[156]。

基于这样一个概率密度函数 $f_X(x)$，并且通过随机变量 K 表示每个小基站的移动终端数量，它的概率质量函数 $f_K(k)$ 可以计算为

$$\begin{aligned} f_K(k) &= \Pr[K=k] \\ &\overset{(a)}{=} \int_0^{+\infty} \frac{(\rho x)^k}{k!}\exp(-\rho x) f_X(x)\,\mathrm{d}x \\ &\overset{(b)}{=} \frac{\Gamma(k+q)}{\Gamma(k+1)\Gamma(q)}\left(\frac{\rho}{\rho+q\lambda}\right)^k\left(\frac{q\lambda}{\rho+q\lambda}\right)^q \end{aligned} \tag{7.3}$$

其中：

- $k=K(\omega)\in\{0,1,2,\cdots,+\infty\}$是随机变量 K 的一个实现；
- 步骤 a 源自移动终端的 HPPP 分布；
- 步骤 b 由式(7.2)得出。

请注意，该概率质量函数 $f_K(k)$ 满足归一化条件，即 $\sum_{k=0}^{+\infty} f_K(K)=1$。更重要的是，从式(7.3)中可以看出，随机变量 K 所表示的每个小基站中的移动终端数量遵循负二项式分布[156]：

$$K\sim \mathrm{NB}\left(q,\frac{\rho}{\rho+q\lambda}\right) \tag{7.4}$$

正如第 6 章中所讨论的，我们假设没有移动终端与其相关联的小基站($k=0$)处于空闲模式且不活跃，所以可以将其从我们的分析中排除。因此，让我们现在关注活跃小基站，更具体地说，关注每个活跃小基站的移动终端数量，该数量在下文中以正随机变量 $\tilde{K}$ 表示。

考虑式(7.3)，以及随机变量 K(每个小基站的移动终端数量)和随机变量 $\tilde{K}$ (每个活跃小基站的移动终端数量)之间的唯一差异，根据定义，后者的值不能为 0，即 $\tilde{K}\neq 0$，可以得出结论，代表每个活跃小基站的移动终端数量的随机变量 $\tilde{K}$ 遵循截断负二项式分布：

$$\tilde{K}\sim \mathrm{truncNB}\left(q,\frac{\rho}{\rho+q\lambda}\right) \tag{7.5}$$

它的概率质量函数 $f_{\tilde{K}}(\tilde{k})$ 可以被写成：

$$f_{\tilde{K}}(\tilde{k})=\Pr[\tilde{K}=\tilde{k}]=\frac{f_K(\tilde{k})}{1-f_K(0)} \tag{7.6}$$

其中：

- $\tilde{k}=\tilde{K}(\omega)\in\{1,2,\cdots,+\infty\}$是随机变量 K 的一个实现；
- 分母 $1-f_K(0)$ 表示小基站处于活跃状态的概率。

注意，这个概率质量函数 $f_{\tilde{K}}(\tilde{k})$ 也满足归一化条件，即 $\sum_{\tilde{k}=1}^{+\infty}f_{\tilde{K}}(\tilde{k})=1$。

基于式(7.1)中活跃小基站密度 $\tilde{\lambda}$ 的推导，以及上述关于每个活跃小基站数量的发现，可以进一步将式(7.1)推导如下：

$$\tilde{\lambda}=\lambda(1-f_K(0)) \tag{7.7}$$

示例　为了说明上述推导背后的含义，图 7.1 展示了具有以下参数在式(7.6)中的结果：

- 小基站密度，$\lambda\in\{50,200,1000\}$；
- 有限移动终端密度，$\rho=300$ 个/km^2；
- 拟合参数 $q=4.18$。㊀

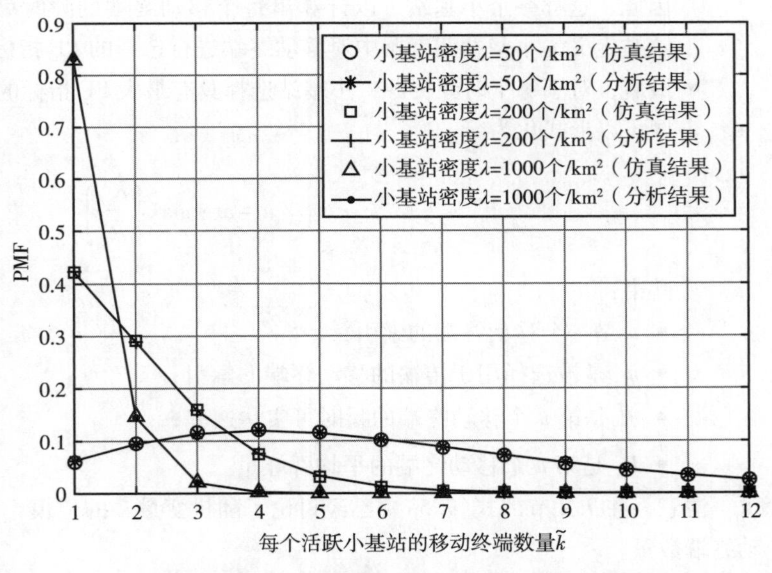

图 7.1　每个活跃小基站的移动终端数量 $\tilde{k}$ 的概率质量函数

根据该图，我们可以得出以下观察结果：

- 基于截断负二项分布的分析结果与模拟结果吻合良好。具体而言，模拟结果的概率质量函数和分析结果的概率质量函数之间的最大差异小于 0.5%。
- 随机变量 $\tilde{K}$ 的概率质量函数 $f_{\tilde{K}}(\tilde{k})$，代表了每个活跃小基站的移动终端数量，随着小基站密度 λ 的增加，活跃小基站密度 $\tilde{\lambda}$ 随之增加，在实现点($\tilde{k}=1$)处有一个更显著的峰值。这是因为，随着小基站密度 λ 的增加，有限移动终端密度($\rho<+\infty$)与活跃小基站密度 $\tilde{\lambda}$ 的比值逐渐向 1 减小，趋近超密集网络中每个活跃小基站一个移动终端的极限。在该特定示例中，对于小基站密度 $\lambda=1000$ 个/km^2，超过 80%的活跃小基站将仅服务于

㊀ 第 6 章表明，在 3GPP 的案例研究中，拟合参数 $q=4.18$ 适用于具有有限移动终端密度 $\rho=300$ 个/km^2 的系统模型。

一个移动终端。

最后，为了完整性，让我们通过指出随机变量 $\tilde{K}$ 的累积质量函数来结束本小节，该函数表示为 $F_{\tilde{K}}(\tilde{k})$，$\tilde{K}$ 代表每个活跃小基站的移动终端数量，可以写为

$$F_{\tilde{K}}(\tilde{k}) = \sum_{t=1}^{\tilde{k}} f_{\tilde{K}}(t) \tag{7.8}$$

7.2.3 比例公平调度算法

根据文献[225]，PF 调度器的操作可以总结如下：

- 首先，小基站通过指数移动平均来跟踪其关联移动终端的平均吞吐量；
- 其次，每个已连接的移动终端频繁向所在服务的小基站反馈其信道状态信息（CSI）。因此，这样一个小基站可以计算出每个移动终端的瞬时可达速率与平均吞吐量之比，这被定义为小基站调度器中对移动终端进行选择的 PF 指标。
- 最后，对于每个时频资源，小基站选择具有最大 PF 指标的移动终端进行传输。这个问题可以形式化为

$$u^{*} = \arg \max_{u \in \{1,2,\cdots,\tilde{k}\}} \left\{ \frac{\tilde{R}_u}{\bar{R}_u} \right\} \tag{7.9}$$

其中：

- u 是一个移动终端的索引；
- u^{*} 是被选择用于传输的移动终端的索引；
- $\tilde{R}_u$是第 u 个移动终端的瞬时可实达速率；
- $\bar{R}_u$ 是第 u 个移动终端的平均吞吐量。

注意，在 7.2 节的式(7.5)中已经讨论了随机变量 $\tilde{K}$ 的建模，它表示每个活跃小基站的移动终端数量。

然而，从网络性能分析的角度来看，重要的是要注意，由于时域相关性，很难（如果不是不可能的话）推导出由式(7.9)抽象的上述 PF 调度器的性能。这是因为性能分析的目标通常是推导移动终端的平均吞吐量 $\bar{R}_u$ 或者相关指标，但在这种情况下，$\bar{R}_u$ 不只是一个最终目标，还是 PF 指标的一部分，比率$\frac{\tilde{R}_u}{\bar{R}_u}$应该是已知的，将其代入式(7.9)中执行平均移动终端吞吐量 $\bar{R}_u$ 的性能分析。这如果不考虑时域的话，这就是一个“鸡生蛋还是蛋生鸡”的问题。

幸运的是，有一系列基于移动终端信号质量的替代指标，可以用来实现 PF 指标并驱动调度[225,227-229]。这些指标更易处理，不会陷入与前面类似的问题纠缠中。

在下文中，我们采用了Choi等人在文献[225]中开发的框架，其中使用了瞬时与平均信噪比(SNR)的比值作为PF指标，而不是基于平均移动终端吞吐量的原始度量$\bar{R}_u$。重要的是，该度量也不使用小区间干扰，因为小区间干扰可能会导致另一个让人纠结的问题。具体而言，Choi等人提出的用于在调度器处进行移动终端选择的PF度量指标由下式给出：

$$u^{*}=\arg\max_{u\in\{1,2,\cdots,\tilde{k}\}}\left\{\frac{\tilde{Z}_u}{\bar{Z}_u}\right\} \tag{7.10}$$

其中：

- $\tilde{Z}_u$是第u个移动终端的瞬时SNR；
- $\bar{Z}_u$是第u个移动终端的平均SNR。

尽管式(7.10)中的调度器对移动终端选择的PF指标与式(7.9)中的并不完全相同，但应注意的是，它原则上捕获了PF调度器的最重要特征：

- 它优先考虑了瞬时信道质量相对于平均信道质量较好的移动终端，因为第u个移动终端的瞬时速率$\tilde{R}_u$是该移动终端的瞬时信噪比$\tilde{Z}_u$的严格单调增函数；
- 它在长时间内为每个移动终端分配相同部分的时频资源以增强公平性，因为第u个移动终端的瞬时SNR概率$\tilde{Z}_u$大于此类移动终端的平均SNR概率$\bar{Z}_u$，即$\tilde{Z}_u\geqslant\bar{Z}_u$，且对于所有移动终端是近似相同的，并且完全取决于信道的衰落，而在我们的系统模型中，信道衰落是独立同分布的。

由于式(7.10)中PF指标在调度器中选择移动终端的准确性和实用性在文献[225]中已经得到了很好的证实，因此在下面的章节中，我们采用了该PF指标来分析依赖于信道的调度器的影响以及低复杂度方法对超密集网络的潜在收益。

7.3　理论性能分析及主要结果

在本节中，考虑网络覆盖率p^{cov}和面积比特效率A^{ASE}的定义，为方便起见，在表7.2中进行了总结，我们给出了这两个关键性能指标的派生表达式，同时考虑了7.2节中提出的小基站上的PF调度器[见式(7.10)和式(7.12)]。这些新的表达式将允许我们考虑引入一个实用且广泛使用的调度器来评估超密集网络的性能。

表7.2　关键性能指标

指标	形式化表达	参考
网络覆盖率，p^{cov}	$p^{\text{cov}}(\lambda,\gamma_0)=\Pr[\Gamma>\gamma_0]=\bar{F}_{\Gamma}(\gamma_0)$	见2.1.12节，式(2.22)
面积比特效率，A^{ASE}	$A^{\text{ASE}}(\lambda,\gamma_0)=\frac{\tilde{\lambda}}{\ln 2}\int_{\gamma_0}^{+\infty}\frac{p^{\text{cov}}(\lambda,\gamma)}{1+\gamma}\mathrm{d}\gamma+\tilde{\lambda}\log_2(1+\gamma_0)p^{\text{cov}}(\lambda,\gamma_0)$	见6.3.3节，式(6.24)

7.3.1 网络覆盖率

由于每个小基站都有 PF 调度器来选择移动终端(在本例中，是我们的典型移动终端)，以便在研究的时频资源上进行数据传输，因此，需要对典型移动终端的信干噪比 Γ 的定义进行如下修改：

$$\Gamma=\frac{P\zeta(r)\gamma(\tilde{k})}{I_{\mathrm{agg}}+P^{\mathrm{N}}} \tag{7.11}$$

其中，根据式(3.3)中的定义，典型移动终端与其服务小基站之间的前向多径快衰落增益 h(基于瑞利衰落模型)已被多径快衰落增益 $\gamma(\tilde{k})$ 所取代。

重要的是，这个多径快衰落增益 $\gamma(\tilde{k})$ 包含了式(7.10)中提出的 PF 背后的逻辑，因此被定义为连接的移动终端集合和相应的服务小基站之间的最大多径快衰落增益，现在是在每个活跃小基站的移动终端随机变量 $\tilde{K}$ 的条件下，仍然被建模为瑞利衰落。

为了阐明这一新公式并解释其逻辑，让我们根据多径快衰落增益的新定义 $\gamma(\tilde{k})$，在式(7.10)中重新表示调度器上对移动终端进行选择的 PF 指标，如下所示：

$$u^{*}=\underset{u\in\{1,2,\cdots,\tilde{k}\}}{\arg\max}\left\{\frac{\frac{P\zeta(r)h_u}{P^{\mathrm{N}}}}{\frac{P\zeta(r)\times 1}{P^{\mathrm{N}}}}\right\}=\underset{u\in\{1,2,\cdots,\tilde{k}\}}{\arg\max}\{h_u\} \tag{7.12}$$

其中：

- 分子中的 h_u 为独立同分布随机变量，表示上述移动终端集合中的第 u 个移动终端与其对应的服务小基站之间的多径快衰落增益，由于在系统模型中假设了瑞利多径快衰落，因此它服从均值归一的指数分布(见表 7.2)，
- 分母中的$\hat{h}_u=1$，是上述移动终端集合中第 u 个移动终端与其对应的服务小基站之间的平均多径快衰落增益，由于归一化，因此均值取 1；
- u^{*} 是具有最大多径快衰落增益 h_u 的移动终端，因此 $h_{u^{*}}$ 是最大多径快衰落增益，它也是一个随机变量。

从这个新表述中，我们可以推断出 $\gamma(\tilde{k})$ 和 $h_{u^{*}}$ 这两个随机变量是相等的，即 $\gamma(\tilde{k})=h_{u^{*}}$，这表明所选典型移动终端的多径快衰落增益 $\gamma(\tilde{k})$ 可以建模为独立同分布指数随机变量 $\tilde{k}$ 中的最大随机变量。

再进一步，根据文献[230]以及先前的定义，基于瑞利衰落公式，典型移动终端的多径快衰落增益 $\gamma(\tilde{k})$ 的互补累积分布函数 $\bar{F}_{Y(\tilde{k})}(\gamma)$ 可以推导为

$$\bar{F}_{Y(\tilde{k})}(\gamma)=\Pr[Y(\tilde{k})>\gamma]=1-(1-\exp(-\gamma))^{\tilde{k}} \tag{7.13}$$

从该表达式很容易看出，概率 $\Pr[Y(\tilde{k})>y]$ 随着每个活跃小基站的移动终端数量 $\tilde{k}$ 的增加而增加，因此，典型移动终端的多径快衰落增益 $\gamma(\tilde{k})$ 也随之增加。

重要的是，该建模同时适用于 PF 和 RR 调度器。在考虑 RR 调度器时，如 7.1 节所述，典型移动终端是由小基站根据多径快衰落增益盲选的，即不是依赖于信道的调度方法。因此，我们可以说，假设每个活跃小基站的移动终端数量 $\tilde{k}$ 等于 1 时可以使用式(7.13)对 RR 调度器进行建模。这将导致从中提取最大随机变量的随机变量数量的极端减少。因此，典型移动终端的多径快衰落增益 $\gamma(\tilde{k})$ 退化为一个随机变量 h_u，它相当于第 3~6 章中使用的随机变量 h，只有一个自由度。因此，在前面几章中得到的表达式和结果适用于 RR 调度器，并将在本章后面作为基准。

下面，考虑到上面介绍的系统模型，我们将通过定理 7.3.1 给出关于网络覆盖率 p^{cov} 的新表达，其中：

有限的移动终端密度($\rho<+\infty$)小基站的简单空闲态模式能力以及小基站的 PF 调度器应该突出显示。对最初呈现这些结果的研究文章感兴趣的读者可参考文献[89]。

定理 7.3.1　考虑到式(4.1)中的路径损耗模型，以及 4.2 节中给出的最强小基站关系，覆盖率 p^{cov} 可以推导为

$$p^{\text{cov}}(\lambda,\gamma_0)=\sum_{n=1}^{N}\left(T_n^{\text{L}}+T_n^{\text{NL}}\right) \tag{7.14}$$

其中：

$$T_n^{\text{L}}=\int_{d_{n-1}}^{d_n}\mathbb{E}_{[\tilde{K}]}\left\{\Pr\left[\frac{P\zeta_n^{\text{L}}(r)\gamma(\tilde{k})}{I_{\text{agg}}+P^{\text{N}}}>\gamma_0\right]\right\}f_{R,n}^{\text{L}}(r)\,\mathrm{d}r \tag{7.15}$$

$$T_n^{\text{NL}}=\int_{d_{n-1}}^{d_n}\mathbb{E}_{[\tilde{K}]}\left\{\Pr\left[\frac{P\zeta_n^{\text{NL}}(r)\gamma(\tilde{k})}{I_{\text{agg}}+P^{\text{N}}}>\gamma_0\right]\right\}f_{R,n}^{\text{NL}}(r)\,\mathrm{d}r \tag{7.16}$$

且 d_0 和 d_N 相应地定义为 0 和$+\infty$。

此外，r 的取值范围在 d_{n-1} 和 d_n 之间($d_{n-1}<r\leqslant d_n$)，其中概率密度函数 $f_{R,n}^{\text{L}}(r)$ 和 $f_{R,n}^{\text{NL}}(r)$ 由下式给出：

$$\begin{aligned}f_{R,n}^{\text{L}}(r)=&\exp\left(-\int_0^{r_1}\left(1-\Pr{}^{\text{L}}(u)\right)2\pi u\lambda\,\mathrm{d}u\right)\times\\&\exp\left(-\int_0^{r}\Pr{}^{\text{L}}(u)2\pi u\lambda\,\mathrm{d}u\right)\Pr{}_n^{\text{L}}(r)2\pi r\lambda\end{aligned} \tag{7.17}$$

且

$$f_{R,n}^{\text{NL}}(r)=\exp\left(-\int_0^{r_2}\Pr{}^{\text{L}}(u)2\pi u\lambda\,\mathrm{d}u\right)\times$$

$$\exp\left(-\int_{0}^{r}(1-\Pr^{\mathrm{L}}(u))2\pi u\lambda \mathrm{d}u\right)(1-\Pr_{n}^{\mathrm{L}}(r))2\pi r\lambda \tag{7.18}$$

其中，r_1 和 r_2 由下面的等式决定：

$$r_1=\arg_{r_1}\{\zeta^{\mathrm{NL}}(r_1)=\zeta_n^{\mathrm{L}}(r)\} \tag{7.19}$$

$$r_2=\arg_{r_2}\{\zeta^{\mathrm{L}}(r_2)=\zeta_n^{\mathrm{NL}}(r)\} \tag{7.20}$$

证明　参见附录A。

深入研究定理7.3.1，并考虑每个活跃小基站的移动终端数量 $\tilde{K}$ 满足的截断负二项式分布，我们在定理7.3.2中给出了关于期望概率$\mathbb{E}_{[\tilde{K}]}\left\{\Pr\left[\frac{P\zeta_n^{\mathrm{L}}(r)\gamma(\tilde{k})}{I_{\mathrm{agg}}+P^{\mathrm{N}}}>\gamma_0\right]\right\}$和$\mathbb{E}_{[\tilde{K}]}\left\{\Pr\left[\frac{P\zeta_n^{\mathrm{NL}}(r)\gamma(\tilde{k})}{I_{\mathrm{agg}}+P^{\mathrm{N}}}>\gamma_0\right]\right\}$的结果。

定理7.3.2　考虑式(7.6)中表征的每个活跃小基站的移动终端数量 $\tilde{K}$ 满足截断负二项式分布，定理7.3.1中的期望概率$\mathbb{E}_{[\tilde{K}]}\left\{\Pr\left[\frac{P\zeta_n^{\mathrm{L}}(r)\gamma(\tilde{k})}{I_{\mathrm{agg}}+P^{\mathrm{N}}}>\gamma_0\right]\right\}$可以计算为

$$\begin{aligned}&\mathbb{E}_{[\tilde{K}]}\left\{\Pr\left[\frac{P\zeta_n^{\mathrm{L}}(r)\gamma(\tilde{k})}{I_{\mathrm{agg}}+P^{\mathrm{N}}}>\gamma_0\right]\right\}\\&=\sum_{\tilde{k}=1}^{+\infty}\left[1-\sum_{t=0}^{\tilde{k}}\binom{\tilde{k}}{t}(-\delta_n^{\mathrm{L}}(r))^{t}\mathscr{L}_{I_{\mathrm{agg}}}^{\mathrm{L}}\left(\frac{t\gamma_0}{P\zeta_n^{\mathrm{L}}(r)}\right)\right]f_{\tilde{K}}(\tilde{k})\end{aligned} \tag{7.21}$$

其中：

- $f_{\tilde{K}}(\tilde{k})$是每个活跃小基站的移动终端数量 $\tilde{k}$ 的概率质量函数，可以使用式(7.6)计算；
- $\delta(r)$是一个参数，定义为

$$\delta_n^{\mathrm{L}}(r)=\exp\left(-\frac{\gamma_0P^{\mathrm{N}}}{P\zeta_n^{\mathrm{L}}(r)}\right) \tag{7.22}$$

- 聚合小区间干扰随机变量 I_{agg} 在视距信号传输情况下，于 $s=\frac{\gamma_0}{P\zeta_n^{\mathrm{L}}(r)}$处的拉普拉斯变换$\mathscr{L}_{I_{\mathrm{agg}}}^{\mathrm{L}}(s)$可以表达为

$$\begin{aligned}\mathscr{L}_{I_{\mathrm{agg}}}^{\mathrm{L}}(s)=&\exp\left(-2\pi\tilde{\lambda}\int_{r}^{+\infty}\frac{\Pr^{\mathrm{L}}(u)u}{1+(sP\zeta^{\mathrm{L}}(u))^{-1}}\mathrm{d}u\right)\times\\&\exp\left(-2\pi\tilde{\lambda}\int_{r_1}^{+\infty}\frac{[1-\Pr^{\mathrm{L}}(u)]u}{1+(sP\zeta^{\mathrm{NL}}(u))^{-1}}\mathrm{d}u\right)\end{aligned} \tag{7.23}$$

类似地，定理7.3.1中使用的期望概率$\mathbb{E}_{[\tilde{K}]}\left\{\Pr\left[\frac{P\zeta_n^{\mathrm{L}}(r)\gamma(\tilde{k})}{I_{\mathrm{agg}}+P^{\mathrm{N}}}>\gamma_0\right]\right\}$可以计算为

$$\mathbb{E}_{[\tilde{K}]}\left\{\Pr\left[\frac{P\zeta_n^{\mathrm{NL}}(r)\gamma(\tilde{k})}{I_{\mathrm{agg}}+P^{\mathrm{N}}}>\gamma_0\right]\right\}$$

$$=\sum_{\tilde{k}=1}^{+\infty}\left[1-\sum_{t=0}^{\tilde{k}}\binom{\tilde{k}}{t}\left(-\delta_n^{\mathrm{NL}}(r)\right)^t\mathscr{L}_{I_{\mathrm{agg}}}^{\mathrm{NL}}\left(\frac{t\gamma_0}{P\zeta_n^{\mathrm{NL}}(r)}\right)\right]f_{\tilde{K}}(\tilde{k}) \tag{7.24}$$

其中：

- $\delta_n^{\mathrm{NL}}(r)$是一个参数，定义为

$$\delta_n^{\mathrm{NL}}(r)=\exp\left(-\frac{\gamma_0 P^{\mathrm{N}}}{P\zeta_n^{\mathrm{NL}}(r)}\right) \tag{7.25}$$

- 聚合小区间干扰随机变量 I_{agg} 在视距信号传输情况下，在 $s=\frac{\gamma_0}{P\zeta_n^{\mathrm{L}}(r)}$处的拉普拉斯变换 $\mathscr{L}_{I_{\mathrm{agg}}}^{\mathrm{NL}}(s)$可以表达为

$$\mathscr{L}_{I_{\mathrm{agg}}}^{\mathrm{NL}}(s)=\exp\left(-2\pi\tilde{\lambda}\int_{r_2}^{+\infty}\frac{\mathrm{Pr}^{\mathrm{L}}(u)u}{1+\left(sP\zeta^{\mathrm{L}}(u)\right)^{-1}}\mathrm{d}u\right)\times$$
$$\exp\left(-2\pi\tilde{\lambda}\int_{r}^{+\infty}\frac{\left[1-\mathrm{Pr}^{\mathrm{L}}(u)\right]u}{1+\left(sP\zeta^{\mathrm{NL}}(u)\right)^{-1}}\mathrm{d}u\right) \tag{7.26}$$

证明　参见附录 B。

将定理 7.3.2 代入定理 7.3.1，同时考虑小基站处的 PF 调度器时，我们可以得到关于网络覆盖率 p^{cov} 的新理论结果。

从定理 7.3.1 和定理 7.3.2 可以得出一个重要而直观的结论，这个结论在引理 7.3.3 中给出。

引理 7.3.3　当小基站密度 λ 趋于无穷大，即 $\lambda\to+\infty$ 时，PF 调度器在小基站处的网络覆盖率 p^{cov} 收敛于 RR 调度器的网络覆盖率。

证明　参见附录 C。

为了更好地理解如何实际地计算定理 7.3.1 的新结果，我们对第 6 章中提出的随机几何框架进行了必要的增强，图 7.2 展示了该流程图。

与图 6.1 中所示的逻辑相比，需要注意的是，由于 PF 调度器，在小基站处的移动终端选择增强了信号功率。

7.3.2　面积比特效率

与第 4~6 章中将网络覆盖率 p^{cov}(从定理 7.3.1 中获得)代入式(2.24)中计算典型移动终端的信干噪比 Γ 的概率密度函数 $f_\Gamma(\gamma)$类似，我们可以通过求解式(6.24)来获得面积比特效率 A^{ASE}。有关 ASE 公式的更多信息，请参见表 7.2。

7.3.3　计算复杂度

在定理 7.3.2 中，式(7.21)和式(7.24)可能很难计算，因为每个活跃小基站的移动终端数量可以趋于无限大，即 $\tilde{r}\to+\infty$。因此，在实践中，用变量 $\tilde{K}^{\max}$ 代替式(7.21)和式(7.24)中求和的有界上限是有用的，$\tilde{K}^{\max}$ 是一个足够大的整数，需要确保：

- 式(7.8)中的累积质量函数 $F_{\tilde{K}}(\tilde{K}^{\max})$，在较小的间隙内近似为1。
- 当 $\tilde{k}>\tilde{K}^{\max}$ 时，式(7.6)中的概率质量函数近似为0。

这允许用有限且尽可能少的数值来正确计算式(7.21)和式(7.24)。

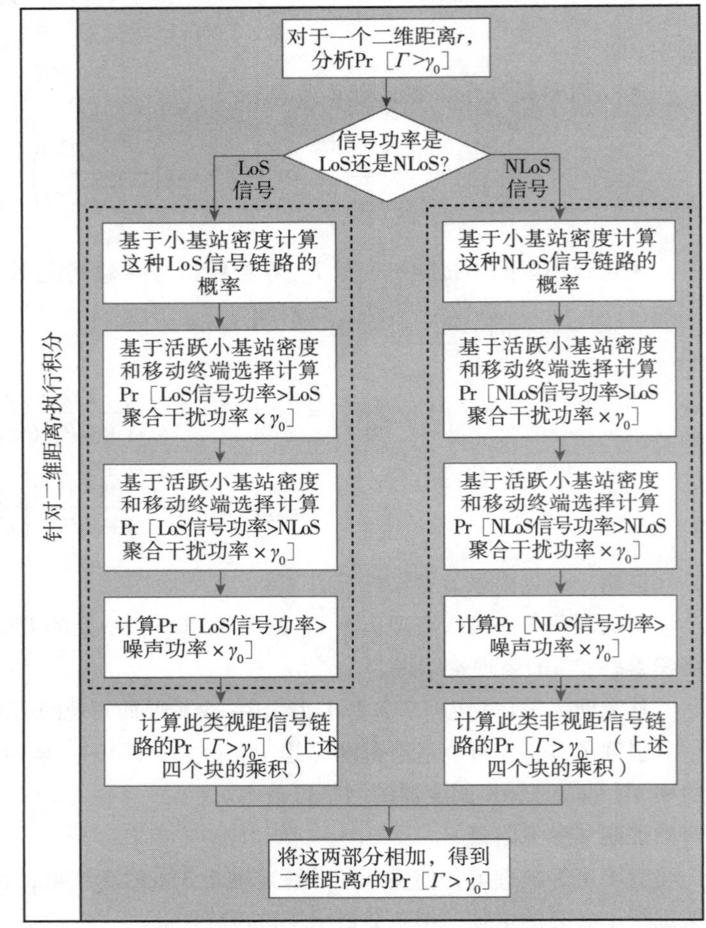

图 7.2　考虑小基站处的 PF 调度器，在标准随机几何框架中获得定理 7.3.1 中结果的逻辑步骤

尽管变量 $\tilde{K}^{\max}$ 的引入有助于在定理 7.3.1 和定理 7.3.2 中使用 PF 调度器来计算网络覆盖率 p^{cov}，但应该注意的是，即使考虑稀疏网络的情况，即每个活跃小基站的移动终端数量 $\tilde{k}$ 可能非常大，定理 7.3.2 的结果仍然可能是计算密集型的。这导致式(7.23)和式(7.26)中对应的拉普拉斯变换 $\mathscr{L}_{I_{\text{agg}}}^{\text{L}}\left(\frac{t\gamma_0}{P\zeta_n^{\text{L}}(r)}\right)$ 和 $\mathscr{L}_{I_{\text{agg}}}^{\text{NL}}\left(\frac{t\gamma_0'}{P\zeta_n^{\text{L}}(r)}\right)$，$t\in\{0,1,\cdots,\tilde{K}^{\max}\}$ 的计算变得复杂。例如，当考虑有限移动终端密度 $\rho=300$ 个参考/km² 和小基站密度 $\lambda=10$ 个/km² 时，每个活跃小基站的移动终端平均数量约为 $\tilde{K}=30$。然而，为了使式(7.8)中的累积质量函数 $F_{\tilde{K}}(\tilde{K}^{\max})$ 在小于参数 $\varepsilon=0.001$ 的区间内近似为1，每个活跃小基站的移动终端最大数量需要达到 $\tilde{K}^{\max}=10^2$ 个/每个小基站。同样需要注意的是，

根据式(7.8)，为了实现目标 $\varepsilon=0.001$，每个活跃小基站的移动终端最大数量 $\tilde{K}^{\max}$ 应该根据移动终端密度 ρ 和小基站密度 λ 来确定。因此，对于典型移动终端与为其服务的小基站之间的二维距离 r 的每个可能值，需要对式(7.23)和式(7.26)中的积分进行至少 10^2 次计算，以求解本示例中的式(7.14)。这是一项计算成本高昂的任务。

为了解决这个问题，下面给出了推导稀疏网络的网络覆盖率 p^{cov} 的替代和更有效的表达式。

一个低复杂度的有上限网络覆盖率

为了降低上述引入的计算复杂度，定理 7.3.4 给出了期望概率的低复杂度上限 $\mathbb{E}_{[\tilde{K}]}\left\{\Pr\left[\frac{P\zeta_n^{\mathrm{L}}(r)\gamma(\tilde{k})}{I_{\mathrm{agg}}+P^{\mathrm{N}}}>\gamma_0\right]\right\}$ 和 $\mathbb{E}_{[\tilde{K}]}\left\{\Pr\left[\frac{P\zeta_n^{\mathrm{NL}}(r)\gamma(\tilde{k})}{I_{\mathrm{agg}}+P^{\mathrm{N}}}>\gamma_0\right]\right\}$。

定理 7.3.4　期望概率 $\mathbb{E}_{[\tilde{K}]}\left\{\Pr\left[\frac{P\zeta_n^{\mathrm{L}}(r)\gamma(\tilde{k})}{I_{\mathrm{agg}}+P^{\mathrm{N}}}>\gamma_0\right]\right\}$ 和 $\mathbb{E}_{[\tilde{K}]}\left\{\Pr\left[\frac{P\zeta_n^{\mathrm{NL}}(r)\gamma(\tilde{k})}{I_{\mathrm{agg}}+P^{\mathrm{N}}}>\gamma_0\right]\right\}$ 的上限是

$$\mathbb{E}_{[\tilde{K}]}\left\{\Pr\left[\frac{P\zeta_n^{\mathrm{L}}(r)\gamma(\tilde{k})}{I_{\mathrm{agg}}+P^{\mathrm{N}}}>\gamma_0\right]\right\}\leqslant\sum_{\tilde{k}=1}^{\tilde{K}^{\max}}\left\{1-\left[1-\delta_n^{\mathrm{L}}(r)\mathscr{L}_{I_{\mathrm{agg}}}^{\mathrm{L}}\left(\frac{\gamma_0}{P\zeta_n^{\mathrm{L}}(r)}\right)\right]^{\tilde{k}}\right\}f_{\tilde{K}}(\tilde{k}) \tag{7.27}$$

和

$$\mathbb{E}_{[\tilde{K}]}\left\{\Pr\left[\frac{P\zeta_n^{\mathrm{NL}}(r)\gamma(\tilde{k})}{I_{\mathrm{agg}}+P^{\mathrm{N}}}>\gamma_0\right]\right\}\leqslant\sum_{\tilde{k}=1}^{\tilde{K}^{\max}}\left\{1-\left[1-\delta_n^{\mathrm{NL}}(r)\mathscr{L}_{I_{\mathrm{agg}}}^{\mathrm{NL}}\left(\frac{\gamma_0}{P\zeta_n^{\mathrm{NL}}(r)}\right)\right]^{\tilde{k}}\right\}f_{\tilde{K}}(\tilde{k}) \tag{7.28}$$

证明　参见附录 D。

根据定理 7.3.4 中提供的上限，对于典型移动终端与为其服务的小基站之间的二维距离 r 的每个可能值，仅需计算一次式(7.23)和式(7.26)中的积分，这使得稀疏网络的分析更加有效。相反，在定理 7.3.1 和定理 7.3.2 中，对于典型移动终端与为其服务的小基站之间的二维距离 r 的每个可能值，需要至少计算 $\tilde{K}^{\max}$ 次式(7.23)和式(7.26)中的积分，以求解式(7.14)，这是一个计算量很大的任务。

因此，在这一工作领域中，将定理 7.3.4 代入定理 7.3.1 可以产生关于覆盖率 p^{cov} 的另一个新的理论结果，这对稀疏网络特别有用。

7.4　讨论

在本节中，我们使用静态系统级仿真的数值结果来评估上述理论性能分析的准确性，并从网络覆盖率 p^{cov} 和面积比特效率 A^{ASE} 的角度研究小基站处的 PF 调度器对超密集网络的影响。

应该注意，为了获得覆盖率 p^{cov} 和面积比特效率 A^{ASE} 的结果，应该先使用二维距离将式(4.17)和式(4.19)代入定理7.3.1，然后进行后面的推导。通过这种方式，在将小基站处的PF调度器纳入分析的同时，还考虑了第6章中提出的有限移动终端密度$\rho<+\infty$和小基站的简单空闲态模式能力。

7.4.1 案例研究

为了评估小基站的PF调度器对超密集网络性能的影响，我们使用了与第4章和其余部分中相同的3GPP案例研究，并进行相同基准的比较。对该3GPP研究案例的更详细描述感兴趣的读者，请参阅表7.1和4.4.1节。

为了便于介绍，请记住，在我们的3GPP案例研究中使用了以下参数：

- 最大天线增益，$G_M=0$dB；
- 路径损耗指数，在2GHz的载波频率情况下，$\alpha^{L}=2.09$，$\alpha^{NL}=3.75$；
- 参考路径损耗，$A^{L}=10^{-10.38}$，$A^{NL}=10^{-14.54}$；
- 发射功率，$P=24$dBm；
- 噪声功率，$P^{N}=-95$dBm，包括移动终端处9dB的噪声系数。

1. 天线配置

在本章中，不考虑典型移动终端的天线高度与任意小基站天线高度之间的高度差，我们希望将天线高度对性能的影响与小基站的PF调度器对性能的影响隔离开来。

2. 移动终端密度

对于有限移动终端密度$\rho<+\infty$，我们集中研究$\rho=300$个/km^{2}的情况，因此基于6.4.2节中的推导，我们在式(7.1)和式(7.2)中使用了拟合参数$q=4.18$。

3. 小基站密度

由于本章没有考虑天线高度，为了继续使用基于HPPP部署的简单系统模型，考虑到所选路径损耗模型的最小收发距离为10m，我们将在下文的研究中采用$\lambda=10^4$个/km^{2}的小基站密度。

4. 基准

在本次性能评估中，我们使用以下基准：有限移动终端密度$\rho<+\infty$的分析结果，以及6.4节中提出的小基站空闲态模式能力。

7.4.2 网络覆盖率的性能

图7.3显示了在以下四种配置中，信干噪比阈值$\gamma_0=0$dB时的网络覆盖率p^{cov}：

- 配置a：具有视距和非视距传输的多斜率路径损耗模型，有限移动密度$\rho<+\infty$，在小基

站处具有简单空闲态模式能力和 RR 调度器(分析结果)。

- 配置 b：具有视距和非视距传输的多斜率路径损耗模型，一个有限移动终端密度 $\rho<+\infty$，在小基站处具有简单空闲态模式能力和 PF 调度器(分析结果)。
- 配置 c：具有视距和非视距传输的多斜率路径损耗模型，有限移动终端密度 $\rho<+\infty$，在小基站处具有简单空闲态模式能力和 PF 调度器(分析性有上限结果)。
- 配置 d：具有视距和非视距传输的多斜率路径损耗模型，有限移动终端密度 $\rho<+\infty$，在小基站处具有简单空闲态模式能力和 PF 调度器(仿真结果)。

作为提醒，请注意：

- 分析网络覆盖率确切性能的理论结果，p^{cov}(配置 b)是通过定理 7.3.1 和定理 7.3.2 推导出来的，出于易处理性的考虑，仅涵盖了图中所示小基站密度的较高频谱，即 $\lambda \geqslant 100$ 个/km^2；
- 上限的值(配置 c)由定理 7.3.1 和定理 7.3.4 得出。

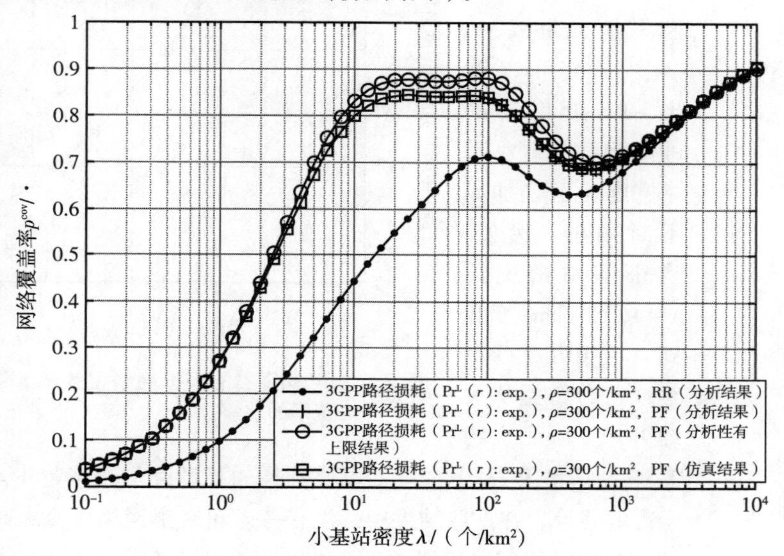

图 7.3　网络覆盖率 p^{cov} 与小基站密度 λ 的对比

还要注意，配置 a 已经在第 6 章介绍和讨论过，为了进行比较，将其也纳入了图 7.3 中。

为了补充图 7.3，图 7.4 还显示了当小基站密度大于 $\lambda=100$ 个/km^2 时，PF 调度器的仿真网络覆盖率 p^{cov} 与 RR 调度器的仿真网络覆盖率的比率。

从这两张图中，我们可以观察到：

- 分析结果(配置 b)与模拟结果(配置 d)匹配良好，验证了定理 7.3.1 和定理 7.3.2 及其引理的准确性。

  然而，如 7.3 节所述，此类分析结果的产生仅适用于密集和超密集网络。因此，在图 7.3 中，我们只能显示相对较大的小基站密度 $\lambda \geqslant 100$ 个/km^2 的网络覆盖率 p^{cov} 的结果。
- 当涉及更稀疏的网络，即 $\lambda<100$ 个/km^2 时，定理 7.3.1 和定理 7.3.4 中提出的替代上限公式产生的分析性结果，能够成功地捕获 PF 调度器的定性性能趋势。然而，它的精度不像以前那样精确。在这种情况下，上限的分析性结果(配置 c)与仿真结果(配置 d)相匹配，在该稀疏状态下，对于所有的小基站密度 λ，它的网络覆盖率 p^{cov} 的最大

误差为0.04。

- 重要的是，正如引理7.3.3中所指出的，尽管PF调度器在所有小基站密度λ下都表现出比RR调度器更好的性能，但由于多用户分集的损失，这种性能增益随着网络发展到超密集状态而减小。从图7.4可以看出，PF调度器的性能增益随着小基站密度λ的增加而不断减小。例如，当小基站密度从$\lambda=10^2$个/km^{2}变化到$\lambda=10^4$个/km^{2}时，它的增益从大约17%下降到大约0.5%。这是因为PF调度器可供选择的移动终端越来越少。请注意，由于瑞利多径快衰落的假设，在这些结果中，没有考虑超密集网络中高概率视距传输导致的较小无线信道变化对给定时频资源的影响，但在7.4.4节分析瑞利多径快衰落的影响时会考虑这一点。

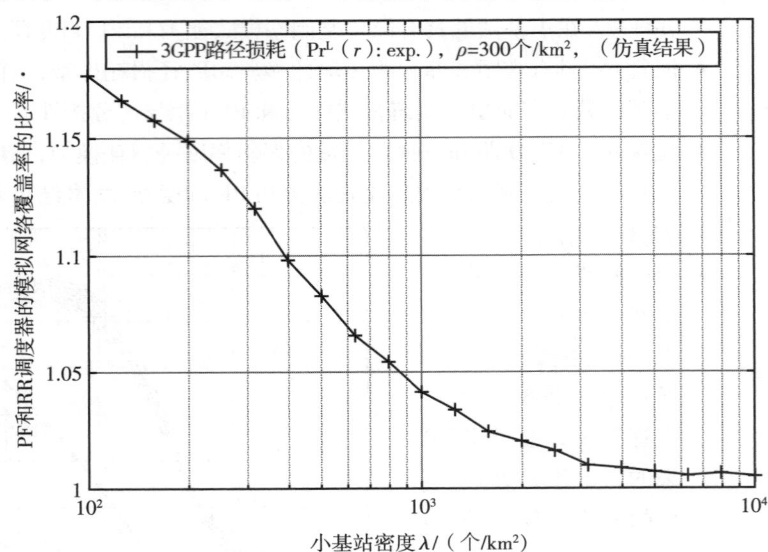

图7.4 PF调度器的模拟网络覆盖率p^{cov}与RR调度器的模拟网络覆盖率的比率

关于图7.3中的性能行为，更详细的解释如下：

- 当小基站密度为$\lambda\in[10^0,10^1]$时，网络是噪声受限的，因此RR和PF调度器的覆盖率p^{cov}随着小基站密度λ的增加而增加，因为越来越多的小基站使得网络覆盖范围逐渐减少。
- 当小基站密度为$\lambda\in[10^1,10^2]$时，网络开始受到干扰限制，PF调度器的网络覆盖率p^{cov}显示出有趣的平坦轨迹。这是出于以下权衡：
  - 由于PF调度器能够选择具有最佳信道条件的移动终端进行传输，因此信号功率增加。

    在时频资源中，RR调度器通过随机并独立于其信道条件的方式，选择移动终端进行传输，而PF调度器则选择相对于其均值具有最佳瞬时传输条件的移动终端，在这种情况下，该移动终端具有最佳多径衰落。
  - 多用户分集随着小基站密度λ的增大而减小。

    随着小基站密度λ的增加，每个活跃小基站的移动终端数量($\tilde{K}$)在减少，抵消了上述信号功率的增加，从而减少了 PF 调度器可以从中选择良好移动终端进行传输的移动终端数量池的大小。

- 当小基站密度为 $\lambda\in[10^2,10^3]$时，随着网络被置于干扰受限区域，RR 和 PF 调度器的网络覆盖率 p^{cov} 都随着小基站密度 λ 的增大而减小。正如第 4 章中详细分析的那样，这种退化是大量干扰链路从非视距过渡到视距造成的。这种现象加速了聚合小区间干扰功率的增长，进而降低了典型移动终端的信干噪比 Γ 和网络覆盖率 p^{cov}。
- 当小基站密度 λ 较大($\lambda>10^3$ 个/km^2)时，网络进入超密集状态，RR 和 PF 调度器的网络覆盖率(p^{cov})随着小基站密度 λ 的增大而增大。如第 6 章所述，小基站处的有限移动终端密度 $\rho<+\infty$ 和简单空闲态模式能力为非协调超密集网络中移动终端可接收最大的小区间干扰功率引入了上限，而在密集网络中，由于移动终端与其所在服务的小基站之间的距离更近，信号功率继续增长。这种现象加速了信号功率的增长，进而增加了典型移动终端的信干噪比 Γ 和网络覆盖率 p^{cov}。

1. NetVisual 分析

为了以更直观的方式可视化网络覆盖率 p^{cov} 的基本行为，图 7.5 显示了具有不同小基站密度(即 50、250 和 2500)的三种不同场景的网络覆盖率热力图，同时考虑了具有视距和非视距传输的多斜率路径损耗模型、有限移动终端密度 $\rho<+\infty$ 以及带或不带 PF 调度器的小基站的简单空闲态模式能力。这些热力图是使用 NetVisual 计算的。正如 2.4 节中所解释的，该工具能够提供引人注目的图表来帮助评估性能，它不仅能捕获均值，还能捕获网络覆盖率 p^{cov} 的标准差。

从图 7.5 中，我们可以看到，相对于 RR 调度器的情形：

- 当网络稀疏时(即在我们的示例中，当小基站密度 λ 不大于 250 个/km^2 时)，小基站处的 PF 调度器会对性能产生影响。当小基站密度 λ 约为 250 个/km^2 时，图 7.5b 中的信干噪比热力图比图 7.5a 中的更亮，甚至比 $\lambda=50$ 个/km^2 时亮。这显示了 PF 调度器利用多用户分集的能力在小基站处获得的性能改进。从数值上看，对于小基站密度 $\lambda=50$ 个/km^2 的情况，网络覆盖率 p^{cov} 的均值和标准差分别从小基站 RR 调度器的 0.72 和 0.22 变为 PF 调度器的 0.87 和 0.17，均值提高了 20.83%。
- 相比之下，当网络超密集时，即在我们的示例中，当小基站密度 λ 不小于 2500 个/km^2 时，小基站处的 PF 调度器对性能的影响可以忽略不计。图 7.5a 与图 7.5b 中小基站密度($\lambda=2500$ 个/km^2)的信干噪比热力图基本相同。由于这种情况下小基站的数量远大于移动终端的数量，因此大多数活跃小基站仅服务于 1 个移动终端，接近了每个小基站一个移动终端的极限。因此，多用户分集增益可以忽略不计。这两种情况的网络覆盖率 p^{cov} 的均值和标准差分别约为 0.80 和 0.13。

2. 调查结果摘要：网络覆盖率评述

评述 7.1　考虑到 PF 调度器，连同有限移动终端密度 $\rho<+\infty$、小基站的简单空闲态模式

能力、典型移动终端的信干噪比 Γ，由于多用户分集增益，即拥有在每个时频资源中选择更好的移动终端进行传输的能力，因此稀疏网络中的网络覆盖率 p^{cov} 相对于 RR 调度器的网络覆盖率有所提高。然而，在超密集网络中，这些多用户分集增益可以忽略不计。这是因为小区负载接近每个小区一个用户的极限，因此多用户分集增益要小得多。

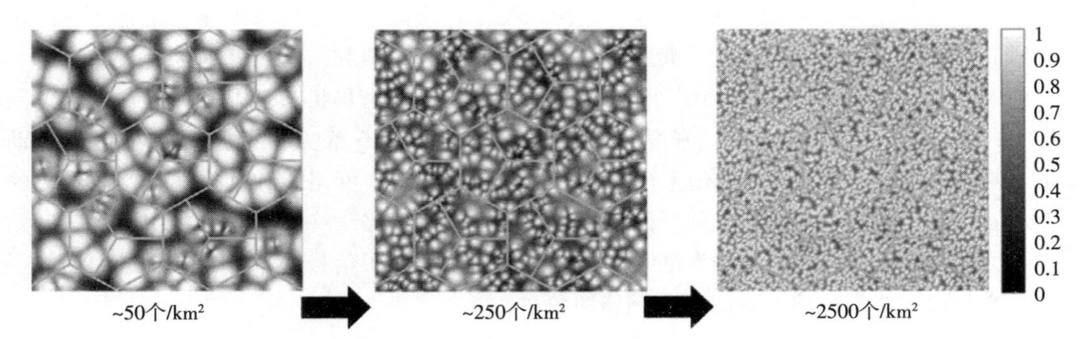

a）包含视距和非视距传输的多斜率路径损耗模型条件下的网络覆盖率p^{cov}，其中有限移动终端密度ρ=300个/km²，小基站具有简单空闲态模式能力和RR调度器

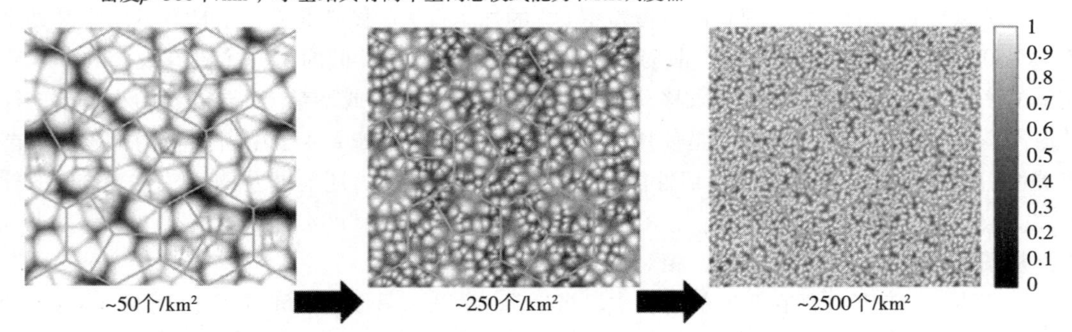

b）包含视距和非视距传输的多斜率路径损耗模型条件下的网络覆盖率p^{cov}，其中有限移动终端密度ρ=300个/km²，小基站具有简单空闲态模式能力和PF调度器。与图7.5a相比，随着基站密度λ的增加，信干噪比的热力图颜色变得更浅，由于PF调度器捕获了多用户分集增益，因此显示出性能增强。然而，这种性能改进随着小基站密度λ的增加而减小

图 7.5　网络覆盖率 p^{cov} 与小基站密度 λ 的 NetVisual 图(亮区表示高概率，暗区表示低概率)

7.4.3　面积比特效率的性能

现在让我们探讨面积比特效率的性能影响。

图 7.6 显示了信干噪比阈值 γ_0 = 0dB 的面积比特效率 A^{ASE}，适用于以下三种配置：

- 配置 a：具有视距和非视距传输的多斜率路径损耗模型、有限移动终端密度 $\rho<+\infty$、小基站的简单空闲态模式能力和 RR 调度器(分析结果)；
- 配置 b：具有视距和非视距传输的多斜率路径损耗模型、有限移动终端密度 $\rho<+\infty$、小基站的简单空闲态模式能力和 PF 调度器(分析结果)；

- 配置 c：具有视距和非视距传输的多斜率路径损耗模型、有限移动终端密度 $\rho<+\infty$、小基站的简单空闲态模式能力和 PF 调度器(仿真结果)。

作为该图中最重要的结论，我们应该指出：在超密集网络中，PF 调度器的面积比特效率 A^{ASE} 收敛于 RR 调度器的面积比特效率。对于小基站密度 $\lambda=10^2$ 个/km² 和 $\lambda=10^3$ 个/km²，由 PF 和 RR 调度器产生的面积比特效率 A^{ASE} 分别为 70.5bit/(s · Hz · km²) 和 25.5bit/(s · Hz · km²)。这是 23.56% 和 4.52% 的差异。重要的是，随着小基站密度 λ 的进一步增加，PF 调度器的这种增益实际上变为 0。

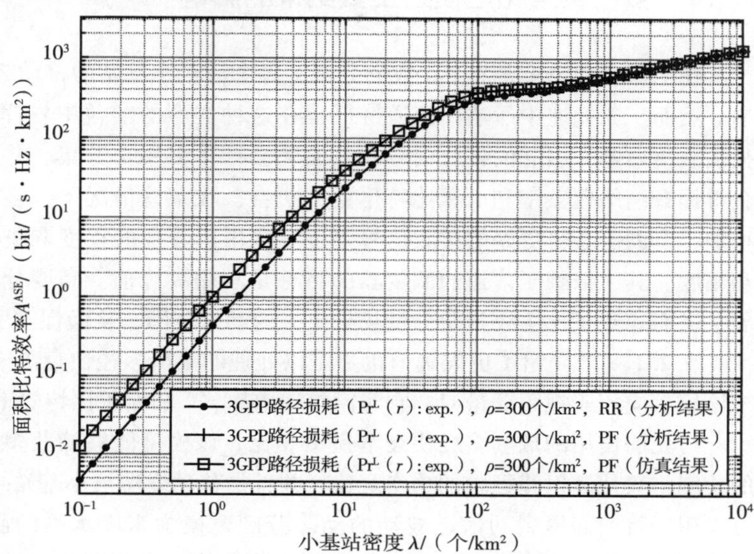

图 7.6　面积比特效率 A^{ASE} 与小基站密度 λ 的关系

这些结果来自 7.4.2 节中解释的网络覆盖率 p^{cov} 的行为。

总体而言，这些结果表明，在实际网络中，当移动终端密度 $\rho<+\infty$ 有限时，随着每个活跃小基站的移动终端数量 $\bar{K}$ 减少，多用户分集增益将减少，直到这些增益消失，并且依赖于信道的 PF 调度器不会带来面积比特效率 A^{ASE} 方面的任何增益。还需要注意的是，PF 调度器没有改变第 6 章中的重要结论，即在实际网络中，当小基站具有有限的移动终端密度 $\rho<+\infty$ 和简单空闲态模式能力时，网络覆盖率 p^{cov} 和面积比特效率 A^{ASE} 都将随着小基站密度 λ 的超密集而增加。如前所述，导致这种现象的根本原因是有限移动终端密度 $\rho<+\infty$ 和小基站空闲态模式能力，以及移动终端可以接收的小区间最大干扰功率上限。在这种非协调的超密集网络中，活跃小基站最多可以和移动终端一样多，但绝不能更多，并且 PF 调度器无法改变这一基本事实。随着信号功率因密集网络中的移动终端与其服务小基站之间的距离越来越近而持续增加，该小区间干扰界限允许典型移动终端的信干噪比 Γ 增长。

调研结果摘要：面积比特效率评述

评述 7.2　考虑到 PF 调度器以及有限移动终端密度 $\rho<+\infty$ 和小基站简单空闲态模式能力，由于多用户分集增益，面积比特效率 A^{ASE} 在稀疏网络中相对于 RR 调度器而言，性能有所改善，但在超密集网络中，这些增益可以忽略不计。该结果与网络覆盖率 p^{cov} 的表现行为一致。

7.4.4　多径衰落和建模对主要结果的影响

在 7.4.2 和 7.4.3 节中，我们分析了每个活跃小基站的移动终端数量 $\tilde{K}$ 对多用户分集的影响。然而，如概述中所述，信道特征也在这种类型的增益中发挥了作用。更详细而言，由多径快衰落增益 h 引起的接收信号质量波动会产生多用户分集，并使依赖于信道的调度器可以获得提升网络覆盖率和面积比特增益的机会。在某些情况下，多径快衰落分量可以建设性地相加，有助于获得更好的接收信号强度。多用户分集的程度取决于这种信道波动的动态范围和幅度，其中依赖于信道的调度器的目标是利用高峰值。高度分散的场景导致了大角度的扩展，进而导致了比主要视距分量场景更大的动态范围，从而促进了更大的多用户分集增益。

在 2.1.8 节介绍了更准确但也更难以处理的莱斯多径快衰落模型，在本节中，我们将分析当该模型应用于视距分量时，它对网络覆盖率 p^{cov} 和面积比特效率 A^{ASE} 的影响。

与先前使用的瑞利多径快衰落模型相比，该模型能够捕获多径快衰落增益 h 直接路径中的功率与其他散射路径中的功率之比，并且是移动终端与小基站之间距离 r 的函数。因此，它可以用于将前面提到的信道波动的动态范围建模为密度水平的函数。作为提醒，我们指出，在莱斯多径快衰落模型下，多径快衰落增益 h 的动态范围比在瑞利模型下更小，前者具有更大的最小值和更小的最大值。更重要的是，莱斯多径快衰落增益的平均值 h 随着小基站密度 λ 的增加而增加(见图 2.4)。

在本节中，我们的目的是检查在考虑这种更现实但不太容易处理的基于莱斯多径快衰落模型时，本章中关于 PF 调度程序的结论是否成立。

出于数学易处理性的考虑，在下文中，我们仅给出了这种基于莱斯多径快衰落模型的系统级仿真结果。有关瑞利和莱斯多径快衰落模型的更多详细信息，请参阅 2.1.8 节。

图 7.7 显示了网络覆盖率 p^{cov} 的结果，而图 7.8 显示了面积比特效率 A^{ASE} 的结果。需要提醒的是，除了这里考虑的视距分量所使用的莱斯多径快衰落模型外，用于获得这两张图中的结果的假设和参数与本章先前显示结果的假设和参数相同。

从这些图中可以看出，在 7.4 节中，在基于瑞利多径快衰落模型下获得的关于 PF 调度器的覆盖率 p^{cov} 和面积比特效率 A^{ASE} 的所有观察结果，对于基于莱斯多径快衰落模型下的观测值都是定性有效的，类似的趋势也存在。

首先关注网络覆盖率 p^{cov}，我们可以看到它先增加，然后达到平稳，再减少，最后再次增加，在考虑这两种不同的多径快衰落模型时，只存在定量偏差。与第 6 章中的结果类似，在较大的小基站密度下，基于莱斯多径快衰落模型的结果优于基于瑞利多径快衰落模型的结果。这种情况的根源在于小基站空闲态模式能力的影响。随着小基站密度 λ 的增加，小基站的空闲态模式能力会逐渐关闭越来越多的小基站，因此：

- 增加了移动与其相邻干扰小基站之间的平均距离；
- 延迟了非视距到视距小区间干扰的过渡。

当考虑基于莱斯或瑞利的多径快衰落模型时，后一种情况加剧了性能差异，并延长了它们之间在更大小基站密度下的性能差异。如果想进一步了解基于莱斯多径快衰落模型下更好的系统性能，可以参考 6.4.5 节。

重要的是，还应该从图 7.7 的新结果中注意到：在较小的小基站密度 λ 下，相比基于瑞利多径快衰落模型，基于莱斯多径快衰落模型缩小了 PF 调度器和 RR 调度器之间的网络覆盖率差距。更详细地说，在莱斯模型下，当小基站密度等于或大于 $\lambda=357.2$ 个/km^2 时，PF 调度器与 RR 调度器的性能增益差距在 5%以内，而在瑞利模型下，要想达到对应的效果，小基站密度为 $\lambda=897.2$ 个/km^2。这表明，当考虑更现实的基于莱斯多径快衰落模型时，依赖于信道的调度器所提供的优势会更早消失。这是由于在莱斯多径快衰落下信道波动的动态范围较小。由于这种较小的动态范围，PF 调度器选择“更好”移动终端进行传输的可用性降低了，进而降低了多用户分集。

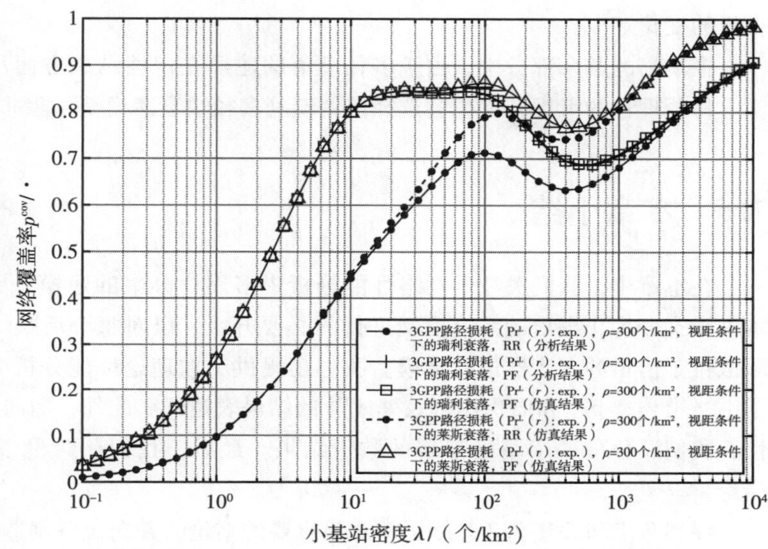

图 7.7　网络覆盖率 p^{cov} 与小基站密度 λ 的关系，用于莱斯多径快衰落的替代案例研究

至于面积比特效率 A^{ASE}，请注意图 7.8 中基于瑞利和莱斯的多径快衰落模型下的行为几乎是相同的。这是因为网络覆盖率 p^{cov} 中相对较小的变化会导致面积

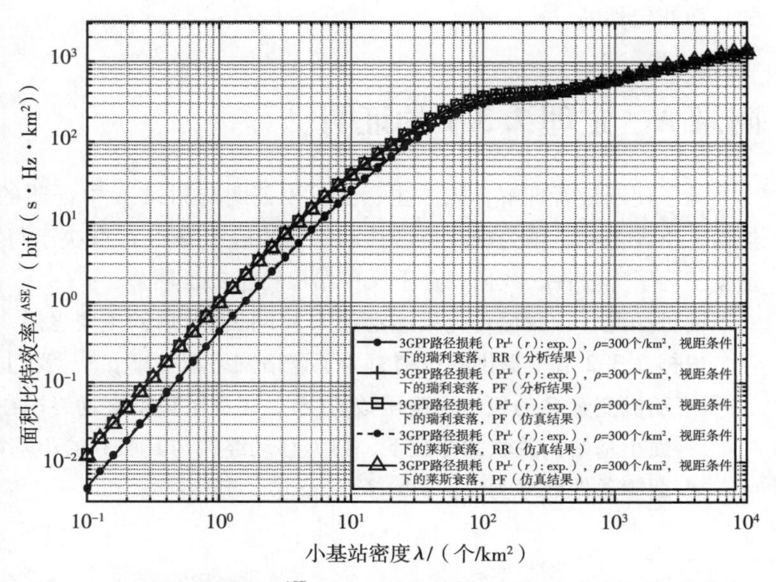

图 7.8　面积比特效率 A^{ASE} 与小基站密度 λ 的关系，是对于多径莱斯衰落的替代案例研究

比特效率 A^{ASE} 中更小的变化。

总的来说，尽管存在数量上的差异，但这些关于网络覆盖率 p^{cov} 和面积比特效率 A^{ASE} 的结果证实了我们的说法，即本章中的主要结论是一般性的，不会因多径快衰落模型的假设而发生质的变化。[⊖]

在本书的其余部分中，由于多径衰落的建模在定性结果方面没有产生深远影响，出于数学上易处理性的考虑，我们会选择使用瑞利多径快衰落模型，除非另有说明。

7.5　本章小结

在本章中，我们关注了网络性能分析中多用户分集的建模。更准确地说，我们描述了对本书中迄今为止提出的系统模型进行的必要升级，以对每个活跃小基站的移动终端数量和实际依赖于信道的调度器进行建模。我们还提供了在理论性能分析中进行推导的细节，并给出了网络覆盖率 p^{cov} 和面积比特效率 A^{ASE} 的结果表达式。此外，面向具有不同小基站的密度和特性，我们还分享了小基站部署的数值结果。最后，我们还讨论了从这项工作中得出的重要结论。

评述 7.1 和评述 7.2 总结了本章最重要的结论，并向设备制造商和供应商表明，在超密集部署中，可能没有必要为小基站开发复杂的依赖于信道的调度器。这样的复杂性可以被保留并用于辅助特定功能。

与前几章一样，在密集网络中，多径快衰落模型对多用户分集损失的影响被证明是定量的，而非定性的。

附录 A　定理 7.3.1 的证明

为了便于读者理解，应该注意到，该证明与附录 A 中证明的某些部分有很多相似之处。然而，出现差异是因为现在典型移动终端的信干噪比 Γ 取决于每个活跃小基站的移动终端数量 $\tilde{K}$。为了完整性，我们将在下文中给出完整的证明。

话虽如此，让我们首先描述定理 7.3.1 证明背后的主要思想，然后进行更详细的解释。

根据 2.3.2 节中提供的指南，为了评估网络覆盖率 p^{cov}，我们需要适当的表达式：

- 随机变量 R 的概率密度函数 $f_R(r)$，表征了典型移动终端在通过视距或非视距路径与最强小基站相关联的情况下，典型移动终端与其服务的小基站之间的距离。
- 期望条件概率为 $\mathbb{E}_{[\tilde{K}]}\{\Pr[\Gamma>\gamma_0|r]\}$，其中：

⊖ 请注意，这种说法适用于所研究的单天线终端和小蜂窝基站的情况，但可能不适用于多天线情况，因为在多天线情况下，阵列天线之间的衰减相关性起着关键作用。

- 由于信干噪比 Γ 取决于随机变量 $\widetilde{K}$，因此对每个活跃小基站的移动终端数量 $\widetilde{K}$ 计算期望值；
- $r=R(\omega)$ 是视距和非视距传输的随机变量 R 的实现。

值得注意的是，定理 7.3.1 中的条件期望概率 $\mathbb{E}_{[\widetilde{K}]}\{\Pr[\Gamma>\gamma_0|r]\}$ 与定理 4.3.1 中的条件概率 $\Pr[\Gamma>\gamma_0|r]$ 不同。这是因为在定理 4.3.1 中选择了随机移动终端，因此信干噪比 Γ 不取决于每个活跃小基站的移动终端数量 $\widetilde{K}$。为了强调这种差异，附录 B 中给出了关于这种概率计算的证明。

一旦确定了上述表达式，我们就可以通过执行相应的适当积分来得出网络覆盖率 p^{cov}，其中一些积分将在下面展示。

然而，在进行更详细的计算之前，重要的是要注意，考虑到每个活跃小基站的移动终端数量 $\widetilde{K}$，根据式(2.22)和式(3.3)，我们可以推导出网络覆盖率 p^{cov}：

$$
\begin{aligned}
p^{\mathrm{cov}}(\lambda,\gamma_0) &\overset{(a)}{=} \int_{r>0} \mathbb{E}_{[\widetilde{K}]}\{\Pr[\Gamma>\gamma_0|r]\} f_R(r)\,\mathrm{d}r \\
&= \int_{r>0} \mathbb{E}_{[\widetilde{K}]}\left\{\Pr\left[\frac{P\zeta(r)\gamma(\tilde{k})}{I_{\mathrm{agg}}+P^{\mathrm{N}}}>\gamma_0\right]\right\} f_R(r)\,\mathrm{d}r \\
&= \int_0^{d_1} \mathbb{E}_{[\widetilde{K}]}\left\{\Pr\left[\frac{P\zeta_1^{\mathrm{L}}(r)\gamma(\tilde{k})}{I_{\mathrm{agg}}+P^{\mathrm{N}}}>\gamma_0\right]\right\} f_{R,1}^{\mathrm{L}}(r)\,\mathrm{d}r + \\
&\quad \int_0^{d_1} \mathbb{E}_{[\widetilde{K}]}\left\{\Pr\left[\frac{P\zeta_1^{\mathrm{NL}}(r)\gamma(\tilde{k})}{I_{\mathrm{agg}}+P^{\mathrm{N}}}>\gamma_0\right]\right\} f_{R,1}^{\mathrm{NL}}(r)\,\mathrm{d}r + \\
&\quad \cdots + \\
&\quad \int_{d_{N-1}}^{\infty} \mathbb{E}_{[\widetilde{K}]}\left\{\Pr\left[\frac{P\zeta_N^{\mathrm{L}}(r)\gamma(\tilde{k})}{I_{\mathrm{agg}}+P^{\mathrm{N}}}>\gamma_0\right]\right\} f_{R,N}^{\mathrm{L}}(r)\,\mathrm{d}r + \\
&\quad \int_{d_{N-1}}^{\infty} \mathbb{E}_{[\widetilde{K}]}\left\{\Pr\left[\frac{P\zeta_N^{\mathrm{NL}}(r)\gamma(\tilde{k})}{I_{\mathrm{agg}}+P^{\mathrm{N}}}>\gamma_0\right]\right\} f_{R,N}^{\mathrm{NL}}(r)\,\mathrm{d}r \\
&\triangleq \sum_{n-1}^{N} (T_n^{\mathrm{L}}+T_n^{\mathrm{NL}})
\end{aligned}
\tag{7.29}
$$

其中：

- R_n^{L} 和 R_n^{NL} 分别是典型移动终端通过视距和非视距路径与小基站的相关距离的分段分布。注意，这两个事件，即典型移动终端通过视距或非视距路径与小基站相关联，是不相交的，因此网络覆盖率 p^{cov} 是这两个事件对应概率的总和。
- $f_{R,n}^{\mathrm{L}}(r)$ 和 $f_{R,n}^{\mathrm{NL}}(r)$ 是随机变量 R_n^{L} 和 R_n^{NL} 相应的分段概率密度函数：
  - 为了清晰起见，$f_{R,n}^{\mathrm{L}}(r)$ 和 $f_{R,n}^{\mathrm{NL}}(r)$ 这两个分段的概率密度函数在式(7.29)的步骤 a 中被堆叠成 $f_R(r)$。$f_R(r)$ 采用了与式(4.1)类似的形式，并且定义在式(4.45)中。

■ 既然这两个事件(即典型移动终端通过视距或非视距路径与小基站相关联)是不相交的，如前所述，我们可以依赖以下相等关系：

$$\sum_{n=1}^{N}\int_{d_{n-1}}^{d_n} f_{R,n}(r)\,\mathrm{d}r=\sum_{n=1}^{N}\int_{d_{n-1}}^{d_n} f_{R,n}^{\mathrm{L}}(r)\,\mathrm{d}r+\sum_{n=1}^{N}\int_{d_{n-1}}^{d_n} f_{R,n}^{\mathrm{NL}}(r)\,\mathrm{d}r=1$$

- $T_{\mathrm{n}}^{\mathrm{N}}$ 和 $T_{\mathrm{n}}^{\mathrm{NL}}$ 这两个分段函数相应地定义为

$$T_n^{\mathrm{L}}=\int_{d_{n-1}}^{d_n}\mathbb{E}_{[\tilde{K}]}\left\{\Pr\left[\frac{P\zeta_n^{\mathrm{L}}(r)\gamma(\tilde{k})}{I_{\mathrm{agg}}+P^{\mathrm{N}}}>\gamma_0\right]\right\}f_{R,n}^{\mathrm{L}}(r)\,\mathrm{d}r \tag{7.30}$$

$$T_n^{\mathrm{NL}}=\int_{d_{n-1}}^{d_n}\mathbb{E}_{[\tilde{K}]}\left\{\Pr\left[\frac{P\zeta_n^{\mathrm{NL}}(r)\gamma(\tilde{k})}{I_{\mathrm{agg}}+P^{\mathrm{N}}}>\gamma_0\right]\right\}f_{R,n}^{\mathrm{NL}}(r)\,\mathrm{d}r \tag{7.31}$$

- 相应地，d_0 和 d_N 分别为 0 和+∞ 。

$$f_R(r)=\begin{cases}f_{R,1}(r)=\begin{cases}f_{R,1}^{\mathrm{L}}(r) & \text{移动终端通过视距路径与小基站相关联}\\ f_{R,1}^{\mathrm{NL}}(r) & \text{移动终端通过非视距路径与小基站相关联}\end{cases} & 0\leqslant r\leqslant d_1\\ f_{R,2}(r)=\begin{cases}f_{R,2}^{\mathrm{L}}(r) & \text{移动终端通过视距路径与小基站相关联}\\ f_{R,2}^{\mathrm{NL}}(r) & \text{移动终端通过非视距路径与小基站相关联}\end{cases} & d_1<r\leqslant d_2\\ \vdots & \vdots\\ f_{R,N}(r)=\begin{cases}f_{R,N}^{\mathrm{L}}(r) & \text{移动终端通过视距路径与小基站相关联}\\ f_{R,N}^{\mathrm{NL}}(r) & \text{移动终端通过非视距路径与小基站相关联}\end{cases} & r>d_{N-1}\end{cases} \tag{7.32}$$

按照这个方法，现在让我们深入地了解更详细的推导过程。

1. 视距（LoS）相关计算

让我们首先研究视距传输，并展示如何计算式(7.29)中的概率密度函数 $f_{R,n}^{\mathrm{L}}(r)$。为此，我们先定义了以下两个事件。

- 事件 B^{L}：具有视距路径的典型移动终端最近的小基站位于距离 $x=X^{\mathrm{L}}(\omega)$ 处，由距离的随机变量 X^{L} 定义。根据 2.3.2 节的结果，事件 B^{L} 中随机变量 R 的概率密度函数 $f_R(r)$ 可以通过以下方式计算：

$$f_X^{\mathrm{L}}(x)=\exp\left(-\int_0^x \Pr{}^{\mathrm{L}}(u)2\pi u\lambda\,\mathrm{d}u\right)\Pr{}^{\mathrm{L}}(x)2\pi x\lambda \tag{7.33}$$

这是因为，根据文献[52]，事件 B^{L} 中随机变量 X^{L} 的互补累积分布函数 $\bar{F}_X^{\mathrm{L}}(x)$ 由下式给出：

$$\bar{F}_X^{\mathrm{L}}(x)=\exp\left(-\int_0^x \mathrm{Pr}^{\mathrm{L}}(u)2\pi u\lambda\mathrm{d}u\right) \tag{7.34}$$

并取随机变量 X^{L} 的累积分布函数 $1-\bar{F}_X^{\mathrm{L}}(x)$ 相对于距离 x 的导数，我们可以得到随机变量 X^{L} 的概率密度函数 $f_X^{\mathrm{L}}(x)$，如式(7.33)所示。值得注意的是，我们推导出的式(7.33)比式(2.42)更复杂。这是因为视距小基站部署是不均匀的，距离典型移动终端近的小基站比距离较远的小基站更有可能建立视距链路。与式(2.42)相比，我们可以看到式(7.33)的两个重要变化。

- 半径为 r 的圆盘恰好包含 0 个点的概率，它的形式为 $\exp(-\pi\lambda r^2)$，如式(2.38)所示，但现在已经发生了变化，在式(7.33)中由以下表达式代替：

$$\exp\left(-\int_0^x \mathrm{Pr}^{\mathrm{L}}(u)2\pi u\lambda\mathrm{d}u\right)$$

  这是因为在非齐次泊松点过程中，视距小基站的等效强度与距离有关，即 $\mathrm{P}_{\mathrm{r}}^{\mathrm{L}}(u)\lambda$。这为式(7.33)添加了一个关于距离 u 的新积分。
- 式(2.42)中齐次泊松点过程的强度 λ 已被式(7.33)中非齐次泊松点过程的等效强度 $\mathrm{P}_{\mathrm{r}}^{\mathrm{L}}(u)\lambda$ 代替。

- 事件 C^{NL} 以随机变量 X^{L} 的值 $x=X^{\mathrm{L}}(\omega)$ 为条件：典型移动终端通过视距路径与位于距离 $x=X^{\mathrm{L}}(\omega)$ 处最近的小基站相关联。如果典型移动终端与位于距离 $x=X^{\mathrm{L}}(\omega)$ 处最近的视距小基站相关联，则该视距小基站必须具有最小的路径损耗 $\zeta(r)$。因此，圆盘内必须没有非视距小基站：
  - 以典型移动终端为中心；
  - 半径为 x_1。其中，半径 x_1 满足以下条件：

$$x_1=\arg_{x_1}\{\zeta^{\mathrm{NL}}(x_1)=\zeta^{\mathrm{L}}(x)\}$$

  否则，在距离 $x=X^{\mathrm{L}}(\omega)$ 处，该非视距小基站将优于视距小基站。

根据文献[52]，事件 C^{NL} 以随机变量 X^{L} 的实现 $x=X^{\mathrm{L}}(\omega)$ 为条件，条件概率为 $\mathrm{Pr}[C^{\mathrm{NL}}|X^{\mathrm{L}}=x]$，由下式给出：

$$\mathrm{Pr}[C^{\mathrm{NL}}|X^{\mathrm{L}}=x]=\exp\left(-\int_0^{x_1}(1-\mathrm{Pr}^{\mathrm{L}}(u))2\pi u\lambda\mathrm{d}u\right) \tag{7.35}$$

总之，请注意，事件 B^{L} 确保与任意视距小基站相关的路径损耗 $\zeta^{\mathrm{L}}(x)$ 始终大于在距离 $x=X^{\mathrm{L}}(\omega)$ 处与所考虑的视距小基站相关的路径损耗。此外，在这样一个距离为 $x=X^{\mathrm{L}}(\omega)$ 的条件下，事件 C^{NL} 确保与任意非视距小基站相关的路径损耗 $\zeta^{\mathrm{NL}}(x)$ 也总是大于与所考虑的视距小基站相关的路径损耗。由此，我们可以保证典型移动终端与信号最强的视距小基站相关联。

因此，现在让我们考虑由此产生的新事件，其中典型移动终端与视距小基站相关联，并且这样的小基站位于距离 $r=R^{\mathrm{L}}(\omega)$ 处。随机变量 R^{L} 的互补累积分布函数 $\bar{F}_R^{\mathrm{L}}(r)$ 可以推导为

$$
\begin{aligned}
\bar{F}_R^{\mathrm{L}}(r) &= \Pr[R^{\mathrm{L}}>r] \\
&\stackrel{(a)}{=} \mathrm{E}_{[X^{\mathrm{L}}]}\{\Pr[R^{\mathrm{L}}>r\,|\,X^{\mathrm{L}}]\} \\
&= \int_0^{+\infty} \Pr[R^{\mathrm{L}}>r\,|\,X^{\mathrm{L}}=x] f_X^{\mathrm{L}}(x)\,\mathrm{d}x \\
&\stackrel{(b)}{=} \int_0^{r} 0\times f_X^{\mathrm{L}}(x)\,\mathrm{d}x + \int_r^{+\infty} \Pr[C^{\mathrm{NL}}\,|\,X^{\mathrm{L}}=x] f_X^{\mathrm{L}}(x)\,\mathrm{d}x \\
&= \int_0^{+\infty} \Pr[C^{\mathrm{NL}}\,|\,X^{\mathrm{L}}=x] f_X^{\mathrm{L}}(x)\,\mathrm{d}x
\end{aligned}
\tag{7.36}
$$

其中：

- 步骤 a 中的 $\mathbb{E}_{[X]}\{\cdot\}$ 是对随机变量 X 的期望运算；
- 步骤 b 是有效的，因为：
  - 当 $0<x\leqslant r$ 时，$\Pr[R^{\mathrm{L}}>r\,|\,X^{\mathrm{L}}=x]=0$；
  - 当 $x>r$ 时，条件事件 $[R^{\mathrm{L}}>r\,|\,X^{\mathrm{L}}=x]$ 与条件事件 $[C^{\mathrm{NL}}\,|\,X^{\mathrm{L}}=x]$ 等价。

现在，对于给定的互补累积分布函数 $\bar{F}_R^{\mathrm{L}}(r)$，可以通过对距离 r 求导 $\frac{\partial(1-\bar{F}_R^{\mathrm{L}}(r))}{\partial r}$，得到它的概率密度函数 $f_R^{\mathrm{L}}(r)$。

$$
f_R^{\mathrm{L}}(r) = \Pr[C^{\mathrm{NL}}\,|\,X^{\mathrm{L}}=r] f_X^{\mathrm{L}}(r)
\tag{7.37}
$$

考虑到距离范围 $d_{n-1}<r\leqslant d_n$，我们可以从概率密度函数 $f_R^{\mathrm{L}}(r)$ 中找到一个分段概率密度函数 $f_{R,n}^{\mathrm{L}}(r)$，如下所示：

$$
\begin{aligned}
f_{R,n}^{\mathrm{L}}(r) = {} & \exp\left(-\int_0^{r_1}(1-\Pr^{\mathrm{L}}(u))2\pi u\lambda\,\mathrm{d}u\right)\times \\
& \exp\left(-\int_0^{r}\Pr^{\mathrm{L}}(u)2\pi u\lambda\,\mathrm{d}u\right)\Pr_n^{\mathrm{L}}(r)2\pi r\lambda \quad d_{n-1}<r\leqslant d_n
\end{aligned}
\tag{7.38}
$$

其中：

$$
r_1 = \arg_{r_1}\{\zeta^{\mathrm{NL}}(r_1)=\zeta_n^{\mathrm{L}}(r)\}
$$

2. 非视距相关的计算

现在让我们研究非视距传输，首先展示如何计算式(7.29)中的概率密度函数 $f_{R,n}^{\mathrm{NL}}(r)$。

为此，我们定义如下两个事件：

- 事件 B^{NL}：具有非视距路径的典型移动终端最近的小基站位于距离 $x=X^{NL}(\omega)$ 处，由距离随机变量 X^{NL} 定义。与式(7.33)类似，可以得到概率密度函数 $f_X^{NL}(x)$，如下所示：

$$f_X^{NL}(x)=\exp\left(-\int_0^x(1-\Pr^L(u))2\pi u\lambda\mathrm{d}u\right)(1-\Pr^L(x))2\pi x\lambda \tag{7.39}$$

这里需要注意的是，我们推导出的式(7.39)比式(2.42)更复杂。这是因为非视距小基站部署是不均匀的，离典型移动终端远的小基站比离得近的小基站更有可能建立非视距链路。与式(2.42)相比，我们可以看到式(7.39)的两个重要变化。

  - 半径为 r 的圆盘恰好包含0个点的概率，如式(2.38)所示，其形式为 $\exp(-\pi\lambda r^2)$，但现在已经发生了变化，在式(7.39)中由以下表达式代替：

$$\exp\left(-\int_0^x(1-\Pr^L(u))2\pi u\lambda\mathrm{d}u\right)$$

  这是因为非齐次泊松点过程中非视距小基站的等效强度与距离有关，即 $(1-\Pr^L(u))\lambda$。这给式(7.33)增加了一个关于距离 u 的积分。

  - 式(2.42)中齐次泊松点过程的强度 λ 已被式(7.39)中非齐次泊松点过程的等效强度 $(1-\Pr^L(u))\lambda$ 代替。

- 事件 C^L 以随机变量 X^{NL} 的值 $x=X^{NL}(\omega)$ 为条件：典型移动终端通过非视距路径与位于距离 $x=X^{NL}(\omega)$ 处最近的小基站相关联。如果典型移动终端与位于距离 $x=X^{NL}(\omega)$ 处最近的非视距小基站相关联，则该非视距小基站必须具有最小的路径损耗 $\zeta(r)$。因此，圆盘内必须没有视距小基站：

  - 以典型移动终端为中心；
  - 半径为 x_2。

  其中，半径 x_2 满足以下表达式：

$$x_2=\arg_{x_2}\{\zeta^L(x_2)=\zeta^{NL}(x)\}$$

否则，在距离 $x=X^{NL}(\omega)$ 处，该视距小基站将优于非视距小基站。

与式(7.35)类似，以随机变量 X^{NL} 的实现 $x=X^{NL}(\omega)$ 为条件的事件 C^L 的条件概率 $\Pr[C^L\mid X^{NL}=x]$ 由式(7.40)给出：

$$\Pr[C^L|X^{NL}=x]=\exp\left(-\int_0^{x_2}\Pr^L(u)2\pi u\lambda\mathrm{d}u\right) \tag{7.40}$$

因此，现在让我们考虑由此产生的新事件，其中典型移动终端与非视距小基站相关联，并且这样的小基站位于距离 $r=R^{NL}(\omega)$ 处。随机变量 R^{NL} 的互补累积分布函数 $\bar{F}_R^{NL}(r)$ 可以推导为

$$\bar{F}_R^{\mathrm{NL}}(r)=\Pr[R^{\mathrm{NL}}>r]=\int_r^{+\infty}\Pr[C^{\mathrm{L}}\mid X^{\mathrm{NL}}=x]f_X^{\mathrm{NL}}(x)\mathrm{d}x \tag{7.41}$$

现在，对于给定的互补累积分布函数 $\bar{F}_R^{\mathrm{NL}}(r)$，可以通过对距离 r 求导，即$\frac{\partial(1-\bar{F}_R^{\mathrm{NL}}(r))}{\partial r}$，得到它的概率密度函数$f_R^{\mathrm{NL}}(r)$：

$$f_R^{\mathrm{NL}}(r)=\Pr[C^{\mathrm{L}}\mid X^{\mathrm{NL}}=r]f_X^{\mathrm{NL}}(r) \tag{7.42}$$

考虑到距离范围 $d_{n-1}<r\leqslant d_n$，我们可以从该概率密度函数$f_R^{\mathrm{NL}}(r)$中找到一个分段概率密度函数$f_{R,n}^{\mathrm{NL}}(r)$，如下所示：

$$f_{R,n}^{\mathrm{NL}}(r)=\exp\left(-\int_0^{r_2}\Pr^{\mathrm{L}}(u)2\pi u\lambda\mathrm{d}u\right)\times \exp\left(-\int_0^{r}(1-\Pr^{\mathrm{L}}(u))2\pi u\lambda\mathrm{d}u\right)(1-\Pr_n^{\mathrm{L}}(r))2\pi r\lambda\quad d_{n-1}<r\leqslant d_n \tag{7.43}$$

其中：

$$r_2=\arg_{r_2}\{\zeta^{\mathrm{L}}(r_2)=\zeta_n^{\mathrm{NL}}(r)\}$$

证明完毕。

附录 B　定理 7.3.2 的证明

关于期望概率的计算证明分为视距和非视距两个部分，如下所示。

1. 视距相关的计算

在定理 7.3.1 中，我们已经得到了一个分段概率密度函数 $f_{R,n}^{\mathrm{L}}(r)$。在这里，我们对式(7.29)中的期望概率$\mathbb{E}_{[\tilde{K}]}\left\{\Pr\left[\frac{P\zeta_n^{\mathrm{L}}(r)\gamma(\tilde{k})}{I_{\mathrm{agg}}+P^{\mathrm{N}}}>\gamma_0\right]\right\}$计算如下：

$$\mathbb{E}_{[\tilde{K}]}\left\{\Pr\left[\frac{P\zeta_n^{\mathrm{L}}(r)\gamma(\tilde{k})}{I_{\mathrm{agg}}+P^{\mathrm{N}}}>\gamma_0\right]\right\}=\mathbb{E}_{[\tilde{K}]}\left\{\Pr\left[\gamma(\tilde{k})>\frac{\gamma_0(I_{\mathrm{agg}}+P^{\mathrm{N}})}{P\zeta_n^{\mathrm{L}}(r)}\right]\right\}=\mathbb{E}_{[\tilde{K},I_{\mathrm{agg}}]}\left\{\bar{F}_{Y(\tilde{k})}\left(\frac{\gamma_0(I_{\mathrm{agg}}+P^{\mathrm{N}})}{P\zeta_n^{\mathrm{L}}(r)}\right)\right\} \tag{7.44}$$

其中，$\bar{F}_{Y(\tilde{k})}(\cdot)$是多径快衰落信道增益 $Y(\tilde{k})$的互补累积分布函数，由式(7.13)给出。

因此，将式(7.13)代入式(7.44)可得：

$$
\begin{aligned}
&\mathbb{E}_{[\tilde{K}]}\left\{\Pr\left[\frac{P\zeta_n^{\mathrm{L}}(r)\gamma(\tilde{k})}{I_{\mathrm{agg}}+P^{\mathrm{N}}}>\gamma_0\right]\right\}\\
&=\mathbb{E}_{[\tilde{K},I_{\mathrm{agg}}]}\left\{1-\left(1-\exp\left(-\frac{\gamma_0(I_{\mathrm{agg}}+P^{\mathrm{N}})}{P\zeta_n^{\mathrm{L}}(r)}\right)\right)^{\tilde{k}}\right\}\\
&=\mathbb{E}_{[\tilde{K},I_{\mathrm{agg}}]}\left\{1-\left(1-\exp\left(-\frac{\gamma_0P^{\mathrm{N}}}{P\zeta_n^{\mathrm{L}}(r)}\right)\exp\left(-\frac{\gamma_0I_{\mathrm{agg}}}{P\zeta_n^{\mathrm{L}}(r)}\right)\right)^{\tilde{k}}\right\}\\
&\overset{(a)}{=}\mathbb{E}_{[I_{\mathrm{agg}}]}\left\{\sum_{\tilde{k}=1}^{+\infty}\left[1-\left(1-\exp\left(-\frac{\gamma_0P^{\mathrm{N}}}{P\zeta_n^{\mathrm{L}}(r)}\right)\exp\left(-\frac{\gamma_0I_{\mathrm{agg}}}{P\zeta_n^{\mathrm{L}}(r)}\right)\right)^{\tilde{k}}\right]f_{\tilde{K}}(\tilde{k})\right\}\\
&\overset{(b)}{=}\mathbb{E}_{[I_{\mathrm{agg}}]}\left\{\sum_{\tilde{k}=1}^{+\infty}\left[1-\sum_{t=0}^{\tilde{k}}\binom{\tilde{k}}{t}\left(-\exp\left(-\frac{\gamma_0P^{\mathrm{N}}}{P\zeta_n^{\mathrm{L}}(r)}\right)\right)^{t}\left(\exp\left(-\frac{\gamma_0I_{\mathrm{agg}}}{P\zeta_n^{\mathrm{L}}(r)}\right)\right)^{t}\right]f_{\tilde{K}}(\tilde{k})\right\}\\
&\overset{(c)}{=}\mathbb{E}_{[I_{\mathrm{agg}}]}\left\{\sum_{\tilde{k}=1}^{+\infty}\left[1-\sum_{t=0}^{\tilde{k}}\binom{\tilde{k}}{t}(-\delta_n^{\mathrm{L}}(r))^{t}\exp\left(-\frac{t\gamma_0}{P\zeta_n^{\mathrm{L}}(r)}I_{\mathrm{agg}}\right)\right]f_{\tilde{K}}(\tilde{k})\right\}\\
&\overset{(d)}{=}\sum_{\tilde{k}=1}^{+\infty}\left[1-\sum_{t=0}^{\tilde{k}}\binom{\tilde{k}}{t}(-\delta_n^{\mathrm{L}}(r))^{t}\mathscr{L}_{I_{\mathrm{agg}}}^{\mathrm{L}}(s)\right]f_{\tilde{K}}(\tilde{k})
\end{aligned}\tag{7.45}
$$

其中：

- 步骤 a 对每个活跃小基站的移动终端数量的随机变量 $\tilde{K}$ 取期望值；
- 步骤 b 是直接的二项式展开；
- 步骤 c 展示了变量的变化，$\delta_n^{\mathrm{L}}(r)=\exp\left(-\frac{\gamma_0P_{\mathrm{N}}}{P\zeta_n^{\mathrm{L}}(r)}\right)$；
- 在步骤 d 中，对于以视距传输为条件，并在变量值 $s=\frac{t\gamma_0}{P\zeta_n^{\mathrm{L}}(r)}$处进行计算的聚合小区间干扰随机变量 I_{agg}，$\mathscr{L}_{I_{\mathrm{agg}}}^{\mathrm{L}}(s)$是其概率密度函数的拉普拉斯变换。

基于视距传输的条件，拉普拉斯变换$\mathscr{L}_{I_{\mathrm{agg}}}^{\mathrm{L}}(s)$可以推导为

$$
\begin{aligned}
\mathscr{L}_{I_{\mathrm{agg}}}^{\mathrm{L}}(s)&=\mathbb{E}_{[I_{\mathrm{agg}}]}\{\exp(-sI_{\mathrm{agg}})\}\\
&=\mathbb{E}_{[\Phi,\{\beta_i\},\{g_i\}]}\left\{\exp\left(-s\sum_{i\in\Phi/b_o}P\beta_ig_i\right)\right\}\\
&\overset{(a)}{=}\exp\left(-2\pi\tilde{\lambda}\int\left(1-\mathbb{E}_{[g]}\{\exp(-sP\beta(u)g)\}\right)u\mathrm{d}u\right)
\end{aligned}\tag{7.46}
$$

其中：

- Φ 是小基站的集合；
- b_o 是为典型移动终端服务的小基站；
- β_i 和 g_i 是典型移动终端与第 i 个干扰小基站之间的路径损耗和多径快衰落增益；
- 步骤 a 已在式(3.18)中详细解释过，并在式(3.19)中进行了进一步推导。

重要的是，与式(3.18)不同，因为只有活跃小基站会产生小区间干扰，式(7.46)给出的拉普拉斯变换$\mathscr{L}_{I_{agg}}^{L}(s)$的详细计算仅涉及具有密度为$\tilde{\lambda}$的活跃小基站。

与考虑单斜率路径损耗模型的小区间干扰的式(3.19)相比，式(7.46)中的表达式$\mathbb{E}_{[g]}\{\exp(-sP\beta(u)g)\}$应同时考虑视距和非视距路径的小区间干扰。因此，拉普拉斯变换$\mathscr{L}_{I_{agg}}^{L}(s)$可以进一步演化为

$$
\begin{aligned}
L_{I_{agg}}^{L}(s)&=\exp\left(-2\pi\tilde{\lambda}\int(1-\mathbb{E}_{[g]}\{\exp(-sP\beta(u)g)\})u\mathrm{d}u\right)\\
&\stackrel{(a)}{=}\exp\left(-2\pi\tilde{\lambda}\int[\Pr^{L}(u)(1-\mathbb{E}_{[g]}\{\exp(-sP\zeta^{L}(u)g)\}\right)+\\
&\quad(1-\Pr^{L}(u))(1-\mathbb{E}_{[g]}\{\exp(-sP\zeta^{NL}(u)g)\})u\mathrm{d}u\\
&\stackrel{(b)}{=}\exp\left(-2\pi\tilde{\lambda}\int_{r}^{+\infty}\Pr^{L}(u)(1-\mathbb{E}_{[g]}\{\exp(-sP\zeta^{L}(u)g)\})u\mathrm{d}u\right)\times\\
&\quad\exp\left(-2\pi\tilde{\lambda}\int_{r_1}^{+\infty}(1-\Pr^{L}(u))(1-\mathbb{E}_{[g]}\{\exp(-sP\zeta^{NL}(u)g)\})u\mathrm{d}u\right)\\
&\stackrel{(c)}{=}\exp\left(-2\pi\tilde{\lambda}\int_{r}^{+\infty}\frac{\Pr^{L}(u)u}{1+(sP\zeta^{L}(u))^{-1}}\mathrm{d}u\right)\times\\
&\quad\exp\left(-2\pi\tilde{\lambda}\int_{r_1}^{+\infty}\frac{[1-\Pr^{L}(u)]u}{1+(sP\zeta^{NL}(u))^{-1}}\mathrm{d}u\right)
\end{aligned}
\tag{7.47}
$$

其中：

- 在步骤 a 中，考虑到视距和非视距的小区间干扰，将积分按不同概率分为两部分；
- 在步骤 b 中，视距和非视距的小区间干扰分别来自大于距离r和r_1的距离；
- 在步骤 c 中，瑞利随机变量g的概率密度函数$f_G(g)=1-\exp(-g)$被用于计算期望值$\mathbb{E}_{[g]}\{\exp(-sP\zeta^{L}(u)g)\}$和$\mathbb{E}_{[g]}\{\exp(-sP\zeta^{NL}(u)g)\}$。

2. 非视距相关的计算

在定理7.3.1中，我们已经得到了一个分段概率密度函数$f_{R,n}^{NL}(r)$，这里，我们计算式(7.29)中的期望概率$\mathbb{E}_{[\tilde{k}]}\left\{\Pr\left[\frac{P\zeta_n^{NL}(r)y(\tilde{k})}{I_{agg}+P_N}>\gamma\right]\right\}$，如下所示：

$$
\begin{aligned}
\mathbb{E}_{[\tilde{k}]}\left\{\Pr\left[\frac{P\zeta_n^{NL}(r)y(\tilde{k})}{I_{agg}+P_N}>\gamma\right]\right\}&=\mathbb{E}_{[\tilde{K}]}\left\{\Pr\left[y(\tilde{k})>\frac{\gamma_0(I_{agg}+P^{N})}{P\zeta_n^{NL}(r)}\right]\right\}\\
&=\mathbb{E}_{[\tilde{K},I_{agg}]}\left\{\bar{F}_{Y(\tilde{k})}\left(\frac{\gamma_0(I_{agg}+P^{N})}{P\zeta_n^{NL}(r)}\right)\right\}
\end{aligned}
\tag{7.48}
$$

其中，$\bar{F}_{Y(\tilde{k})}(\cdot)$是多径快衰落信道增益$Y(\tilde{k})$的互补累积分布函数，由式(7.13)给出。

类似于式(7.49)，将式(7.13)代入式(7.48)可以得到：

$$\mathbb{E}_{[\tilde{K}]}\left\{\Pr\left[\frac{P\zeta_n^{\mathrm{NL}}(r)y(\tilde{k})}{I_{\mathrm{agg}}+P^{\mathrm{N}}}>\gamma_0\right]\right\}=\sum_{\tilde{k}=1}^{+\infty}\left[1-\sum_{t=0}^{\tilde{k}}\binom{\tilde{k}}{t}(-\delta_n^{\mathrm{NL}}(r))^t\mathscr{L}_{I_{\mathrm{agg}}}^{\mathrm{NL}}(s)\right]f_{\tilde{K}}(\tilde{k}) \quad (7.49)$$

其中：

- 已经使用变量的变化 $\delta_n^{\mathrm{NL}}(r)=\exp\left(-\frac{\gamma P_{\mathrm{N}}}{P\zeta_n^{\mathrm{NL}}(r)}\right)$；
- 对于非视距传输条件下，在变量值 $s=\frac{t\gamma}{P\zeta_n^{\mathrm{NL}}(r)}$ 处进行计算的聚合小区间干扰随机变量 I_{agg}，$\mathscr{L}_{I_{\mathrm{agg}}}^{\mathrm{NL}}(s)$ 是其概率密度函数的拉普拉斯变换。

基于非视距传输，拉普拉斯变换 $\mathscr{L}_{I_{\mathrm{agg}}}^{\mathrm{NL}}(s)$ 可以推导为

$$\begin{aligned}\mathscr{L}_{I_{\mathrm{agg}}}^{\mathrm{NL}}(s)&=\mathbb{E}_{[I_{\mathrm{agg}}]}\{\exp(-sI_{\mathrm{agg}})\}\\&=\mathbb{E}_{[\Phi,\{\beta_i\},\{g_i\}]}\left\{\exp\left(-s\sum_{i\in\Phi/b_o}P\beta_i g_i\right)\right\}\\&\overset{(a)}{=}\exp\left(-2\pi\tilde{\lambda}\int\left(1-\mathbb{E}_{[g]}\{\exp(-sP\beta(u)g)\}\right)u\mathrm{d}u\right)\end{aligned} \quad (7.50)$$

其中，式(3.18)详细解释了式(7.50)的步骤 a，并在式(3.19)中进行了进一步推导。

重要的是，与式(3.18)不同，因为只有活跃小基站会产生小区间干扰，式(7.46)给出的拉普拉斯变换 $\mathscr{L}_{I_{\mathrm{agg}}}^{\mathrm{NL}}(s)$ 的详细计算仅涉及具有密度 $\tilde{\lambda}$ 的活跃小基站。

与考虑单斜率路径损耗模型的蜂窝间干扰的公式(3.19)相比，式(7.50)中的表达式 $\mathbb{E}_{[g]}\{\exp(-sP\beta(u)g)\}$ 应同时考虑视距和非视距路径的小区间干扰。因此，拉普拉斯变换 $\mathscr{L}_{I_{\mathrm{agg}}}^{\mathrm{NL}}(s)$ 可以进一步演化为

$$\begin{aligned}\mathscr{L}_{I_{\mathrm{agg}}}^{\mathrm{NL}}(s)&=\exp\left(-2\pi\tilde{\lambda}\int(1-\mathbb{E}_{[g]}\{\exp(-sP\beta(u)g)\})u\mathrm{d}u\right)\\&\overset{(a)}{=}\exp\left(-2\pi\tilde{\lambda}\int_{r_2}^{+\infty}\Pr^{\mathrm{L}}(u)(1-\mathbb{E}_{[g]}\{\exp(-sP\zeta^{\mathrm{L}}(u)g)\})u\mathrm{d}u\right)\times\\&\quad\exp\left(-2\pi\tilde{\lambda}\int_{r}^{+\infty}(1-\Pr^{\mathrm{L}}(u))(1-\mathbb{E}_{[g]}\{\exp(-sP\zeta^{\mathrm{NL}}(u)g)\})u\mathrm{d}u\right)\\&\overset{(b)}{=}\exp\left(-2\pi\tilde{\lambda}\int_{r_2}^{+\infty}\frac{\Pr^{\mathrm{L}}(u)u}{1+(sP\zeta^{\mathrm{L}}(u))^{-1}}\mathrm{d}u\right)\times\\&\quad\exp\left(-2\pi\tilde{\lambda}\int_{r}^{+\infty}\frac{[1-\Pr^{\mathrm{L}}(u)]u}{1+(sP\zeta^{\mathrm{NL}}(u))^{-1}}\mathrm{d}u\right)\end{aligned} \quad (7.51)$$

其中：

- 在步骤 a 中，视距和非视距的小区间干扰分别来自大于距离 r_2 和 r 的距离；
- 在步骤 b 中，瑞利随机变量 g 的概率密度函数 $f_G(g)=1-\exp(-g)$ 用于计算期望值 $\mathbb{E}_{[g]}\{\exp(-sP\zeta^{\mathrm{L}}(u)g)\}$ 和 $\mathbb{E}_{[g]}\{\exp(-sP\zeta^{\mathrm{NL}}(u)g)\}$。

证明完毕。

附录 C　引理 7.3.3 的证明

引理 7.3.3 的证明关键在于定理 7.3.2 中的式(7.21)和式(7.24)。

当小基站密度 λ 趋于无穷大($\lambda\to+\infty$)时，每个活跃小基站的移动终端最大数量 $\tilde{K}^{\max}$ 趋向于 1，($\tilde{K}^{\max}\to 1$)，因此，每个活跃小基站具有一个移动终端的概率是 1，即 $f_{\tilde{K}}(1)=1$。换句话说，所得到的超密集网络接近每个活跃小基站一个移动终端的极限。因此，定理 7.3.2 退化为第 6 章中提出和分析的 RR 调度器结果。

证明完毕。

附录 D　定理 7.3.4 的证明

定理 7.3.4 的证明关键在于应用 Jensen 不等式，如下所示[156]：

$$\mathbb{E}_{[I_{\mathrm{agg}}]}\{1-(1-\exp(-x))^{\tilde{k}}\}\leqslant 1-(1-\mathbb{E}_{[I_{\mathrm{agg}}]}\{\exp(-x)\})^{\tilde{k}} \tag{7.52}$$

这是因为当满足以下两个条件，即 $\tilde{k}\geqslant 1$ 且 $x\in[0,1]$ 时，在式(7.13)定义的表达式 $[1-(1-\exp(-x))^{\tilde{k}}]$ 中，$\tilde{k}$ 是关于指数 $\exp(-x)$ 的凹函数。

将式(7.52)代入式(7.45)的步骤 a，并进行一些数学运算，即可以完成证明。

第三部分

容量比例定律

第 8 章

超密集无线通信网络的容量比例定律

8.1 概述

定义 8.1.1 比例定律是一种数学工具，用于描述两个物理量之间的函数关系，这两个量在一个显著的区间内相互成比例关系。

最早的一些比例定律涉及几何图形中长度和面积之间的关系。举个例子，两个正方形的面积之比与它们各自的边长之比的平方成比例地变化。在无线通信中，众所周知的容量比例定律就是一个很好的例子，它描述了无线信道的容量与其信号质量的关系，即香农-哈特利定理[9]，我们已经在第 1 章中介绍过该定理。然而，并不是系统的两个可测量量之间的所有关系都“容易”计算，并且能够通过封闭形式的表达式来代表。这就是超密集网络的性能和密集化水平之间关系，例如，网络覆盖率 p^{cov} 或面积比特效率 A^{ASE} 与小基站密度 λ 之间的关系。大型网络中涉及的许多随机过程使这种关系的推导变得更加复杂。总的来说，大型无线网络相对于各种参数的容量比例定律仍然是一个悬而未决的问题，也是一个热门的研究课题[111]。

在本书的第 3~7 章中，我们展示了当独立地考虑不同信道特征和网络特征时，这两个关键性能指标——网络覆盖率 p^{cov} 和面积比特效率 A^{ASE}——是如何随着小基站密度 λ 的变化而变化的，例如路径衰落模型、天线高度、空闲态模式能力和介质访问控制（MAC）层的调度器。在某些情况下，对于特定范围的小基站密度，网络覆盖率 p^{cov} 和面积比特效率 A^{ASE} 随着小基站密度 λ 的增加而增加，而在其他一些情况下，这两个关键性能指标则随之急剧下降。至少可以说，这是有趣的矛盾现象。

为了方便起见，在考虑到第 3~7 章中研究的不同关键信道特征和网络特征的时候，让我们概述一下在面积比特效率 A^{ASE} 和小基站密度 λ 之间观察到的不同比例定律。为了简洁起见，我们将总结重点放在面积比特效率 A^{ASE}，而不是覆盖率 p^{cov} 上，主要是因为前者是后者的函数(结果)。为了便于讨论，图 8.1 说明了这样的比例定律。

- 线性 ASE 比例定律

  在第 3 章中，我们考虑了单斜率路径损耗模型，此时，面积比特效率 A^{ASE} 随着小基站密度 λ 的增加而线性增加，每个新的小基站对其贡献相等。

- ASE Crawl

  在第 4 章中，我们考虑具有视距和非视距传输的多斜率路径损耗模型，此时，面积比特效率 A^{ASE} 没有像第 3 章那样随着小基站密度 λ 的增加而线性增加。相反，当小基站密度 λ 在特定的密度范围内增加时，它的增长速度反而会放缓，甚至是下降。由于在这样的密度范围内，大量干扰链路从非视距向视距的过渡，以及由此产生更大的聚合小区间干扰，每个小基站对面积比特效率 A^{ASE} 的贡献不能保持恒定，并且随着每个新的小基站而降低。然而，一旦主要干扰成分的小基站处于视距状态，超密集网络的面积比特效率 A^{ASE} 便开始线性增长。

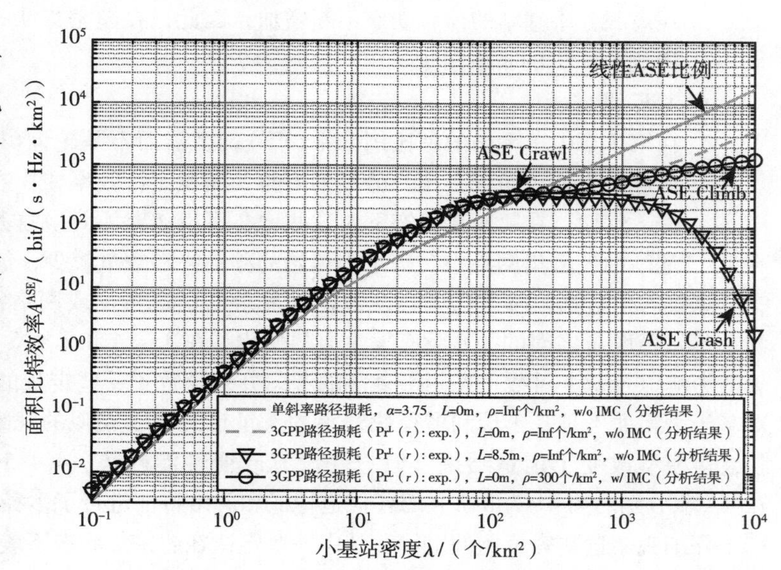

图 8.1　面积比特效率 A^{ASE} 与小基站密度 λ 的关系，其中信干噪比阈值 $\gamma_0=0\mathrm{dB}$。请注意，在第 3~6 章中已经介绍了这些容量比例定律的内容

- ASE Crash

  在第 5 章中，我们考虑了视距和非视距传输的多斜率路径损耗模型，以及移动终端天线与其服务及干扰小基站天线之间的高度差 $L>0$ 的情况。不同于第 3 章和第 4 章中的结果，随着小基站密度 λ 的增加，面积比特效率 A^{ASE} 既没有线性增加，也没有缓慢减少。相反，随着小基站密度 λ 的增加，它向 0 塌陷。

  由于移动终端可以接收的最大信号功率的上限(由天线高度差 $L>0$ 造成)，以及密集网络中越来越多且更接近的相邻小基站导致的越来越大的小区间干扰，因此，在超密集状态下，每个小基站对面积比特效率 A^{ASE} 的贡献趋向于 0。

- ASE Climb

  在第 6 章中，我们考虑了具有视距和非视距传输的多斜率路径损耗模型，以及有限移

动终端密度 $\rho<+\infty$ 和小基站简单空闲态模式能力的情况[⊖]，此时，面积比特效率 A^{ASE} 既没有随着小基站密度 λ 的增加而线性增加，也没有像第 3 章和第 5 章中那样向 0 塌陷。随着小基站密度 λ 的增加，它以良好的速度向更正的值攀升。

这种有限移动终端密度 $\rho<+\infty$ 和小基站简单空闲态模式能力的施加，导致了移动终端可以接收最大的小区间干扰功率的上限，并且由于在密集网络中，从移动终端到较短距离服务小基站的信号功率不断增加，因此，在超密集状态下，每个小基站对面积比特效率 A^{ASE} 的贡献增加。

- ASE Climb+

  在第 7 章中，考虑的是比例公平(PF)调度器而不是轮询(RR)调度器，除了第 6 章中的假设之外，由于多用户分集的增益，面积比特效率 A^{ASE} 在稀疏网络机制中得到了改进。然而，在超密集状态下，这些增益可以忽略不计。这是由于在具有较小尺寸的小基站的超密集网络中，每个小基站的移动终端数量较少，信道波动较小。

重要的是，我们应该强调，在考虑更复杂的信道特征或网络特征时，面积比特效率 A^{ASE} 和小基站密度 λ 之间的关系没有发生质的变化。在 3.4.4 和 3.4.5 节中，更结构化的小基站部署的影响以及基于对数正态阴影衰落的考虑分别导致了一些定量的差异，但没有定性的差异。对基于莱斯而不是基于瑞利多径快衰落的考量也进行了类似的观察。虽然视距传输中的多径快衰落模型改变了定量结果，但它并没有改变性能趋势。4.4.5 节、5.4.5 节、6.4.5 节和 7.4.4 节分别对第 4~7 章研究的各信道特征和网络特征进行了多径快衰落模型分析。

仔细观察这些容量比例定律，其中一些定律在超密集状态下表现出了矛盾的行为，即：

- 第 4 章的 ASE Crawl 和第 5 章的 ASE Crash 对系统性能的负面影响；
- 第 6 章中 ASE Climb 的正面影响。

考虑到本书迄今为止所分析的所有基本信道特征和网络特征，你对超密集网络的性能表现感到好奇是合理的。这些基本属性是超密集网络所固有的，虽然在稀疏网络的性能分析中，它们不起决定性作用，因此可以被忽略，但在超密集部署中，必须考虑到它们。

这就引出了一个根本问题：

简单空闲态模式能力对具有有限移动终端密度的实际超密集网络性能的积极影响，是否能够补偿非视距到视距的小区间干扰过渡和天线高度差的负面影响？

在本章中，我们将通过深入的理论分析回答这个基本问题，并提出超密集网络的容量比例定律。

本章的其余部分组织如下：

- 8.2 节简要描述本章中提出的理论性能分析框架中的系统模型和假设，并考虑到本书迄今为止研究的最相关的特征；
- 8.3 节给出新假设下的网络覆盖率和面积比特效率的理论表达式；

⊖ 请记住，第 6 章没有考虑移动终端的天线与服务以及干扰小基站的天线之间的高度差 $L>0$。

- 8.4 节基于先前的网络覆盖率和面积比特效率公式，提出超密集网络的新容量比例定律；
- 8.5 节提供一些具有不同密度和特性的小基站部署的结果，并介绍通过该理论性能分析得出的结论，从而更好地理解所提供的容量比例规律；
- 8.6 节总结本章的主要内容。

8.2　系统模型修正

为了评估实际条件下超密集网络的容量比例规律，本章采用了一个系统模型，该模型考虑了第 4~6 章中提出的最相关信道特征和网络特征，例如：

- 视距和非视距传输，以及基于最强接收信号强度的移动终端关联策略，如第 4 章所述；
- 典型移动终端的天线高度和小基站的天线高度，如第 5 章所述；
- 有限移动终端密度以及小基站的简单空闲态模式能力，如第 6 章所述。

由于应用了完全相同的模型和描述，因此我们在这里不深入讨论系统模型的细节。建议读者参考表 8.1 来了解这些内容的摘要，并参考前面相应的章节了解建模假设的具体细节。

表 8.1　系统模型

模型	描述	参考
传输链路		
链路方向	仅下行链路	从小基站到移动终端的传输
部署		
小基站部署	有限密度的 HPPP，$\lambda<+\infty$	见 3.2.2 节
移动终端部署	有限密度的 HPPP，$\rho<+\infty$	见 6.2.1 节
移动终端与小基站的关联		
信号最强的小基站	移动终端与能够提供最强接收信号强度的小基站建立连接	见 3.2.8 节及其参考文献，以及式(2.14)
路径损耗		
3GPP UMi[153]	具有概率性视距和非视距传输的多斜率路径损耗： • 视距分量 • 非视距分量 • 视距传输的概率	见 4.2.1 节，式(4.1) 式(4.2) 式(4.3) 式(4.19)
多径快衰落		
瑞利衰落	高度分散的场景	见 3.2.7 节及其参考文献，以及式(2.15)
阴影衰落		
未建模	基于易处理性的原因，阴影衰落没有建模，因为它对结果没有定性影响，见 3.4.5 节	见 3.2.6 节及其参考文献

（续）

模型	描述	参考
天线		
小基站天线	增益为 0dBi 的各向同性单天线单元	见 3.2.4 节
移动终端天线	增益为 0dBi 的各向同性单天线单元	见 3.2.4 节
小基站天线高度	可变天线高度，1.5+Lm	见 5.2.1 节
移动终端天线高度	固定天线高度，1.5m	—
小基站处的空闲态模式能力		
连接感知	关闭没有移动终端接入的小基站	见 6.2.2 节
小基站调度器		
RR(轮询)	移动终端轮流接入无线信道	见 7.1 节

还应该注意的是，本章采用的是 RR 调度器，而不是 PF 调度器，因为在第 7 章中，后者在超密集状态下提供的容量增益可以忽略不计。

8.3　理论性能分析及主要结果

在本节中，与第 3~7 章类似，我们给出了网络覆盖率 p^{cov} 和面积比特效率 A^{ASE} 的推导表达式，分别对应式(2.22)和式(6.24)中给出的正式定义(见表 8.2)。这些新的表达式将被用来评估超密集网络在接近真实条件下的容量比例规律，或者至少比文献中其他理论模型更接近真实条件。

表 8.2　关键性能指标

度量指标	计算公式	参考
网络覆盖率，p^{cov}	$p^{\text{cov}}(\lambda,\gamma_0)=\Pr[\Gamma>\gamma_0]=\bar{F}_{\Gamma}(\gamma_0)$	见 2.1.12 节，式(2.22)
面积比特效率，A^{ASE}	$A^{\text{ASE}}(\lambda,\gamma_0)=\frac{\tilde{\lambda}}{\ln 2}\int_{\gamma_0}^{+\infty}\frac{p^{\text{cov}}(\lambda,\gamma)}{1+\gamma}\mathrm{d}\gamma+\tilde{\lambda}\log_2(1+\gamma_0)p^{\text{cov}}(\lambda,\gamma_0)$	见 6.3.3 节，式(6.24)

8.3.1　网络覆盖率

在下文中，考虑到上述系统模型，我们通过定理 8.3.1 给出了关于网络覆盖率 p^{cov} 的新的主要结论。对最初介绍这些结果的研究文献感兴趣的读者可参考文献[231]。

定理 8.3.1　考虑 8.2 节中给出的系统模型，网络覆盖率 p^{cov} 可以推导为

$$p^{\text{cov}}(\lambda,\gamma_0)=\sum_{n=1}^{N}(T_n^{\text{L}}+T_n^{\text{NL}}) \tag{8.1}$$

其中：

$$T_n^{\mathrm{L}} = \int_{\sqrt{d_{n-1}^2-L^2}}^{\sqrt{d_n^2-L^2}} \Pr\left[\frac{P\zeta_n^{\mathrm{L}}(\sqrt{r^2+L^2})h}{I_{\mathrm{agg}}+P^{\mathrm{N}}} > \gamma_0\right] f_{R,n}^{\mathrm{L}}(r)\,\mathrm{d}r \tag{8.2}$$

$$T_n^{\mathrm{NL}} = \int_{\sqrt{d_{n-1}^2-L^2}}^{\sqrt{d_n^2-L^2}} \Pr\left[\frac{P\zeta_n^{\mathrm{NL}}(\sqrt{r^2+L^2})h}{I_{\mathrm{agg}}+P^{\mathrm{N}}} > \gamma_0\right] f_{R,n}^{\mathrm{NL}}(r)\,\mathrm{d}r \tag{8.3}$$

且 d_0 和 d_N 相应地定义为 $L\geqslant 0$ 和$+\infty$ 。

此外，对于概率密度函数 $f_{R,n}^{\mathrm{L}}(r)$ 和 $f_{R,n}^{\mathrm{NL}}(r)$，给定范围 $\sqrt{d_{n-1}^2-L^2}<r\leqslant\sqrt{d_n^2-L^2}$，可以得到

$$f_{R,n}^{\mathrm{L}}(r) = \exp\left(-\int_0^{r_1}\left(1-\Pr{}^{\mathrm{L}}\left(\sqrt{u^2+L^2}\right)\right) 2\pi u\lambda\,\mathrm{d}u\right)\times$$

$$\exp\left(-\int_0^{r}\Pr{}^{\mathrm{L}}\left(\sqrt{u^2+L^2}\right) 2\pi u\lambda\,\mathrm{d}u\right)\times \tag{8.4}$$

$$\Pr{}_n^{\mathrm{L}}\left(\sqrt{r^2+L^2}\right) 2\pi r\lambda \tag{8.5}$$

以及

$$f_{R,n}^{\mathrm{NL}}(r) = \exp\left(-\int_0^{r_2}\Pr{}^{\mathrm{L}}\left(\sqrt{u^2+L^2}\right) 2\pi u\lambda\,\mathrm{d}u\right)\times$$

$$\exp\left(-\int_0^{r}\left(1-\Pr{}^{\mathrm{L}}\left(\sqrt{u^2+L^2}\right)\right) 2\pi u\lambda\,\mathrm{d}u\right)\times \tag{8.6}$$

$$\left(1-\Pr{}_n^{\mathrm{L}}\left(\sqrt{r^2+L^2}\right)\right) 2\pi r\lambda \tag{8.7}$$

其中，r_1 和 r_2 由下面两个公式分别决定：

$$r_1 = \arg_{r_1}\left\{\zeta^{\mathrm{NL}}\left(\sqrt{r_1^2+L^2}\right) = \zeta_n^{\mathrm{L}}\left(\sqrt{r^2+L^2}\right)\right\} \tag{8.8}$$

$$r_2 = \arg_{r_2}\left\{\zeta^{\mathrm{L}}\left(\sqrt{r_2^2+L^2}\right) = \zeta_n^{\mathrm{NL}}\left(\sqrt{r^2+L^2}\right)\right\} \tag{8.9}$$

证明　该定理的证明与以下定理遵循相同的准则：

- 定理 5.3.1，遵循关于移动终端天线与服务/干扰小基站天线之间高度差 $L\geqslant 0$ 相关方面的准则；
- 定理 6.3.1，遵循关于有限移动终端密度 $\rho<+\infty$ 和小基站的简单空闲态模式能力方面的准则。

因此，为简洁起见，我们在这里省略了这个定理的证明。

为了帮助读者理解定理 8.3.1，并且为了清晰起见，概率 $\Pr\left[\frac{P\zeta_n^{\mathrm{L}}(\sqrt{r^2+L^2})h}{I_{\mathrm{agg}}+P^{\mathrm{N}}}>\gamma_0\right]$ 和

$\Pr\left[\frac{P\zeta_n^{\mathrm{NL}}(\sqrt{r^2+L^2})h}{I_{\mathrm{agg}}+P^{\mathrm{N}}}>\gamma_0\right]$的计算将在以下引理中进一步演化。

引理 8.3.2　在定理 8.3.1 中，概率 $\Pr\left[\frac{P\zeta_n^{\mathrm{L}}(\sqrt{r^2+L^2})h}{I_{\mathrm{agg}}+P^{\mathrm{N}}}>\gamma_0\right]$ 被计算为

$$\Pr\left[\frac{P\zeta_n^{\mathrm{L}}(\sqrt{r^2+L^2})\ h}{I_{\mathrm{agg}}^{\mathrm{L}}+P^{\mathrm{N}}}>\gamma_0\right]=\exp\left(-\frac{\gamma_0 P^{\mathrm{N}}}{P\zeta_n^{\mathrm{L}}(\sqrt{r^2+L^2})}\right)\mathscr{L}_{I_{\mathrm{agg}}}^{\mathrm{L}}(s) \tag{8.10}$$

其中，$I_{\mathrm{agg}}^{\mathrm{L}}$ 是小区间干扰的聚合随机变量，在视距传输情况下，在 $s=\frac{\gamma_0}{P\zeta_n^{\mathrm{L}}(r)}$，处的拉普拉斯变换$\mathscr{L}_{I_{\mathrm{agg}}}^{\mathrm{L}}(s)$可以表达为

$$\begin{aligned}\mathscr{L}_{I_{\mathrm{agg}}}^{\mathrm{L}}(s)=&\exp\left(-2\pi\tilde{\lambda}\int_r^{+\infty}\frac{\Pr^{\mathrm{L}}(\sqrt{u^2+L^2})\ u}{1+\left(sP\zeta^{\mathrm{L}}(\sqrt{u^2+L^2})\right)^{-1}}\mathrm{d}u\right)\times\\&\exp\left(-2\pi\tilde{\lambda}\int_{r_1}^{+\infty}\frac{\left[1-\Pr^{\mathrm{L}}(\sqrt{u^2+L^2})\right]u}{1+\left(sP\zeta^{\mathrm{NL}}(\sqrt{u^2+L^2})\right)^{-1}}\mathrm{d}u\right)\end{aligned} \tag{8.11}$$

此外，概率 $\Pr\left[\frac{P\zeta_n^{\mathrm{NL}}(\sqrt{r^2+L^2})h}{I_{\mathrm{agg}}^{\mathrm{NL}}+P^{\mathrm{N}}}>\gamma_0\right]$ 由下式计算：

$$\Pr\left[\frac{P\zeta_n^{\mathrm{NL}}(\sqrt{r^2+L^2})\ h}{I_{\mathrm{agg}}^{\mathrm{NL}}+P^{\mathrm{N}}}>\gamma_0\right]=\exp\left(-\frac{\gamma_0 P^{\mathrm{N}}}{P\zeta_n^{\mathrm{NL}}(\sqrt{r^2+L^2})}\right)\mathscr{L}_{I_{\mathrm{agg}}}^{\mathrm{NL}}(s) \tag{8.12}$$

其中，$I_{\mathrm{agg}}^{\mathrm{NL}}$ 是小区间干扰的聚合随机变量，在非视距传输情况下，在 $s=\frac{\gamma_0}{P\zeta_n^{\mathrm{NL}}(r)}$处的拉普拉斯变换可以表达为

$$\begin{aligned}\mathscr{L}_{I_{\mathrm{agg}}}^{\mathrm{NL}}(s)=&\exp\left(-2\pi\tilde{\lambda}\int_{r_2}^{+\infty}\frac{\Pr^{\mathrm{L}}(\sqrt{u^2+L^2})\ u}{1+\left(sP\zeta^{\mathrm{L}}(\sqrt{u^2+L^2})\right)^{-1}}\mathrm{d}u\right)\times\\&\exp\left(-2\pi\tilde{\lambda}\int_{r}^{+\infty}\frac{\left[1-\Pr^{\mathrm{L}}(\sqrt{u^2+L^2})\right]u}{1+\left(sP\zeta^{\mathrm{NL}}(\sqrt{u^2+L^2})\right)^{-1}}\mathrm{d}u\right)\end{aligned} \tag{8.13}$$

证明　这个引理的证明与以下定理遵循同样的准则：

- 定理 5.3.1，遵循与移动终端天线与服务/干扰小基站天线之间的高度差 $L\geqslant 0$ 有关方面的准则；
- 定理 6.3.1，遵循与有限移动终端密度 $\rho<+\infty$ 和小基站的简单空闲态模式能力有关方面的准则。

因此，为了简洁起见，我们也省略了这个引理的证明。

与第 3~7 章一样，为了更好地理解如何实际获得这种新的网络覆盖率 p^{cov}，图 8.2 展示了对应的流程图，该流程图描述了对第 3 章中提出并在第 4 章中更新的传统随机几何框架的必要增强，用以计算定理 8.3.1 的新结果。

与图 5.2 所示的逻辑类似，与图 4.2 所示的逻辑相反，在这个新结果的信道模型中，考虑了三维距离而不是二维距离，以捕获移动终端天线与服务/干扰小基站天线之间的高度差 $L \geqslant 0$。应该注意的是最外层的积分，因为该积分与齐次泊松点过程的建模有关，因此与二维平面上典型移动终端和小基站之间的距离有关。

此外，同样重要的是要注意，在定理 8.3.1 中，与图 6.1 所示的逻辑类似，与图 4.2 和 5.2 所示的逻辑相反，小区间干扰并非来自所有小基站，而仅来自活跃小基站。在进一步深入研究这种小区间干扰建模的细节时，让我们强调以下三个方面：

- 服务小基站的选择对网络覆盖率 p^{cov} 的影响由式（8.5）和式（8.7）来衡量。这些表达式是基于小基站密度 λ，而不是基于活跃小基站的密度 $\tilde{\lambda}$。
- 聚合小区间干扰 I_{agg} 对网络覆盖率 p^{cov} 的影响由式（8.11）和式（8.13）来衡量。由于只有活跃小基站会产生小区间干扰，因此这些表达式基于活跃小基站密度 $\tilde{\lambda}$，而不是基于小基站的密度 λ。

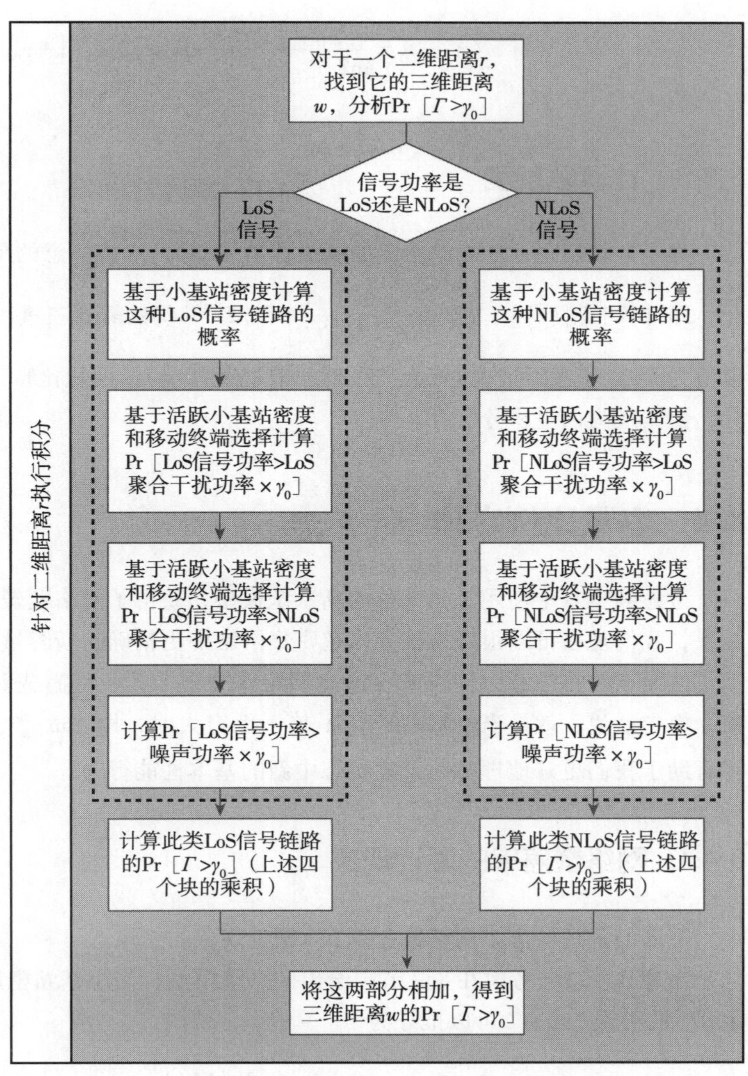

图 8.2　基于本书中分析的所有特征，在标准随机几何框架内获得定理 8.3.1 中结果的逻辑步骤

- 活跃小基站密度 $\tilde{\lambda}$ 的推导在 6.3.2 节中进行过介绍和讨论。

8.3.2 面积比特效率

与第 3~7 章类似，将通过定理 8.3.1 得到的网络覆盖率 p^{cov} 代入式(2.24)来计算典型移动终端的信干噪比 Γ 的概率密度函数 $f_\Gamma(\gamma)$，我们可以通过求解式(6.24)得到面积比特效率 A^{ASE}。有关面积比特效率公式的进一步参考，请参见表 7.2，即

$$A^{\text{ASE}}(\lambda,\gamma_0)=\frac{\tilde{\lambda}}{\ln 2}\int_{\gamma_0}^{+\infty}\frac{p^{\text{cov}}(\lambda,\gamma)}{1+\gamma}\text{d}\gamma+\tilde{\lambda}\log_2(1+\gamma_0)p^{\text{cov}}(\lambda,\gamma_0)$$

8.3.3 计算复杂度

为了计算定理 8.3.1 中给出的网络覆盖率 p^{cov}，应该注意的是，这与第 4~7 章没有任何变化，即计算 $\{f_{R,n}^{\text{Path}}(r)\}$、$\left\{\mathscr{L}_{I_r}\left(\frac{\gamma_0}{P\zeta_n^{\text{Path}}(r)}\right)\right\}$ 和 $\{T_n^{\text{Path}}\}$ 仍然需要三重积分，其中字符串变量 Path 的取值为 L(对于视距情况)或为 NL(对于非视距情况)。面积比特效率的计算需要一个额外的积分，使其成为四重积分计算。

8.4 容量比例定律

考虑到本章中使用了更完整的新系统模型，获得了网络覆盖率 p^{cov} 和面积比特效率 A^{ASE} 的结果，我们现在可以很好地推导出超密集网络中更精确的新容量比例定律。

然而，在将注意力转向该容量比例定律之前，让我们首先讨论网络覆盖率 p^{cov} 的渐近现象，换句话说，就是当小基站密度 λ 趋于无穷大时，即 $\lim\limits_{\lambda\to+\infty}p^{\text{cov}}$，网络覆盖率 p^{cov} 的趋势。这将有助于我们更好地理解超密集状态中新的基本性能行为。

8.4.1 网络覆盖率的渐近现象

下面的定理给出了网络覆盖率 p^{cov} 渐近现象的结果。

定理 8.4.1 考虑在 8.2 节中给出的系统模型，当小基站密度 λ 趋于无穷大时，网络覆盖率 p^{cov} 的极限 $\lim\limits_{\lambda\to+\infty}p^{\text{cov}}$ 可以推导为

$$\lim_{\lambda\to+\infty}p^{\text{cov}}(\lambda,\gamma_0)=\lim_{\lambda\to+\infty}\Pr\left[\frac{P\zeta_1^{\text{L}}(L)h}{I_{\text{agg}}+P^{\text{N}}}>\gamma_0\right]$$

$$= \exp\left(-\frac{P^{\mathrm{N}}\gamma_0}{P\zeta_1^{\mathrm{L}}(L)}\right)\lim_{\lambda\to+\infty}\mathscr{L}_{I_{\mathrm{agg}}}^{\mathrm{L}}\left(\frac{\gamma_0}{P\zeta_1^{\mathrm{L}}(L)}\right) \tag{8.14}$$

其中，对于聚合小区间干扰随机变量 $I_{\mathrm{agg}}^{\mathrm{L}}$，在视距传输情况下，在 $s=\dfrac{\gamma_0}{P\zeta_1^{\mathrm{L}}(L)}$ 处的拉普拉斯变换 $\mathscr{L}_{I_{\mathrm{agg}}}^{\mathrm{L}}(s)$，的极限 $\lim\limits_{\lambda\to+\infty}\mathscr{L}_{I_{\mathrm{agg}}}^{\mathrm{L}}(s)$ 由下式给定：

$$\lim_{\lambda\to+\infty}\mathscr{L}_{I_{\mathrm{agg}}}^{\mathrm{L}}(s) = \exp\left(-2\pi\rho\int_0^{+\infty}\frac{\mathrm{Pr}^{\mathrm{L}}\left(\sqrt{u^2+L^2}\right)u}{1+\left(sP\zeta^{\mathrm{L}}\left(\sqrt{u^2+L^2}\right)\right)^{-1}}\mathrm{d}u\right)\times$$
$$\exp\left(-2\pi\rho\int_0^{+\infty}\frac{\left[1-\mathrm{Pr}^{\mathrm{L}}\left(\sqrt{u^2+L^2}\right)\right]u}{1+\left(sP\zeta^{\mathrm{NL}}\left(\sqrt{u^2+L^2}\right)\right)^{-1}}\mathrm{d}u\right) \tag{8.15}$$

证明　参见附录 A。

从这个定理出发，我们发现了超密集区域中一个新的网络覆盖率比例定律，它与本书迄今为止提出的定律都不同。让我们使用以下定理来进一步演进和解释这种新的网络覆盖率比例定律(以下简称为新 SINR 不变性定律)及其含义。

定理 8.4.2　新 SINR 不变性定律。如果移动终端的天线与服务及干扰小基站的天线之间的高度差 L 大于 0，移动终端密度 ρ 是有限的($\rho<+\infty$)，并且小基站配备有适当的空闲态模式能力，则渐近网络覆盖率 $\lim\limits_{\lambda\to+\infty}p^{\mathrm{cov}}$ 与小基站密度 λ 无关，但取决于有限移动终端密度 $\rho<+\infty$。

证明　式(8.14)右侧的两项均独立于小基站密度 λ。然而，式(8.15)的第二项取决于有限移动终端密度 $\rho<+\infty$。

定理 8.4.2 很重要，它表明在天线高度差 $L>0$、在有限移动终端密度 $\rho<+\infty$ 的实际超密集网络中，在小基站处存在适当的空闲态模式能力时，ASE Crawl 和 ASE Crash 造成的损失与 ASE Climb 带来的好处相互抵消。换句话说：

- ASE Climb 的正面影响

  由于在小基站上的简单空闲态模式能力能够利用有限移动终端密度 $\rho<+\infty$，因此可以减轻小区间干扰。

- ASE Crawl 和 ASE Crash 的负面影响

  这是大量小区间干扰链路从非视距到视距的转换和天线高度差 $L>0$ 造成的。

根据定理 8.4.2，我们还可以很容易证明，对于给定的天线高度差 $L>0$ 和给定的有限移动终端密度 $\rho<+\infty$，极限 $\lim\limits_{\lambda\to+\infty}p^{\mathrm{cov}}$ 随信干噪比阈值 γ_0 的增大而减小。直观地说，随着信干噪比阈值 γ_0 的增加，典型移动终端更难达到这种更具挑战性的网络性能进入条件。因此，在下面的两个引理中，我们只详细介绍了极限 $\lim\limits_{\lambda\to+\infty}p^{\mathrm{cov}}$ 随天线高度差 $L>0$ 和有限移动终端密度 $\rho<+\infty$ 变化的情况。

引理 8.4.3　对于给定的天线高度差，$L>0$，极限 $\lim\limits_{\lambda\to+\infty}p^{\mathrm{cov}}$ 随着有限移动终端密度 $\rho<+\infty$ 的

增加，根据幂律减小。

更具体地说：

$$\lim_{\lambda\to+\infty} p^{\mathrm{cov}}(\lambda,\gamma_0)=c(\gamma_0)g^{\rho}(\gamma_0) \tag{8.16}$$

其中：

- 函数 $c(\gamma_0)$ 为

$$c(\gamma_0)=\exp\left(-\frac{P^{\mathrm{N}}\gamma_0}{P\zeta_1^{\mathrm{L}}(L)}\right) \tag{8.17}$$

- 函数 $g(\gamma_0)$ 为

$$g(\gamma_0)=\exp\left(-2\pi\int_0^{+\infty}\frac{\Pr^{\mathrm{L}}\left(\sqrt{u^2+L^2}\right)u}{1+\left(sP\zeta^{\mathrm{L}}\left(\sqrt{u^2+L^2}\right)\right)^{-1}}\mathrm{d}u\right)\times$$
$$\exp\left(-2\pi\int_0^{+\infty}\frac{\left[1-\Pr^{\mathrm{L}}\left(\sqrt{u^2+L^2}\right)\right]u}{1+\left(sP\zeta^{\mathrm{NL}}\left(\sqrt{u^2+L^2}\right)\right)^{-1}}\mathrm{d}u\right) \tag{8.18}$$

其中

$$s=\frac{\gamma_0}{P\zeta_1^{\mathrm{L}}(L)}$$

证明　参见附录 B。

引理 8.4.3 中结果背后的直觉来自第 6 章的知识，即由于激活了有限的小基站密度 $\tilde{\lambda}<+\infty$ 以服务于有限移动终端密度 $\rho<+\infty$，因此在超密集状态下，小区间干扰功率变得有界。

有限活跃小基站密度 $\tilde{\lambda}<+\infty$ 不能大于有限移动终端密度 $\rho<+\infty$。

重要的是，在引理 8.4.3 中，更大的有限移动终端密度 $\rho<+\infty$ 会导致更大的活跃小基站密度 $\tilde{\lambda}$，从而允许增加进入网络的聚合小区间干扰功率，这反过来又会导致极限 $\lim\limits_{\lambda\to+\infty}p^{\mathrm{cov}}$ 的降低。

8.4.2　面积比特效率的渐近现象

基于定理 8.4.2 和式(6.24)中面积比特效率的表达式，可以导出新的容量比例定律，如定理 8.4.4 所示。

定理 8.4.4　恒定容量比例定律：

如果移动终端的天线与服务及干扰小基站的天线之间的高度差 L 大于 0，移动终端密度 ρ 是有限的($\rho<+\infty$)，并且小基站配备有适当的空闲态模式能力，则渐近面积比特效率 $\lim\limits_{\lambda\to+\infty}A^{\mathrm{ASE}}$ 与小基站密度 λ 无关。更详细地说，极限 $\lim\limits_{\lambda\to+\infty}A^{\mathrm{ASE}}$ 由下式给出：

$$\lim_{\lambda \to +\infty} A^{\mathrm{ASE}}(\lambda,\gamma_0) = \frac{\rho}{\ln 2}\int_{\gamma_0}^{+\infty} \frac{\lim\limits_{\lambda \to +\infty} p^{\mathrm{cov}}(\lambda,\gamma_0)}{1+\gamma}\mathrm{d}\gamma + \rho \log_2(1+\gamma_0)\lim_{\lambda \to +\infty} p^{\mathrm{cov}}(\lambda,\gamma_0) \tag{8.19}$$

其中，

极限 $\lim\limits_{\lambda \to +\infty} p^{\mathrm{cov}}$ 可以由定理 8.4.1 得出。

证明　参见附录 C。

定理 8.4.4 中这一新的容量比例定律的含义是深刻的，如下所述。

评述 8.1　这一新的容量比例定律表明，网络密度不能也不应该继续被滥用于提高网络容量。相反，它应该在某个水平上停止，这样的密集化水平由移动终端密度 $\rho<+\infty$ 定义。这是因为网络覆盖率 p^{cov} 和面积比特效率 A^{ASE} 都将始终达到最大常数值，并且任何超过这种密集化水平的网络都将转化为投资资金和能源消耗的浪费。重要的是，还应注意，通过定理 8.4.4 找到的最大可能的面积比特效率，即 $\lim\limits_{\lambda \to +\infty} A^{\mathrm{ASE}}$，在投资方面可能也是不明智的。这是因为在这种超密集状态下，面积比特效率增益不会随着小基站密度 λ 的增加而线性增加。

这一恒定容量比例定律的含义将在本章的剩余部分中进行更详细的分析，而第 9 章将重点讨论几个网络优化问题，这些问题可以帮助网络运营商实现正确的性能成本权衡。

8.5 讨论

在本节中，我们使用静态系统级仿真的数值结果来评估上述理论性能分析的准确性，并研究了在超密集网络上，ASE Crawl、ASE Crash 和 ASE Climb 在网络覆盖率 p^{cov} 和面积比特效率 A^{ASE} 方面的综合影响。

重要的是要注意到，为了获得关于网络覆盖率 p^{cov} 和面积比特效率 A^{ASE} 的期望结果，应该使用三维距离将式(4.17)和式(4.19)代入定理 8.3.1，然后进行后面的推导。

8.5.1 案例研究

为了评估本书迄今为止探讨的所有特性对网络性能的影响，本节使用了与第 4 章以及本书其余部分中相同的 3GPP 案例研究，以便在相同场景下逐一比较。如果读者对该 3GPP 案例研究的更详细描述感兴趣，可以参阅表 8.1 和其中的参考文献。

为了方便起见，请记住我们在 3GPP 的案例研究中使用了以下参数：

- 最大天线增益，$G_{\mathrm{M}}=0\mathrm{dB}$；
- 路径衰落指数，$\alpha^{\mathrm{L}}=2.09$ 和 $\alpha^{\mathrm{NL}}=3.75$(考虑 2GHz 的载波频率)；
- 参考路径衰落，$A^{L}=10^{-10.38}$ 和 $A^{\mathrm{NL}}=10^{-14.54}$；
- 传输功率，$P=24\mathrm{dBm}$；
- 噪声功率，$P^{\mathrm{N}}=-95\mathrm{dBm}$(包括移动终端处 9dB 的噪声系数)。

1. 天线配置

对于绝对天线高度差 $L \geqslant 0$，我们假设移动终端天线高度为 1.5m，而小基站的天线高度在 1.5~10m 之间变化。因此，天线高度差 $L \geqslant 0$ 的取值为 $L=\{0,8.5\}$。

2. 移动终端密度

关于有限移动终端密度 $\rho<+\infty$，我们在本次性能评估中研究了六种情况：$\rho=\{100,300,600,900,2000,\infty\}$，以获得更广泛的观察效果。对于那些在小基站处具有空闲态模式能力的部署配置，用于计算活跃小基站密度 $\tilde{\lambda}$ 的最优拟合参数 q^* 分别为 $q^*=\{4.73,4.18,3.97,3.5,3.5,3.5\}$。

3. 小基站密度

为了包含路径衰落模型所选定的最小收发距离 10m，根据第 3~6 章的介绍，无天线高度差 $L=0$ 的配置可扩展到小基站密度 $\lambda=10^4$ 个/km²，而天线高度差 $L>0$ 的配置可延伸到小基站密度 $\lambda=10^6$ 个/km²。重要的是，在后一种情况下，较大的小基站密度能够让人们理解和评估渐近行为中的容量比例定律。

4. 基准

在本性能评估中，我们使用第 3~6 章中得到的所有部分结果作为基准，本章的概述部分对此进行了讨论。

8.5.2 网络覆盖率的性能

图 8.3 显示了信干噪比阈值 $\gamma_0=0$dB 和以下七种配置下的网络覆盖率 p^{cov} 的结果：

- 配置 a：无天线高度差（$L=0$m）的单斜率路径损耗模型和无限数量的移动终端，或至少每个小区一个移动终端，因此所有小基站都是活跃的（分析结果）。
- 配置 b：具有视距和非视距传输的多斜率路径损耗模型、无天线高度差（$L=0$m），以及无限数量的移动终端或至少每个小区一个移动终端，因此所有小基站都是活跃的（分析结果）。
- 配置 c：具有视距和非视距传输的多斜率路径损耗模型、天线高度差 $L>0$m，以及无限数量的移动终端或至少每个小区一个移动终端，因此所有小基站都是活跃的（分析结果）。
- 配置 d：具有视距和非视距传输的多斜率路径损耗模型、无天线高差（$L=0$m）、有限移动终端密度 $\rho<+\infty$，以及小基站的简单空闲态模式能力，因此并非所有小基站都是活跃的（分析结果）。
- 配置 e：具有视距和非视距传输的多斜率路径损耗模型、天线高度差 $L>0$m、有限移动终端密度 $\rho<+\infty$，以及小基站的简单空闲态模式能力，因此并非所有小基站都是活跃

的(分析结果)。

- 配置 f：具有视距和非视距传输的多斜率路径损耗模型、天线高度差 $L>0$m、有限移动终端密度 $\rho<+\infty$，以及小基站的简单空闲态模式能力，因此并非所有小基站都是活跃的(仿真结果)。
- 配置 g：当小基站密度 λ 趋于无穷大时，达到配置 f 的分析极限。

图中选取天线高差 $L=8.5$m，移动终端密度 $\rho=300$ 个/km^2 进行分析。重要的是，我们在这里指出，前四种配置已经在第 3~6 章中提出并详尽地讨论过。因此，这些配置不在下面进一步讨论。为了便于比较，在图 8.3 中将它们合并在一起。

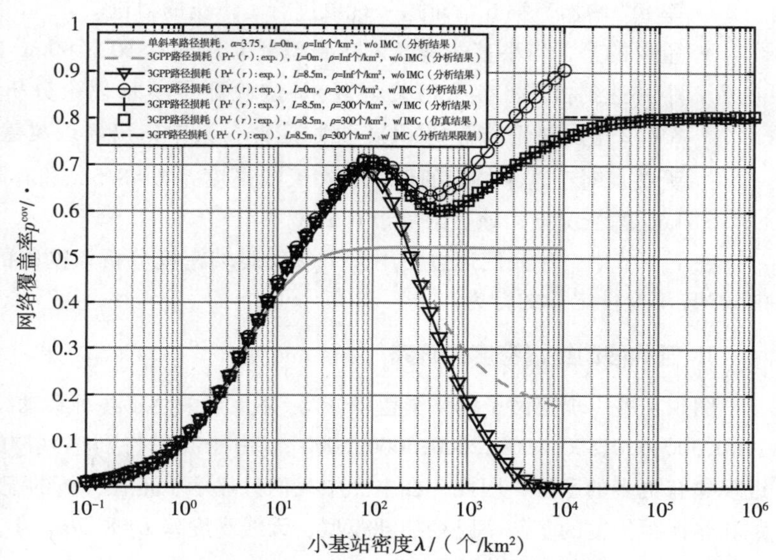

图 8.3 网络覆盖率 p^{cov} 与小基站密度 λ 的关系

从图 8.3 中可以看出，分析结果(配置 e)可以很好地匹配仿真结果(配置 f)，这证实了定理 8.3.1 及其推导的准确性。由于准确性如此显著，并且由于面积比特效率 A^{ASE} 的结果是基于网络覆盖率 p^{cov} 的结果计算的，因此在本章后面的讨论中，我们只考虑分析结果。

从图 8.3 中，关于配置 e，我们还可以观察到：

- 当小基站密度 λ 稀疏，即 $\lambda\leqslant10^2$ 个小基站/km^2，且网络受噪声限制时，网络覆盖率 p^{cov} 随着小基站密度 λ 的增加而增加，因为网络覆盖率随小基站数量的增加而变小，信号功率从视距传输中获得的收益越来越多。
- 当小基站密度 λ 变得更密集时，在该范围附近，即 $\lambda\in(10^2,10^3]$时，网络覆盖率 p^{cov} 随着小基站密度 λ 的增加而减小。这是由下列原因的综合作用导致的：
  - ■ 大量小区间干扰路径从非视距向视距过渡；
  - ■ 天线高度差 $L>0$。

  它们既减缓了信号功率的增长速度，又加速了聚合小区间干扰的增长速度。这两种现象分别在第 4 章和第 5 章中进行了广泛的讨论。
- 当小基站密度 λ 变得更密集，达到 $\lambda\in(10^3,10^5]$时，网络覆盖率 p^{cov} 随着小基站密度 λ 的增加而再次增加。这是由于：

- 有限移动终端密度 $\rho<+\infty$；
- 小基站的简单空闲态模式能力。

它们限制了聚合小区间干扰，因为只有与移动终端一样多的小基站被打开，而被关闭的小基站(那些没有活跃移动终端的小基站)不发送任何信令。因此，由于密集网络中发射器和接收器之间的距离较短，典型移动终端的信干噪比增加，进而导致网络覆盖率 p^{cov} 增加。第 6 章对这一现象进行了广泛的讨论。

- 重要的是，当小基站密度 λ 达到超密集，即 $\lambda>10^5$ 个/km^2 时，网络覆盖率 p^{cov} 逐渐变小并达到极限(参见相关配置)。这验证了本章理论分析的一个重要结果，即定理 8.4.2 中所讨论的新 SINR 不变性定律，其中指出渐近覆盖率 $\lim\limits_{\lambda\to+\infty} p^{\text{cov}}$ 与小基站密度 λ 无关。对于这个特定的例子，在天线高度差 $L=8.5$m 和有限移动终端密度 $\rho=300$ 个/km^2 的情况下，该极限等于 0.806。

在下一节中，让我们通过使用多个移动终端密度分析该网络的性能，来深入了解这种新的 SINR 不变性定律的行为。

1. 各种移动终端密度的研究

图 8.4 进一步探讨了网络覆盖率 p^{cov}，并重点关注了各种移动终端密度的影响，特别是 $\rho=\{100,300,600,800,1000,2000,3000,6000\}$。由于我们特别感兴趣的是对网络覆盖率 p^{cov} 的渐近现象有更多的了解，因此，在本图中我们只显示了正在分析的配置结果(配置 e)，其具有视距和非视距传输的多斜率路径损耗模型、天线高度差 $L=8.5$m、小基站的简单空闲态模式能力以及所提到的各种移动终端密度。

从图 8.4 中，我们可以观察到：

- 对于所有移动终端密度，就小基站密度 λ 而言，网络覆盖率 p^{cov} 迟早会逐渐下降并达到极限。这再次验证了定理 8.4.2。
- 如引理 8.4.3 所示，网络覆盖率的渐近值 $\lim\limits_{\lambda\to+\infty} p^{\text{cov}}(\lambda,\gamma_0)$ 随着有限移动终端密度 $\rho<+\infty$ 的增加而减小。

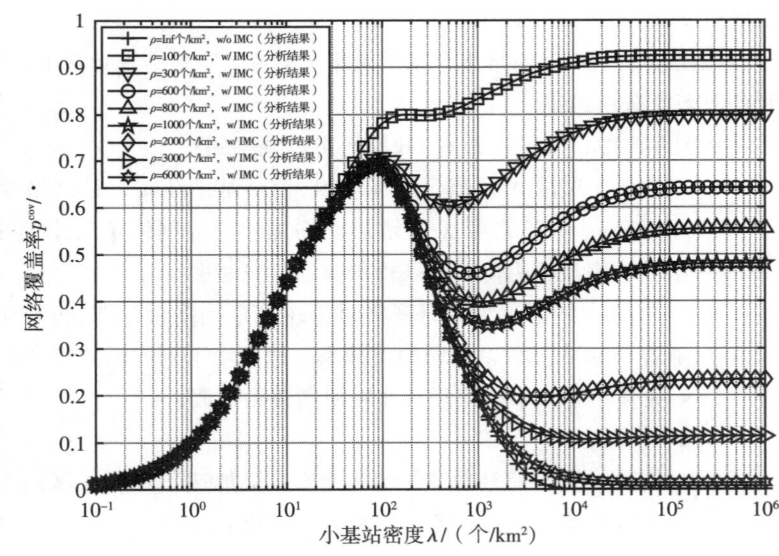

图 8.4　对于各种移动终端密度 $\rho<+\infty$，网络覆盖率 p^{cov}，与小基站密度 λ 的关系

这主要是由于活跃小基站被接通以服务于网络中更多的移动终端，从而产生了更大的小区间干扰。在该特定图中，当天线高度差 $L=8.5\mathrm{m}$ 时，对于有限移动终端密度 $\rho=300$ 个/km^2，这个极限值等于 0.806；对于有限移动终端密度 $\rho=600$ 个/km^2，这个极限值等于 0.650。由于 0.650 是 0.806 的平方，因此这些结果也证实了极限 $\lim\limits_{\lambda\to+\infty} p^{\text{cov}}(\lambda,\gamma_0)$ 是相对于有限移动终端密度 $\rho<+\infty$ 的平方。

2. NetVisual 分析

为了以更直观的方式可视化网络覆盖率 p^{cov} 的基本行为，图 8.5 显示了三种不同小基站密度(即 50、250 和 2500)的网络覆盖率热力图，同时逐步考虑了本书中介绍的关键信道特征和网络特征。与第 3~7 章一样，这些热力图是使用 NetVisual 计算并绘制的。如 2.4 节所述，该工具不仅能够获取网络覆盖率 p^{cov} 的平均值，还能够捕获其标准差。

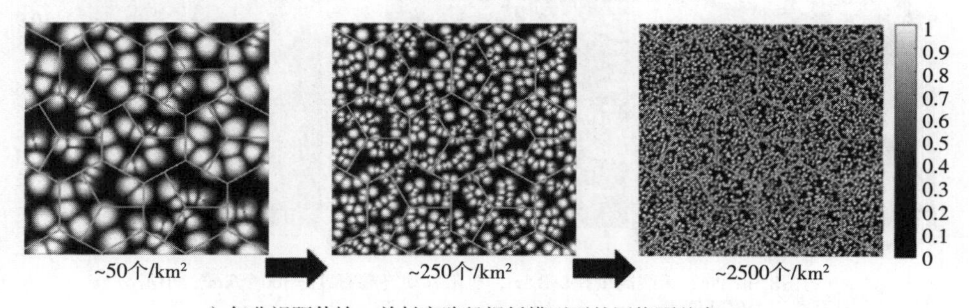

a）仅非视距传输，单斜率路径损耗模型下的网络覆盖率p^{cov}

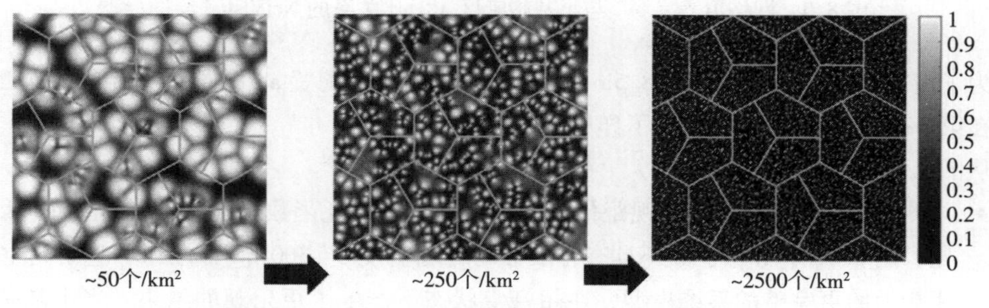

b）视距和非视距传输，多斜率路径损耗模型下的网络覆盖率p^{cov}

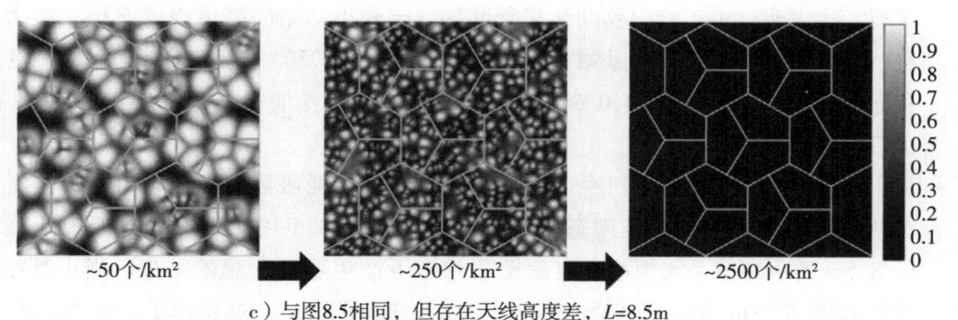

c）与图8.5相同，但存在天线高度差，L=8.5m

图 8.5　网络覆盖率 p^{cov} 与小基站密度 λ 对比关系的 NetVisual 绘图

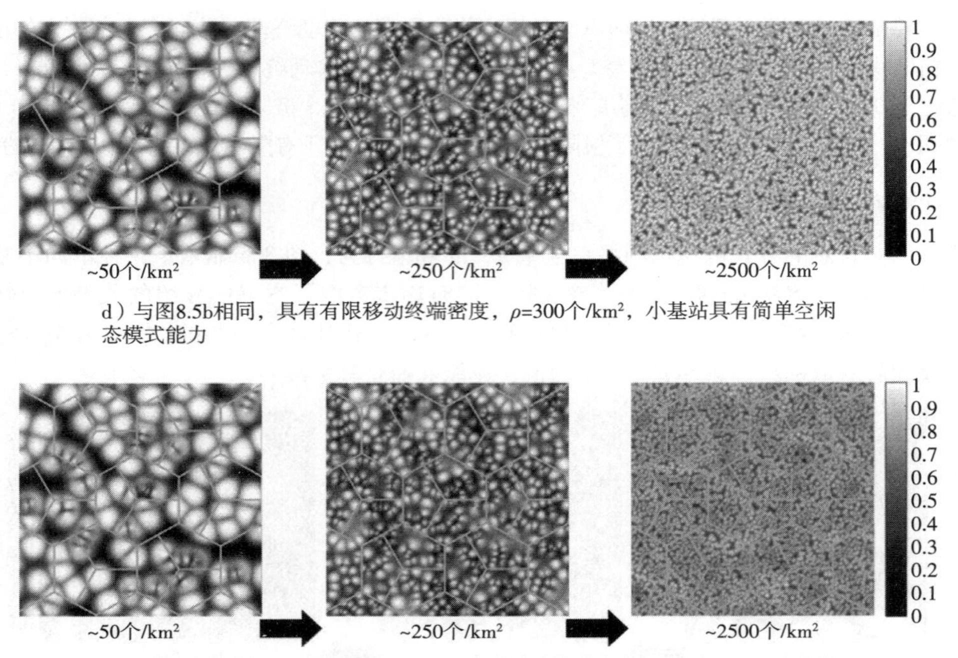

d）与图8.5b相同，具有有限移动终端密度，ρ=300个/km²，小基站具有简单空闲态模式能力

e）与图8.5b相同，天线高度差L=8.5m，有限移动终端密度ρ=300个/km²，小基站具有空闲态模式能力

图 8.5　网络覆盖率 p^{cov} 与小基站密度 λ 对比关系的 NetVisual 绘图(续)

为了清楚起见，请注意，图 8.5a~图 8.5e 分别给出了配置 a~配置 e 的结果，前四个配置已经在第 3~6 章中给出，并进行了详尽的讨论。

从图 8.5 可以看出：

- 与图 8.5c(包含视距和非视距传输的多斜率路径损耗函数以及天线高度差 $L=8.5$m)相比，图 8.5e 中考虑了额外具有有限移动终端密度 $\rho=300$ 个/km² 和小基站的空闲态模式能力的更完整的系统模型，在超密集状态下产生了更乐观的结果。当小基站密度 λ 约为 250 个/km² 时，图 8.5e 中的信干噪比热力图变得更亮，当 $\lambda=2500$ 个/km² 时则更亮。这表明，由于有限移动终端密度 $\rho<+\infty$ 和小基站的简单空闲态模式能力，性能有所提高。例如，对于小基站密度较小的情况，$\lambda=2500$ 个/km²，覆盖率 p^{cov} 的平均值和标准差分别从前者的 0.046 和 0.054 变为后者的 0.70 和 0.10，平均提高了 14.22 倍。
- 与图 8.5d(包含视距和非视距传输的多斜率路径损耗函数、有限移动终端密度 $\rho=300$ 个/km² 和小基站的简单空闲态模式能力)相比，图 8.5e 中考虑了额外具有天线高度差 $L=8.5$m 的更完整系统模型，在超密集状态下产生了更悲观的结果。当小基站密度 λ 约为 2500 个/km² 时，图 8.5e 中的信干噪比热力图变暗。这显示了天线高度差 $L>0$ 带来的性能损失。从数字上讲，对于小基站密度较小($\lambda=2500$ 个/km²)的情况。网络覆

盖率 p^{cov} 的平均值和标准差分别从前者的 0.79 到 0.13 变为后者的 0.70 和 0.10，平均下降了 11.39%。

3. 调研结果摘要：网络覆盖率评述

评述 8.2　考虑到天线高度差 $L>0$、有限的移动终端密度 $\rho<+\infty$ 以及小基站的简单空闲态模式能力，典型移动终端的信干噪比 Γ 在超密集状态下变为常数。性能的降低由天线高度差 $L>0$ 产生，因为性能的提升抵消了移动终端可以接收的最大信号功率的上限，或者源于有限移动终端密度 $\rho<+\infty$ 和小基站的简单空闲态模式能力，这是移动终端可以接收的最大小区间干扰功率的上限造成的。

因此，在超密集状态中，网络覆盖率 p^{cov} 变得与小基站密度 λ 无关。

8.5.3　面积比特效率的性能

现在让我们来探究面积比特效率 A^{ASE} 的行为。

与之前类似，对于信干噪比阈值 $\gamma=0$dB，图 8.6 显示了以下五种配置的面积比特效率 A^{ASE}。

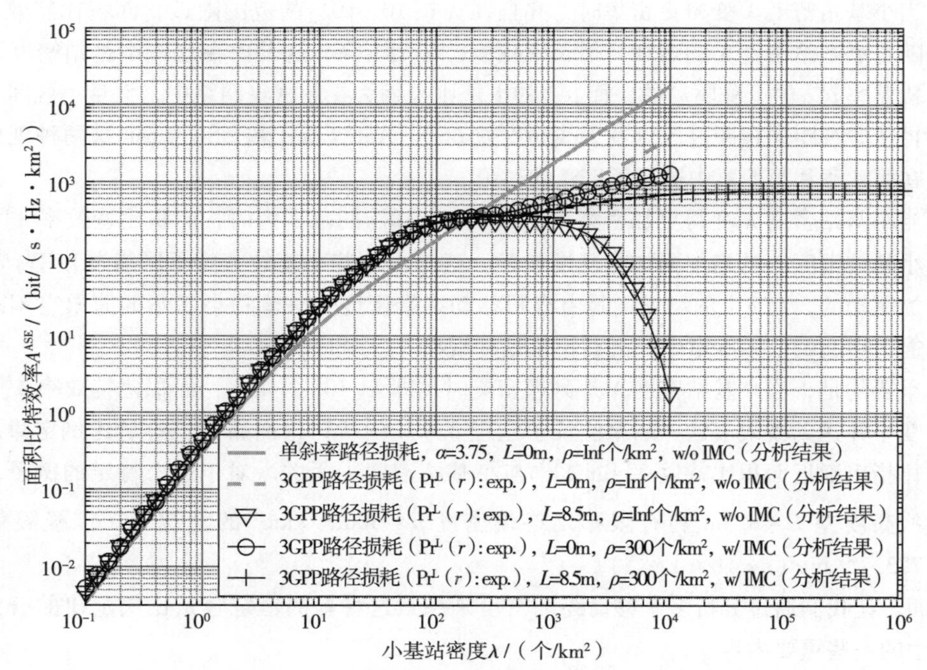

图 8.6　面积比特效率 A^{ASE} 与小基站密度 λ 的关系

- 配置 a：无天线高度差($L=0$m)的单斜率路径损耗模型、移动终端数量有限(或者每个小基站至少有一个移动终端)，因此所有小基站都是活跃的(分析结果)。

- 配置 b：具有视距和非视距传输的多斜率路径损耗模型、无天线高度差（$L=0$m）、移动终端数量有限（或者每个小基站至少有一个移动终端），因此所有小基站都是活跃的（分析结果）。
- 配置 c：具有视距和非视距传输的多斜率路径损耗模型、天线高度差 $L>0$m、移动终端数量有限（或每个小基站至少有一个移动终端），因此所有小基站都是活跃的（分析结果）。
- 配置 d：具有视距和非视距传输的多斜率路径损耗模型、无天线高度差（$L=0$m）、有限移动终端密度 $\rho<+\infty$ 以及小基站的简单空闲态模式能力，因此并非所有小基站都是活跃的（分析结果）。
- 配置 e：具有视距和非视距传输的多斜率路径损耗模型、天线高度差 $L>0$m、有限移动终端密度 $\rho<+\infty$ 以及小基站的简单空闲态模式能力，因此并非所有小基站都是活跃的（分析结果）。

从图 8.6 中，关于配置 e，我们可以观察到：

- 当网络稀疏（即 $\lambda\leqslant 10^2$ 个/km^2）时，面积比特效率 A^{ASE} 随着小基站密度 λ 的增加而迅速增加，因为网络通常受到噪声限制，因此添加越来越多的小基站明显有利于空间重用。
- 当小基站密度 λ 变得更密集时，并且在 $\lambda\in(10^2,10^3]$ 的范围附近，面积比特效率 A^{ASE} 随着小基站密度 λ 的增加，增长率减慢，甚至下降。这是由在这些小基站密度下网络覆盖率 p^{cov} 的下降驱动的，而 p^{cov} 的下降则是因为在超密集网络中，大量小区间干扰路径从非视距向视距过渡以及天线高度差 $L>0$。ASE Crawl 和 ASE Crash 这两种现象分别在第 4 章和第 5 章中进行了广泛的讨论。
- 当小基站密度 λ 变得更加密集，在 $\lambda\in(10^3,10^5]$ 的范围内时，面积比特效率 A^{ASE} 随着小基站密度 λ 的增加而加快其增长率。这是由这些小基站密度下网络覆盖率 p^{cov} 的增加驱动的，而 p^{cov} 的增加则是由有限移动终端密度 $\rho<+\infty$ 和小基站的简单空闲态模式能力引起的。第 6 章中广泛讨论了这种现象——ASE Climb。
- 重要的是，当小基站密度 λ 达到超密集时，即 $\lambda>10^5$ 个/km^2，面积比特效率 A^{ASE} 逐渐变平并达到极限。这一结果验证了定理 8.4.4 中所讨论的新恒定容量比例定律，该定律指出渐近面积比特效率 $\lim_{\lambda\to+\infty}A^{\mathrm{ASE}}$ 与小基站密度 λ 无关。对于这个特定的例子，在天线高度差 $L=8.5$m 和有限移动终端密度 $\rho=300$ 个/km^2 的情况下，该极限值等于 773.7/（bit/（s · Hz · km^2））。

下面，让我们通过分析多个移动终端密度来探索这种新的恒定容量比例定律的行为以及由此产生的一些重要内容。

1. 各种移动终端密度的研究

图 8.7 进一步探讨了面积比特效率 A^{ASE}，这一次特别关注各种移动终端密度的影响：$\rho=\{100,300,600,800,1000,2000,3000,6000\}$。

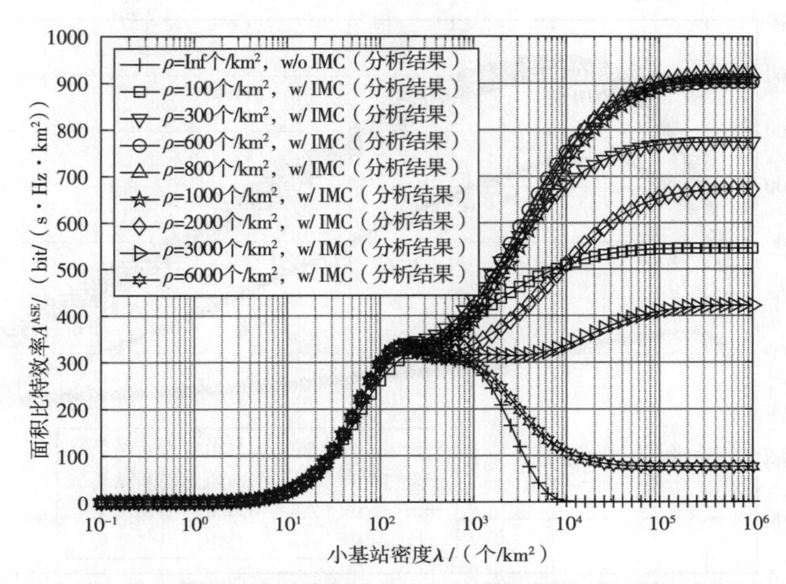

图 8.7　对于各种移动终端密度 $\rho<+\infty$，面积比特效率 A^{ASE} 与小基站密度 λ 的关系

从图 8.7 可以看出：

- 对于所有移动终端密度，就小基站密度 λ 而言，面积比特效率 A^{ASE} 迟早会逐渐衰减并达到极限。这进一步验证了定理 8.4.4。
- 重要的是，当小基站密度 λ 相对密集，例如 $\lambda>10^3$ 个/km² 时，对于给定的小基站密度 λ，面积比特效率 A^{ASE} 相对于移动终端密度 ρ 具有凹形。换句话说，它有一个最大值。在这种特殊情况下，对于小基站密度 $\lambda=10^6$ 个/km²，面积比特效率 A^{ASE} 在移动终端密度 $\rho=803.7$ 个/km² 时达到其最大值 928.2/(bit/(s · Hz · km²))。

为了更清楚地说明这种凹函数，图 8.8 显示了对于各种小基站密度 $\lambda=\{10^3,10^4,10^5,10^6\}$，面积比特效率 A^{ASE} 与移动终端密度 ρ 的关系。在该图中，我们可以很容易地看到，对于不同的小基站密度，面积比特效率 A^{ASE} 相对于移动终端密度 ρ 是凹的，在移动终端密度 $\rho=\{285.1,655.4,783.6,803.7\}$ 时，其最大值分别为 $\{435.3,753.6,905.6,928.2\}$。

2. 调研结果摘要：面积比特效率评述

评述 8.3　考虑到天线高度差 $L>0$、有限移动终端密度 $\rho<+\infty$ 以及小基站的简单空闲态模式能力，面积比特效率 A^{ASE} 既不会随着小基站密度 λ 的增加而降低，也不会增加，而是在超密集状态下保持不变。ASE Crawl 和 ASE Crash 的负面影响与 ASE Climb 的正面影响相互抵消。因此，一旦面积比特效率 A^{ASE} 达到最大值并趋于平缓，就没有必要继续进行网络的密集化部署了。

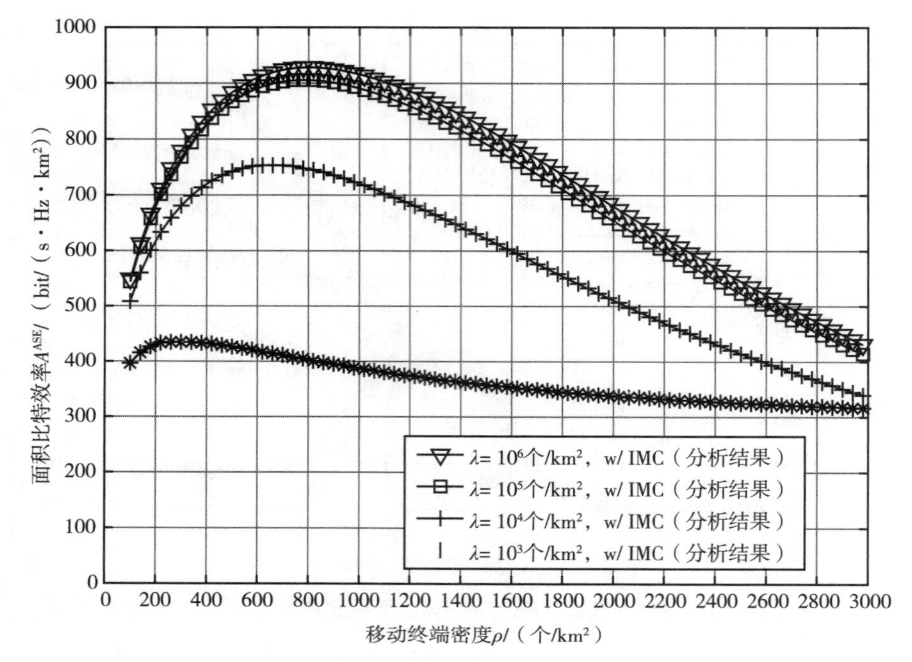

图 8.8　对于各种小基站密度 λ，面积比特效率 A^{ASE} 与移动终端密度 ρ 的关系

8.6　本章小结

在本章中，我们分析了网络覆盖率 p^{cov} 和面积比特效率 A^{ASE} 相对于小基站密度 λ 的比例定律，同时考虑到超密集部署的关键和最相关的信道特征及网络特征，根据前几章的结果，得出一个完整的系统模型，即：

- 视距和非视距传输；
- 基于最强接收信号强度的移动终端关联策略；
- 典型移动终端的天线高度和小基站的天线高度；
- 有限移动终端密度；
- 小基站的简单空闲态模式能力。

重要的是，我们将这项新研究得出的比例定律也与第 3~6 章中推导的比例定律进行了比较，第 3~6 章中只考虑了这些信道特征和网络特征的子集。与现有技术相比，这种比较揭示了对超密集状态下小基站网络性能的明显不同理解，即从第 3 章中，因为面积比特效率 A^{ASE} 随着小基站密度 λ 的增加而线性增加，所以只要部署更多的小基站，一切都会好，转移到本章中，要注意小基站的部署方法，因为面积比特效率 A^{ASE} 达到了独立于小基站密度的最大值，因此在给定密度水平后，部署更多的小基站只是浪费投资和消耗能源。

总的来说，这是一个明显不同的信息，对网络运营商和服务提供商具有重大意义，使得人们关注网络规划和优化的重要性。作为参考，评述 8.2 和评述 8.3 总结了本研究中最重要的结论。

最后，从理论的角度，让我们也利用本章的结论来让人们注意到，适当建模对获取正确结论的重要性，即需要考虑正确的信道特征和网络特征。否则，分析可能会产生误导。一个明显的例子是第 3 章的结果，它适用于稀疏网络，但不适用于超密集网络。

附录 A　定理 8.4.1 的证明

在下文中，我们概述了定理 8.4.1 的证明。

由于小基站密度 λ 趋于无穷大，即 $\lambda\to+\infty$，我们得到：

- 从典型移动终端到其服务小基站的二维距离 r 趋于 0，即 $\lim\limits_{\lambda\to+\infty} r=0$；
- 从典型移动终端到其服务小基站的三维距离 d 趋向于天线高度差，即

$$\lim_{\lambda\to+\infty} d=\lim_{r\to+\infty}\sqrt{r^2+L^2}=L$$

因此，该链路的路径损耗 $\zeta(L)$ 应主要以第一个视距路径损耗函数 $\zeta_1^{\mathrm{L}}(L)$ 为特征，如式(5.2)所示。再举一个更具体的例子，在本书的 3GPP 案例研究中[153]，视距路径损耗函数的第一个阈值为 $d_1=67.75\mathrm{m}$，大于天线高度差 L 的通常取值。在文献[153]中，天线高度差 $L=8.5\mathrm{m}$，在这种情况下应使用第一个数据路径损耗函数 $\zeta_1^{\mathrm{L}}(L)$。

考虑到这一点，极限 $\lim\limits_{\lambda\to+\infty} p^{\mathrm{cov}}(\lambda,\gamma_0)$ 可以推导为

$$\begin{aligned}
\lim_{\lambda\to+\infty} p^{\mathrm{cov}}(\lambda,\gamma_0) &= \lim_{\lambda\to+\infty}\Pr[\mathrm{SINR}>\gamma_0 \mid \zeta(w)=\zeta_1^{\mathrm{L}}(L)]\\
&\overset{(a)}{=}\lim_{\lambda\to+\infty}\Pr\left[\frac{P\zeta_1^{\mathrm{L}}(L)h}{I_{\mathrm{agg}}+P^N}>\gamma_0\right]\\
&=\lim_{\lambda\to+\infty}\Pr\left[h>\frac{(I_{\mathrm{agg}}+P^N)\gamma_0}{P\zeta_1^{\mathrm{L}}(L)}\right]\\
&\overset{(b)}{=}\lim_{\lambda\to+\infty}\Pr\left[h>\frac{P^N\gamma_0}{P\zeta_1^{\mathrm{L}}(L)}\right]\Pr\left[h>\frac{I_{\mathrm{agg}}\gamma_0}{P\zeta_1^{\mathrm{L}}(L)}\right]\\
&=\exp\left(-\frac{P^N\gamma_0}{P\zeta_1^{\mathrm{L}}(L)}\right)\lim_{\lambda\to+\infty}\mathbb{E}_{[I_{\mathrm{agg}}]}\left\{\exp\left(-\frac{I_{\mathrm{agg}}\gamma_0}{P\zeta_1^{\mathrm{L}}(L)}\right)\right\}\\
&\overset{(c)}{=}\exp\left(-\frac{P^N\gamma_0}{P\zeta_1^{\mathrm{L}}(L)}\right)\lim_{\lambda\to+\infty}\mathscr{L}_{I_{\mathrm{agg}}}^{\mathrm{L}}(s)
\end{aligned}\tag{8.20}$$

其中：

- 式(3.3)中典型移动终端的信干噪比定义被代入式(8.20)的步骤 a 中；

- 步骤 b 源自多径快衰落增益随机变量 h 的互补累积分布函数。更详细地讲，我们假设多径快衰落增益随机变量 h 是一个服从指数分布的随机变量，遵循瑞利衰落，因此，我们可以将其互补累积分布函数写为

$$\bar{F}_H(h)=\Pr[H>h]=\exp(-h) \tag{8.21}$$

根据这个随机变量 h 的分布，我们可以进一步推断：

$$\begin{aligned}\bar{F}_H(x_1+x_2)&=\Pr[H>x_1+x_2]\\&=\exp(-x_1)\exp(-x_2)\\&=\Pr[H>x_1]\Pr[H>x_2]\end{aligned} \tag{8.22}$$

- 最后，对于聚合小区间干扰随机变量 I_{agg}，在视距传输情况下，步骤 c 遵循在 $s=\dfrac{\gamma_0}{P\zeta_1^{\text{L}}(L)}$处的拉普拉斯变换$\mathscr{L}_{I_{\text{agg}}}^{\text{L}}(s)$的定义。

重要的是，可以从式(8.20)步骤 c 的结果中导出以下结论：

- 指数因子 $\exp\left(-\dfrac{P^N\gamma_0}{P\zeta_1^{\text{L}}(L)}\right)$ 测量信号功率超过噪声功率至少 γ_0 倍的概率；
- 极限 $\lim\limits_{\lambda\to+\infty}\mathscr{L}_{I_{\text{agg}}}^{\text{L}}(s)$ 测量信号功率超过聚合小区间干扰功率至少 γ_0 倍的概率。

应该注意的是，在实践中，指数因子 $\exp\left(-\dfrac{P^N\gamma_0}{P\zeta_1^{\text{L}}(L)}\right)$ 是非常接近 1 的值，因为现代无线通信系统通常是受干扰限制的，而不是受噪声限制的，即 $P\zeta_1^{\text{L}}(L)>>P^N$。

关于剩余的拉普拉斯变换$\mathscr{L}_{I_{\text{agg}}}^{\text{L}}(s)$，我们可以将式(2.46)中的定义进一步拓展为

$$\begin{aligned}\mathscr{L}_{I_{\text{agg}}}^{\text{L}}(s)&=\mathbb{E}_{[I_{\text{agg}}]}\left\{\exp(-sI_{\text{agg}})\right\}\\&\overset{(a)}{=}\mathbb{E}_{[\Phi\setminus b_o,\{\beta_i\},\{g_i\}]}\left\{\exp\left(-s\sum_{i\in\Phi/b_o}P\beta_i g_i\right)\right\}\\&\overset{(b)}{=}\exp\left(-2\pi\ \tilde{\lambda}\int_0^{+\infty}\left(1-\mathbb{E}_{[g]}\left\{\exp\left(-sP\beta\left(\sqrt{u^2+L^2}\right)g\right)\right\}\right)-u\mathrm{d}u\right)\\&\overset{(c)}{=}\exp\left(-2\pi\ \tilde{\lambda}\int_0^{+\infty}\frac{\Pr^{\text{L}}\left(\sqrt{u^2+L^2}\right)u}{1+\left(sP\zeta^{\text{L}}\left(\sqrt{u^2+L^2}\right)\right)^{-1}}\mathrm{d}u\right)\\&\quad\times\exp\left(-2\pi\ \tilde{\lambda}\int_0^{+\infty}\frac{\left[1-\Pr^{\text{L}}\left(\sqrt{u^2+L^2}\right)\right]u}{1+\left(sP\zeta^{\text{NL}}\left(\sqrt{u^2+L^2}\right)\right)^{-1}}\mathrm{d}u\right)\end{aligned} \tag{8.23}$$

其中：

- 式(3.4)中的聚合小区间干扰的定义 I_{agg} 被代入式(8.23)的步骤 a；
- 步骤 b 源自式(2.36)中非齐次泊松点过程的概率生成函数(PGFL)的定义，这是坎贝尔

定理的直接结果(见2.3.1节);

- 步骤c由以下变化产生:

$$\mathbb{E}_{[g]}\{\exp(-sxg)\}=\int_0^{+\infty}\exp(-sxg)\exp(-g)\,\mathrm{d}g=\frac{1}{1+sx} \tag{8.24}$$

其中，瑞利多径快衰落增益 h 的概率密度函数 $f_H(h)$ 已被替换，即 $f_H(h)=\exp(-h)$。

重要的是，应该注意到，在式(8.23)的步骤c中，考虑了来自视距和非视距路径的小区间干扰，如式(4.13)所示。

最后，从式(6.22)中，我们可以得到结果，$\lim\limits_{\lambda\to+\infty}\tilde{\lambda}=\rho$，这导致了以下极限的闭合表达式 $\lim\limits_{\lambda\to+\infty}\mathscr{L}_{I_{\text{agg}}}^{\text{L}}(s)$，即

$$\begin{aligned}\lim_{\lambda\to+\infty}\mathscr{L}_{I_{\text{agg}}}^{\text{L}}(s)&=\lim_{\lambda\to+\infty}\exp\left(-2\pi\tilde{\lambda}\int_0^{+\infty}\frac{\Pr^{\text{L}}(\sqrt{u^2+L^2})\,u}{1+\left(sP\zeta^{\text{L}}(\sqrt{u^2+L^2})\right)^{-1}}\mathrm{d}u\right)\times\\&\quad\exp\left(-2\pi\tilde{\lambda}\int_0^{+\infty}\frac{[1-\Pr^{\text{L}}(\sqrt{u^2+L^2})]\,u}{1+\left(sP\zeta^{\text{NL}}(\sqrt{u^2+L^2})\right)^{-1}}\mathrm{d}u\right)\\&=\exp\left(-2\pi\rho\int_0^{+\infty}\frac{\Pr^{\text{L}}(\sqrt{u^2+L^2})\,u}{1+\left(sP\zeta^{\text{L}}(\sqrt{u^2+L^2})\right)^{-1}}\mathrm{d}u\right)\times\\&\quad\exp\left(-2\pi\rho\int_0^{+\infty}\frac{[1-\Pr^{\text{L}}(\sqrt{u^2+L^2})]\,u}{1+\left(sP\zeta^{\text{NL}}(\sqrt{u^2+L^2})\right)^{-1}}\mathrm{d}u\right)\end{aligned} \tag{8.25}$$

将式(8.20)和式(8.25)结合起来完成了证明。

附录B 引理8.4.3的证明

在下文中，我们概述了对引理8.4.3的证明。

在式(8.14)中，当固定天线高度差 $L\geqslant0$ 和信干噪比阈值 γ_0 时，可以完成两次观测:

- 指数项 $\exp\left(-\dfrac{P^N\gamma_0}{P\zeta_1^{\text{L}}(L)}\right)$ 可以由函数 γ_0 重新定义，其中，在实践中，这样的函数 $c(\gamma_0)$ 近似于1，即 $\exp\left(-\dfrac{P^N\gamma_0}{P\zeta_1^{\text{L}}(L)}\right)\approx1$，因为不等式 $P\zeta_1^{\text{L}}(L)>>P^{\text{N}}$ 在有干扰限制的超密集网络中有效。
- 极限 $\lim\limits_{\lambda\to+\infty}\mathscr{L}_{I_{\text{agg}}}^{\text{L}}\left(\dfrac{\gamma_0}{P\zeta_1^{\text{L}}(L)}\right)$ 可以由式(8.18)中给出的函数 $g^{\rho}(\gamma)$ 重新表述，其中移动终端密度 $\rho<+\infty$ 已从式(8.25)中的指数项中抽出。

重要的是，应该注意函数 $g(\gamma)$ 的范围为从0到1，因为式(8.18)中指数项内的自变量是

负值，而积分都是在正值上进行的。因此，我们可以得出结论，根据幂律，极限 $\lim\limits_{\lambda \to +\infty} p^{\mathrm{cov}}(\lambda, \gamma_0)$随着有限移动终端密度 $\rho<+\infty$ 的增大而减小。

因此，我们可以自然地得出结论，式(8.14)随着有限移动密度 $\rho<+\infty$ 的增加而减小。

总体而言，直觉上，有界小区间干扰功率随着有限移动终端密度 $\rho<+\infty$ 的增加而增加。

附录 C　定理 8.4.4 的证明

在下文中，我们概述了定理 8.4.4 的证明。

由于小基站密度 λ 趋于无限，即 $\lambda \to +\infty$，我们可以表明式(6.24)中的面积比特效率 A^{ASE} 接近与小基站密度 λ 无关的极限。这是因为当对式(6.24)取这样一个极限时，我们得到：

- 极限 $\lim\limits_{\lambda \to +\infty} \tilde{\lambda}$ 趋向于移动终端密度 ρ，即 $\lim\limits_{\lambda \to +\infty} \tilde{\lambda} = \rho$，正如引理 6.3.6 中所解释的那样，因此它与小基站密度 λ 无关。
- 极限 $\lim\limits_{\lambda \to +\infty} p^{\mathrm{cov}}$ 也与小基站密度 λ 无关，如定理 8.4.1 所示。

因此，式(8.19)中的极限 $\lim\limits_{\lambda \to +\infty} A^{\mathrm{ASE}}$ 与小基站密度 λ 无关。

这就完成了我们的证明。

第 9 章

系统级网络优化

9.1 概述

正如第 1 章所述，从 1950 年到 2000 年，无线网络容量增加了约 100 万倍。在此期间，大多数增长(2700 倍的容量增长)都是通过积极的空间频谱复用实现的，主要方法是使用越来越小的小区(小区半径从几千米缩小到几百米[11])来实现网络密集化。一般来说，空间频谱重用是指感兴趣区域内的多个小区同时重用频谱资源的场景。同样如第 1 章中所解释的，如果空间频谱重用线性增加，即如果重用这种给定频谱块的感兴趣区域中的小区数量线性增加，则无线网络容量也具有线性增加的潜力，前提是移动终端的信号质量不降低。换言之，如果小区间干扰不会随着更多小基站的部署而增加，那么每个小区都可以在重复使用相同频谱的情况下，对网络容量做出独立而平等的贡献。这就是第 3 章结论背后的原因，前面提到的 2700 倍容量增长证明了这种潜力的实现。

然而，当我们沿着网络密集化的道路前进并逐渐进入超密集网络领域时，事情开始偏离这种传统而乐观的理解，即面积比特效率 A^{ASE} 随着小基站密度 λ 的增加而线性增加。正如第 8 章中分析的，定理 8.4.2 及其提出的恒定容量比例定律表明，在超密集状态下，面积比特效率 A^{ASE} 不会随着小基站密度 λ 线性增加。相反，它将渐近地达到一个与它无关的常数值，并且成为信道特征和移动终端密度 ρ 的函数。因此，简单而言，对于一组信道特征和网络特征，超过某个小基站密度 λ 的网络密集化将是对投资资金和能源消耗的浪费。

有了这样的认识，一些关于超密集网络部署和运行的基本疑问和优化问题就出现了。例如：

- 小基站部署/激活。对于给定的移动终端密度 ρ，是否存在最佳小基站密度 λ，可以最大化面积比特效率 A^{ASE}?
- 全网移动终端的准入/调度。对于给定的小基站密度 λ，是否存在最佳移动终端密度 ρ，可以最大化面积比特效率 A^{ASE}?

- 空间频谱重用。对于给定的移动终端密度 ρ 和给定的小基站密度 λ，我们寻求在同一时间/频率资源上激活所有小基站是否是最佳策略，正如过去半个世纪所实践的，通用频率重用因子为 1，或者是否存在可以最大化面积比特效率 A^{ASE} 的最佳频率重用策略呢？

在本章中，我们进一步研究了这三个问题，并利用第 8 章中获得的结果，通过不同的理论分析提供了答案。

本章的其余部分组织如下：

- 9.2 节将探讨小基站部署/激活优化问题；
- 9.3 节将分析全网移动终端准入/调度优化问题；
- 9.4 节将研究空间频谱重用优化问题；
- 9.5 节总结本章的主要内容。

9.2　小基站部署/激活

从定理 8.4.4 和 8.5.3 节的结果可以得出，对于给定的移动终端密度 ρ，网络密集化不应该被无限滥用。相反，它应该在某个小基站密度 λ 处停止。这是因为网络覆盖率 p^{cov} 和面积比特效率 A^{ASE} 都将逐渐达到一个恒定值，任何超过这个水平的网络密度都是对投入资金和能源消耗的浪费。

考虑到这个结果，下面的小基站部署问题可以很自然地表述为找到一个最优的小基站密度 λ^*，它可以有效地实现大部分的容量增益。

定义 9.2.1　对于给定的移动终端密度 ρ，存在最优的小基站密度 λ^*，其可以实现面积比特效率 A^{ASE} 与渐近面积比特效率 $\lim\limits_{\lambda\to+\infty} A^{\text{ASE}}$ 的相对性能差为ε，即

$$\max_{\lambda} 1$$

$$\text{约束条件：} \frac{\left|\lim\limits_{\lambda\to+\infty} A^{\text{ASE}}(\lambda,\gamma_0) - A^{\text{ASE}}(\lambda^*,\gamma_0)\right|}{\lim\limits_{\lambda\to+\infty} A^{\text{ASE}}(\lambda,\gamma_0)} < \varepsilon \tag{9.1}$$

重要的是，为了下文的完整性，让我们区分所提出的部署优化问题和等效的激活优化问题：

- 对于部署问题，我们考虑的情况是，网络运营商要么具有未部署的绿地，要么有一些已经部署小基站的区域，这样的网络运营商愿意通过部署更多的小基站来扩大其容量。
- 对于激活问题，我们指的是网络运营商具有给定部署的情况，并且基于流量随时间变化等原因，愿意重新配置活跃小基站密度$\widetilde{\lambda}$，以在给定时间点满足给定网络的容量需求。

这两个问题可以看作同一枚硬币的两面，并且可以用上述表述的问题来解决，在概念上用后

者中的活跃小基站密度$\tilde{\lambda}$代替前者中的小基站密度λ。

重要的是，解决这个小基站部署/激活问题可以为网络运营商在决定其网络密集水平时提供很好的指导。对于渐近面积比特效率A^{ASE}，任何超过最佳小基站密度λ^*的密集化都不会提供超额收益。更一般地讲，这个问题的解决方案回答了一个重要的基本问题：

对于给定的移动终端密度ρ，根据面积比特效率A^{ASE}，超密集网络应该有多密集呢？

9.2.1　问题的解决

从式(9.1)可以得出，由于8.3.2节中的面积比特效率A^{ASE}和式(8.19)中的渐近面积比特效率$\lim\limits_{\lambda\to+\infty}A^{\mathrm{ASE}}$的公式非常复杂，因此这个小基站部署/激活问题具有复杂的形式。然而，对于这样的问题定义，可以通过对前者表达式进行数值搜索来找到最佳小基站密度λ^*。

算法1说明了一个简单但实用的算法，它基于二分查找来计算这样一个最佳小基站密度λ^*。应该注意的是，这个算法是为了说明问题而提供的，也可采用更复杂的算法。

算法 1　获取最佳小基站密度λ^*示例算法

步骤 1　初始化

- 找到一个足够大的小基站密度λ^{right}，满足以下不等式：

$$\frac{\left|\lim\limits_{\lambda\to+\infty}A^{\mathrm{ASE}}(\lambda,\gamma_0)-A^{\mathrm{ASE}}(\lambda^{\mathrm{right}},\gamma_0)\right|}{\lim\limits_{\lambda\to+\infty}A^{\mathrm{ASE}}(\lambda,\gamma_0)}<\varepsilon$$

- 初始化以下变量$\lambda^{\mathrm{left}}=0$和$\lambda^{\mathrm{mid}}=\dfrac{\lambda^{\mathrm{left}}+\lambda^{\mathrm{right}}}{2}$。

步骤 2　处理

- 使用式(8.14)计算$A^{\mathrm{ASE}}(\lambda^{\mathrm{mid}},\gamma_0)$。
- 如果满足不等式$\dfrac{\left|\lim\limits_{\lambda\to+\infty}A^{\mathrm{ASE}}(\lambda,\gamma_0)-A^{\mathrm{ASE}}(\lambda^{\mathrm{mid}},\gamma_0)\right|}{\lim\limits_{\lambda\to+\infty}A^{\mathrm{ASE}}(\lambda,\gamma_0)}>\varepsilon$，则更新变量$\lambda^{\mathrm{left}}$，令$\lambda^{\mathrm{left}}=\lambda^{\mathrm{mid}}$。否则，更新变量$\lambda^{\mathrm{right}}$，令$\lambda^{\mathrm{right}}=\lambda^{\mathrm{mid}}$。

步骤 3　终止

如果满足以下不等式：

$$(1-\delta_0)\varepsilon<\frac{\left|\lim\limits_{\lambda\to+\infty}A^{\mathrm{ASE}}(\lambda,\gamma_0)-A^{\mathrm{ASE}}(\lambda^{\mathrm{mid}},\gamma_0)\right|}{\lim\limits_{\lambda\to+\infty}A^{\mathrm{ASE}}(\lambda,\gamma_0)}<(1+\delta_0)\varepsilon$$

其中，阈值δ_0设置了终止数值搜索的精度条件，且若取值较小，如10^{-3}，则执行步骤4。否则，请执行步骤2。

步骤 4　输出

为最佳小基站密度λ^*赋值，即$\lambda^*=\lambda^{\mathrm{mid}}$。

重要的是，我们还应该注意到，对于超密集状态下的大型小基站密度，其中面积比特效率 A^{ASE} 随着小基站密度 λ 的增加而单调增加，所发现的最佳小基站密度 λ^* 是唯一的，并且可以表征与面积比特效率极限 $\lim\limits_{\lambda\to+\infty}A^{ASE}(\lambda,\gamma_0)$ 的相对性能差为 ε 的最大网络容量。

9.2.2　结论举例和进一步讨论

在本节中，我们将进一步利用第 8 章中使用的性能评估框架(更详细的内容，请参考 8.5 节)来分析所提出的小基站部署/激活优化问题。

为了完整起见，让我们回忆一下，在 3GPP 案例研究中使用了以下参数：

- 最大天线增益 $G_M=0$dB；
- 路径衰落指数 $\alpha^L=2.09$ 和 $\alpha^{NL}=3.75$(考虑 2GHz 的载波频率)；
- 参考路径衰落 $A^L=10^{-10.38}$ 和 $A^{NL}=10^{-14.54}$；
- 传输功率 $P=24$dBm；
- 噪声功率 $P^N=-95$dBm(包括移动终端处 9dB 的噪声系数)。

考虑到这一点，图 9.1 绘制了关于小基站密度 λ 和移动终端密度 ρ 的面积比特效率 A^{ASE} 的二维图，使用信干噪比阈值 $\gamma=0$dB 和最优拟合参数 $q^*=4.18$，并采用了前一章中介绍的完整系统模型，即配置 e：具有视距和非视距传输的多斜率路径损耗模型、天线高度差 $L>0$m、有限移动终端密度 $\rho<+\infty$ 以及小基站的简单空闲态模式能力，因此并非所有小基站都是活跃的(分析结果)。

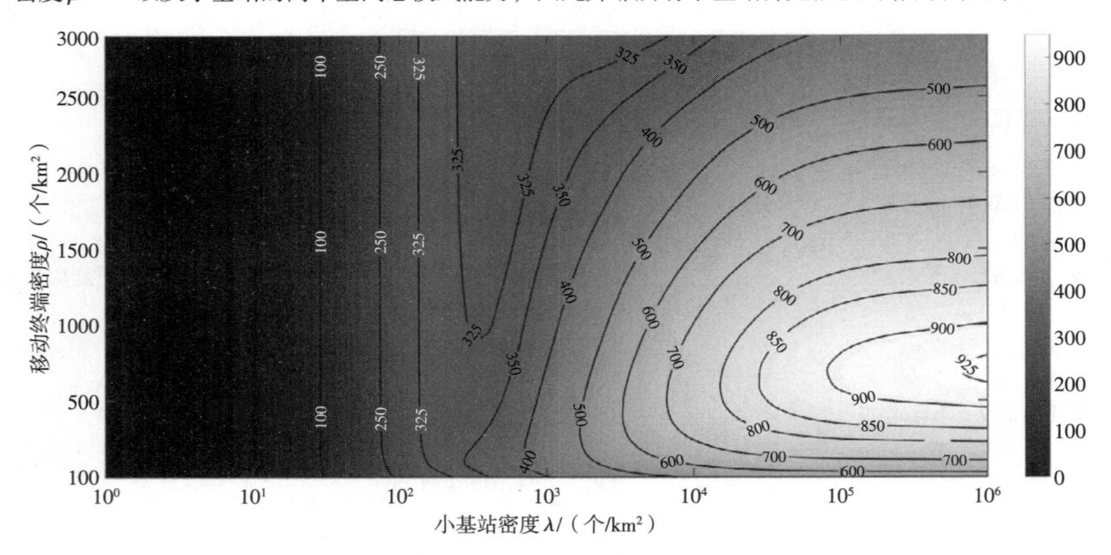

图 9.1　面向各种小基站密度 λ 和移动终端密度 ρ 的面积比特效率 A^{ASE}

还应注意的是，对于图 9.1 中的特定结果，采用了天线高度差 $L=8.5$m，该图包含了图 8.6 和图 8.7 中已经给出的信息，并通过更多的采样点进一步增强了该信息。

从图9.1可以看出，当小基站密度λ为超密集（即$\lambda > 10^5$个/km^2）时，对于给定的移动终端密度ρ，面积比特效率A^{ASE}随着小基站密度λ的增加而逐渐饱和，并达到极限。这保证了算法1能够收敛到所讨论的最佳小基站密度λ^*。这一结果与第8章的结果一致，验证了定理8.4.4中新的恒定容量比例定律，该定律表明，在研究条件下，渐近面积比特效率$\lim_{\lambda \to +\infty} A^{ASE}$与小基站密度$\lambda$无关。

对于所提出的小基站部署/激活优化问题，设置相对性能差$\varepsilon = 0.05$，并使用算法1在图9.1中给出的面积比特效率A^{ASE}的结果上数值搜索9.2.1节中问题的解，可以发现，对于有限的移动终端密度$\rho = 300$个/km^2，最佳小基站密度为$\lambda^* = 29\,080$个/km^2。该解决方案导致面积比特效率$A^{ASE} = 740.5$bit/(s·Hz·km^2)，与渐近面积比特效率$\lim_{\lambda \to +\infty} A^{ASE} = 773.7$bit/(s·Hz·km^2)正好相差5.0%。表9.1给出了各种其他移动终端密度的等效结果。

表9.1　小基站部署/激活的优化问题

结果			
移动终端密度	小基站密度	面积比特效率	渐近面积比特效率
ρ /(个/km^2)	λ^* /(个/km^2)	A^{ASE} /(bit/(s·Hz·km^2))	$\lim_{\lambda \to +\infty} A^{ASE}$ /(bit/(s·Hz·km^2))
100	15 238	521.0	548.4
300	29 080	740.5	773.7
600	42 227	864.5	910.0
800	49 156	881.8	928.1
1000	55 337	870.0	915.8
2000	75 828	645.8	679.8

9.3　全网移动终端准入/调度

如第5章所述，在一个区域内分散着非常大或无限移动终端密度$\rho = \infty$的情况下，网络不能通过在小基站处的简单空闲态模式能力来适时地利用任何小区间干扰的缓解措施，并且当网络进入超密集状态时，面积比特效率A^{ASE}塌陷于0，这主要是天线高度差L导致的后果。

然而，值得注意的是，即使存在非常大（或无限）的移动终端密度$\rho = \infty$，仍然可以通过采取主动智能接收控制或调度决策来避免ASE Crash。例如，时分多址（TDMA）和频分多址（FDMA）可用于：

- 将这组非常大的移动终端划分为较小的子集，每个子集具有有限和中等大小的移动终端密度ρ'；
- 将它们安排到可用的时间或频率资源中。

按照定理8.4.4的逻辑，通过在可用时间或频率资源上对这些移动终端子集进行适当的规模确定和调度，可以实现最佳网络容量。

根据执行决策的时间框架，该策略可以被视为（或者涉及）全网络的准入控制或调度策略，换句话说，定理8.4.4中的恒定容量比例定律表明，网络可以在每个时间或频率资源上主动选择并服务于移动终端的子集，以最大限度地提高容量，而不是试图同时服务于非常大或无限的移动终端密度 $\rho=\infty$，从而让网络容量崩溃。这导致了在每个时间或频率资源上的有限移动终端密度 $\rho<+\infty$，进而导致了有限的活跃小基站密度 $\tilde{\lambda}$，这会适时地缓解可控小区间干扰，有助于避免 ASE Crash 并使容量最大。

为了找到每个时间或频率资源的最佳有限移动终端密度 $\rho^*<+\infty$，我们在 8.5.3 节（见图 8.8）的观察结果的基础上，表明渐近面积比特效率 $\lim\limits_{\lambda\to+\infty}A^{\mathrm{ASE}}$ 是关于移动终端密度 ρ 的凹函数，并定义了以下全网移动终端准入/调度问题。

定义 9.3.1　对于给定的小基站密度 λ，存在一个最优的有限移动终端密度 $\rho^*<+\infty$，它可以最大化渐近面积比特效率 $\lim\limits_{\lambda\to+\infty}A^{\mathrm{ASE}}$，即

$$\max_{\rho}A^{\mathrm{ASE}}(\lambda,\gamma_0) \tag{9.2}$$

在这个网络范围内，移动终端准入/调度问题的解决方案可能会受到一些特定的约束，我们在本章中没有讨论这些约束，但从一般意义上讲，这样的解决方案为网络运营商的密集网络运营提供了很好的指导，表明每个时间或频率资源的最优有限移动终端密度 $\rho^*<+\infty$，以最大化面积比特效率 A^{ASE}。让我们再次强调，该问题的解决方案将导致移动终端子集在网络或调度中被接受，即 $\rho^*\leqslant\rho<+\infty$，并且作为副产品，一些小基站将通过空闲态模式能力被适时地激活，以避免潜在的威胁性小区间干扰过载。

9.3.1　问题的解决

在下文中，为了完整性，我们介绍了本章中用于解决该网络范围内移动终端准入/调度问题的算法，如算法 2 所示。重要的是，应该注意到其他更复杂的算法也是适用的。

首先，让我们考虑小基站密度 λ 趋于无限的情况，即 $\lambda\to+\infty$，并回忆第 8 章的引理 8.4.3。在这种考虑下，可以将式(8.19)改写为

$$\lim_{\lambda\to+\infty}A^{\mathrm{ASE}}(\lambda,\gamma_0)=\frac{\rho}{\ln 2}\int_{\gamma_0}^{+\infty}\frac{c(\gamma)g^{\rho}(\gamma)}{1+\gamma}\mathrm{d}\gamma+\log_2(1+\gamma_0)\rho c(\gamma_0)g^{\rho}(\gamma_0) \tag{9.3}$$

然后，关于移动终端密度 ρ，求极限 $\lim\limits_{\lambda\to+\infty}A^{\mathrm{ASE}}$ 的导数，并通过变量 D^{ASE} 表示这样的导数函数，可以发现：

$$D^{\mathrm{ASE}}(\rho,\gamma_0)\triangleq\frac{\partial\left[\lim\limits_{\lambda\to+\infty}A^{\mathrm{ASE}}(\lambda,\gamma_0)\right]}{\partial\rho}$$
$$=\frac{\partial\left[\frac{\rho}{\ln 2}\int_{\gamma_0}^{+\infty}\frac{c(\gamma)g^{\rho}(\gamma)}{1+\gamma}\mathrm{d}\gamma+\log_2(1+\gamma_0)\rho c(\gamma_0)g^{\rho}(\gamma_0)\right]}{\partial\rho}$$

$$= \frac{1}{\ln 2}\int_{\gamma_0}^{+\infty} \frac{c(\gamma)g^{\rho}(\gamma)(1+\rho\ln g(\gamma))}{1+\gamma}\mathrm{d}\gamma + \log_2(1+\gamma_0)c(\gamma_0)g^{\rho}(\gamma_0)(1+\rho\ln g(\gamma_0)) \tag{9.4}$$

算法2　计算最佳移动终端密度 ρ^* 的示例算法

步骤1　初始化

初始化如下变量：$\rho^{\mathrm{left}}=0$，$\rho^{\mathrm{right}}=\lambda$，$\rho^{\mathrm{mid}}=\frac{\rho^{\mathrm{left}}+\rho^{\mathrm{right}}}{2}$。

步骤2　处理

- 使用式(9.4)计算如下面积比特效率的导数：$D^{\mathrm{ASE}}(\rho^{\mathrm{left}},\gamma_0)$，$D^{\mathrm{ASE}}(\rho^{\mathrm{right}},\gamma_0)$和$D^{\mathrm{ASE}}(\rho^{\mathrm{mid}},\gamma_0)$。
- 如果满足不等式$D^{\mathrm{ASE}}(\rho^{\mathrm{mid}},\gamma_0)>0$，则更新变量$\rho^{\mathrm{left}}$，令$\rho^{\mathrm{left}}=\rho^{\mathrm{mid}}$，否则更新变量$\rho^{\mathrm{right}}$，令$\rho^{\mathrm{right}}=\rho^{\mathrm{mid}}$。

步骤3　终止

如果满足不等式$\left|D^{\mathrm{ASE}}(\rho^{\mathrm{mid}},\gamma_0)\right|<\delta_0$，其中阈值$\delta_0$设置了一个终止数值搜索的精度条件，并且若取一个小值，例如10^{-3}，则转至步骤4。否则，转至步骤2。

步骤4　输出

为最佳移动终端密度ρ^*赋值，$\rho^*=\rho^{\mathrm{mid}}$。

最后，根据凸优化理论[232]，我们可以通过将极限的导数设置为0来计算极限 $\lim\limits_{\lambda\to+\infty}A^{\mathrm{ASE}}$ 的最大值，即$D^{\mathrm{ASE}}=0$。由于导数D^{ASE}具有闭型表达式，如式(9.4)所示，我们可以使用二分查找[209]等来获得最佳移动终端密度ρ^*。

不幸的是，上述计算仅适用于小基站密度λ趋于无限的情况，即$\lambda\to+\infty$。对于小基站密度λ采用有限值的一般情况，导数D^{ASE}不能用简单的闭型表达式[如式(9.4)所示]来表示。这是因为定理8.3.1中的网络覆盖率p^{cov}有一个更复杂的表达式，需要三重积分来求解。8.3.2节中的面积比特效率定义增加了额外重数的积分，使事情变得更加复杂。

话虽如此，值得注意的是：

- 对于给定的小基站密度λ，我们仍然可以用数值来估算导数$\frac{\partial[A^{\mathrm{ASE}}]}{\partial\rho}$；
- 如图9.1所示，在式(8.14)中以半封闭形式表达的面积比特效率A^{ASE}，被证明在超密集状态下关于移动终端密度ρ是凸的。

因此，对于小基站密度λ在超密集范围内采用有限但较大值的一般情况，我们仍然可以使用算法2来计算最佳移动终端密度ρ^*，将导数D^{ASE}替换为导数$\frac{\partial[A^{\mathrm{ASE}}]}{\partial\rho}$即可。

9.3.2　结论举例和进一步讨论

在本节中，我们使用与9.3.1节中相同的系统模型和性能结果（如图9.1所示）来分析所提出的全网移动终端准入/调度优化问题。

从图 9.1 中，我们可以看到，对于给定的小基站密度 λ，面积比特效率 A^{ASE} 关于移动终端密度 ρ 具有凹形。这保证了算法 2 能够收敛到所讨论的最优移动终端密度 ρ^*。这一结果与第 8 章的结果一致，并通过更多的采样点进一步扩展了图 8.8 中的结果。

对于所提出的全网移动终端准入/调度优化问题，在图 9.1 中给出的面积比特效率 A^{ASE} 的结果上，使用算法 2 数值搜索 9.3.1 节中问题的解决方案，可以发现，对于小基站密度 $\lambda = 10^6$ 个/km^2，最佳移动终端密度为 $\rho^* = 803.7$ 个/km^2。该解决方案导致面积比特效率 $A^{ASE} = 928.2$bit/(s·Hz·km^2)。重要的是，应该注意到，同时进入网络或调度超过该最佳移动终端密度 $\rho^* = 803.7$ 个/km^2 的更多移动终端将不会产生面积比特效率 A^{ASE} 方面的任何增益。表 9.2 给出了各种其他小基站密度的等效结果。

表 9.2　全网移动终端调度优化问题

结果		
小基站密度 λ /(个/km^2)	移动终端密度 ρ^* /(个/km^2)	面积比特效率 A^{ASE}/(bit/(s·Hz·km^2))
10^3	285.1	435.3
10^4	655.4	753.6
10^5	783.6	905.6
10^6	803.7	928.2

9.4　空间频谱重用

与通用频率重用因子为 1 的激进空间重用方法(所有活跃小基站都可能同时使用所有频率资源)相比，我们在本章中采用频率重用方案，其中：

- 可用带宽 B 被分为 M 个信道；
- 所有小基站在这 M 个信道中被均匀地分组，得到每个信道的小基站密度为 $\frac{\lambda}{M}$。注意，带宽 B 保持不变。

考虑到这一点，我们首先进行以下观察，然后重点讨论每个信道的网络覆盖率 $\hat{p}^{cov}$ 的公式：

- 由于小基站密度 λ 和移动终端密度 ρ 均保持不变，因此频率重用方案不会改变活跃小基站的密度 $\tilde{\lambda}$，其可以如 6.3.2 节所述进行计算。
- 由于移动终端到小基站的关联策略和小基站处的简单空闲态模式能力也保持不变，因此每个移动终端仍然由相同的小基站服务，以提供最强的信号强度，频率重用方案也不会改变典型移动终端处的信号功率。因此，式(8.5)中的概率密度函数 $f^{L}_{R,n}(r)$ 和式(8.7)中的概率密度函数 $f^{NL}_{R,n}(r)$ 可以采用相同的形式。

- 对于所提出的频率重用方案，以及由此产生的每个信道的小基站密度$\frac{\lambda}{M}$，每个信道的干扰小基站的数量应除以一个因子M。因此，在以下公式中，每个信道活跃小基站密度$\frac{\lambda}{M}$应代替活跃小基站密度$\tilde{\lambda}$：
  - 在式(8.11)中，聚合小区间干扰随机变量$I_{\text{agg}}^{\text{L}}$在视距传输情况下，在$s=\frac{\gamma_0}{P\zeta_n^{\text{L}}(r)}$处的拉普拉斯变换$\mathscr{L}_{I_{\text{agg}}}^{\text{L}}(s)$；
  - 在式(8.13)中，聚合小区间干扰随机变量$I_{\text{agg}}^{\text{NL}}$在非视距传输情况下，在$s=\frac{\gamma_0}{P\zeta_n^{\text{NL}}(r)}$处的拉普拉斯变换$\mathscr{L}_{I_{\text{agg}}}^{\text{NL}}(s)$。

由于这种小区间干扰的减少，当采用重用因子为$\frac{1}{M}$的频率重用方案时，相对于通用重用因子为1的频率重用方案，典型移动终端的信干噪比$\hat{\Gamma}$以及单信道网络覆盖率$\hat{p}^{\text{cov}}$将有所提高。

考虑到这一点，我们可以将该M信道频率重用方案下的每个信道面积比特效率$\hat{A}^{\text{ASE}}$公式转化为

$$\begin{aligned}\hat{A}^{\text{ASE}}(\lambda,\gamma_0,M)&=M\times\frac{\tilde{\lambda}}{M}\int_{\gamma_0}^{+\infty}\log_2(1+\gamma)f_{\hat{\Gamma}}(\lambda,\gamma,M)\mathrm{d}\gamma\\&=\frac{\tilde{\lambda}}{\ln2}\int_{\gamma_0}^{+\infty}\frac{\hat{p}^{\text{cov}}(\lambda,\gamma,M)}{1+\gamma}\mathrm{d}\gamma+\tilde{\lambda}\log_2(1+\gamma_0)\hat{p}^{\text{cov}}(\lambda,\gamma_0,M)\end{aligned}\tag{9.5}$$

其中，如前所述，$\hat{\Gamma}$和$f_{\hat{\Gamma}}$是该M信道下典型移动终端的信干噪比及其概率密度函数。

值得注意的是，这个面积比特效率公式开头的因子M表明，每个信道的面积比特效率$\hat{A}^{\text{ASE}}$是由M个不同信道中的M组小基站贡献的，而积分号前的因子$\frac{1}{M}$则表明每组小基站只使用频率资源的$\frac{1}{M}$。

通过使用每个信道面积比特效率$\hat{A}^{\text{ASE}}$的这个公式，下面的频谱重用问题可以被定义为找到最优的信道数M^*，使容量最大化。

定义9.4.1　对于给定的小基站密度λ和给定的有限移动终端密度$\rho<+\infty$，存在一个最优的M^*信道频率重用方案，该方案可以最大化每个信道的面积比特效率$\hat{A}^{\text{ASE}}$，即

$$\begin{aligned}&\max_M \hat{A}^{\text{ASE}}(\lambda,\gamma_0,M)\\&\text{约束条件}:\hat{p}^{\text{cov}}(\lambda,\gamma_0,M)\geqslant p_0\\&M\geqslant1\end{aligned}\tag{9.6}$$

其中，p_0 为网络运营商要求的最小可接受网络覆盖率 p^{cov}；至少有一个信道，即 $M \geqslant 1$。

这种频谱重用优化的解决方案可以很好地指导网络运营商他们划分可用资源(在这个示例中是频率资源)，以保证由最小可接受覆盖率 p_0 定义的特定服务质量，同时最大化每个信道的面积比特效率 $\hat{A}^{ASE}$。最小可接受网络覆盖率 p_0 越大，减轻小区间干扰并满足要求所需的信道数量 M 就越多。然而，信道的数量 M 越多，每个信道的容量就越小，每个信道的面积比特效率 $\hat{A}^{ASE}$ 就越小。

9.4.1 问题的解决

在下文中，与 9.2.1 节和 9.3.1 节类似，我们将介绍本章中使用的算法，以确定最佳 M^* 信道的频率重用方案。该算法在算法 3 中进行了描述。应该注意的是，提供该算法仅用于说明的目的，也可以采用其他更复杂的算法。

简单来说，算法 3 对信道数量 $M=\{1,2,\cdots,M_{max}\}$ 执行穷举搜索，以找到面积比特效率的最大值。注意，由于实际原因，频谱可以划分成的信道最大数量为 M_{max}。需要注意的是，只有当面积比特效率 A^{ASE} 相对于信道数 $M=\{1,2,\cdots,M_{max}\}$ 为凸的时候，该算法才会起作用。在足够密集的情况下，面积比特效率 A^{ASE} 的凸性可以证明如下。一方面，信道数 M 越小意味着小区间干扰越大，因为更多的小基站将在同一频带内工作和传输，从而难以满足网络覆盖率要求 $p^{cov}\left(\frac{\lambda}{M},\gamma_0\right) \geqslant p_0$，这可能会产生不可接受的面积比特效率性能。另一方面，信道数 M 小意味着为实现网络中的高重用因子，将显著牺牲每个小基站可以使用的带宽，从而导致面积比特效率结果的递减。因此，最大的面积比特效率 A^{ASE} 将通过适当的信道数量 M 来实现。

算法 3 计算最佳信道数量 M^* 的示例算法

步骤 1 初始化

初始化以下变量：$A=0$，$M^*=0$。

步骤 2 对信道数量 M 进行迭代

- 对于每一个配置，$M=\{1,2,\cdots,M_{max}\}$，设置移动终端密度 $\rho_M=\frac{\rho}{M}$。
- 计算每个信道的网络覆盖率 $\hat{p}^{cov}\left(\frac{\lambda}{M},\gamma_0\right)$，以及每个信道的面积比特效率 $A^{ASE}\left(\frac{\lambda}{M},\gamma_0\right)$。
- 如果满足不等式 $A^{ASE}\left(\frac{\lambda}{M},\gamma_0\right)>A^{ASE}_{max}$ 且 $p^{cov}\left(\frac{\lambda}{M},\gamma_0\right) \geqslant p_0$，则更新变量，令 $A^{ASE}_{max}=A\left(\frac{\lambda}{M},\gamma_0\right)$ 且 $M^*=M$，否则继续执行。

步骤 3 输出

在获得最佳信道数 M^* 和最大 A^{ASE}_{max} 后退出。

9.4.2 结论举例和进一步讨论

在本节中，我们采用了与 9.2.2 节和 9.3.2 节相同的系统模型，来研究所提出的 M 信道频率重用方案的优化问题。更详细地讲，在使用信干噪比阈值 $\gamma_0=0$ dB、最小网络覆盖率 $p_0=0.7$ 的条件下，对于小基站密度 λ 和移动终端密度 ρ 的不同值，我们分享了关于信道数量 M 的单信道网络覆盖率 $\hat{p}^{\text{cov}}$ 和单信道面积比特效率 $\hat{A}^{\text{ASE}}$ 的性能结果。

从图 9.2 可以看出，由于典型移动终端的小区间干扰的减少和信号干扰噪声比 $\hat{\Gamma}$ 的增加，单信道网络覆盖率 $\hat{p}^{\text{cov}}$ 的性能随着信道数量 M 的增加而增加。相对于通用频率重用因子 1，即 $M=1$，使用频率重用因子 $M>2$ 可以显著提高单信道网络覆盖率 $\hat{p}^{\text{cov}}$。然而，这种改进随着信道数量 M 的增加而减少，因为需要减缓的小区间干扰越来越少。例如，对于小基站密度 $\lambda=10^3$ 个/km^2 和移动终端密度 $\rho=600$ 个/km^2 的情况，从 1 到 2 个信道和从 2 到 4 个信道的改进分别约为 45.64%和 21.85%，而从 18 到 20 个信道的改进仅为 0.46%。

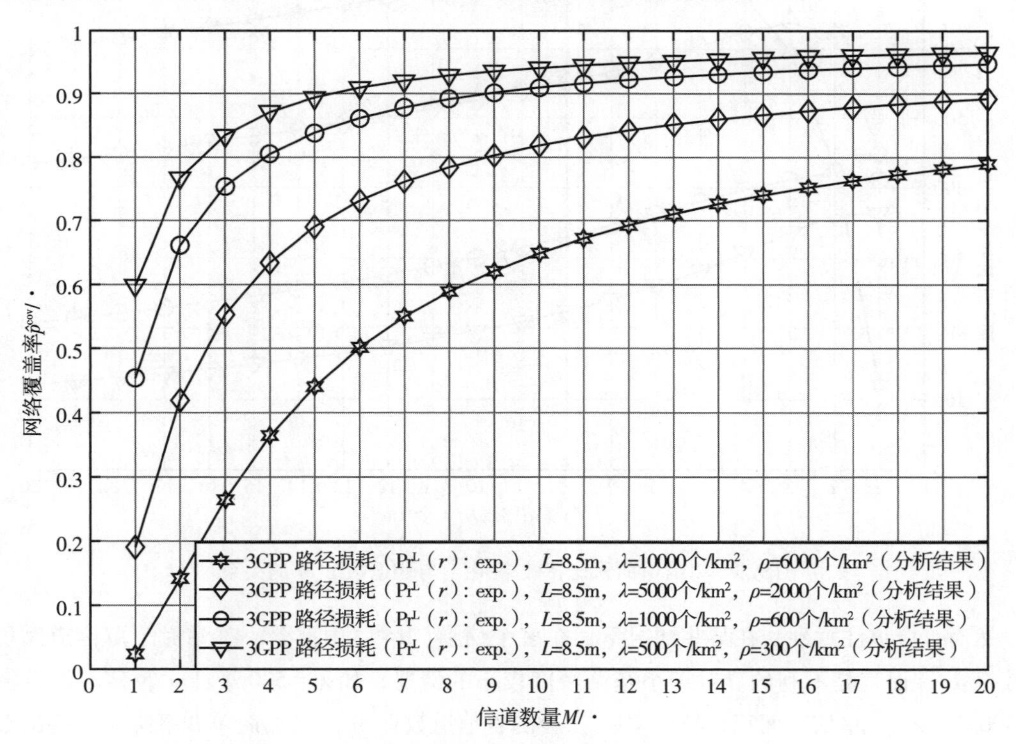

图 9.2　单信道网络覆盖率 $\hat{p}^{\text{cov}}$ 与信道数量 M 的关系

与单个信道的网络覆盖率 $\hat{p}^{\text{cov}}$ 不同，图 9.3 展示了存在可最大化单信道面积比特效率 $\hat{A}^{\text{ASE}}$ 的最优信道数量。对于与之前相同的情况，小基站密度 $\lambda=10^4$ 个/km^2，移动终端密度

$\rho = 300$ 个/km^2，信道的最优数量为 $M^* = 6$。表 9.3 给出了其他网络配置的最优信道数量 M。

表 9.3 多信道频谱重用的优化问题

结果			
小基站密度 λ /(个/km^2)	移动终端密度 ρ /(个/km^2)	信道数量 M^*/·	面积比特效率 A^{ASE} /(bit/(s·Hz·km^2))
5×10^2	300	1	363.6
10^3	600	2	422.7
5×10^3	2000	3	637.7
10^4	6000	6	718.2

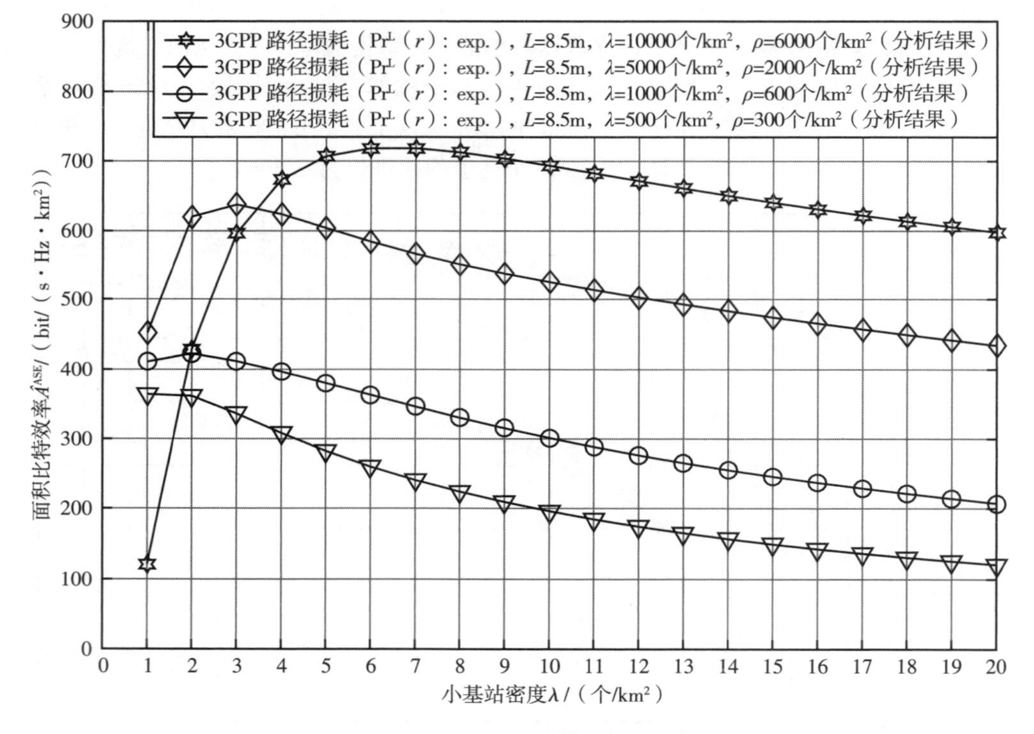

图 9.3 单信道面积比特效率 $\hat{A}^{ASE}$ 与信道数量 M 的关系

然而，应该注意到，在某些情况下，在多个信道($M>1$)中部署小基站对于单信道面积比特效率 $\hat{A}^{ASE}$ 而言是不利的。对于小基站密度较小的情况，如 $\lambda = 500$ 个/km^2，移动终端密度 $\rho = 300$ 个/km^2，单信道面积比特效率 $\hat{A}^{ASE}$ 会随着信道数量 M 的增加而单调下降。这些结果表明，典型移动终端的信干噪比 $\hat{\Gamma}$ 增加和每个信道的可用带宽减小之间的权衡决定了每个信道的面积比特效率性能。当通用频率重用因子为 1($M=1$)的网络部署已经导致大的移动终端信干噪比时，同信道部署成为最大化系统容量的最佳策略。相反，当配置 $M=1$ 导致低或中等移动终端信干噪比时，多信道频谱重用可以显著提高每个信道的面积比特效率 $\hat{A}^{ASE}$，因为它减少了小区间的干扰并增强了由此产生的移动终端信干噪比。然而，在这个示例中，请注意，尽管移动终端的信干噪比可能很大，但信道数 M 非常大不一定是好的选择。这是因为它可能导致每个小基站的可用带宽非常有限，不足以满足最低通信要求。因此，如前所述，应根据信道特征和网络特征，如小基站密度 λ 和移动终端密度 ρ，以及一些网络或移动终端的性能要求，仔细选择信道数量 M。在这种情况下，最小网络覆盖率 p_0 已被用作一个基本要求。

9.5　本章小结

部署和运营大型网络的成本高昂，因此需要仔细确定网络的规模、规划和优化，以确保无线资源的高利用率，进而确保最佳的网络性能。在本章中，利用定理 8.4.2 中导出的超密集区域中恒定容量比例定律，我们展示了如何使用第 4~8 章中提出的理论性能分析来优化超密集网络的部署和运营。更详细地讲，我们研究了以下三个网络范围的优化问题：

- 小基站部署/激活问题：对于给定的移动终端密度 ρ，我们能够推导出存在最佳小基站密度 λ^*，从而最大化面积比特效率 A^{ASE}。
- 全网移动终端准入/调度问题：对于给定小基站密度 λ，我们可以计算出最佳移动终端密度 ρ^*，从而最大化面积比特效率 A^{ASE}。
- 空间频谱重用问题：对于给定的移动终端密度 ρ 和给定的小基站密度 λ，计算信道的最佳数量 M^*，该信道数量可以最大化面积比特效率 A^{ASE}，同时提供最小的网络覆盖率 p_0。

重要的是，尽管本章中为这些问题提供的公式和解决方案非常简单且不详尽，但它们为读者提供了一个很好的参考，说明了网络运营商如何使用本书中提供的理论性能分析工具来推导有意义的系统参数。用一组更大的输入和约束来解决这些问题可以提供更准确的指导。这些解决方案也可以用作这些问题的初始答案，可以使用更复杂和定制的优化工具来进一步定义这些问题，例如系统级仿真。

第四部分

动态时分双工

第10章

超密集网络上行链路性能分析

10.1 上行链路的重要性及挑战

尽管本书到目前为止尚未涉及上行链路，但它是无线通信系统的关键所在。事实上，高效的上行链路传输速率对整体网络性能起着至关重要的作用。最近的研究表明，由于上行链路性能不佳，当前的蜂窝通信网络并不能持续地提供用户体验所需的性能，而这是5G时代的核心问题[233]。

通常情况下，多数流行应用程序在下行链路中接收的数据多于在上行链路中发送的数据，下行链路传输速率决定了用户所需内容的到达时间(即从用户请求在线内容到在其智能终端上呈现的时间)。然而，一旦上行链路速率低于某个阈值，它就会成为瓶颈，甚至限制下行链路的传输速度。这种上行链路对整体网络性能的影响在更新、要求更高的应用程序中进一步加剧，例如远程办公、工业物联网(IoT)、远程医疗、无人驾驶和无人机服务等，这些场景对上行链路数据速率和网络延迟的要求更高[233]。

为满足这些新应用程序和即将出现的应用的需求，国际电信联盟的IMT-2020标准中规定了非常高的第五代移动通信(5G)的最低技术性能要求[234]：

- 下行链路峰值数据传输速率达到20Gbit/s，上行链路峰值数据传输速率达到10Gbit/s；
- 下行链路和上行链路的峰值频谱效率分别为30bit/(s·Hz)和10bit/(s·Hz)；
- 用户体验数据传输速率下行链路为100Mbit/s，上行链路为50Mbit/s；
- 超可靠低延迟通信(URLLC)的用户面延迟为1ms。

然而，上述关键性能指标的实现在很大程度上取决于良好的网络覆盖，尤其是上行链路。上行链路覆盖不足(或缺乏上行覆盖)是指移动终端可能距离太远，无法以足够强的信号接入基站。移动终端的发射功率远低于基站的发射功率，这是导致当前无线通信网络中出现覆盖问题的主要原因。上行链路覆盖是农村地区和人口稠密的城市地区(有高楼大厦和许多其他障碍物)都会面临的主要挑战之一。增加网络密度是运营商解决上行链路覆盖不足问题最有效的措施之一，甚至是唯一选择。本章将分析网络密度增加对上行链路性能影响的利弊。

要更详细地了解上行链路的情况，必须注意其与下行链路不同的三方面内容：

- 定时；
- 功率控制；
- 小区间干扰管理。

上行链路本身是异步的，一个小区中不同的移动终端因其位置不同，它们的信号到达所接入基站的时间和频率均有所差异。这些差异会导致严重的符号间干扰[235]。然而，蜂窝通信网络中上行链路符号间是正交的，这意味着小区内不同移动终端的上行链路传输不会相互干扰。要实现这一点，小区中每个移动终端的上行链路时隙边界必须在到达接入基站时对齐，接收信号之间的任何时间差异都应在循环前缀(Cycle Prefix)范围内。实际上，这是通过“发射时间提前”机制实现的，即移动终端在每次上行链路传输开始时应用一个负的时间偏移(时间提前量)，该偏移的大小与移动终端信号到达其接入基站所需的时间相关。基站不断测量每个移动终端的上行链路信号，计算出时间提前量，将其定期或不定期地发送给相应的移动终端。与靠近基站的移动终端相比，远离基站的移动终端传播延迟更大，需要按比例提前开始上行链路传输，因此它的时间提前量更大[13]。

上行链路功率控制是一套算法，用于调整移动终端的发射功率，以确保基站接收到的功率电平在适当的范围内。同时，移动终端的发射功率也不应过高，否则会导致功耗过大，并给邻近小区的上行链路带来较大的小区间干扰。为了在接收信号功率和小区间干扰之间取得适当平衡，蜂窝通信网络引入了上行链路发射功率控制，它是以下两方面内容的组合：

- 开环发射功率控制，包括部分路径损耗补偿功能，即移动终端根据下行链路测量结果估算上行链路损耗，并设置相应的发射功率以补偿估算出的上行链路损耗。
- 基于网络提供的精确功率控制指令的闭环发射功率控制，其中功率控制指令是根据网络对接收信号功率的测量结果确定的。

关于上行链路功率控制方法的更多描述，可参阅文献[13]的 15.1.1 节。

值得注意的是，上行链路的小区间干扰管理也比下行链路更为复杂。上行链路的小区间干扰来自移动终端，移动终端数量大、移动性强，其时间和空间分布通常比基站的分布更难预测。此外，上行链路小区间干扰在连续的调度周期内会有很大变化，它取决于区域内多个基站调度器，干扰强度是前面介绍的组合上行链路功率控制的函数。在一个调度周期内，基站激活一部分移动终端进行传输，而在下一个调度周期内，它可能会调度另一部分完全不同的移动终端，从而完全改变上行链路小区间干扰的时空模式。这种对基站调度器的依赖性及其在时域上的多变性，使得上行链路小区间干扰的分布比下行链路的更难描述，因为在下行链路中，基站位于已知位置，并以固定的功率进行发射。

由于上行链路所面临的这些问题是下行链路所没有的，以下问题由此产生：

超密集通信网络的上行链路性能与下行链路性能趋势是否相同，或者上面描述的上行链路特性是否会改变第 4~9 章中得出的结论？

本章将通过深入的仿真分析来回答上述问题。需要注意的是，尽管理论结果与本书的框架和推论相一致，但为简单起见，本章略去了这些结果。对此类数学分析感兴趣的读者可参阅文献[58,236]。

本章其余部分的主要内容如下：

- 10.2 节介绍本章基于仿真的性能分析中使用的系统模型和假设，尤其关注上行链路功率控制。
- 10.3 节介绍上行链路覆盖率和上行链路面积比特效率的定义。
- 10.4 节介绍并讨论超密集网络上行链路性能的仿真结果，还将验证第 4~9 章中针对下行链路的结论同样适用于上行链路。
- 10.5 节总结本章的主要结论。

10.2　系统模型修正

为了评估超密集通信网络上行链路的性能，本章中修正了 8.2 节中描述的系统模型，该模型考虑了以下因素：

- 视距传输和非视距传输；
- 基于最强接收信号的用户接入策略；
- 捕获天线高度的三维距离；
- 有限的移动终端密度；
- 小基站具有简单空闲态模式能力。

与上行链路性能分析相关的其他关键特性包括：

- 上行链路功率控制机制；
- 六边形和随机的基站部署方式；
- 新的移动终端激活模型。

为便于理解，我们将详细阐述系统模型的上述三个附加特性。表 10.1 提供了本章使用的系统模型的简要描述。

表 10.1　系统模型

模型	描述	参考
传输链路		
链路方向	仅上行链路	从移动终端到小基站的传输
部署		
小基站部署	有限密度的 HPPP，$\lambda+\infty$	见 3.2.2 节
移动终端部署	有限密度的 HPPP，$\rho+\infty$	见 6.2.1 节
移动终端与小基站关联		
信号最强的小基站	移动终端接入提供最强接收信号的小基站	见 3.2.8 节及其参考文献，以及式(2.14)

（续）

模型	描述	参考
上行链路功率控制		
部分功率控制	移动终端根据路径损耗测量值调整发射功率	见 10.2.1 节及参考文献，以及式(10.1)
路径损耗		
3GPPUMi[153]	概率视距和非视距传输的多斜率路径损耗模型： • 视距传输分量 • 非视距传输分量 • 视距传输概率	见 4.2.1 节，式(4.1) 式(4.2) 式(4.3) 式(4.19)
多径快衰落		
瑞利衰落	高度分散的场景	见 3.2.7 节及其参考文献，以及式(2.15)
阴影衰落		
未建模	为便于描述，不对阴影衰落进行建模，它对结果没有定性影响，见 3.4.5 节	见 3.2.6 节及其参考文献
天线		
小基站天线	增益为 0dBi 的全向单天线单元	见 3.2.4 节
移动终端天线	增益为 0dBi 的全向单天线单元	见 3.2.4 节
小基站天线高度	可变天线高度：1.5+L m	见 5.2.1 节
移动终端天线高度	固定天线高度：1.5m	—
小基站的空闲态模式能力		
连接感知	关闭没有移动终端接入的小基站	见 6.2.2 节
小基站调度器		
RR(轮询)	移动终端轮流接入无线信道	见 7.1 节

10.2.1　上行链路功率控制模型

为了降低功耗和小区间干扰，移动终端发射功率(用 $P^{\uparrow}$ 表示)需要进行上行链路发射功率控制。

在本章中，我们采用 LTE 系统中标准的部分路径损耗补偿算法[153]，这一算法也在 NR 中使用[13]。在该算法中，移动终端根据下行链路测量结果估算上行链路损耗，并设置相应的发射功率。为简单起见，我们将上行链路功率控制算法表述为

$$P^{\uparrow} = \min\left\{P^{\uparrow\max}, 10^{\frac{P_0}{10}}\left[\zeta(d)\right]^{-\eta}N^{\mathrm{RB}}\right\} \tag{10.1}$$

其中：

- $P^{\uparrow\max}$ 是移动终端的最大总发射功率，单位为 dBm；
- P_0 是小基站在每个时频资源上的目标接收功率，单位为 dBm；
- ζ 是以线性单位表示的路径损耗；

- d 是移动终端与小基站之间的三维距离，单位为 km；
- $\eta \in (0,1]$ 是部分路径损耗补偿因子；
- N^{RB} 是所涉及带宽中的频率资源数量。

请注意，当补偿因子 $\eta=0$ 时，上行链路发射功率为常数，与移动终端到小基站的距离无关；而当 $\eta=1$ 时，完全补偿路径损耗。

10.2.2　小基站部署

与第 3 章类似，为了评估小基站部署的性能，本章不仅考虑了随机基站部署模型，还考虑了六边形网络布局模型。将这两个模型与 3.4.4 节中的下行链路模型进行比较，将有助于在接下来的推导中理解超密集网络上行链路性能的关键因素。

回顾这两种小基站部署方式，六边形部署和随机部署（见图 10.1）具有不同的特性。六边形部署方式能实现网络性能上限，因为该场景中基站均匀分布，使任意两个基站之间的最小距离最大，排除了基站近距离产生的强干扰。相比之下，随机部署方式更接近实际情况，基站分布无规律性，基站之间距离可以很小，小区间干扰更复杂。

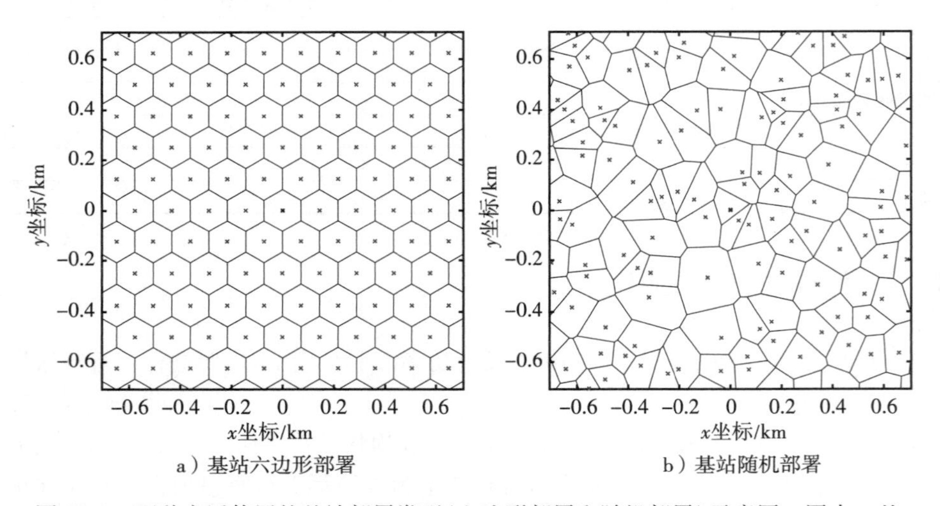

图 10.1　两种广泛使用的基站部署类型（六边形部署和随机部署）示意图。图中，基站用标记×表示，小区覆盖区域用实线分隔

10.2.3　移动终端激活模型

在 6.4.2 节以及式（7.1）[217] 中，活跃小基站的分布 $\tilde{\Phi}$ 可由密度为 $\tilde{\lambda}$ 的齐次泊松点过程表征。这里假设每个小基站下至少有一个移动终端发送或接收数据。然而，需要注意的是，活跃移动终端的分布取决于基站的分布和接入规则，并不一定遵循齐次泊松点过程。更具体地

说，移动终端的分布取决于小基站位置所生成的维诺图㊀网格。假设某个小基站网络中存在一个大的维诺图小区，这一假设应满足一个条件，即在这个大的小区中不应有一个以上的活跃移动终端。然而，维诺图小区越大，存在一个以上移动终端的概率就越高。因此，尽管已部署移动终端的分布遵循齐次泊松点过程，但在平面上并没有均匀地应用稀疏过程筛选出活跃移动终端。因此，超密集网络的上行链路分析比下行链路分析更为复杂，涉及一些模型的近似和参数调整。感兴趣的读者可参考文献[237]及其参考文献。

了解了上述内容，为了不失去方向或被复杂的技术细节所困扰，本章将使用仿真结果而不是理论推导：

- 阐述超密集网络上行链路性能的关键因素；
- 说明超密集网络上行链路与下行链路具有很多相同特性，这些特性在第 4~9 章中已有详细讨论。

请注意，对于与本书框架和推论相一致的近似理论结果的相关内容，可参阅指定的参考文献。

10.3 性能指标

本节将定义超密集网络的上行链路网络覆盖率 $p^{\mathrm{cov}\uparrow}$。将相应的上行链路变量代入式(6.24)即可得到超密集网络上行链路的面积比特效率 $A^{\mathrm{ASE}\uparrow}$，因此不再赘述。为完整起见，表 10.2 列出了这些指标的定义。

表 10.2　主要性能指标

指标	公式	参考
网络覆盖率 $p^{\mathrm{cov}\uparrow}$	$p^{\mathrm{cov}\uparrow}(\lambda,\gamma_0^{\uparrow})=\Pr[\Gamma^{\uparrow}>\gamma_0^{\uparrow}]=\bar{F}_{\Gamma^{\uparrow}}(\gamma_0^{\uparrow})$	见 2.1.12 节，式(2.22)
面积比特效率 $A^{\mathrm{ASE}\uparrow}$	$A^{\mathrm{ASE}\uparrow}(\lambda,\gamma_0^{\uparrow})=\frac{\tilde{\lambda}}{\ln 2}\int_{\gamma_0}^{+\infty}\frac{p^{\mathrm{cov}\uparrow}(\lambda,\gamma)}{1+\gamma}\mathrm{d}\gamma+\tilde{\lambda}\log_2(1+\gamma_0^{\uparrow})p^{\mathrm{cov}\uparrow}(\lambda,\gamma_0^{\uparrow})$	见 6.3.3 节，式(6.24)

10.3.1 网络覆盖率

与下行链路类似，可以将密度为 λ 的上行链路网络覆盖率 $p^{\mathrm{cov}\uparrow}$ 定义为原点 o 处典型移动终端的上行链路信干噪比 $\Gamma^{\uparrow}$ 大于给定信干噪比阈值 $\gamma_0^{\uparrow}$ 的概率，即

$$p^{\mathrm{cov}\uparrow}(\lambda,\gamma_0^{\uparrow})=\Pr[\Gamma^{\uparrow}>\gamma_0^{\uparrow}] \tag{10.2}$$

其中：

㊀ Voronoi，也称泰森多边形。——译者注

- $\gamma_0^{\uparrow}$ 是以线性单位表示的网络最小工作上行链路信干燥比，即支持网络使用的基本调制和编码方案所需的上行链路信干燥比；
- $\gamma^{\uparrow}=\Gamma^{\uparrow}(\omega)$是典型移动终端的上行链路信干燥比值，可计算为

$$\gamma^{\uparrow}=\frac{P_{b_o}^{\uparrow}\zeta(d_{b_o})h}{I_{\mathrm{agg}}^{\uparrow}+P_{\mathrm{N}}^{\uparrow}} \tag{10.3}$$

其中：

- ■ b_o 是典型移动终端接入的小基站；
- ■ d_{b_o} 是典型移动终端到其接入小基站的距离；
- ■ $p_{b_o}^{\uparrow}$ 是典型移动终端的发射功率，由式(10.1)给出；
- ■ h 是多径瑞利衰落信道增益，这里建模为均值为 1 的指数分布随机变量；
- ■ $P_{\mathrm{N}}^{\uparrow}$ 是接入典型移动终端的小基站的加性白高斯噪声(AWGN)功率；
- ■ $I_{\mathrm{agg}}^{\uparrow}$ 是上行链路小区间干扰之和，其计算公式为

$$I_{\mathrm{agg}}^{\uparrow}=\sum_{i:\ b_i\in\tilde{\Phi}\setminus b_o}P_i^{\uparrow}\beta_i g_i \tag{10.4}$$

其中：

- □ b_i 是为第 i 个干扰移动终端接入的小基站；
- □ $P_i^{\uparrow}$ 是第 i 个干扰移动终端的上行链路发射功率；
- □ β_i 和 g_i 分别是第 i 个干扰移动终端与典型移动终端接入的小基站之间的路径损耗和多径瑞利衰落增益。

请注意，在式(10.4)中，除了为典型移动终端服务的小基站外，只有一组活跃小基站(即 $\tilde{\Phi}\setminus b_o$)是为其余移动终端服务的，没有移动终端接入的小基站处于空闲模式，因此在计算上行链路小区间干扰之和 $I_{\mathrm{agg}}^{\mathrm{U}}$ 时可以不考虑。

如 10.2.3 节所述，分析超密集通信网络的上行链路性能尤为困难，通常需要对模型进行近似和参数调整。为了便于理解如何得出上行链路覆盖率 $p^{\mathrm{cov}\uparrow}$，图 10.2 所示的伪代码描述了第 8 章介绍的随机几何框架上需要执行的增强操作，以计算超密集网络上行链路性能的分析结果。值得注意的是，与图 8.2 所示的流程相比，上行链路覆盖率 $p^{\mathrm{cov}\uparrow}$ 的分析计算不仅需要考虑前面提到的近似，还要考虑移动终端位置相关发射功率，而这很难获得。这是因为：

- 干扰功率取决于干扰终端的上行链路发射功率，而发射功率又是该终端与其接入小基站之间距离的函数。
- 在测量这种上行链路发射功率的影响时，应考虑该干扰终端与典型终端接入的小基站之间的距离。

因此，要进行准确的分析，就必须对干扰终端与两个小基站之间的距离进行联合计算，而这是一项极具挑战的任务，甚至不可完成。

10.3.2　计算复杂度

由于难以对上行链路进行精确的理论分析，我们主要依靠仿真来获得上行链路的网络覆盖率 $p^{\mathrm{cov}\uparrow}$ 和面积比特效率 $A^{\mathrm{ASE}\uparrow}$，因此在讨论上行链路仿真的复杂性时与下行链路相比较是十分有意义的。对于下行链路仿真，一旦我们验证了活跃小基站的齐次泊松点过程假设，在每次仿真中，我们就可以通过对已部署的小基站进行均匀稀疏处理来获得活跃小基站，因此下行链路仿真的复杂度与活跃小基站密度 $\tilde{\lambda}$ 的数量级相当。但是，这种高效的方法不能用于上行链路，因为活跃移动终端并不服从齐次泊松点过程分布。相反，我们需要对网络中的所有链路进行建模，这些链路的分布密度是小基站分布密度 λ 和移动终端分布密度 ρ 的乘积，这样我们就能确定哪些基站/移动终端处于活跃状态或干扰终端的发射功率。因此，上行链路仿真的复杂度与 $\lambda \times \rho$ 的数量级相当。由于移动终端的密度 ρ 总是大于活跃小基站的密度 $\tilde{\lambda}$，因此上行链路仿真的复杂度比下行链路至少大一个 λ 数量级。不幸的是，在超密集网络中，小基站密度 λ 变得非常大，如 $10^3 \sim 10^6$ 个/km²，这使得上行链路仿真的复杂度是下行链路的 $10^3 \sim 10^6$ 倍。在上行链路仿真中，我们使用 1000 个 CPU 内核，在小基站密度达到 10^4 个/km² 时，耗时两个月运行了 100 000 次实验。当小基站密度在 10^4 个/km² 以上时，上行链路仿真计算的复杂度极高。

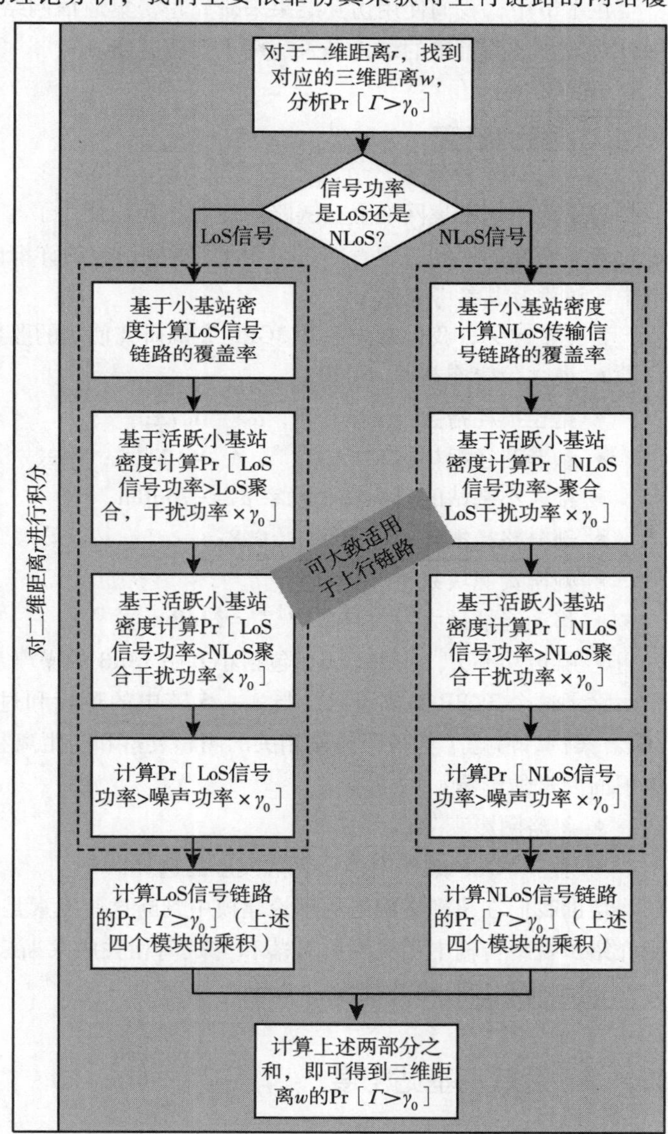

图 10.2　在标准随机几何框架内获得超密集通信网络上行链路性能分析结果的逻辑步骤，考虑天线高度差、有限移动终端密度和小基站的空闲态模式能力

10.4 讨论

在本节中，我们使用仿真结果来研究超密集通信网络的上行链路性能，并验证第4~9章中针对下行链路得出的结论是否适用于上行链路。

10.4.1 案例研究

为了评估超密集网络上行链路的性能，我们使用了与第4章相同的3GPP案例研究，以便进行统一基准的比较。读者如果对3GPP案例研究的详细内容感兴趣，请参阅表10.1和4.4.1节中的讨论及其参考文献。

为完整起见，我们首先关注3GPP案例研究使用的参数：

- 最大天线增益 $G_{M}=0$dB；
- 路径损耗指数：$\alpha^{L}=2.09$，$\alpha^{NL}=3.75$；
- 参考路径损耗：$A^{L}=10^{-10.38}$，$A^{NL}=10^{-14.54}$；
- 接入小基站的目标接收功率 $p_{0}=-76$dBm；
- 部分路径损耗补偿因子 $\eta=0.8$；
- 频率资源块数量 $N^{RB}=55$；
- 移动终端最大发射功率 $P^{\uparrow max}=23$dBm；
- 噪声功率 $P_{N}^{\uparrow}=-91$dBm，包括小基站13dB的噪声系数。

除了这个3GPP案例研究，与3.4.5节中的逻辑和过程类似，我们还设计了一个改进的3GPP案例，考虑了与视距传输相关的阴影衰落和与距离相关的莱斯衰落。这将有助于我们理解下面因素的影响：

- 忽略阴影衰落；
- 前一3GPP案例中多径衰落模型的选择。

还将帮助我们在超密集网络的理论建模中判断这些因素是至关重要还是可以忽略。3.4.5节详细介绍了视距传输中相关阴影衰落和与距离相关的莱斯衰落。请注意，我们分别使用了阴影方差 $\sigma_{s}^{2}=10$dB 和互相关系数 $\tau=0.5$。

10.4.2 活跃小基站密度

本小节将讨论上文介绍的3GPP案例研究的结果，并在10.4.3节中分析改进的3GPP案例。

图10.3展示了以下两种配置的活跃小基站密度 $\tilde{\lambda}$ 与小基站密度 λ 的函数关系。

- 配置a：视距和非视距传输的多斜率路径损耗模型，天线高度差 $L=0$m，有限移动终端

密度 $\rho<+\infty$，小基站具有简单空闲态模式能力，以及轮询调度器(仿真结果)。

- 配置 b：视距和非视距传输的多斜率路径损耗模型，天线高度差 $L=8.5$m，有限移动终端密度 $\rho<+\infty$，小基站具有简单空闲态模式能力，以及轮询调度器(仿真结果)。

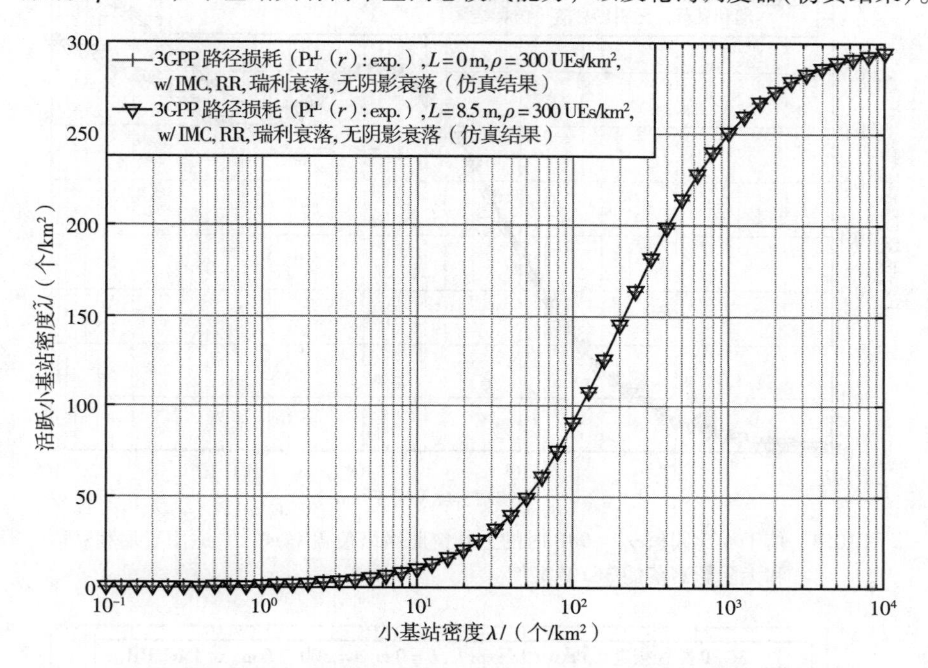

图 10.3　在瑞利衰落和无阴影衰落条件下，3GPP 案例中的活跃小基站密度 $\tilde{\lambda}$

从图 10.3 中可以看出，活跃小基站密度 $\tilde{\lambda}$ 与天线高度差 L 无关，而是随着小基站密度 λ 的增加而单调增加。事实上，由于在非合作网络中活跃小基站的数量不可能多于移动终端的数量，因此活跃小基站密度 $\tilde{\lambda}$ 以移动终端密度(本例中 $\rho=300$ 个/km^2)为上限。这些结果与文献[217]中的分析结果一致。更详细地说，活跃小基站密度 $\tilde{\lambda}$ 可通过以下公式分析近似得出：

$$\tilde{\lambda}=\lambda\left[1-\frac{1}{\left(1+\frac{\rho}{q\lambda}\right)^{q}}\right] \tag{10.5}$$

10.4.3　网络覆盖率的性能

在本小节中，图 10.4 和图 10.5 分别展示了 10.4.2 节中介绍的两种配置在考虑信干噪比阈值 $\gamma_0^{\uparrow}=0$dB 和 $\gamma_0^{\uparrow}=10$dB 时的上行链路网络覆盖率 $p^{\mathrm{cov}\uparrow}$。

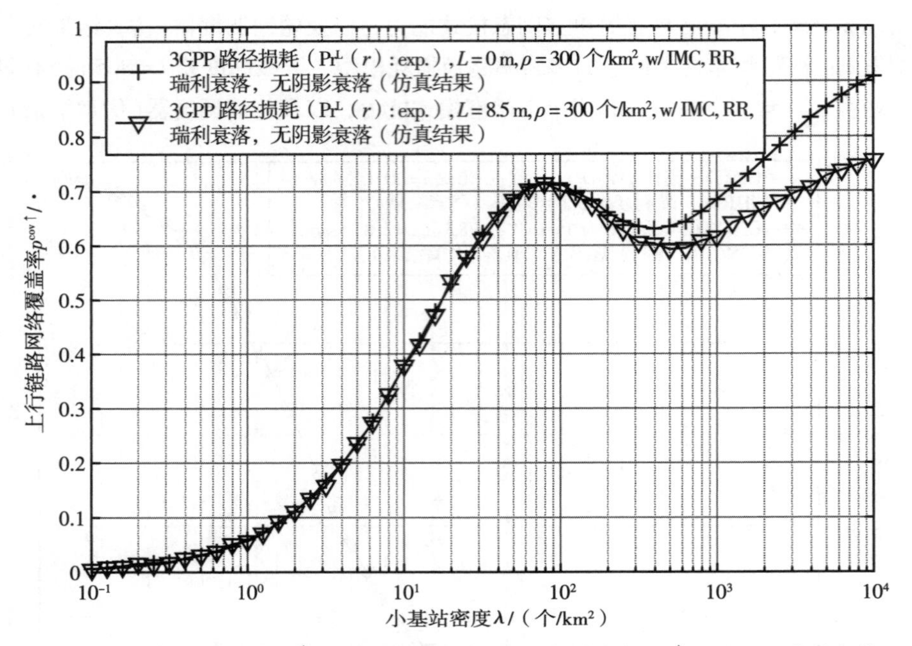

图 10.4　信干噪比阈值 $\gamma_0^{\uparrow}$ = 0dB 时的上行链路网络覆盖率 $p^{cov\uparrow}$，适用于瑞利衰落和无阴影衰落的 3GPP 案例

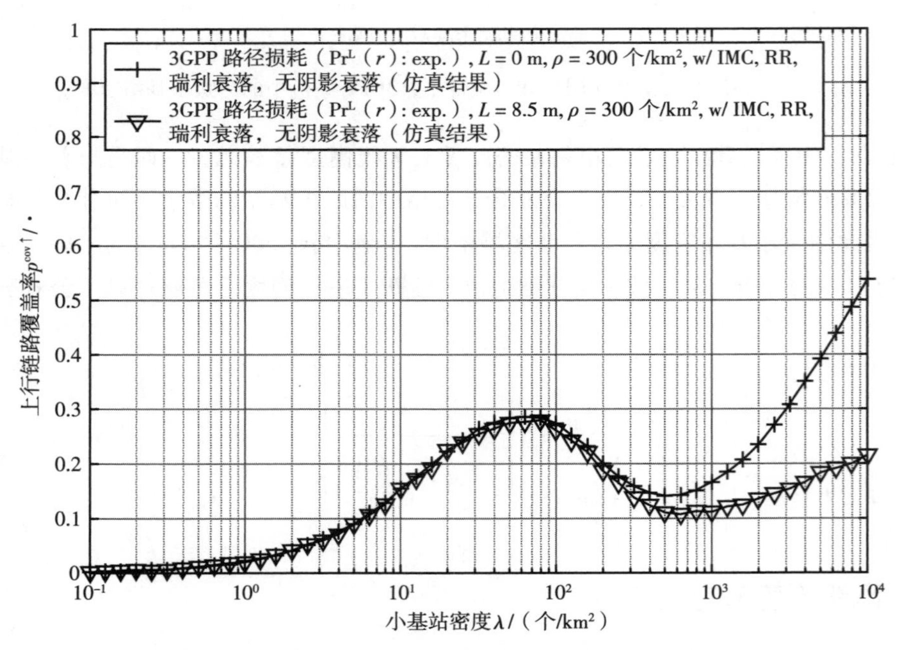

图 10.5　信干噪比阈值 $\gamma_0^{\uparrow}$ = 10dB 时的上行链路网络覆盖率 $p^{cov\uparrow}$，适用于瑞利衰落和无阴影衰落的 3GPP 案例

从图 10.4 和图 10.5 中可以得出以下结论：

- 当小基站密度 $\lambda \in [10^{-1},70]$ 时，网络是噪声受限的，因此上行链路网络覆盖率 $p^{\text{cov}\uparrow}$ 随着小基站密度 λ 的增加而增加，在视距传输条件下，网络覆盖范围变小，接收信号强度增强。
- 当小基站密度 $\lambda \in [70,400]$ 时，上行链路网络覆盖概率 $p^{\text{cov}\uparrow}$ 随着小基站密度 λ 的增加而减小。这是因为大量干扰路径从非视距传输过渡到视距传输，从而加速了小区间干扰的增长。这种性能表现与第 4 章介绍的下行链路结果一致。
- 当小基站密度 $\lambda \in [400,10^4]$ 时，上行链路覆盖率 $p^{\text{cov}\uparrow}$ 随着小基站密度 λ 的增加而增加。这是由于小基站具有空闲态模式能力。与第 6 章讨论的下行链路情况一致，有限移动终端密度 $\rho<+\infty$ 和小基站的空闲态模式能力为小基站在非协同超密集网络中接收的最大干扰功率引入了上限；而在密集网络中，由于发射机和接收机之间距离更近，信号功率会继续加大。该现象加速了信号功率的增长，反过来又增加了典型移动终端的信干噪比 Γ。
- 这两张图还显示，移动终端和小基站之间的天线高度差 $L>0$ 对上行链路网络覆盖率 $p^{\text{cov}\uparrow}$ 有显著影响。与第 5 章介绍的下行链路情况类似，移动终端和小基站之间的天线高度差 $L>0$ 会减慢并最终限制信号功率的持续增长，这会降低特定移动终端的信干噪比，进而降低上行链路网络覆盖率。举例来说，在小基站密度 $\lambda=10^4$ 个/km^2 和上行链路信干噪比阈值 $\gamma_0^{\uparrow}=0$dB 的情况下，天线高度差 $L=8.5$m 的上行链路网络覆盖率与 $L=0$m 的情况相比下降了约 13%。在小基站密度为 $\lambda=10^4$ 个/km^2 和上行信干噪比阈值为 $\gamma_0^{\uparrow}=10$dB 时，这种性能衰减进一步扩大到 32%。这也表明，当上行链路信干噪比阈值 $\gamma_0^{\uparrow}$ 增加时，更难获得良好的上行链路网络覆盖率。

NetVisual 分析

为了更直观地显示上行链路网络覆盖率 $p^{\text{cov}\uparrow}$ 的基本特性，图 10.6 显示了小基站密度分别为 50、250 和 2500 的情况下上行链路网络覆盖率的热力图（天线高度差 $L=8.5$m）。为便于比较，还提供了下行链路结果。与第 3~7 章相同，这些热力图是使用 NetVisual 计算生成的。如 2.4 节所述，该工具不仅可以计算上行链路网络覆盖率 $p^{\text{cov}\uparrow}$ 的平均值，还可以获取其标准差。

在图 10.6 中可以比较下行链路性能（摘自第 8 章）和上行链路性能，发现后者在整个场景中的亮度分布更均匀。更详细地说，以小基站密度约为 2500 个/km^2 时为例，可以看到下行链路和上行链路的平均网络覆盖率都约为 0.7。但是，在上行链路情况下，标准差下降了 55.00%（从 0.10 降至 0.045）。简而言之，上行链路网络覆盖率的标准差小于下行链路。这一结果与文献[238]中图 A.2.2-2 所示的 3GPP 系统级仿真结果一致。导致这一现象的原因是上行链路发射功率控制机制，该机制有利于减少小区中心移动终端产生的小区间干扰，因为这些移动终端离接入小区更近，上行发射功率更小，产生的小区间干扰也更小。

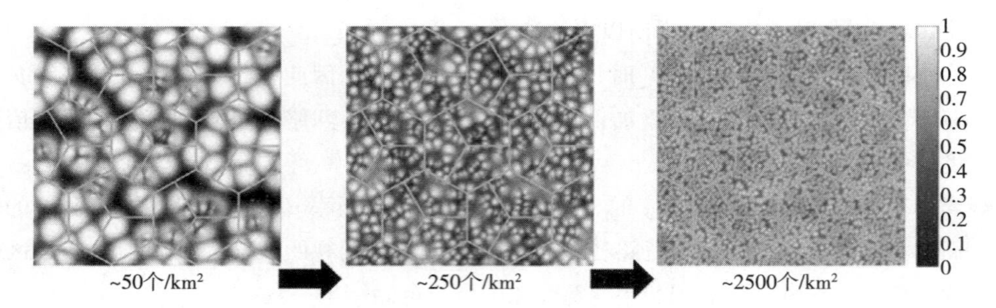

a）下行链路性能趋势图（视距和非视距传输的多斜率路径损耗函数，有限移动终端密度 ρ=300个/km²，小基站具有空闲态模式能力和轮询调度器）

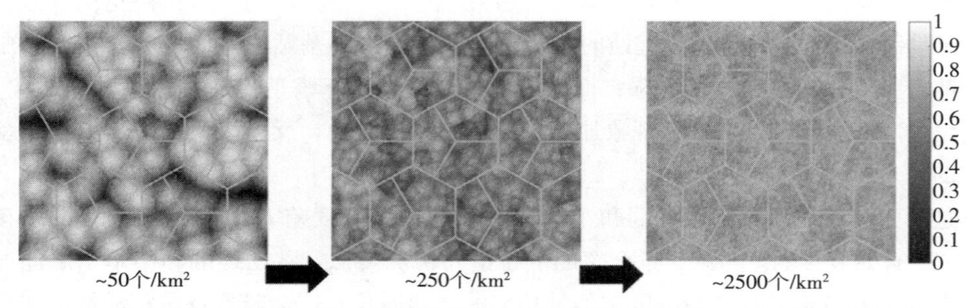

b）上行链路性能趋势图（视距和非视距传输的多斜率路径损耗函数，有限移动终端密度 ρ=300个/km²，小基站具有空闲态模式能力和轮询调度器）

图 10.6 网络覆盖率 p^{cov} 与小基站密度 λ 的关系图(使用 NetVisual 生成)

10.4.4 面积比特效率的性能

现在我们研究上行链路的面积比特效率 $A^{ASE\uparrow}$。

图 10.7 和图 10.8 分别显示了信干噪比阈值 $\gamma_0^{\uparrow}$ 为 0dB 和 10dB 时的上行链路面积比特效率，这两种配置与 10.4.3 节中描述的配置相同。

从这两个图中，可以得出以下结论：

- 当网络基站分布稀疏，即 $\lambda \leqslant 10^2$ 个/km² 时，对于两个信干噪比阈值 $\gamma_0^{\uparrow}=0$dB 和 $\gamma_0^{\uparrow}=10$dB，上行链路的面积比特效率 $A^{ASE\uparrow}$ 随着小基站密度的增加而迅速增加。这是因为网络通常是噪声受限的，增加更多的小基站对频率的空间重用大有好处。
- 当小基站密度 λ 增加到$(10^2, 10^3]$个/km² 时，上行链路的面积比特效率($A^{ASE\uparrow}$)在信干噪比阈值 $\gamma_0^{\uparrow}=0$dB 时增长速度放缓，甚至在信干噪比阈值 $\gamma_0^{\uparrow}=10$dB 时下降。这是因为在这种基站密度情况下，大量小区间干扰路径从非视距转化为视距，以及天线高度差的存在($L>0$)导致上行链路网络覆盖率 $p^{cov\uparrow}$ 下降。第 4 章和第 5 章分别对这两种现象(ASE Crawl 和 ASE Crash)进行了深入讨论。值得注意的是，$\gamma_0^{\uparrow}=10$dB 比 $\gamma_0^{\uparrow}=0$dB 需要更高的信干噪比。面对 ASE Crawl 和 ASE Crash 的情况，前者($\gamma_0^{\uparrow}=10$dB)比后者

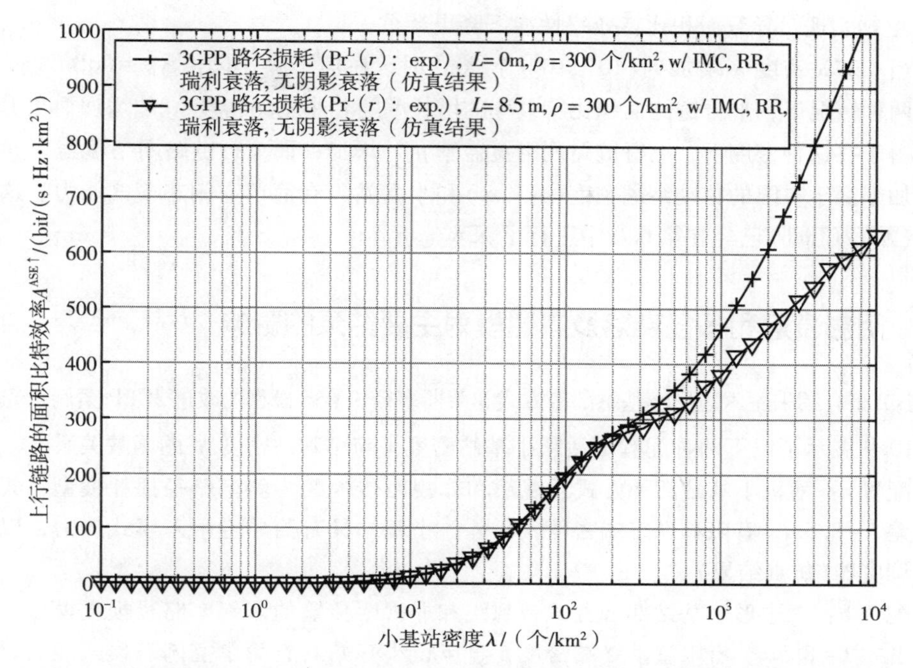

图 10.7　信干噪比阈值 $\gamma_0^{\uparrow}=0\mathrm{dB}$ 时上行链路的面积比特效率 $A^{\mathrm{ASE}\uparrow}$（适用于瑞利衰落和无阴影衰落的 3GPP 案例）

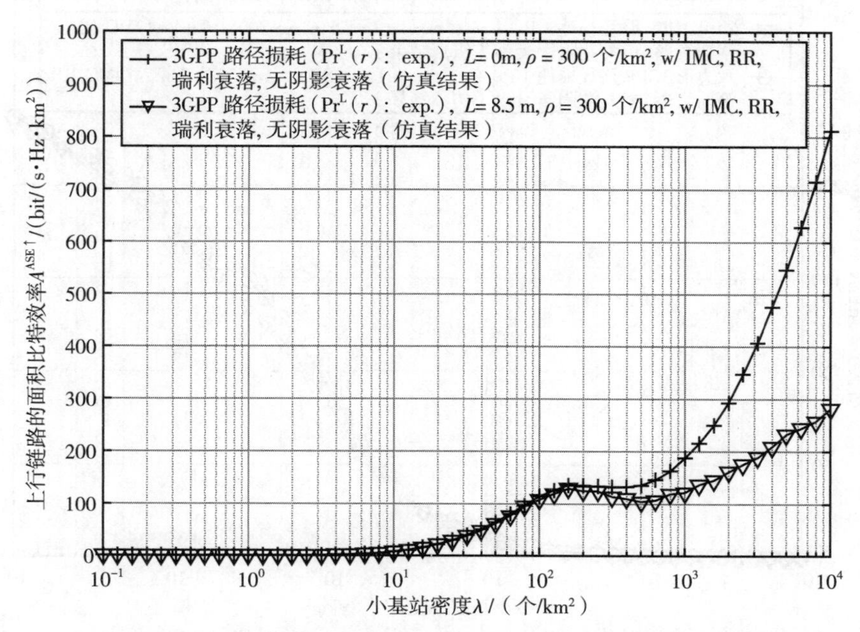

图 10.8　信干噪比阈值 $\gamma_0^{\uparrow}=10\mathrm{dB}$ 时上行链路的面积比特效率 $A^{\mathrm{ASE}\uparrow}$（适用于瑞利衰落和无阴影衰落的 3GPP 案例）

更难实现，导致面积比特效率性能下降更严重。

- 当小基站密度 λ 增加到$[10^3, 10^4]$个/km^2 时，在信干噪比阈值 $\gamma_0^{\uparrow}=0dB$ 和 $\gamma_0^{\uparrow}=10dB$ 两种情况下，上行链路面积比特效率的增长率随着小基站密度 λ 的增加而上升。这是由于在这种密度下，上行链路网络覆盖率 $p^{cov\uparrow}$ 增加，而上行链路网络覆盖率 $p^{cov\uparrow}$ 的增加则源于有限的移动终端密度($\rho<+\infty$)和小基站具有简单空闲态模式能力。这种情况(ASE Climb)已经在第 6 章中进行了深入分析。

10.4.5 阴影衰落和多径衰落及其建模对主要结果的影响

本小节将介绍采用六边形小基站部署方式和莱斯多径快衰落模型的改进 3GPP 案例研究的结果。图 10.9 展示了以下两种配置下活跃小基站密度 $\tilde{\lambda}$ 与小基站密度 λ 的函数关系。

- 配置 a：随机小基站部署方式，视距和非视距传输的多斜率路径损耗模型，天线高度差 $L=8.5m$，有限移动终端密度 $\rho<+\infty$，小基站具有简单空闲态模式能力，以及轮询调度器(仿真结果)。
- 配置 b：六边形小基站部署方式，视距和非视距传输的多斜率路径损耗模型，天线高度差 $L=8.5m$，有限移动终端密度 $\rho<+\infty$，小基站具有简单空闲态模式能力，以及轮询调度器(仿真结果)。

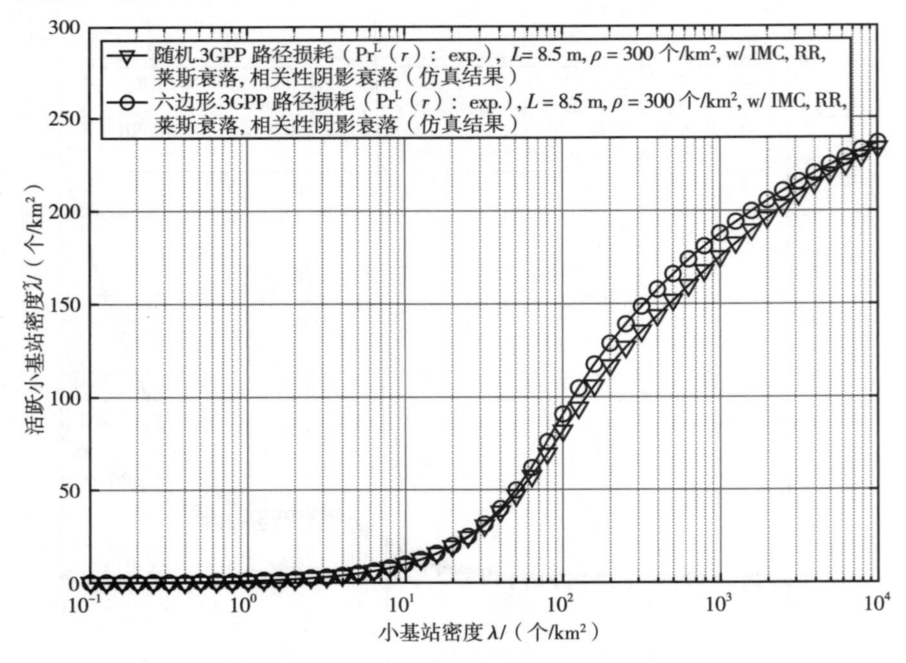

图 10.9 改进的 3GPP 案例中的活跃小基站密度 $\tilde{\lambda}$(在视距传输的莱斯衰落模型和相关性阴影衰落条件下)

图 10.10 和图 10.11 分别显示了信干噪比阈值 $\gamma_0^{\uparrow}=0\text{dB}$ 和 $\gamma_0^{\uparrow}=10\text{dB}$ 时的上行链路网络覆盖率 $p^{\text{cov}\uparrow}$，适用于相同的两种配置(配置 a 和配置 b)。

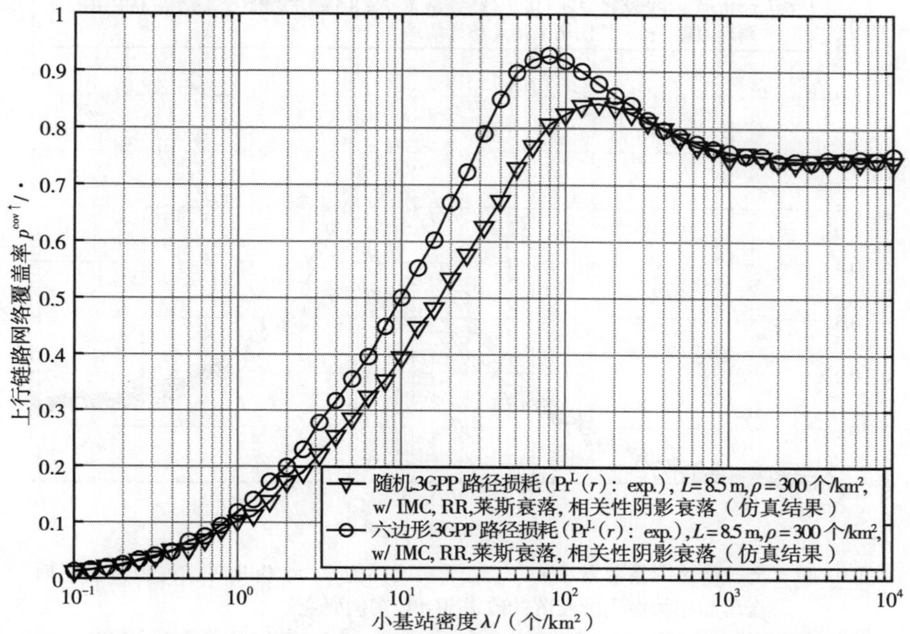

图 10.10　上行链路网络覆盖率 $p^{\text{cov}\uparrow}$(信干噪比阈值 $\gamma_0^{\uparrow}=0\text{dB}$ 时，视距传输莱斯衰落和相关性阴影衰落的改进 3GPP 案例研究)

图 10.12 和图 10.13 分别显示了在前面讨论的两种配置下，信干噪比阈值 $\gamma_0^{\uparrow}=0\text{dB}$ 和 $\gamma_0^{\uparrow}=10\text{dB}$ 时的上行链路面积比特效率 $A^{\text{ASE}\uparrow}$。

从这些图中可以得出结论：在瑞利多径衰落和相关阴影衰落条件下的结果，与之前在有瑞利多径衰落但无阴影衰落条件下获得的结果趋势相同。如 3.4.5 节所述，这些不同模型的仿真结果存在数量上的差异，但从本质上看，基本结论是一致的。这表明，后一种情况下更为复杂的理论分析对于进一步了解这类超密集网络的性能并不重要。

10.5　本章小结

本章中，我们分析了超密集网络的上行链路性能，强调了上行链路建模与下行链路的主要差异，并计算了上行链路发射功率控制和关键性能指标(上行链路网络覆盖率和上行链路面积比特效率)。此外，还分享了针对具有不同小基站密度和特性的基站部署方式的系统级仿真结果。重要的是，这些结果表明，所分析的非协同超密集网络的上行链路性能趋势与第 4~9 章中研究的下行链路性能趋势相同。第 4~6 章分别介绍的 ASE Crawl、ASE Crash 和 ASE Climb 的现象也同样出现在上行链路中，网络运营商在部署超密集网络时应考虑它们的影响。

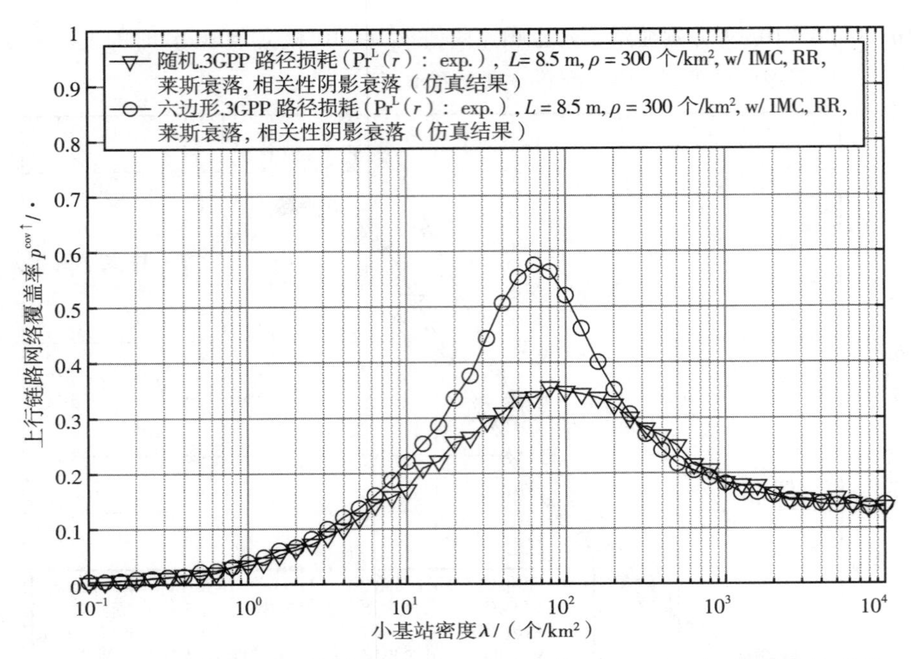

图 10.11　上行链路网络覆盖率 $p^{\mathrm{cov}\uparrow}$（信干噪比阈值 $\gamma_0^{\uparrow}=10\mathrm{dB}$ 时，视距传输莱斯衰落和相关性阴影衰落的改进 3GPP 案例研究）

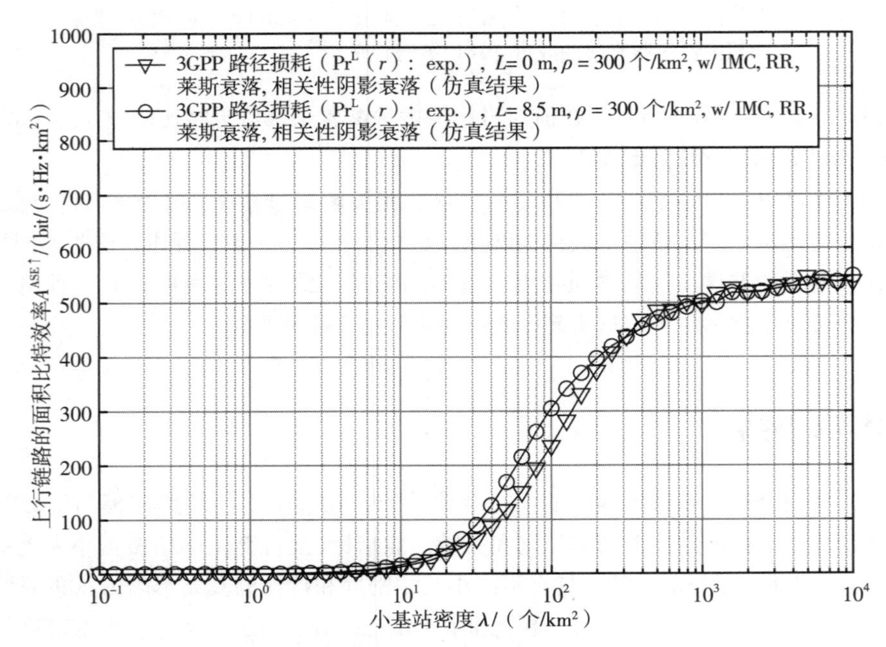

图 10.12　上行链路的面积比特效率 $A^{\mathrm{ASE}\uparrow}$（信干噪比阈值 $\gamma_0^{\uparrow}=0\mathrm{dB}$ 时，视距传输莱斯衰落和相关性阴影衰落的改进 3GPP 案例研究）

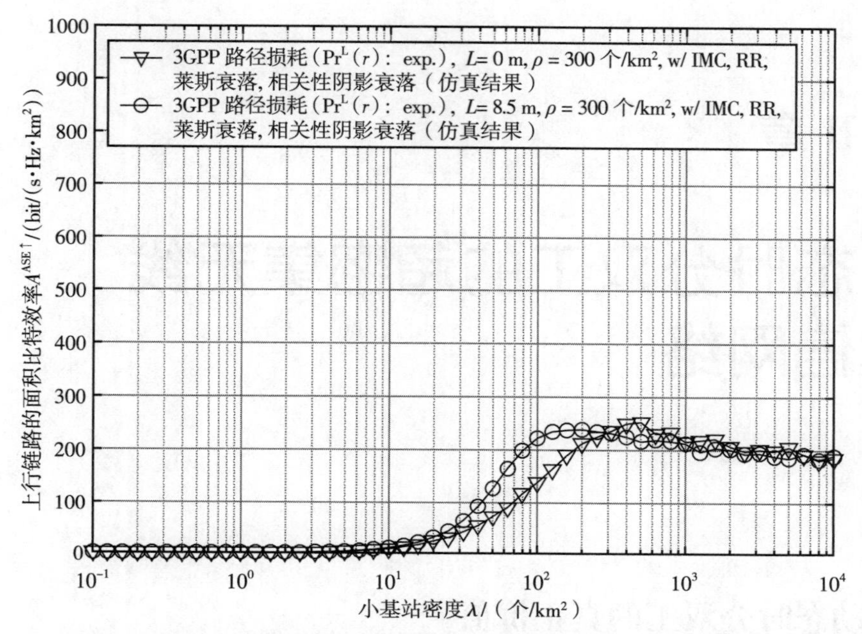

图 10.13　上行链路的面积比特效率 $A^{\mathrm{ASE}\uparrow}$（信干噪比阈值 $\gamma_0^{\uparrow}=10\mathrm{dB}$ 时，视距传输莱斯衰落和相关性阴影衰落的改进 3GPP 案例研究）

第11章

动态时分双工的超密集无线通信网络

11.1 动态时分双工的真正价值

一般来说，下一代移动通信网络，尤其是密集小基站网络，都将采用时分双工(TDD)技术㊀，因为这种技术不需要成对使用载波频率，而且可以根据下行和上行链路的传输条件选用不同时长的无线资源。在3GPP的LTE网络中，有七种TDD方式可用于网络侧的静态或半静态配置，每种配置方式与10 mm TDD帧中特定数量的下行和上行链路子帧相关联[153]㊁。然而，这种静态TDD操作方式无法根据下行和上行链路流量需求的波动快速调整子帧资源。在密集小基站网络中，每个小区接入的移动终端数量少，以及由此引发的下行和上行链路流量突变，导致这种波动会更加剧烈。

为了克服静态TDD技术的缺点，使下行链路和上行链路子帧的使用更加动态和独立，以适应每个小基站下行链路和上行链路流量的快速变化，动态TDD技术应运而生[91,141,239-241]。在动态TDD技术中，每个小区或小区群的下行链路和上行链路子帧数量的配置可按帧动态变化，即每10ms更改一次[153]。因此，动态TDD可为每个小区或小区群提供定制的下行和上行链路子帧配置，其代价是允许小区间链路干扰的存在，例如一个小区的下行链路可能会干扰邻近小区的上行链路，反之亦然。

㊀ 在频分双工(FDD)技术中，下行链路和上行链路是正交的，并使用两个不同的载波频率在频域内分隔。在时分双工(TDD)技术中，使用时域而不是频域来区分信号的发送和接收；因此同一小区在发送和接收两个方向上都使用同一频率。

㊁ 在静态或半静态TDD系统中，下行和上行链路数据传输使用同一频段，所分配的时长资源在不同时间段内不会发生变化或变化缓慢。

还应注意的是，动态 TDD 是频域(FD)技术的前身[91,242]，也是下一代移动通信网络的候选技术之一。在频域系统中，基站可以同时向不同的移动终端发射和接收信号，从而提高频谱重复利用率，但这不仅会带来小区间链路干扰，还会造成小区内链路干扰，也就是所谓的自干扰[242]。频域系统与动态 TDD 系统的主要区别在于后者不存在小区内链路干扰[91]。

文献[141]和[239-241]对动态 TDD 系统的物理层(PHY)信干噪比性能进行了分析，前者假定小基站和移动终端的位置是确定的，后者则考虑了小基站和移动终端的随机位置。所有这些研究的主要结论都是，动态 TDD 系统的上行链路信干噪比会因小基站之间严重的下行链路对上行链路干扰而下降。为了应对这一挑战，文献[142,143]研究了小区集群以及基站侧全部或部分干扰消除(IC)技术，以减轻下行链路对上行链路的干扰。然而，由于集群和干扰消除在实际系统中不易实现，动态 TDD 系统在上行链路信干噪比方面的这种小区间干扰缺陷引发了一个根本性问题：

动态 TDD 技术的优势是什么？动态 TDD 技术在介质访问控制层能实现哪些增益，以弥补上面描述的物理层损失？

只有对介质访问控制层进行全面分析，才能找到上述问题的答案。这种分析不仅要评估动态 TDD 网络的物理层性能，还要评估介质访问控制层在动态调整下行和上行链路子帧以适应快速变化的业务量需求时所带来的性能增益。这需要采用不同于第 3~10 章中以物理层为中心的分析方法。

在本章中，我们将对动态 TDD 网络的介质访问控制层性能进行理论研究。详细地说，我们推导出了在动态 TDD 系统以同步方式运行时，下行链路和上行链路时间资源利用率(TRU)的闭式表示式，现有 3GPP LTE 和 NR 采用的就是同步运行模式。随着小基站网络向密集和超密集网络演进，这些结果量化地描述了动态 TDD 系统在介质访问控制层子帧使用方面的性能。具体地说：

- 我们证明，下行链路和上行链路时间资源利用率在 TDD 帧的不同子帧中各不相同，而且这种差异会随着网络密度的增加而减小；
- 我们证明，动态 TDD 系统中的平均时间资源利用率(即平均下行链路 TRU 和平均上行链路 TRU 之和)大于静态 TDD 系统中的平均时间资源利用率，而且这种性能增益在超密集系统中会增加；
- 我们可以推导出，在超密集网络中动态 TDD 系统相对于静态 TDD 系统性能增益的极限(以平均 TRU 表示)。

如第 10 章所述，关于动态 TDD 系统的物理层性能，超密集网络的物理层上行链路性能分析尤其具有挑战性，这主要是因为超密集网络与稀疏和密集网络有着本质区别，而且上行链路中带来干扰的移动终端分布难以用分析方法表征。因此，为了提高可操作性，本章通过仿真评估了下行动态 TDD 网络的介质访问控制层和物理层在网络覆盖率和面积比特效率方面的联合性能。

11.2 系统模型修正

为了评估动态 TDD 超密集网络的性能，本节我们修改了 10.2 节中描述的系统模型，主要考虑了：

- 视距和非视距传输；
- 基于最大接收信号强度的移动终端接入策略；
- 捕捉天线高度的三维距离；
- 有限的移动终端密度；
- 小基站的简单空闲态模式能力。

以及本章引言中讨论的新网络功能：

- 基于下行链路和上行链路流量需求的移动终端(去)激活流量模型；
- 同步动态 TDD 模型，考虑实际 TDD 配置中的小区间链路干扰。

下面将详细讨论这两种修正。

11.2.1　移动终端激活模型

在 6.2 节中，假设活跃小基站的分布服从齐次泊松点过程 $\tilde{\Phi}$，其分布密度为

$$\tilde{\lambda}=\lambda\left[1-\frac{1}{\left(1+\frac{\rho}{q\lambda}\right)^{q}}\right] \tag{11.1}$$

其中，q 是调整参数，取值在 3.5~4 之间，见式(6.12)。

值得注意的是，在这样的分布中，每个活跃小基站至少服务于一个移动终端，因此活跃小基站和移动终端都会在动态 TDD 网络中产生小区间干扰。

本章对于每个活跃移动终端在子帧中请求下行链路或上行链路数据的概率分别用 p^{D} 和 p^{U} 表示，$p^{\mathrm{D}}+p^{\mathrm{U}}=1$。此外，还要注意，我们假设每个数据流请求至少传输一个 TDD 帧(由 T 个子帧组成)。

考虑到移动终端可能在某些子帧中同时接收和发送数据，我们可以进一步细化这一模型，这将在 11.2.1 节中详细描述。这种移动终端在子帧中同时使用下行链路和上行链路数据的概率可以用 $p^{\mathrm{D+U}}$ 表示，在这种情况下，$p^{\mathrm{D}}+p^{\mathrm{U}}+p^{\mathrm{D+U}}=1$。因此，移动终端请求下行链路和上行链路数据的等效概率可以直接推导出，分别为$\frac{p^{\mathrm{D}}+p^{\mathrm{D+U}}}{1+p^{\mathrm{D+U}}}$和$\frac{p^{\mathrm{U}}+p^{\mathrm{D+U}}}{1+p^{\mathrm{D+U}}}$。为简便起见，我们在后面的内容中不考虑概率 $p^{\mathrm{D+U}}$。

11.2.2　动态时分双工

我们需要区分两类动态 TDD 系统，即异步系统和同步系统。之前的大多数文献都研究了以异步方式运行的动态 TDD 系统[141,239-241]。更具体地说，在异步网络(如 Wi-Fi 系统)中，TDD

帧在小区之间并不对齐，因此可以假定小区之间的链路干扰在时域上是统计均匀的，并且仅由下行链路和上行链路传输概率来表征。因此，可以认为所有 TDD 帧和子帧的介质访问控制层和物理层性能都是一致的。然而，在同步网络(如 3GPP LTE 和 NR 网络)中，为简化协议设计，不同小区的 TDD 帧在时域上是对齐的，在同一时间开始和结束。因此，小区间链路干扰以及动态 TDD 系统的性能是 TDD 配置结构的函数。

图 11.1 举例说明了 3GPP LTE 系统中同步 TDD 系统的配置[153]。TDD 帧由 10 个子帧组成，每个子帧的时间长度为 1ms[153]。在每个 TDD 帧中，至少有一个下行链路子帧和一个上行链路子帧，以承载下行链路和上行链路的控制信道。此外，虽然图中没有显示，但在下行链路子帧和上行链路子帧之间存在一个下行链路到上行链路的过渡子帧，移动终端在其中接收和发送数据。这种过渡子帧会产生额外的开销[153]。因此，设计交替使用下行链路子帧和上行链路子帧的 TDD 配置结构没有更多优势。为了便于分析，以及研究动态 TDD 的全部可能性，本章既不考虑 TDD 帧中下行和上行链路子帧数量的非零限制，也不考虑下行到上行链路的过渡子帧。

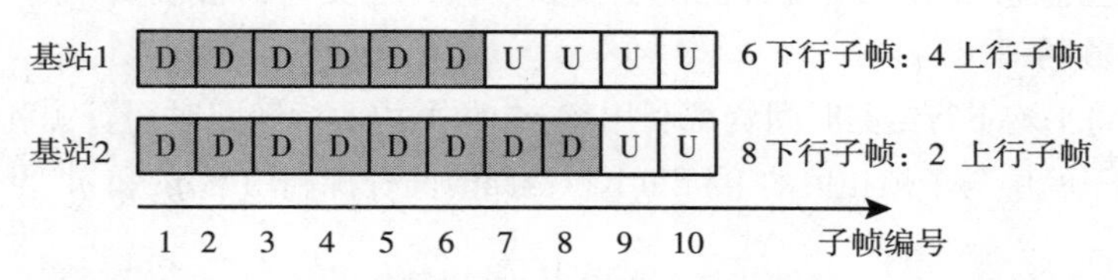

图 11.1　LTE TDD 配置示例，其中一个 TDD 帧由 10 个子帧组成。D 和 U 分别表示下行链路子帧和上行链路子帧

为了说明图 11.1 中的同步动态 TDD 系统与异步系统之间的区别，我们假设同步系统小基站 BS 1 和 BS 2 分别使用 6 个和 8 个下行链路子帧。对于这种具有帧对齐的同步动态 TDD 网络，我们可以看到，BS 1 的前 6 个子帧和最后两个子帧不会受到来自 BS 2 的上行链路对下行链路或下行链路对上行链路的干扰。但是，小基站 BS 1 的第 7 个和第 8 个子帧是上行链路子帧，与 BS 2 的下行链路子帧发生碰撞的概率为 100%。因此，小基站 BS 1 的上行链路受到下行链路对上行链路干扰的平均概率为 50%，而下行链路受到上行链路对下行链路干扰的平均概率为 0。相反，在异步网络中，由于小基站 BS 2 80%的时间都在传输下行链路子帧，因此 BS 1 的每个下行链路子帧受到 BS 2 的下行链路对上行链路干扰的概率为 80%。

从这个例子可以看出，在同步网络中忽略 TDD 帧对齐会导致对小区间链路干扰的严重高估。在接下来的章节中，我们将重点讨论同步动态 TDD 系统，因为 3GPP LTE 和 NR 等蜂窝系统采用了这种方式。为简单起见，我们将其笼统地称为动态 TDD 系统。必要时，我们将明确说明异步动态 TDD 系统。为便于理解，上述讨论可归纳为以下两点：

评述 11.1　TDD 帧的前几个子帧比后几个子帧更有可能承载下行链路传输，而上行链路的情况正好相反。这意味着动态 TDD 系统的介质访问控制层性能取决于子帧。

评述 11.2　TDD 帧中间的子帧比两端的子帧更容易受到小区间链路干扰。这使得动态 TDD 系统的物理层性能由子帧决定。

11.3　性能指标

本节中，为适应动态 TDD 系统，我们定义了介质访问控制层性能指标，并重新定义了网络覆盖率和面积比特效率指标。

11.3.1　介质访问控制层的时间资源利用率

对于第 l 个子帧（$l \in \{1,2,\cdots,T\}$），我们将与子帧相关的下行和上行时间资源利用率 q_l^{D} 和 q_l^{U} 分别定义为小基站在该子帧中传输下行数据流的概率及其移动终端传输上行数据流的概率。一般情况下，不一定总是 $q_l^{\mathrm{D}}+q_l^{\mathrm{U}}=1$，因为有些子帧资源可能由于没有数据传输而闲置，或者由于小基站无法像静态 TDD 系统那样匹配子帧和数据传输类型而被浪费，例如某些下行子帧没有下行数据传输的情况。

此外，我们将平均下行链路时间资源利用率 $\boldsymbol{\kappa}^{\mathrm{D}}$ 和平均上行链路时间资源利用率 $\boldsymbol{\kappa}^{\mathrm{U}}$ 定义为 TDD 帧所有 T 个子帧中与子帧相关的下行和上行链路时间资源利用率 q_l^{D} 和 q_l^{U} 的平均值，即

$$\begin{cases}\boldsymbol{\kappa}^{\mathrm{D}}=\dfrac{1}{T}\displaystyle\sum_{l=1}^{T}q_l^{\mathrm{D}}\\ \boldsymbol{\kappa}^{\mathrm{U}}=\dfrac{1}{T}\displaystyle\sum_{l=1}^{T}q_l^{\mathrm{U}}\end{cases}\tag{11.2}$$

最后，我们将平均总时间资源利用率 $\boldsymbol{\kappa}$ 定义为平均下行链路时间资源利用率 $\boldsymbol{\kappa}^{\mathrm{D}}$ 和平均上行链路时间资源利用率 $\boldsymbol{\kappa}^{\mathrm{U}}$ 之和，即

$$\boldsymbol{\kappa}=\boldsymbol{\kappa}^{\mathrm{D}}+\boldsymbol{\kappa}^{\mathrm{U}}\tag{11.3}$$

下面我们将研究上述变量 q_l^{Link}、$\boldsymbol{\kappa}^{\mathrm{Link}}$ 和 $\boldsymbol{\kappa}$ 的性能，同时考虑评述 11.1，其中字符串变量 Link 表示链路方向，下行和上行链路的值分别为 D 和 U。

根据上述定义，下行和上行链路的面积比特效率（单位为 bit/(s · Hz · km^2)）可进一步计算如下：

$$\frac{\tilde{\lambda}}{T}\sum_{l=1}^{T}q_l^{\mathrm{Link}}r_l^{\mathrm{Link}}\tag{11.4}$$

其中，r_l^{Link} 是第 l 个子帧的每个基站物理层数据速率，单位为 bit/(s · Hz 个)。如评述 11.2 所述，速率 r_l^{Link} 的计算必须考虑与子帧相关的小区间链路干扰。

下面将讨论如何在仿真中计算速率 r_l^{Link}。为了数学表示上的简便，我们省略了下标 l，因为下面的计算都是针对第 l 个子帧的。

11.3.2 物理层的网络覆盖率

下面将采用与第 3~10 章中相同的系统模型对同步动态 TDD 系统进行性能分析。

详细地说，我们使用 5.2.1 节中介绍的一般路径损耗模型，其中字符串变量 Path 的值为 L（视距传输情况下）或 NL（非视距传输情况下）。在这种动态 TDD 系统中，字符串变量 Dir 可使用 B2U、B2B 或 U2U，分别指基站到移动终端的路径损耗、基站到基站的路径损耗，以及移动终端到移动终端的路径损耗。移动终端的接入策略是每个移动终端都接入路径损耗最小的基站。还需要注意的是，每个小基站和移动终端都配备了各向同性天线，发射器和接收器之间的多路径衰落可建模为独立同分布的瑞利衰落。

根据这种模型，我们可以将典型移动终端的网络覆盖率 $p^{\mathrm{cov,Link}}$ 定义为其下行链路或上行链路的信干噪比 γ^{Link} 超过指定阈值 γ_0 的概率，即

$$p^{\mathrm{cov,\ Link}}(\lambda,\gamma)=\Pr[\gamma^{\mathrm{Link}}>\gamma_0] \tag{11.5}$$

其中：

- 字符串变量 Link 表示链路方向，下行和上行链路的值分别为 D 和 U；
- 下行和上行链路的信干噪比 γ^{Link} 的计算公式为

$$\gamma^{\mathrm{Link}}=\frac{P^{\mathrm{Link}}\zeta_{b_o}^{\mathrm{B2U}}(d)h}{I_{\mathrm{agg}}^{\mathrm{D}}+I_{\mathrm{agg}}^{\mathrm{U}}+P_{\mathrm{N}}^{\mathrm{Link}}} \tag{11.6}$$

其中：

  - P^{Link} 是发射功率；
  - d 是典型移动终端到其接入小基站的距离，该基站用 b_o 表示；
  - h 是典型移动终端与其接入小基站之间的多径快衰落增益，建模为瑞利衰落；
  - $P_{\mathrm{N}}^{\mathrm{Link}}$ 是接收到的加性白高斯噪声功率；
  - $I_{\mathrm{agg}}^{\mathrm{D}}$ 和 $I_{\mathrm{agg}}^{\mathrm{U}}$ 是下行和上行链路产生的小区间干扰的总和。

详细地讲，还需要注意以下几点：

- 当考虑下行链路时，P^{Link} 是小基站的发射功率 P^{D}；当考虑上行链路时，P^{Link} 是移动终端的发射功率 P^{U}。请注意，后者通常受制于半静态功率控制（见第 10 章）。为了提高可操作性，并避免因下行链路和上行链路之间发射功率差异过大而产生下行链路对上行链路的干扰问题，我们假设上行链路发射功率 P^{U} 是一个与下行链路发射功率 P^{D} 可比较的小区特定常数。这一假设与文献[91]中提出并讨论的上行链路功率提升的概念一致。
- $P_{\mathrm{N}}^{\mathrm{Link}}$ 是加性高斯白噪声，在下行链路中为移动终端侧的（即 $P_{\mathrm{N}}^{\mathrm{D}}$），在上行链路中为小基站侧的（即 $P_{\mathrm{N}}^{\mathrm{U}}$）。

- 下行链路和上行链路产生的小区间聚合干扰 I_{agg}^{D} 和 I_{agg}^{U} 分别来源于产生干扰的小基站和产生干扰的移动终端，分别用 $\tilde{\Phi}^{D}$ 和 $\tilde{\Phi}^{U}$ 表示，很容易证明：
  - $\tilde{\Phi}^{D} \cap \tilde{\Phi}^{U} = \emptyset$(因为不考虑全双工模式)；
  - $\tilde{\Phi}^{D} \cup \tilde{\Phi}^{U} = \tilde{\Phi} \setminus b_o$，因为集合 $\tilde{\Phi} \setminus b_o$ 中只是活跃小基站，而且可以事先分配引起小区间干扰的下行链路或上行链路传输。
- 在考虑静态 TDD 系统时，由于不存在链路间干扰，因此考虑上行链路时 $I_{agg}^{D}=0$，考虑下行链路时 $I_{agg}^{U}=0$。

11.3.3　介质访问控制层和物理层的联合面积比特效率

与第 3~10 章类似，将从式(11.5)得到的网络覆盖率 $p^{\text{cov,Link}}(\lambda,\gamma)$ 代入式(2.24)，计算典型移动终端的信干噪比的概率密度函数 $f_{\Gamma}(\gamma)$，我们就可以通过求解式(6.24)得到面积比特效率 $A^{\text{ASE}}(\lambda,\gamma_0)$，即

$$
\begin{aligned}
&A^{\text{ASE, Link}}(\lambda,\gamma_0)\\
&= \frac{1}{T}\sum_{l=1}^{T} q_l^{\text{Link}}\ \tilde{\lambda}\left[\frac{1}{\ln 2}\int_{\gamma_0}^{+\infty}\frac{p^{\text{cov, Link}}(\lambda,\gamma)}{1+\gamma}\mathrm{d}\gamma + \log_2(1+\gamma_0)p^{\text{cov, Link}}(\lambda,\gamma_0)\right]
\end{aligned}
$$

其中：

- q_l^{D} 和 q_l^{U} 分别表示下行链路和上行链路传输使用的子帧时间(如 11.3.1 节所述)；
- $\frac{1}{\ln 2}\int_{\gamma_0}^{+\infty}\frac{p^{\text{cov, Link}}(\lambda,\gamma)}{1+\gamma}\mathrm{d}\gamma + \log_2(1+\gamma_0)p^{\text{cov, Link}}(\lambda,\gamma_0)$ 表示速率 r_l^{Link}(如 11.3.1 节所述)。

11.4　主要结果

本节的主要目的是讨论 11.3.1 节中定义的下行和上行时间资源利用率(TRU)特性的理论分析结果。

对于静态 TDD 网络，即所有小基站都具有固定的 TDD 帧配置，与子帧相关的下行和上行时间资源利用率 q_l^{D} 和 q_l^{U} 要么为 1，要么为 0。

对于动态 TDD 系统，计算与子帧相关的下行和上行时间资源利用率 q_l^{D} 和 q_l^{U} 并非易事，因为它涉及以下分布：

- 一个活跃小基站中移动终端数量服从截短的负二项分布，这将在 11.4.1 节中说明；
- 活跃小基站下行链路和上行链路数据请求数服从二项分布，这将在 11.4.2 节中说明；
- 动态 TDD 系统子帧拆分策略和 TDD 帧中下行和上行子帧数量的相应分布服从聚合二项分布，这将在 11.4.3 节中说明；

- 关于 TDD 帧结构的先验信息，如 LTE 采用的下行链路在上行链路前的结构[153]（见图 11.1），将导致 q_l^{D} 和 q_l^{U} 的子帧依赖性，这将在 11.4.4 节中讨论。

根据推导出的与子帧相关的下行和上行时间资源利用率 q_l^{D} 和 q_l^{U}，可以在 11.4.6 节中研究平均下行、平均上行和平均总时间资源利用率，κ^{D}、κ^{U} 和 κ 的分析结果，从而更好地理解动态 TDD 小基站网络的基本特性。必要时我们将提供数字示例，帮助读者理解逻辑流程。

下面让我们对上述分布进行深入分析。

11.4.1 每个活跃小基站的移动终端数量分布

本小节将推导出每个活跃小基站的移动终端数量分布，这对以后了解其流量负荷至关重要。

根据文献[217]，考虑到活跃和不活跃的小基站，小基站的覆盖区域大小 X 可以近似地用 Gamma 分布来描述，其概率密度函数可表示为

$$f_X(x)=(q\lambda)^q x^{q-1}\frac{\exp(-q\lambda x)}{\Gamma(q)} \tag{11.7}$$

其中：

- q 是分布参数；
- $\Gamma(\cdot)$ 是 Gamma 函数[156]。

因此，每个小基站的移动终端数量可以用随机变量 K 表示，其概率质量函数可写为

$$\begin{aligned} f_K(k) &= \Pr[K=k] \\ &\overset{(a)}{=} \int_0^{+\infty}\frac{(\rho x)^k}{k!}\exp(-\rho x)f_X(x)\,\mathrm{d}x \\ &\overset{(b)}{=} \frac{\Gamma(k+q)}{\Gamma(k+1)\Gamma(q)}\left(\frac{\rho}{\rho+q\lambda}\right)^k\left(\frac{q\lambda}{\rho+q\lambda}\right)^q \end{aligned} \tag{11.8}$$

其中：

- 步骤 a 是基于移动终端数量服从齐次泊松点过程分布；
- 步骤 b 由式(11.7)得出。

概率质量函数 $f_K(k)$ 满足归一化条件，即 $\sum_{k=0}^{+\infty}f_K(k)=1$，且随机变量 K 服从负二项分布，即 $K\sim\mathrm{NB}\left(q,\frac{\rho}{\rho+q\lambda}\right)$，参见文献[156]。

如 11.2.1 节所述，我们假设没有活跃移动终端的小基站 $K=0$ 处于空闲态，它们不会产生任何类型的小区间干扰，在分析中可以忽略。因此，下文中我们将重点关注活跃小基站。

每个活跃小基站的移动终端数量可用另一个随机变量 $\tilde{K}$ 表示，同时考虑到式(11.8)，以及随机变量 K 和 $\tilde{K}$ 之间的唯一区别在于 $\tilde{K}\neq 0$，我们可以得出结论：随机变量 $\tilde{K}$ 服从截短的负

二项分布。即 $\tilde{K} \sim \text{truncNB}\left(q, \dfrac{\rho}{\rho+q\lambda}\right)$，它的概率质量函数为

$$f_{\tilde{K}}(\tilde{k})=\Pr[\tilde{K}=\tilde{k}]=\frac{f_K(\tilde{k})}{1-f_K(0)} \tag{11.9}$$

请注意，根据 11.2.1 节中对活跃小基站密度 $\tilde{\lambda}$ 的定义，我们可以得出 $\tilde{\lambda}=(1-f_K(0))\lambda$，并且概率质量函数 $f_{\tilde{K}}(\tilde{k})$ 满足归一化条件，即 $\sum_{k=1}^{+\infty} f_{\tilde{K}}(\tilde{k})=1$。

示例　图 11.2 中绘制了每个活跃小基站的移动终端数量 $\tilde{K}$ 的概率质量函数 $f_{\tilde{K}}(\tilde{k})$，参数值如下：小基站密度 $\lambda \in \{50,200,1000\}$，移动终端密度 $\rho=300$ 个/km^2 和 $q=3.5$。从该图中，我们可以得出以下结论：

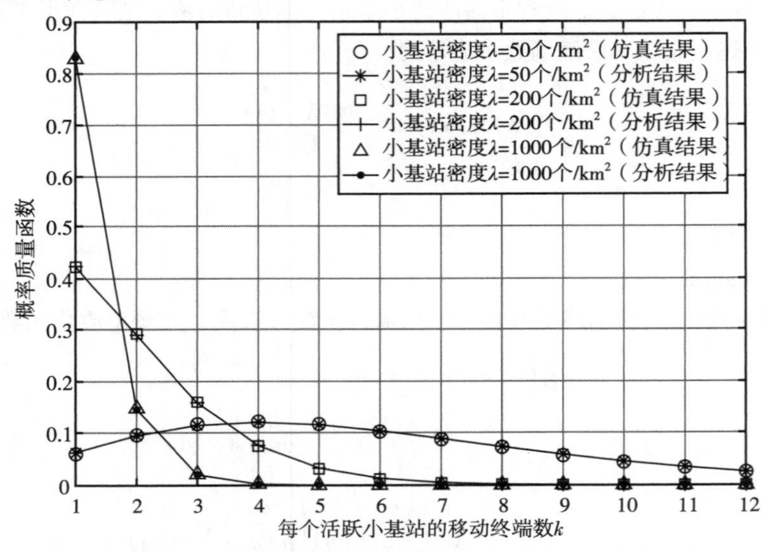

图 11.2　每个活跃小基站移动终端数量 $\tilde{K}$ 的概率质量函数（移动终端密度 $\rho=300$ 个/km^2，$q=3.5$，λ 为变量）

- 基于截短负二项分布的分析结果与仿真结果非常吻合。具体地说，二者概率质量函数的最大差值小于 0.5 个百分点。
- 活跃小基站的概率质量函数 $f_{\tilde{K}}(\tilde{k})$，随着小基站密度 λ（或活跃小基站密度 $\tilde{\lambda}$）的增加，在 $\tilde{k}=1$ 处显示出更明显的峰值。这是因为，当小基站密度 λ 接近超密集网络中每个活跃小基站一个移动终端的极限时，移动终端密度 ρ 与活跃小基站密度 $\tilde{\lambda}$ 的比值逐渐减小并趋近 1。特别是当小基站密度 $\lambda=1000$ 个/km^2 时，80%以上的活跃小基站只为一个移动终端服务。直观地说，这些小基站中的每一个都应根据所服务移动终端的特定流量需求，动态地将所有子帧用于下行链路或上行链路传输。动态 TDD 使之成为可能，避免了子帧资源的浪费，并最大限度地提高了利用率。

11.4.2　活跃小基站中下行和上行链路数据请求数的分布

在分析了每个活跃小基站移动终端数量 $\tilde{K}$ 的分布 $f_{\tilde{K}}(\tilde{k})$ 之后，我们进一步研究了活跃小基站中下行链路和上行链路数据请求数量的分布。这些数据反映了所研究的活跃小基站的下行链路和上行链路的流量负荷，了解这些数据对于得出典型的动态 TDD 系统配置非常必要。

为清晰起见，活跃小基站中下行链路和上行链路数据请求的数量分别用随机变量 M^{D} 和 M^{U} 表示。由于我们假设每个移动终端产生一个下行链路或一个上行链路数据请求（见 11.2.1 节），因此很容易证明

$$M^{\mathrm{D}}+M^{\mathrm{U}}=\tilde{K} \tag{11.10}$$

如 11.2.1 节所述，对于活跃小基站中的每个移动终端，其在子帧中请求下行链路或上行链路数据的概率分别用 p^{D} 和 p^{U} 表示。因此，对于每个活跃小基站给定的移动终端数量 $\tilde{k}$，随机变量 M^{D} 和 M^{U} 遵循二项分布，即 $M^{\mathrm{D}}\sim\mathrm{Bi}(\tilde{k},p^{\mathrm{D}})$ 和 $M^{\mathrm{U}}\sim\mathrm{Bi}(\tilde{k},p^{\mathrm{U}})$[156]。它们的概率质量函数可分别写成

$$f_{M^{\mathrm{D}}}(m^{D})=\binom{\tilde{k}}{m^{\mathrm{D}}}(p^{\mathrm{D}})^{m^{\mathrm{D}}}(1-p^{\mathrm{D}})^{\tilde{k}-m^{\mathrm{D}}} \tag{11.11}$$

$$f_{M^{\mathrm{U}}}(m^{\mathrm{U}})=\binom{\tilde{k}}{m^{\mathrm{U}}}(p^{\mathrm{U}})^{m^{\mathrm{U}}}(1-p^{\mathrm{U}})^{\tilde{k}-m^{\mathrm{U}}} \tag{11.12}$$

示例　图 11.3 中绘制了活跃小基站中下行链路数据请求数 M^{D} 的概率质量函数 $f_{M^{\mathrm{D}}}(m^{\mathrm{D}})$，主要参数为：$\tilde{k}\in\{1,4,12\},p^{\mathrm{D}}=2/3$。为简洁起见，我们省略显示活跃小基站上行链路数据请求数 M^{U} 的概率质量函数 $f_{M^{\mathrm{U}}}(m^{\mathrm{U}})$，因为它与下行链路的概率质量函数具有对称性，如式(11.10)所示。

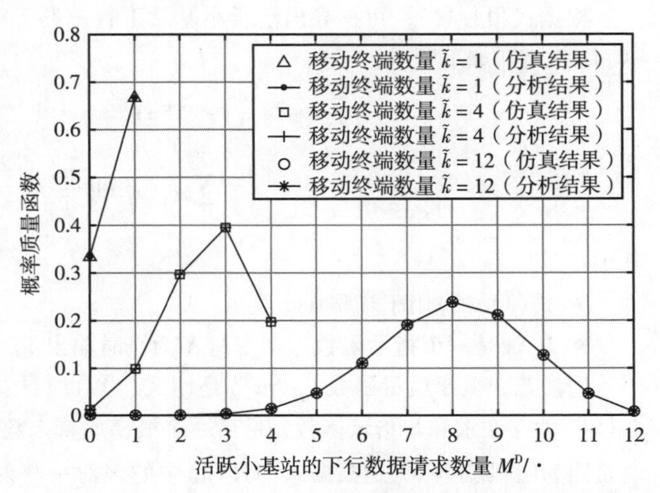

图 11.3　活跃小基站的下行链路数据请求数量 M^{D} 的概率质量函数（$p^{\mathrm{D}}=\frac{2}{3}$，$\tilde{k}$ 为变量）

从这个图中，我们可以得出以下结论：

- 二项分布准确地描述了活跃小基站中下行链路数据请求数量 M^{D} 的分布，其概率质量函数 $f_{M^{\mathrm{D}}}(m^{\mathrm{D}})$ 的分析结果与仿真结果非常吻合。
- 随机变量 M^{D} 的平均值约为 $p^{\mathrm{D}}\tilde{k}$，这与直觉相符。

11.4.3 动态时分双工帧中下行/上行链路子帧数的分布

在分析了活跃小基站中下行链路数据请求数 M^{D} 的分布 $f_{M^{D}}(m^{D})$ 之后，我们可以很好地理解这些数据请求是如何转化为下行链路和上行链路子帧使用量的。在下文中，我们将进一步研究活跃小基站中预定的下行链路和上行链路子帧数量的分布情况。

对于每个活跃小基站给定移动终端数量 $\tilde{k}$，活跃小基站中的下行链路子帧数量用随机变量 N^{D} 表示。下文中我们假定采用一种特定的动态 TDD 算法来选择下行链路子帧数，该算法使下行链路子帧比与下行链路数据请求比相匹配[91]。详细地说，对于每个活跃小基站的给定移动终端数量 $\tilde{k}$ 和给定下行链路数据请求数量 m^{D}，活跃小基站的下行链路子帧数量 $n(m^{D},\tilde{k})$ 可由以下公式确定：

$$n(m^{D},\tilde{k})=\mathrm{round}\left(\frac{m^{D}}{\tilde{k}}T\right) \tag{11.13}$$

其中，round(x)是一个运算符，用于将实数 x 取整为最接近的整数。

在式(11.13)中，比率$\frac{m^{D}}{\tilde{k}}$可视为下行链路数据请求比，因为每个活跃小基站的移动终端数量等于下行链路和上行链路数据请求的总数 $m^{U}+m^{D}$。因此，变量$\frac{m^{D}}{\tilde{k}}T$产生的是下行链路子帧比与下行链路数据请求比相匹配的下行链路子帧数。由于子帧分配的整数性质，该变量使用了式(11.13)中的取整运算符。

根据式(11.13)，可推导出活跃小基站下行链路子帧数 N^{D} 的概率质量函数 $f_{N^{D}}(n^{D})$，$n^{D}\in\{0,1,\cdots,T\}$，如下所示：

$$\begin{aligned} f_{N^{D}}(n^{D}) &= \Pr[N^{D}=n^{D}] \\ &\overset{(a)}{=} \sum_{m^{D}=0}^{\tilde{k}} I\left\{\mathrm{round}\left(\frac{m^{D}}{\tilde{k}}T\right)=n^{D}\right\} f_{M^{D}}(m^{D}) \end{aligned} \tag{11.14}$$

其中：

- 式(11.13)用于步骤 a；
- $I\{X\}$ 是一个指示函数，当变量 X 为真时输出 1，否则输出 0。

请注意，概率质量函数 $f_{M^{D}}(m^{D})$ 是用式(11.11)计算的，由于式(11.14)的概率质量函数 $f_{N^{D}}(n^{D})$ 中存在求和与指示函数，最后一个概率质量函数可以看作二项式概率质量函数的总和。这是因为随机变量 N^{D} 是根据式(11.13)中的多对一映射从随机变量 M^{D} 计算得出的。还应注意的是，$f_{N^{D}}(n^{D})$ 满足归一化条件，即 $\sum_{n^{D}}^{T}=0f_{N^{D}}(n^{D})=1$。

由于 TDD 帧中的子帧总数为 T，而每个子帧要么是下行链路子帧，要么是上行链路子帧，

显然 $N^{\mathrm{D}}+N^{\mathrm{U}}=T$，因此可以得出：

$$f_{N^{\mathrm{U}}}(n^{\mathrm{U}})=f_{N^{\mathrm{D}}}(T-n^{\mathrm{U}}) \tag{11.15}$$

示例　图 11.4 中绘制了活跃小基站中下行链路子帧数量 N^{D} 的概率质量函数 $f_{N^{\mathrm{D}}}(n^{\mathrm{D}})$，主要参数为 $\tilde{k}\in\{1,4,12\}$，$p^{\mathrm{D}}=\dfrac{2}{3}$，$T=10$。

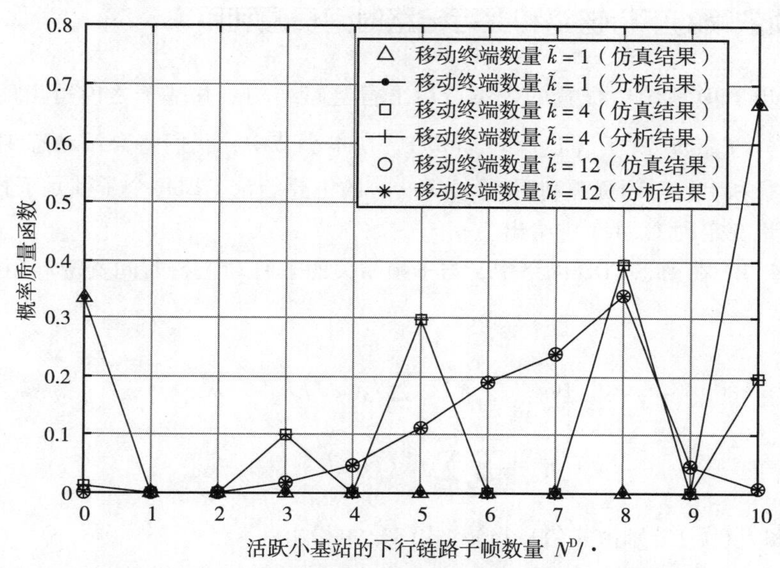

图 11.4　活跃小基站下行链路子帧数 N^{D} 的概率质量函数

从图 11.4 中可以得出以下结论：

- 当每个活跃小基站的移动终端数量 $\tilde{k}$ 等于 1 时，下行链路子帧数量 N^{D} 设定为 $T=10$ 或 0，即活跃小基站根据瞬时数据请求是下行链路（概率为 p^{D}）或是上行链路（概率为 p^{U}），动态地将所有子帧用于下行链路传输或上行链路传输。这种策略可充分利用动态 TDD 网络中的子帧资源。
- 当每个活跃小基站的移动终端数量 $\tilde{k}$ 大于 1 时，下行链路子帧数量 N^{D} 的概率质量函数变得非常复杂，因为多个不同数量 M^{D} 的下行链路数据请求可能会映射到相同数量 N^{D} 的下行链路子帧上，这是式（11.13）所描述的动态 TDD 算法的结果。例如，当移动终端的数量 $\tilde{k}=12$ 时，如图 11.4 所示，$f_{N^{\mathrm{D}}}(8)=0.339$。这是因为：
  - 根据式（11.13），$M^{\mathrm{D}}=9$ 和 $M^{\mathrm{D}}=10$ 都会导致 $N^{\mathrm{D}}=8$，因为 $\mathrm{round}\left(\dfrac{9}{12}\times10\right)=8$，$\mathrm{round}\left(\dfrac{10}{12}\times10\right)=8$。换句话说，在动态 TDD 系统中，如果 $\tilde{k}=12$ 个数据请求中有 9 个或 10 个是下行链路的，那么都将为下行链路分配 8 个子帧。

- 如图 11.3 所示，$f_{M^{\mathrm{D}}}(9)=0.212$，$f_{M^{\mathrm{D}}}(10)=0.127$。
- 根据式(11.14)，可以得出$f_{N^{\mathrm{D}}}(8)=f_{M^{\mathrm{D}}}(9)+f_{M^{\mathrm{D}}}(10)=0.339$。

这意味着在动态 TDD 系统中，在 $\tilde{k}=12$ 个数据请求时，分配 8 个下行链路子帧的概率等于 9 个和 10 个下行链路数据请求的概率之和。

11.4.4 子帧依赖的下行链路和上行链路时间资源利用率

考虑到同步 TDD 系统中配置的先下行后上行链路结构，并基于之前得出的结论，即$f_{\tilde{K}}(\tilde{k})$、$f_{M^{\mathrm{D}}}(m^{\mathrm{D}})$、$f_{M^{\mathrm{U}}}(m^{\mathrm{U}})$、$f_{N^{\mathrm{D}}}(n^{\mathrm{D}})$和$f_{N^{\mathrm{U}}}(n^{\mathrm{U}})$，在本小节中，我们将介绍动态 TDD 系统中与子帧相关的下行和上行时间资源利用率(q_l^{D} 和 q_l^{U})的主要结论，即每个子帧是下行或是上行的概率。这些结论在定理 11.4.1 中给出。

定理 11.4.1 在动态 TDD 网络中，与子帧相关的下行和上行时间资源利用率(q_l^{D} 和 q_l^{U})分别为

$$\begin{cases} q_l^{\mathrm{D}} = \sum\limits_{\tilde{k}=1}^{+\infty}\left(1-\sum\limits_{i=0}^{l-1} f_{N^{\mathrm{D}}}(i)\right) f_{\tilde{K}}(\tilde{k}) \\ q_l^{\mathrm{U}} = \sum\limits_{\tilde{k}=1}^{+\infty}\sum\limits_{i=0}^{l-1} f_{N^{\mathrm{D}}}(i) f_{\tilde{K}}(\tilde{k}) \end{cases} \tag{11.16}$$

其中，$f_{N^{\mathrm{D}}}(i)$和$f_{\tilde{K}}(\tilde{k})$分别由式(11.14)和式(11.9)得出。

证明 根据式(11.14)，在$\tilde{K}=\tilde{k}$条件下，在第 l 个子帧($l\in\{1,2,\cdots,T\}$)中执行下行链路传输的概率可计算为

$$\begin{aligned} q_{l,\tilde{k}}^{\mathrm{D}} &= \Pr[Y_l = "\mathrm{D}" \mid \tilde{K}=\tilde{k}] \\ &\overset{(a)}{=} \Pr[N^{\mathrm{D}} \geqslant l] \\ &= 1-F_{N^{\mathrm{D}}}(l-1) \end{aligned} \tag{11.17}$$

其中：

- Y_l 是第 l 个子帧的传输链路方向，下行链路和上行链路的链路方向值分别为 D 和 U；
- 步骤 a 是基于图 11.1 所示的 TDD 配置结构；
- $F_{N^{\mathrm{D}}}(n^{\mathrm{D}})$是活跃小基站中下行链路子帧数量 N^{D} 的累积质量函数(CMF)，可写成

$$F_{N^{\mathrm{D}}}(n^{\mathrm{D}}) = \Pr[N^{\mathrm{D}} \leqslant n^{\mathrm{D}}] = \sum_{i=0}^{n^{\mathrm{D}}} f_{N^{\mathrm{D}}}(i) \tag{11.18}$$

根据这一结果，可以计算出在第 l 个子帧中执行上行链路传输的条件概率为

$$q_{l,\tilde{k}}^{\mathrm{U}} = 1-q_{l,\tilde{k}}^{\mathrm{D}} = F_{N^{\mathrm{D}}}(l-1) \tag{11.19}$$

最后，在第 l 个子帧中执行下行链路传输和上行链路传输的无条件概率 q_l^{D} 和 q_l^{U}，可以通过计算之前得出的条件概率 $q_{l,\tilde{k}}^{\mathrm{D}}$ 和 $q_{l,\tilde{k}}^{\mathrm{U}}$ 在每个活跃小基站的移动终端数量 $\tilde{k}$ 的所有可能值上的期望值分别得出，如式(11.16)所示。证明完毕。

11.4.5　小区间链路干扰概率

根据定理 11.4.1，我们可以推导出每个子帧是下行链路或是上行链路的概率。在此基础上，可以得出动态 TDD 系统中小区间链路干扰的概率。这种概率的定义如下：

- 下行链路对上行链路干扰的概率定义为 $\mathrm{Pr}^{\mathrm{D2U}} \triangleq \mathrm{Pr}[Z=\text{"D"} \mid S=\text{"U"}]$，而上行链路对上行链路干扰的概率定义为 $\mathrm{Pr}^{\mathrm{U2U}} \triangleq \mathrm{Pr}[Z=\text{"U"} \mid S=\text{"U"}]$，其中，$Z$ 和 S 分别表示小区间干扰和载波信号的链路方向，链路方向在下行链路中用字符 D 表示，在上行链路中用字符 U 表示。重要的是，$\mathrm{Pr}^{\mathrm{D2U}}+\mathrm{Pr}^{\mathrm{U2U}}=1$。
- 同样，上行链路对下行链路干扰的概率定义为 $\mathrm{Pr}^{\mathrm{U2D}} \triangleq \mathrm{Pr}[Z=\text{"U"} \mid S=\text{"D"}]$，而下行链路对下行链路干扰的概率定义为 $\mathrm{Pr}^{\mathrm{D2D}} \triangleq \mathrm{Pr}[Z=\text{"D"} \mid S=\text{"D"}]$，且 $\mathrm{Pr}^{\mathrm{U2D}}+\mathrm{Pr}^{\mathrm{D2D}}=1$。

定理 11.4.2 总结了关于下行链路对上行链路干扰概率 $\mathrm{Pr}^{\mathrm{D2U}}$ 和上行链路对下行链路干扰概率 $\mathrm{Pr}^{\mathrm{U2D}}$ 的主要结论。

定理 11.4.2　下行链路对上行链路干扰的概率 $\mathrm{Pr}^{\mathrm{D2U}}$ 和上行链路对下行链路干扰的概率 $\mathrm{Pr}^{\mathrm{U2D}}$ 可以用封闭形式表示为

$$\begin{cases} \mathrm{Pr}^{\mathrm{D2U}} = \dfrac{\sum_{l=1}^{T} q_l^{\mathrm{D}} q_l^{\mathrm{U}}}{\sum_{j=1}^{T} q_j^{\mathrm{U}}} \\ \mathrm{Pr}^{\mathrm{U2D}} = \dfrac{\sum_{l=1}^{T} q_l^{\mathrm{U}} q_l^{\mathrm{D}}}{\sum_{j=1}^{T} q_j^{\mathrm{D}}} \end{cases} \tag{11.20}$$

其中，q_l^{D} 和 q_l^{U} 从式(11.16)得出。

证明　通过逐一检查所有第 l 个子帧($l \in \{1,2,\cdots,T\}$)中的小区间链路干扰，可以得出下行链路对上行链路干扰的概率 $\mathrm{Pr}^{\mathrm{D2U}}$ 为

$$\begin{aligned} \mathrm{Pr}^{\mathrm{D2U}} &= \mathrm{Pr}[Z=\text{"D"} \mid S=\text{"U"}] \\ &= \sum_{l=1}^{T} \mathrm{Pr}[(Z=\text{"D"} \mid L=l) \mid S=\text{"U"}] \\ &\quad \times \mathrm{Pr}[L=l \mid S=\text{"U"}] \\ &\overset{(a)}{=} \sum_{l=1}^{T} q_l^{\mathrm{D}} \mathrm{Pr}[L=l \mid S=\text{"U"}] \end{aligned}$$

$$\overset{(b)}{=}\sum_{l=1}^{T} q_l^{\mathrm{D}} \frac{\Pr[S=\text{"U"}\ |L=l]\Pr[L=l]}{\Pr[S=\text{"U"}]}$$

$$\overset{(c)}{=}\sum_{l=1}^{T} q_l^{\mathrm{D}} \frac{q_l^{\mathrm{U}}\dfrac{1}{T}}{\dfrac{1}{T}\sum\limits_{j=1}^{T} q_j^{\mathrm{U}}} \tag{11.21}$$

其中：

- 步骤 a 由等式 $\Pr[(Z=\text{"D"}\mid L=l)\mid S=\text{"U"}]=\Pr[Z=\text{"D"}\mid L=l]=q_l^{\mathrm{D}}$ 得出，这是由于事件$(Z=\text{"D"}\mid L=l)$和事件$(S=\text{"U"})$相互独立；
- 步骤 b 由贝叶斯定理得出；
- 步骤 c 来自对载波信号为上行链路的概率计算，可表示为

$$\begin{aligned}\Pr[S=\text{"U"}]&=\sum_{j=1}^{T}\Pr[S=\text{"U"}\ |L=j]\Pr[L=j]\\&=\frac{1}{T}\sum_{j=1}^{T} q_j^{\mathrm{U}}\end{aligned} \tag{11.22}$$

上行链路对下行链路的干扰概率 $\Pr^{\mathrm{U2D}}$ 也可以用类似的方法得出。证明完毕。

在此应当指出，正如 11.4 节开头所讨论的，对于静态 TDD 系统，由于所有 TDD 子帧都是同步和同方向的，因此概率 $\Pr^{\mathrm{D2U}}$ 和 $\Pr^{\mathrm{U2D}}$ 等于 0，即 $\Pr^{\mathrm{D2U}}+\Pr^{\mathrm{U2D}}=0$。另外，如定理 11.4.2 所示，对于动态 TDD 系统，这种概率($\Pr^{\mathrm{D2U}}$ 和 $\Pr^{\mathrm{U2D}}$)可能大于 0，并对式(11.6)中下行链路和上行链路产生的小区间干扰($I_{\mathrm{agg}}^{\mathrm{D}}$ 和 $I_{\mathrm{agg}}^{\mathrm{U}}$)的计算产生很大影响。

为完整起见，还要指出，在异步动态 TDD 系统中，由于相邻小区中异步动态 TDD 子帧之间碰撞过程的随机性，概率 $\Pr^{\mathrm{D2U}}$ 和 $\Pr^{\mathrm{U2D}}$ 分别等于 p^{D} 和 p^{U}[241]。

11.4.6　平均下行链路、平均上行链路和平均总体时间资源利用率

根据定理 11.4.1 以及式(11.2)和式(11.3)，我们可以推导出动态 TDD 网络中的平均下行链路、平均上行链路和平均总时间资源利用率 κ^{D}、κ^{U} 和 κ，详见引理 11.4.3。

引理 11.4.3　在动态 TDD 系统中，平均下行链路、平均上行链路和平均总时间资源利用率 κ^{D}、κ^{U} 和 κ 分别为

$$\begin{cases}\kappa^{\mathrm{D}}=\dfrac{1}{T}\sum\limits_{l=1}^{T}\sum\limits_{\tilde{k}=1}^{+\infty}\left(1-\sum\limits_{i=0}^{l-1}f_{N^{\mathrm{D}}}(i)\right)f_{\widetilde{K}}(\tilde{k})\\ \kappa^{\mathrm{U}}=\dfrac{1}{T}\sum\limits_{l=1}^{T}\sum\limits_{\tilde{k}=1}^{+\infty}\sum\limits_{i=0}^{l-1}f_{N^{\mathrm{D}}}(i)f_{\widetilde{K}}(\tilde{k})\\ \kappa=1\end{cases} \tag{11.23}$$

其中，概率质量函数$f_{\tilde{K}}(\tilde{k})$和$f_{N^{\mathrm{D}}}(i)$分别由式(11.9)和式(11.14)得出。

证明 将式(11.16)代入式(11.2)，再代入式(11.3)即可。此外，考虑到方程组(11.23)中的平均下行和平均上行时间资源利用率κ^{D}和κ^{U}，我们可以计算出平均总时间资源利用率$\kappa=\kappa^{\mathrm{D}}+\kappa^{\mathrm{U}}$，为

$$\kappa=\frac{1}{T}\sum_{j=1}^{T}\sum_{\tilde{k}=1}^{+\infty}f_{\tilde{K}}(\tilde{k})=\frac{1}{T}\sum_{j=1}^{T}1=1 \tag{11.24}$$

证明完毕。

重要的是，请注意引理 11.4.3 中的结果既可用于异步也可用于同步动态 TDD 网络，因为无论同步情况如何，这些时间资源利用率都表征了动态 TDD 网络中资源使用的效率。引理 11.4.3 不仅量化了动态 TDD 小区的平均物理层性能，而且从理论上表明，由于下行链路和上行链路子帧对下行链路和上行链路数据请求的智能适应，只要有数据传输，动态 TDD 系统总能实现资源的充分利用，即$\kappa=1$。

为了便于比较，我们还推导出了静态 TDD 网络中的平均下行链路、平均上行链路和平均总时间资源利用率(κ^{D}、κ^{U}和κ)，见定理 11.4.4。

定理 11.4.4 在静态 TDD 系统中，平均下行链路、平均上行链路和平均总时间资源利用率κ^{D}、κ^{U}和κ可由下式得出：

$$\begin{cases}\kappa^{\mathrm{D}}=\left(1-\sum\limits_{\tilde{k}=1}^{+\infty}(1-p^{\mathrm{D}})^{\tilde{k}}f_{\tilde{K}}(\tilde{k})\right)\dfrac{N_0^{\mathrm{D}}}{T}\\ \kappa^{\mathrm{U}}=\left(1-\sum\limits_{\tilde{k}=1}^{+\infty}(1-p^{\mathrm{U}})^{\tilde{k}}f_{\tilde{K}}(\tilde{k})\right)\dfrac{N_0^{\mathrm{U}}}{T}\\ \kappa=\dfrac{1}{T}\sum\limits_{\tilde{k}=1}^{+\infty}\left[(1-(p^{\mathrm{U}})^{\tilde{k}})N_0^{\mathrm{D}}+(1-(p^{\mathrm{D}})^{\tilde{k}})N_0^{\mathrm{U}}\right]f_{\tilde{K}}(\tilde{k})\end{cases} \tag{11.25}$$

其中：

- 概率质量函数$f_{\tilde{K}}(\tilde{k})$由式(11.9)给出；
- N_0^{D}和N_0^{U}分别是静态 TDD 系统中指定用于下行链路和上行链路的子帧数，且$N_0^{\mathrm{D}}+N_0^{\mathrm{U}}=T$。

证明 在静态 TDD 系统中，对于每个活跃小基站的给定移动终端数量$\tilde{k}$，没有移动终端请求任何下行链路数据和没有移动终端请求任何上行链路数据的概率可分别根据式(11.11)中的概率质量函数$f_{M^{\mathrm{D}}}(0)$和式(11.12)中的概率质量函数$f_{M^{\mathrm{U}}}(0)$计算得出。在这两种情况下，静态 TDD 系统会不明智地将N_0^{D}和N_0^{U}子帧分别分配给下行链路和上行链路，从而造成资源浪费。

下行链路和上行链路出现这种资源浪费的概率分别用w^{D}和w^{U}表示，可由下式计算：

$$\begin{cases} w^{\mathrm{D}} = \sum_{\tilde{k}=1}^{+\infty} f_M^{\mathrm{D}}(0) f_{\tilde{K}}(\tilde{k}) = \sum_{\tilde{k}=1}^{+\infty} (1-p^{\mathrm{D}})^{\tilde{k}} f_{\tilde{K}}(\tilde{k}) \\ w^{\mathrm{U}} = \sum_{\tilde{k}=1}^{+\infty} f_M^{\mathrm{U}}(0) f_{\tilde{K}}(\tilde{k}) = \sum_{\tilde{k}=1}^{+\infty} (1-p^{\mathrm{U}})^{\tilde{k}} f_{\tilde{K}}(\tilde{k}) \end{cases} \tag{11.26}$$

从指定用于下行链路和上行链路的子帧数 N_0^{D} 和 N_0^{U} 中排除这种资源浪费，可以得到静态 TDD 系统中的平均下行链路、平均上行链路和平均总时间资源利用率 κ^{D}、κ^{U} 和 κ，即

$$\begin{cases} \kappa^{\mathrm{D}} = (1-w^{\mathrm{D}}) \dfrac{N_0^{\mathrm{D}}}{T} \\ \kappa^{\mathrm{U}} = (1-w^{\mathrm{U}}) \dfrac{N_0^{\mathrm{U}}}{T} \end{cases} \tag{11.27}$$

将方程组(11.26)、(11.11)和(11.12)代入方程组(11.27)，然后根据式(11.3)计算时间资源利用率平均总量 κ，即可完成证明。

从引理 11.4.3 和定理 11.4.4 中，我们可以进一步量化动态 TDD 系统可以实现的额外平均总时间资源利用率增益为

$$\kappa^{\mathrm{ADD}} = \frac{1}{T} \sum_{\tilde{k}=1}^{+\infty} [(p^{\mathrm{U}})^{\tilde{k}} N_0^{\mathrm{D}} + (p^{\mathrm{D}})^{\tilde{k}} N_0^{\mathrm{U}}] f_{\tilde{K}}(\tilde{k}) \tag{11.28}$$

其中，κ^{ADD} 表示式(11.23)中的时间资源利用率平均总量 κ 与式(11.25)中的时间资源利用率平均总量之差。

下面将在引理 11.4.5 中描述额外平均总时间资源利用率 κ^{ADD} 的极限。

引理 11.4.5　当小基站密度趋于无穷大(即 $\lambda \to +\infty$)时，额外平均总时间资源利用率 κ^{ADD} 的极限值为

$$\lim_{\lambda \to +\infty} \kappa^{\mathrm{ADD}} = \frac{p^{\mathrm{D}} N_0^{\mathrm{U}}}{T} + \frac{p^{\mathrm{U}} N_0^{\mathrm{D}}}{T} \tag{11.29}$$

证明　根据式(11.9)，可以得到以下等式：

$$\lim_{\lambda \to +\infty} \Pr[\tilde{K} = 1] = 1$$

利用引理(11.4.3)，可以得出以下关于动态 TDD 系统的结论：

$$\begin{cases} \lim_{\lambda \to +\infty} \kappa^{\mathrm{D}} = 1 - f_{N^{\mathrm{D}}}(0) = 1 - p^{\mathrm{U}} = p^{\mathrm{D}} \\ \lim_{\lambda \to +\infty} \kappa^{\mathrm{U}} = 1 - f_{N^{\mathrm{U}}}(0) = 1 - p^{\mathrm{D}} = p^{\mathrm{U}} \end{cases} \tag{11.30}$$

同理，基于同样的等式 $\lim_{\lambda \to +\infty} \Pr[\tilde{K} = 1] = 1$，并利用定理 11.4.4，可以得出以下关于静态

TDD 系统的结论：

$$\begin{cases}\lim\limits_{\lambda\to+\infty}\kappa^{\mathrm{D}}=(1-(1-p^{\mathrm{D}}))\dfrac{N_0^{\mathrm{D}}}{T}=\dfrac{p^{\mathrm{D}}N_0^{\mathrm{D}}}{T}\\ \lim\limits_{\lambda\to+\infty}\kappa^{\mathrm{U}}=(1-(1-p^{\mathrm{U}}))\dfrac{N_0^{\mathrm{U}}}{T}=\dfrac{p^{\mathrm{U}}N_0^{\mathrm{U}}}{T}\end{cases}\tag{11.31}$$

将式(11.30)中的极限与式(11.31)中的极限进行比较，即可完成证明。

特别强调，在引理 11.4.5 的式(11.29)中，第一项和第二项分别代表下行链路和上行链路相关项。

11.5　讨论

本节将利用静态系统级仿真的数值结果来评估本章所介绍的理论性能分析的准确性。

11.5.1　案例研究

为了评估动态 TDD 超密集网络的性能，我们使用了与第 8 章下行链路和第 10 章上行链路相同的 3GPP 案例研究，以便进行比较。对这些 3GPP 案例研究感兴趣的读者，请分别参阅 8.5.1 节和 10.4.1 节。

作为总结，我们强调采用文献[153]推荐的路径损耗模型，该模型由两个斜率组成，即 $N=2$，对于每个斜率 $n\in\{1,2\}$，有以下结果：

- $A_n^{\mathrm{B2U,L}}=10^{-10.38}$，$\alpha_n^{\mathrm{B2U,L}}=2.09$，$A_n^{\mathrm{B2U,NL}}=10^{-14.54}$，$\alpha_n^{\mathrm{B2U,NL}}=3.75$
- $A_n^{\mathrm{B2B,L}}=10^{-9.84}$，$\alpha_n^{\mathrm{B2B,L}}=2$，$A_n^{\mathrm{B2B,NL}}=10^{-16.94}$，$\alpha_n^{\mathrm{B2B,NL}}=4$
- $A_n^{\mathrm{U2U,L}}=10^{-9.85}$，$\alpha_n^{\mathrm{U2U,L}}=2$，$A_n^{\mathrm{U2U,NL}}=10^{-17.58}$，$\alpha_n^{\mathrm{U2U,NL}}=4$

基站至移动终端和基站至基站链路都使用以下视距传输概率函数，即 $\mathrm{Pr}^{\mathrm{B2U,L}}(d)$ 和 $\mathrm{Pr}^{\mathrm{B2B,L}}(d)$，它们被定义为下列指数函数：

$$\mathrm{Pr}^{\mathrm{B2U,L}}(d)=\mathrm{Pr}^{\mathrm{B2B,L}}(d)=\begin{cases}1-5\exp(-R_1/d) & 0<d\leqslant d_1\\ 5\exp(-d/R_2) & d>d_1\end{cases}\tag{11.32}$$

其中：

- $R_1=156\mathrm{m}$
- $R_2=30\mathrm{m}$
- $d_1=\dfrac{R_1}{\ln 10}$

对于移动终端到移动终端的链路，则采用以下更简单的视距传输概率函数 $\mathrm{Pr}^{\mathrm{U2U,L}}(d)$：

$$\Pr^{\mathrm{U2U,\ L}}(d)=\begin{cases}1 & 0<d\leqslant 50\ \mathrm{m}\\ 0 & d>50\ \mathrm{m}\end{cases} \tag{11.33}$$

此外，根据文献[153]，发射功率值设置为：

- $p^{\mathrm{D}}=24\mathrm{dBm}$
- $p^{\mathrm{U}}=23\mathrm{dBm}$
- $p_{\mathrm{N}}^{\mathrm{D}}=-95\mathrm{dBm}$(包括移动终端侧的 9dB 噪声)
- $p_{\mathrm{N}}^{\mathrm{U}}=-91\mathrm{dBm}$(包括基站侧的 13dB 噪声)

移动终端密度ρ设为 300 个/km^2，适配参数q为 3.5，天线高度差L为 8.5m，其中小基站天线高度和移动终端天线高度分别假定为 10m 和 1.5m。仍假设 TDD 帧中的子帧总数T为 10，移动终端在子帧中请求下行数据的概率p^{D}为$\frac{2}{3}$。因此，对于静态 TDD 系统，根据式(11.25)，下行链路子帧数$N_0^{\mathrm{D}}=7$，上行链路子帧数$N_0^{\mathrm{U}}=3$，这实现了下行链路和上行链路子帧的数量N_0^{D}和N_0^{U}与移动终端在子帧中请求下行链路或上行链路数据的概率p^{D}和p^{U}之间的最佳匹配[见式(11.3)]。

11.5.2 验证子帧依赖性结果的时间资源利用率

图 11.5 展示了与子帧相关的下行链路时间资源利用率q_l^{D}的分析和仿真结果。为简便起见，我们不显示取决于子帧的上行链路时间资源利用率q_l^{U}的结果，因为它与式(11.19)中所示的变量q_l^{D}具有对偶性。

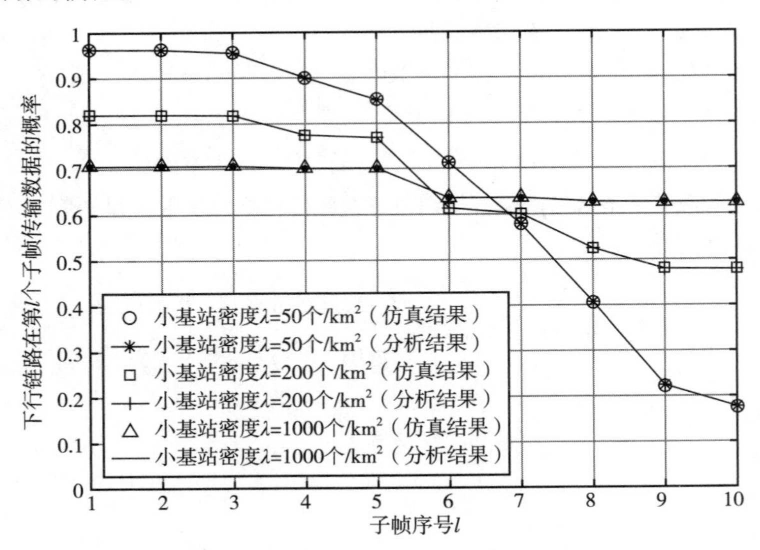

图 11.5 子帧依赖的下行链路时间资源利用率 q_l^{D}($\rho=300$ 个/km^2，$p^{\mathrm{D}}=\frac{2}{3}$，$T=10$，$\lambda$ 为变量)

从图中可以看出：

- 子帧相关下行链路时间资源利用率 q_l^{D} 的分析结果与仿真结果非常吻合。具体地说，分析结果与仿真结果之间的最大差异小于 0.3%。还应注意的是，图 11.5 中显示的曲线并不平滑。这是因为式(11.13)中的映射不是连续的，而不是因为仿真实验次数不够。
- 由于采用了图 11.1 所示的下行链路先于上行链路的 TDD 结构，与子帧相关的下行链路时间资源利用率 q_l^{D} 随子帧数 l 的增加而单调递减。换句话说，如果由小基站调度，下行链路传输将在 TDD 帧的前几个子帧中进行。
- 当小基站密度 λ 相对于移动终端密度 ρ 较小，例如 $\lambda=50$ 个/km² 时，q_l^{D} 接近 1，q_l^{U} 接近 0，这是因为：
  - 如图 11.2 所示，当每个活跃小基站的移动终端数相对较大，如 $\lambda=50$ 个/km² 时，$\tilde{k}=4$ 个/每个小基站。
  - 如图 11.3 所示，在大多数情况下，下行链路数据请求的数量 m^{D} 都不为零，如 $\tilde{k}=4$，$p^{\mathrm{D}}=2/3$ 时，$m^{\mathrm{D}}=3$。
  - 如图 11.4 所示，例如，当 $\tilde{k}=4$，$p^{\mathrm{D}}=2/3$，$T=10$ 时，下行链路子帧的数量 n^{D} 也会相对较大，以满足上述下行链路数据请求的数量 m^{D}。
  - 基于图 11.1 所示的下行链路在上行链路前的 TDD 结构，第一个子帧是下行链路子帧的概率非常高，即 q_l^{D} 几乎为 1，而最后一个子帧很可能是上行链路子帧，即 q_l^{U} 接近 0。
- 当小基站密度 λ 相对于移动终端密度 ρ 较大时，例如 $\lambda=1000$ 个/km²，需要注意的是，与子帧相关的下行链路时间资源利用率 q_l^{D} 在子帧数 l 的所有值上几乎都是一个常数，而且这个常数大致等于移动终端请求下行链路数据的概率 p^{D}，即 $p^{\mathrm{D}}=2/3$。这是因为：
  - 如图 11.2 所示，当小基站密度 λ 为 1000 个/km² 时，超过 80% 的活跃小基站为 $\tilde{k}=1$ 个移动终端服务。
  - 因此，当一个活跃小基站服务 $\tilde{k}=1$ 个移动终端时，下行链路数据请求的数量 m^{D} 和下行链路子帧的数量 n^{D} 都会由于强烈的业务量变化而出现大幅波动，分别如图 11.3 和图 11.4 所示。
  - 因此，当活跃小基站服务 $\tilde{k}=1$ 个移动终端时，在大多数情况下，所有子帧都被动态地用作下行链路或上行链路，其概率完全取决于移动终端在子帧中请求下行链路或上行链路数据的概率 p^{D} 和 p^{U}，由于 $p^{\mathrm{D}}=2/3$，因此 $q_l^{\mathrm{D}}\approx 2/3$。
- 不难看出，小基站密度 λ 为 200 个/km² 时的情况处于上述两种极端情况(即 $\lambda=50$ 个/km² 和 $\lambda=1000$ 个/km²)的中间。

11.5.3 验证蜂窝间链路干扰概率的结果

图 11.6 列出了下行链路对上行链路干扰概率 $\mathrm{Pr}^{\mathrm{D2U}}$ 和上行链路对下行链路干扰概率 $\mathrm{Pr}^{\mathrm{U2D}}$

的分析和仿真结果。

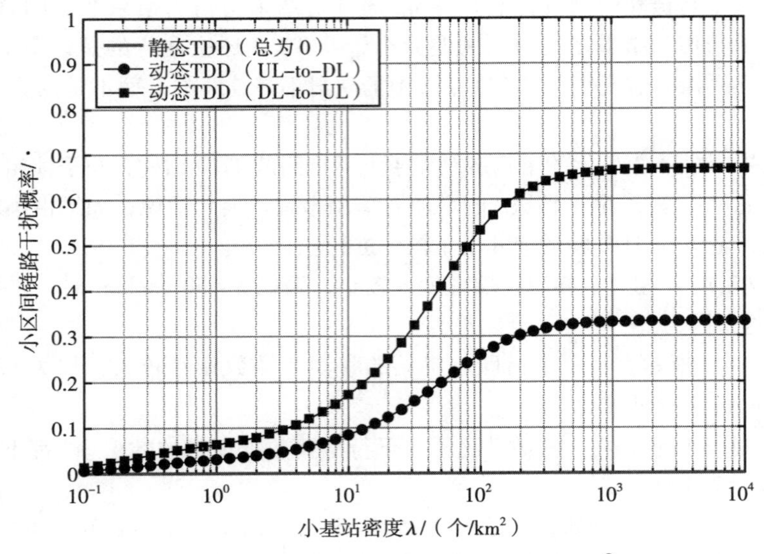

图 11.6 小区间链路干扰概率($\rho=300$ 个/km^2，$p^{\mathrm{D}}=\frac{2}{3}$，$T=10$)

从图中可以看出：

- 分析结果和仿真结果非常吻合，这验证了本文分析的准确性。
- 对于静态 TDD 系统，下行链路对上行链路干扰的概率 $\mathrm{Pr}^{\mathrm{D2U}}$ 和上行链路对下行链路干扰的概率 $\mathrm{Pr}^{\mathrm{U2D}}$ 都为 0，这在 11.4.5 节中讨论过。
- 对于动态 TDD 系统，随着小基站密度 λ 的增加，下行链路对上行链路干扰的概率 $\mathrm{Pr}^{\mathrm{D2U}}$ 和上行链路对下行链路干扰的概率 $\mathrm{Pr}^{\mathrm{U2D}}$ 都会逐渐增加，并分别趋近于移动终端在子帧中请求下行链路或上行链路数据的概率 p^{D} 和 p^{U}。这是因为：
  - 当小基站密度 λ 增加时，活跃小基站中的移动终端数量 $\tilde{k}$ 会减少，因此下行链路和上行链路数据请求的数量 m^{D} 和 m^{U} 以及下行链路和上行链路子帧的数量 n^{D} 和 n^{U} 都会出现较大的波动。
  - 因此，当小基站密度 λ 足够大，达到每个活跃小基站有一个移动终端的限制时，所有子帧都将用作下行链路或上行链路，其概率完全取决于移动终端在子帧中请求下行链路或上行链路数据的概率 p^{D} 和 p^{U}。

11.5.4 验证平均时间利用率的结果

图 11.7 给出了下行链路时间资源利用率平均值 κ^{D} 和上行链路时间资源利用率平均值 κ^{U} 的分析和仿真结果。

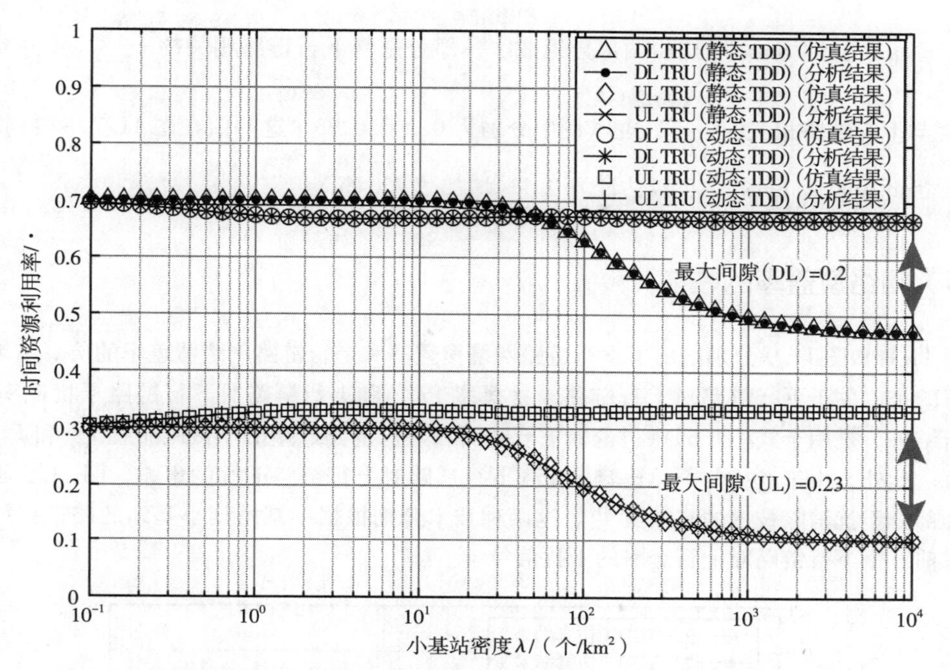

图 11.7　下行链路和上行链路时间资源利用率平均值 κ^{D} 和 κ^{U}（$\rho=300$ 个/km²，$p^{D}=\frac{2}{3}$，$T=10$，λ 为变量）

从图中可以看出：

- 分析结果和仿真结果非常吻合，这验证了文中所做分析的准确性。
- 对于静态 TDD 技术，在超密集小蜂窝网络中，总平均时间资源利用率 κ 总是小于 1，例如 $\lambda>10$ 个/km²，这验证了定理 11.4.4，也说明了这种技术的主要缺点讲。更详细地讲，使用静态 TDD 技术时，平均下行链路时间资源利用率 κ^{D} 从 0.7 开始，然后随着小基站密度 λ 的增加而降低。考虑到 TDD 帧中子帧的数量 $T=10$，以及静态 TDD 最佳配置中下行链路子帧的数量 $N_0^{D}=7$，即使小基站没有上行链路数据请求，静态 TDD 系统也能保持 $N_0^{D}=3$ 个上行链路子帧，从而导致子帧浪费。还要注意的是，当小基站密度 λ 较（例如 $\lambda=10^4$ 个/km²）大时，总平均时间资源利用率 κ 远远小于 1，这表明静态 TDD 在密集小基站网络中的效率较低。
- 对于动态 TDD 系统，总平均时间资源利用率 κ 始终等于 1，这验证了引理 11.4.3，并显示了该技术的主要优势。更详细地讲，使用动态 TDD 时，随着小基站密度 λ 的增加，平均下行时间资源利用率 κ^{D} 从 0.7 开始，逐渐收敛到 $p^{D}=2/3$。这是因为当小基站密度 λ 达到每个活跃小基站只有一个移动终端的极限时，所有子帧都将作为下行链路帧使用，其概率为 p^{D}。
- 根据引理 11.4.5，动态 TDD 技术相比静态 TDD 所能达到的额外总平均时间资源利用

率 κ^{ADD}，即 $\lim\limits_{\lambda\to+\infty}\kappa^{\mathrm{ADD}}$ 应由两部分组成。一部分是与下行链路相关的$\frac{p^{\mathrm{D}}N_0^{\mathrm{U}}}{T}$，另一部分是与上行链路相关的$\frac{p^{\mathrm{U}}N_0^{\mathrm{D}}}{T}$，在本例中分别为 0.2 和 0.23。这些值在图 11.7 中得到验证，因此极限值 $\lim\limits_{\lambda\to+\infty}\kappa^{\mathrm{ADD}}$ 可以估计为 0.43（增加了 75.4%）。

11.5.5　网络覆盖率的性能

图 11.8 和图 11.9 分别给出了下行链路网络覆盖率和上行链路网络覆盖率的仿真结果。值得注意的是，关于下行链路对上行链路干扰概率 $\mathrm{Pr}^{\mathrm{D2U}}$ 和上行链路对下行链路干扰概率 $\mathrm{Pr}^{\mathrm{U2D}}$ 的分析结果，是用于式(11.6)中讨论的下行链路和上行链路产生的小区间干扰 $I_{\mathrm{agg}}^{\mathrm{D}}$ 和 $I_{\mathrm{agg}}^{\mathrm{U}}$ 的聚合仿真。此外，由于上行信干噪比容易受到下行链路对上行链路干扰的影响，图 11.9 研究了完全和部分干扰消除技术的有效性[91]，这两种技术分别根据小基站到小基站的路径损耗去除所有或前三个下行链路对上行链路的干扰信号。

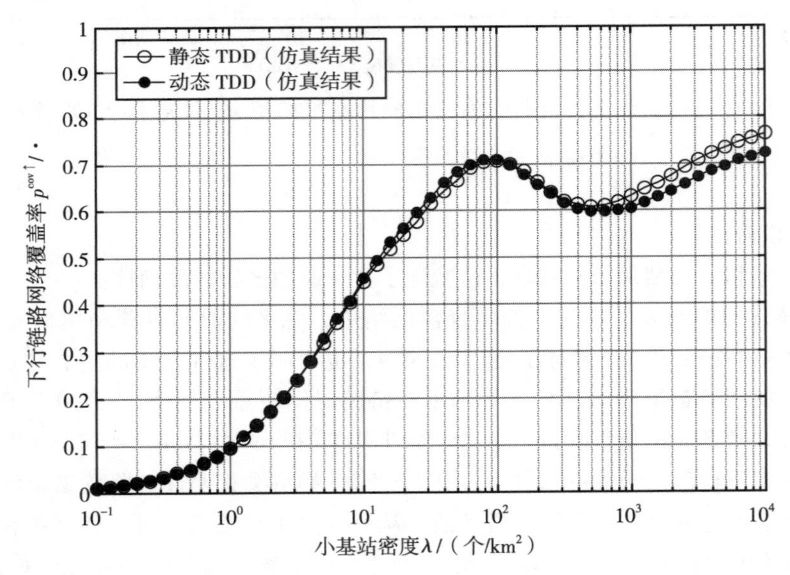

图 11.8　下行链路网络覆盖率（$\rho=300$ 个/km²，$p^{\mathrm{D}}=\frac{2}{3}$，$T=10$）

从图 11.8 和图 11.9 中可以清楚地看到：

- 与静态 TDD 系统相比，不使用干扰消除的动态 TDD 系统的上行链路网络覆盖率较低，原因是存在较强的下行链路对上行链路的干扰。
- 完全或部分干扰消除技术可使动态 TDD 系统的上行链路网络覆盖率显著提高。

与第 3~10 章一样，为了更直观地显示下行链路和上行链路网络覆盖率的基本情况，

图 11.10 显示了给定移动终端密度(即 300 个/km^2)和三种不同小基站密度(即 50、250 和 250)的下行链路和上行链路网络覆盖率热力图。这些热力图使用 NetVisual 工具计算得出，它不仅能展示网络覆盖率的平均值，还能展示 2.4 节中介绍的标准差。

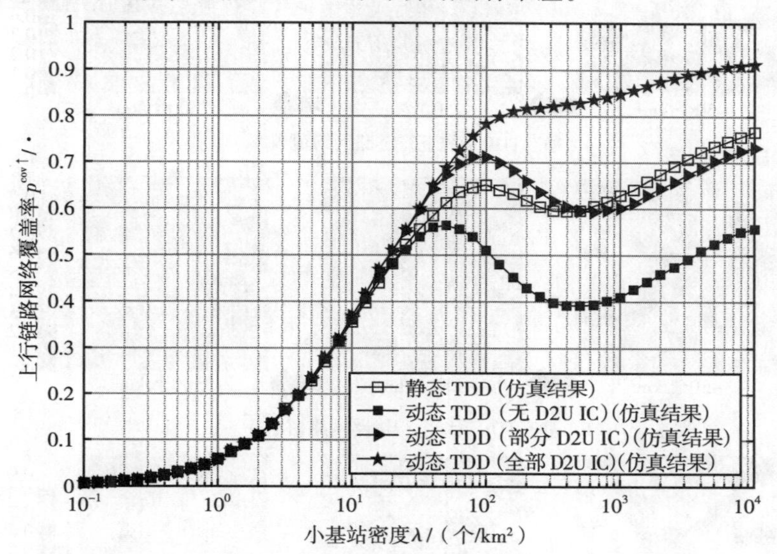

图 11.9 上行链路网络覆盖率($\rho=300$ 个/km^2，$p^{D}=\frac{2}{3}$，$T=10$)

从图 11.10 可以看出：

- 对比图 11.10a 和图 11.10c，可以看出静态 TDD 系统的下行链路网络覆盖率与动态 TDD 系统相当，这主要是因为下行链路的发射功率(24 dBm)与上行链路(23 dBm)相当。因此，将小基站的小区间干扰转移到移动终端时，网络覆盖率变化不大。
- 在图 11.10b 中，当考虑小基站密度 λ 约为 2500 个/km^2(超密集网络)时，动态 TDD 网络的上行链路网络覆盖率热力图明显变暗，这表明此类网络的上行链路特别容易受到下行链路到上行链路的小区间干扰。
- 如前所述，缓解下行链路对上行链路小区间干扰的一个潜在解决方案是完全或部分干扰消除技术。在图 11.10e 中，我们假定每个小基站能从其他相邻的小基站中移除前三个干扰信号，动态 TDD 网络的上行链路网络覆盖率热力图与图 11.10d 相比有很大的性能改进。如图 11.10 所示，虽然本图中未显示，但完全干扰消除技术将进一步提高性能。

11.5.6 面积比特效率的性能

从图 11.8~图 11.10 中，我们不应得出这样的结论，即由于下行链路对上行链路的干扰，不带干扰消除的动态 TDD 系统与静态 TDD 系统相比没有性能提升。这是因为网络覆盖率是一

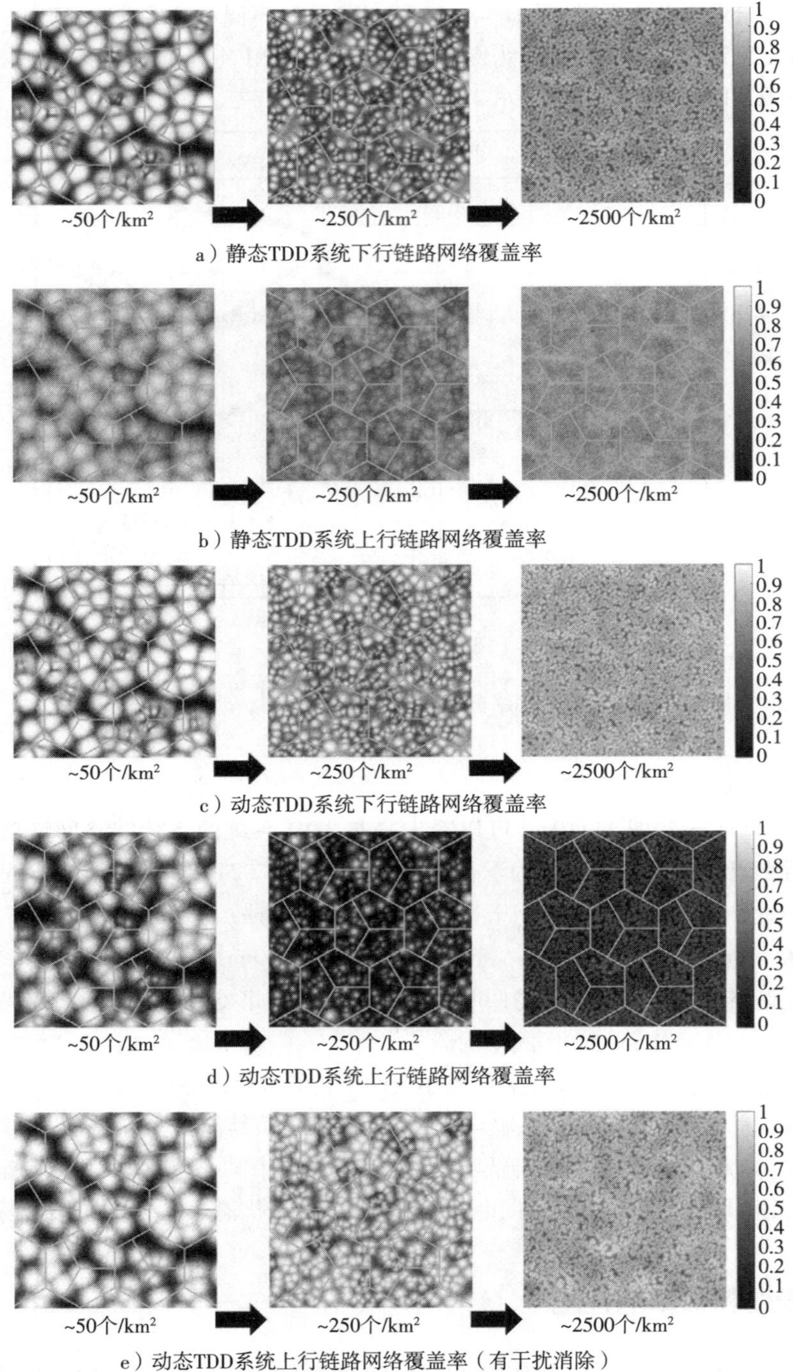

a）静态TDD系统下行链路网络覆盖率

b）静态TDD系统上行链路网络覆盖率

c）动态TDD系统下行链路网络覆盖率

d）动态TDD系统上行链路网络覆盖率

e）动态TDD系统上行链路网络覆盖率（有干扰消除）

图 11.10　小基站网络覆盖率与密度(λ)关系图(NetVisual 生成)

个主要由移动终端信干噪比驱动的指标，并不能反映网络分配给这些移动终端的时频资源量的影响。为了全面了解情况，我们需要研究式(11.7)中定义的面积比特效率，它表征了物理层的时间资源利用率。

图 11.11 和图 11.12 分别给出了下行和上行面积比特效率的对数和线性仿真结果。

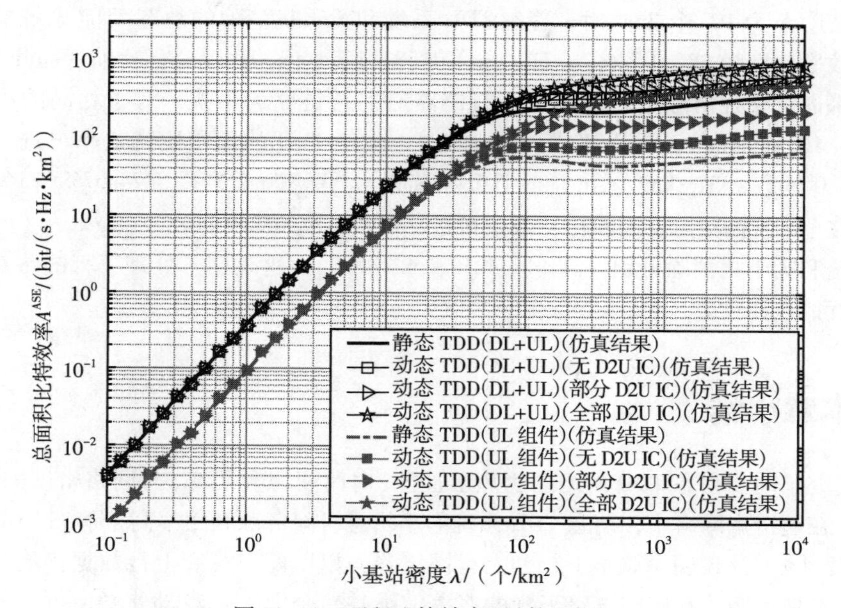

图 11.11　面积比特效率(对数坐标)

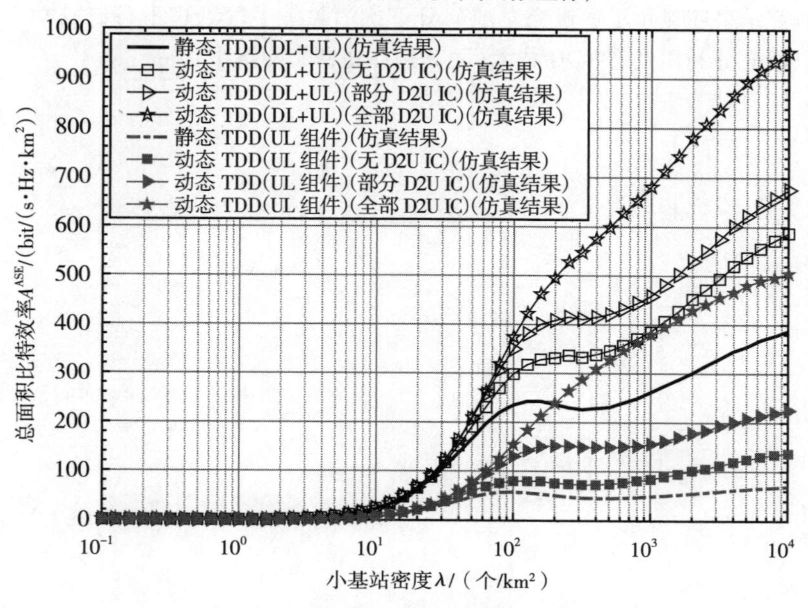

图 11.12　面积比特效率(线性坐标)

从图 11. 11 和图 11. 12 中可以看出：

- 即使没有干扰消除，动态 TDD 系统也能比静态 TDD 系统获得更大的总面积比特效率(下行链路加上上行链路的面积比特效率)，这主要是由于下行链路和上行链路子帧动态匹配了下行链路和上行链路的数据请求。例如，在使用的系统模型情况下，当小基站密度 λ 为 10^4 个/km^2 时，静态 TDD 系统和无干扰消除的动态 TDD 系统的总面积比特效率分别为 387. 1 bit/(s・H_z・km^2)和 587. 1 bit/(s・H_z・km^2)(比前者提升 51. 67%)。
- 如果通过干扰消除进一步解决下行链路对上行链路的干扰，对于相同的小基站密度($\lambda = 10^4$ 个/km^2)，采用部分干扰消除时，动态 TDD 的面积比特效率可进一步提高到 675. 0 bit/(s・H_z・km^2)(比静态 TDD 系统和无干扰消除分别提高 74. 37%和 14. 97%)，采用完全干扰消除时，面积比特效率可进一步提高到 953. 9 bit/(s・H_2・km^2)(比静态 TDD 系统和无干扰消除分别提高 146. 42%和 62. 48%)。这表明了处理下行链路对上行链路干扰的重要性。

11. 6　本章小结

本章研究了同步动态 TDD 网络的物理层性能(时间资源利用率)与网络密度的函数关系。研究表明，在超密集网络中，动态 TDD 系统的平均总时间资源利用率高于静态 TDD 系统，最大可高出 75. 4%。这说明了调整下行和上行网络资源以匹配下行和上行数据传输负荷的重要性。这些研究还表明，小区间链路干扰的概率随小基站密度 λ 和移动终端密度 ρ 的变化而变化。此外，研究结果还显示了通过完全或部分干扰消除等手段处理下行链路对上行链路干扰的重要性，以便充分利用动态 TDD 技术(尤其是在超密集网络中)。

参考文献

[1] E. S. Grosvenor and M. Wesson, *Alexander Graham Bell: The Life and Times of the Man Who Invented the Telephone*. New York: Harry N. Abrams, 1997.

[2] CISCO, "Cisco visual networking index: Global mobile data traffic forecast update (2017–2022)," Feb. 2019. https://s3.amazonaws.com/media.mediapost.com/uploads/CiscoForecast.pdf

[3] T. Berners-Lee, *Weaving the Web: The Original Design and Ultimate Destiny of the World Wide Web*. New York: Harper Business, 2000.

[4] I. McCulloh, H. Armstrong and A. Johnson, *Social Network Analysis with Applications*. Hoboken, NJ: John Wiley & Sons Ltd., 2013.

[5] M. K. Weldon, *The Future X Network: A Bell Labs Perspective*. Boca Raton, FL: CRC Press, 2015.

[6] U. Black, *Voice over IP*, 1st ed. Upper Saddle River, NJ: Prentice Hall, 1999.

[7] C. Poynton, *Digital Video and HD: Algorithms and Interfaces*, 2nd ed. New York: Elsevier, 2012.

[8] D. López-Pérez, M. Ding, H. Claussen and A. Jafari, "Towards 1 Gbps/UE in cellular systems: Understanding ultra-dense small cell deployments," *IEEE Communications Surveys Tutorials*, vol. 17, no. 4, pp. 2078–2101, Jun. 2015.

[9] C. E. Shannon, "Communication in the presence of noise," *Proceedings of the Institute of Radio Engineers*, vol. 37, no. 1, pp. 10–21, Jan. 1949.

[10] R. W. Heath and A. Lozano, *Foundations of MIMO Communication*. Cambridge: Cambridge University Press, 2018.

[11] W. Webb, *Wireless Communications: The Future*. Chichester: John Wiley & Sons Ltd., 2007.

[12] H. Holma, D. A. Toskala and T. Nakamura, *5G Technology : 3GPP New Radio*. Chichester: John Wiley & Sons Ltd., 2020.

[13] E. Dahlman, S. Parkvall and J. Skold, *5G NR: The Next Generation Wireless Access Technology*. Cambridge, MA: Academic Press, 2018.

[14] Amdocs, "Game changing economics for small cell deployment," White Paper, Oct. 2014. https://docplayer.net/19134752-Game-changing-economics-for-small-cell-deployment-amdocs-oss-white-paper-october-2013.html

[15] Nokia, "Indoor deployment strategies," White Paper, Jun. 2014. www.scribd.com/document/249226439/Nokia-Indoor-Deployment-Strategies

[16] A. C. Stocker, "Enhanced intercell interference coordination challenges in heterogeneous networks," *IEEE Transactions on Vehicular Technology*, vol. 33, no. 4, pp. 269–275, 1984.

[17] R. Iyer, J. Parker and P. Sood, "Intelligent networking for digital cellular systems and the wireless world," in *IEEE Global Telecommunications Conference (GLOBECOM)*, vol. 1, pp. 475–479, Dec. 1990.

[18] L. T. W. Ho, "*Self-organising algorithms for fourth generation wireless networks and its analysis using complexity metrics*," Ph.D. Thesis, Queen Mary College, University of London, Jun. 2003.

[19] H. Claussen, L. T. W. Ho, H. R. Karimi, F. J. Mullany and L. G. Samuel, "I, base station: Cognisant robots and future wireless access networks," in *Proceedings 3rd IEEE Consumer Communications and Networking Conference (CCNC)*, Las Vegas, NV, pp. 595–599, Jan. 2006.

[20] H. Claussen, L. T. W. Ho and L. G. Samuel, "An overview of the femtocell concept," *Bell Labs Technical Journal*, vol. 15, no. 3, pp. 137–147, Dec. 2008.

[21] L. T. W. Ho and H. Claussen, "Effects of user-deployed, co-channel femtocells on the call drop probability in a residential scenario," in *IEEE International Symposium on Personal, Indoor and Mobile Radio Communications (PIMRC)*, Athens, Greece, Sept . 2007.

[22] H. Claussen, L. T. W. Ho and L. G. Samuel, "Financial analysis of a pico-cellular home network deployment," in *IEEE International Conference on Communications (ICC)*, Glasgow, UK, pp. 5604–5609, Jun. 2007.

[23] H. Claussen, "Performance of macro- and co-channel femtocells in a hierarchical cell structure," in *IEEE International Symposium on Personal, Indoor and Mobile Radio Communications (PIMRC)*, Athens, Greece, Sept . 2007.

[24] H. Claussen, L. T. W. Ho and F. Pivit, "Effects of joint macrocell and residential picocell deployment on the network energy efficiency," in *IEEE International Symposium on Personal, Indoor and Mobile Radio Communications (PIMRC)*, Cannes, France, Sept. 2008.

[25] H. Claussen, L. T. W. Ho and L. G. Samuel, "Self-optimization of coverage for femtocell deployments," in *Proceedings Wireless Telecommunications Symposium (WTS)*, Los Angeles, CA, pp. 278–285, Apr. 2008.

[26] H. Claussen, "Co-channel operation of macro- and femtocells in a hierarchical cell structure," *International Journal of Wireless Information Networks*, vol. 15, no. 3, pp. 137–147, Dec. 2008.

[27] H. Claussen, L. T. W. Ho and F. Pivit, "Leveraging advances in mobile broadband technology to improve environmental sustainability," *Telecommunications Journal of Australia*, vol. 59, no. 1, pp. 4.1–4.18, Feb. 2009.

[28] H. Claussen and F. Pivit, "Femtocell coverage optimization using switched multi-element antennas," in *IEEE International Conference on Communications (ICC)*, Dresden, Germany, Jun. 2009.

[29] H. Claussen and D. Calin, "Macrocell offloading benefits in joint macro- and femtocell deployments," in *IEEE International Symposium on Personal, Indoor and Mobile Radio Communications (PIMRC)*, Tokyo, Japan, pp. 350–354, Sept. 2009.

[30] H. Claussen, L. T. W. Ho and F. Pivit, "Self-optimization of femtocell coverage to minimize the increase in core network mobility signalling," *Bell Labs Technical Journal*, vol. 14, no. 2, pp. 155–184, Aug. 2009.

[31] D. López-Pérez, A. Valcarce, G. de la Roche and J. Zhang, "Access methods to WiMAX femtocells: A downlink system-level case study," in *11th IEEE Singapore International Conference on Communication Systems*, pp. 1657–1662, Nov. 2008.

[32] D. López-Pérez, G. de la Roche, A. Valcarce, A. Juttner and J. Zhang, "Interference avoidance and dynamic frequency planning for WiMAX femtocells networks," in *11th IEEE Singapore International Conference on Communication Systems*, pp. 1579–1584, Nov. 2008.

[33] D. López-Pérez, A. Valcarce, G. de la Roche and J. Zhang, "OFDMA femtocells: A roadmap on interference avoidance," *IEEE Communications Magazine*, vol. 47, no. 9, pp. 41–48, Oct. 2009.

[34] D. López-Pérez, A. Ladanyi, A. Jüttner and J. Zhang, "OFDMA femtocells: A self-organizing approach for frequency assignment," in *IEEE International Symposium on Personal, Indoor and Mobile Radio Communications (PIMRC)*, Tokyo, Japan, Sept. 2009.

[35] G. D. L. Roche, A. Valcarce, D. López-Pérez and J. Zhang, "Access control mechanisms for femtocells," *IEEE Communications Magazine*, vol. 48, no. 1, pp. 33–39, Jan. 2010.

[36] D. López-Pérez, X. Chu, A. V. Vasilakos and H. Claussen, "Power minimization based resource allocation for interference mitigation in OFDMA femtocell networks," *IEEE Journal on Selected Areas in Communications*, vol. 32, no. 2, pp. 333–344, Feb. 2014.

[37] V. Chandrasekhar and J. G. Andrews, "Spectrum allocation in tiered cellular networks," *IEEE Transactions on Communications*, vol. 57, no. 10, pp. 3059–3068, Oct. 2009.

[38] V. Chandrasekhar and J. G. Andrews, "Uplink capacity and interference avoidance for two-tier femtocell networks," *IEEE Transactions on Wireless Communications*, vol. 8, no. 7, pp. 3498–3509, Jul. 2009.

[39] V. Chandrasekhar, J. G. Andrews, T. Muharemovic, Z. Shen and A. Gatherer, "Power control in two-tier femtocell networks," *IEEE Transactions on Wireless Communications*, vol. 8, no. 8, pp. 4316–4328, Aug. 2009.

[40] D. López-Pérez, I. Guvenc, G. de la Roche, et al., "Enhanced intercell interference coordination challenges in heterogeneous networks," *IEEE Wireless Communications*, vol. 18, no. 3, pp. 22–30, Jun. 2011.

[41] D. López-Pérez, I. Guvenc and X. Chu, "Mobility management challenges in 3GPP heterogeneous networks," *IEEE Communications Magazine*, vol. 50, no. 12, pp. 70–78, Dec. 2012.

[42] D. López-Pérez, X. Chu and I. Guvenc, "On the expanded region of picocells in heterogeneous networks," *IEEE Journal of Selected Topics in Signal Processing*, vol. 6, no. 3, pp. 281–294, Mar. 2012.

[43] BeFEMTO. (2016) Broadband evolved femto networks. [Online]. Available: www.ict-befemto.eu/

[44] IEEE. (2016) IEEE Xplore Digital Library. [Online]. Available: http://ieeexplore.ieee.org/

[45] Small Cell Forum press release. (2011, Jun.) 3G femtocells now outnumber conventional 3G basestations globally. [Online]. Available: www.smallcellforum.org/press-releases/3g-femtocells-now-outnumber-conventional-3g-basestations-globally/

[46] Small Cell Forum. (2015, Jun.) Market status statistics June 2015 – Mobile Experts. [Online]. Available: http://scf.io/en/documents/050_-_Market_status_report_June_2015_-_Mobile_Experts.php

[47] S. Reedy. (2013, Sep.) Multimode small cells get stalled in labs. [Online]. Available: www.lightreading.com/mobile/small-cells/multimode-small-cells-get-stalled-in-labs/d/d-id/703334

[48] Small Cell Forum. (2018, Dec.) Small cells market status report. [Online]. Available: https://scf.io/en/documents/050_-_Small_cells_market_status_report_December_2018.php

[49] S. Hamalainen, H. Sanneck and C. Sartori, *LTE Self-Organising Networks (SON): Network Management Automation for Operational Efficiency*. Chichester: John Wiley & Sons Ltd., 2011.

[50] M. Haenggi, J. G. Andrews, F. Baccelli, O. Dousse and M. Franceschetti, "Stochastic geometry and random graphs for the analysis and design of wireless networks," *IEEE Journal on Selected Areas in Communications*, vol. 27, no. 7, pp. 1029–1046, Sept. 2009.

[51] F. Baccelli and B. Blaszczyszyn, "Stochastic geometry and wireless networks: Volume I theory," *Foundation and Trend R in Networking*, vol. 3, no. 3–4, pp. 249–449, 2009.

[52] M. Haenggi, *Stochastic Geometry for Wireless Networks*. New York: Cambridge University Press, 2012.

[53] H. ElSawy, E. Hossain and M. Haenggi, "Stochastic geometry for modeling, analysis, and design of multi-tier and cognitive cellular wireless networks: A survey," *IEEE Communications Surveys Tutorials*, vol. 15, no. 3, pp. 996–1019, Third quarter 2013.

[54] S. Mukherjee, *Analytical Modeling of Heterogeneous Cellular Networks*. New York: Cambridge University Press, 2014.

[55] N. Deng, W. Zhou and M. Haenggi, "The Ginibre point process as a model for wireless networks with repulsion," *IEEE Transactions on Wireless Communications*, vol. 14, no. 1, pp. 107–121, Jan. 2015.

[56] M. Haenggi, "The meta distribution of the SIR in Poisson bipolar and cellular networks," *IEEE Transactions on Wireless Communications*, vol. 15, no. 4, pp. 2577–2589, Apr. 2016.

[57] M. Haenggi, "The local delay in Poisson networks," *IEEE Transactions on Information Theory*, vol. 59, no. 3, pp. 1788–1802, Mar. 2013.

[58] T. D. Novlan, H. S. Dhillon and J. G. Andrews, "Analytical modeling of uplink cellular networks," *IEEE Transactions on Wireless Communications*, vol. 12, no. 6, pp. 2669–2679, Jun. 2013.

[59] M. D. Renzo, W. Lu and P. Guan, "The intensity matching approach: A tractable stochastic geometry approximation to system-level analysis of cellular networks," *IEEE Transactions on Wireless Communications*, vol. 15, no. 9, pp. 5963–5983, Sept. 2016.

[60] J. Andrews, F. Baccelli and R. Ganti, "A tractable approach to coverage and rate in cellular networks," *IEEE Transactions on Communications*, vol. 59, no. 11, pp. 3122–3134, Nov. 2011.

[61] H. S. Dhillon, R. K. Ganti, F. Baccelli and J. G. Andrews, "Modeling and analysis of K-tier downlink heterogeneous cellular networks," *IEEE Journal on Selected Areas in Communications*, vol. 30, no. 3, pp. 550–560, Apr. 2012.

[62] H. S. Dhillon, M. Kountouris and J. G. Andrews, "Downlink MIMO hetnets: Modeling, ordering results and performance analysis," *IEEE Transactions on Wireless Communications*, vol. 12, no. 10, pp. 5208–5222, Oct. 2013.

[63] H. S. Dhillon, R. K. Ganti and J. G. Andrews, "Load-aware modeling and analysis of heterogeneous cellular networks," *IEEE Transactions on Wireless Communications*, vol. 12, no. 4, pp. 1666–1677, Apr. 2013.

[64] Y. J. Chun, S. L. Cotton, H. S. Dhillon, A. Ghrayeb and M. O. Hasna, "A stochastic geometric analysis of device-to-device communications operating over generalized fading channels," *IEEE Transactions on Wireless Communications*, vol. 16, no. 7, pp. 4151–4165, Jul. 2017.

[65] D. Malak, M. Al-Shalash and J. G. Andrews, "Spatially correlated content caching for device-to-device communications," *IEEE Transactions on Wireless Communications*, vol. 17, no. 1, pp. 56–70, Jan. 2018.

[66] N. Kouzayha, Z. Dawy, J. G. Andrews and H. ElSawy, "Joint downlink/uplink RF wake-up solution for IoT over cellular networks," *IEEE Transactions on Wireless Communications*, vol. 17, no. 3, pp. 1574–1588, Mar. 2018.

[67] V. V. Chetlur and H. S. Dhillon, "Downlink coverage analysis for a finite 3-D wireless network of unmanned aerial vehicles," *IEEE Transactions on Communications*, vol. 65, no. 10, pp. 4543–4558, Oct. 2017.

[68] T. Bai, A. Alkhateeb and R. W. Heath, "Coverage and capacity of millimeter-wave cellular networks," *IEEE Communications Magazine*, vol. 52, no. 9, pp. 70–77, Sept. 2014.

[69] T. Bai and R. W. Heath, "Coverage and rate analysis for millimeter-wave cellular networks," *IEEE Transactions on Wireless Communications*, vol. 14, no. 2, pp. 1100–1114, Feb. 2015.

[70] A. K. Gupta, J. G. Andrews and R. W. Heath, "Macrodiversity in cellular networks with random blockages," *IEEE Transactions on Wireless Communications*, vol. 17, no. 2, pp. 996–1010, Feb. 2018.

[71] A. Thornburg and R. W. Heath, "Ergodic rate of millimeter wave ad hoc networks," *IEEE Transactions on Wireless Communications*, vol. 17, no. 2, pp. 914–926, Feb. 2018.

[72] Y. Zhu, L. Wang, K. K. Wong and R. W. Heath, "Secure communications in millimeter wave Ad Hoc networks," *IEEE Transactions on Wireless Communications*, vol. 16, no. 5, pp. 3205–3217, May 2017.

[73] R. Jurdi, A. K. Gupta, J. G. Andrews and R. W. Heath, "Modeling infrastructure sharing in mmWave networks with shared spectrum licenses," *IEEE Transactions on Cognitive Communications and Networking*, vol. 4, no. 2, pp. 328–343, Jun. 2018.

[74] L. Wang, K. K. Wong, R. W. Heath and J. Yuan, "Wireless powered dense cellular networks: How many small cells do we need?" *IEEE Journal on Selected Areas in Communications*, vol. 35, no. 9, pp. 2010–2024, Sep. 2017.

[75] G. Nigam, P. Minero and M. Haenggi, "Coordinated multipoint joint transmission in heterogeneous networks," *IEEE Transactions on Communications*, vol. 62, no. 11, pp. 4134–4146, Nov. 2014.

[76] H. Sun, M. Sheng, M. Wildemeersch, T. Q. S. Quek and J. Li, "Traffic adaptation and energy efficiency for small cell networks with dynamic TDD," *IEEE Journal on Selected Areas in Communications*, vol. 34, no. 12, pp. 3234–3251, Dec. 2016.

[77] Y. S. Soh, T. Q. S. Quek, M. Kountouris and H. Shin, "Energy efficient heterogeneous cellular networks," *IEEE Journal on Selected Areas in Communications*, vol. 31, no. 5, pp. 840–850, May 2013.

[78] G. de la Roche, A. Valcarce, D. López-Pérez and J. Zhang, "Access control mechanisms for femtocells," *IEEE Communications Magazine*, vol. 48, no. 1, pp. 33–39, Jan. 2010.

[79] M. Ding, P. Wang, D. López-Pérez, G. Mao and Z. Lin, "Performance impact of LoS and NLoS transmissions in dense cellular networks," *IEEE Transactions on Wireless Communications*, vol. 15, no. 3, pp. 2365–2380, Mar. 2016.

[80] Qualcomm, "1000x: More smallcells. Hyper-dense small cell deployments," Jun. 2014. www.qualcomm.com/media/documents/files/1000x-more-small-cells.pdf

[81] X. Zhang and J. Andrews, "Downlink cellular network analysis with multi-slope path loss models," *IEEE Transactions on Communications*, vol. 63, no. 5, pp. 1881–1894, May 2015.

[82] M. Ding and D. López-Pérez, "Performance impact of base station antenna heights in dense cellular networks," *IEEE Transactions on Wireless Communications*, vol. 16, no. 12, pp. 8147–8161, Dec. 2017.

[83] J. Liu, M. Sheng, L. Liu and J. Li, "How dense is ultra-dense for wireless networks: From far- to near-field communications," *arXiv:1606.04749 [cs.IT]*, Jun. 2016.

[84] V. Coskun, K. Ok and B. Ozdenizci, *Near Field Communication (NFC): From Theory to Practice*. Chichester: John Wiley & Sons Ltd., Dec. 2011.

[85] A. AlAmmouri, J. G. Andrews and F. Baccelli, "SINR and throughput of dense cellular networks with stretched exponential path loss," *IEEE Transactions on Wireless Communications*, vol. 17, no. 2, pp. 1147–1160, Feb. 2018.

[86] M. Franceschetti, J. Bruck and L. J. Schulman, "A random walk model of wave propagation," *IEEE Transactions on Antennas and Propagation*, vol. 52, no. 5, pp. 1304–1317, May 2004.

[87] 3GPP, "TR 36.842: Study on small cell enhancements for E-UTRA and E-UTRAN, higher layer aspects," Dec. 2013. https://portal.3gpp.org/desktopmodules/Specifications/SpecificationDetails.aspx?specificationId=2543

[88] M. Ding, D. López-Pérez, G. Mao and Z. Lin, "Performance impact of idle mode capability on dense small cell networks," *IEEE Transactions on Vehicular Technology*, vol. 66, no. 11, pp. 10 446–10 460, Nov. 2017.

[89] M. Ding, D. López-Pérez, A. H. Jafari, G. Mao and Z. Lin, "Ultra-dense networks: A new look at the proportional fair scheduler," in *IEEE Global Telecommunications Conference (GLOBECOM)*, pp. 1–7, Dec. 2017.

[90] Y. Chen, M. Ding, D. López-Pérez, et al., "Ultra-dense network: A holistic analysis of multi-piece path loss, antenna heights, finite users and BS idle modes," *IEEE Transactions on Mobile Computing*, vol. 20, no. 4, pp. 1702–1713, Apr. 2021

[91] M. Ding, D. López-Pérez, R. Xue, A. Vasilakos and W. Chen, "On dynamic time-division-duplex transmissions for small-cell networks," *IEEE Transactions on Vehicular Technology*, vol. 65, no. 11, pp. 8933–8951, Nov. 2016.

[92] T. Ding, M. Ding, G. Mao, Z. Lin, A. Y. Zomaya and D. López-Pérez, "Performance analysis of dense small cell networks with dynamic TDD," *IEEE Transactions on Vehicular Technology*, vol. 67, no. 10, pp. 9816–9830, Oct. 2018.

[93] A. Goldsmith, *Wireless Communications*. Cambridge: Cambridge University Press, 2012.

[94] Y. Chen, M. Ding and D. López-Pérez, "Performance of ultra-dense networks with a generalized multipath fading," *IEEE Wireless Communications Letters*, vol. 8, no. 5, pp. 1419–1422, Oct. 2019.

[95] D. López-Pérez and M. Ding, "Toward ultradense small cell networks: A brief history on the theoretical analysis of dense wireless networks," *Wiley Encyclopedia of Electrical and Electronics Engineering*, May 2019. https://doi.org/10.1002/047134608X.W8392

[96] A. H. Jafari, M. Ding and D. López-Pérez, "Performance analysis of dense small cell networks with line of sight and non-line of sight transmissions under Rician fading." in T. Q. Duong, X. Chu and H. A. Suraweera (eds.), *Ultra-Dense Networks for 5G and Beyond: Modelling, Analysis, and Applications*, Chichester John Wiley & Sons Ltd., pp. 41–64, Apr. 2019.

[97] J. Yang, M. Ding, G. Mao, Z. Lin and X. Ge, "Analysis of underlaid d2d-enhanced cellular networks: Interference management and proportional fair scheduler," *IEEE Access*, vol. 7, pp. 35 755–35 768, Mar. 2019.

[98] J. Yang, M. Ding, G. Mao, et al., "Optimal base station antenna downtilt in downlink cellular networks," *IEEE Transactions on Wireless Communications*, vol. 18, no. 3, pp. 1779–1791, Mar. 2019.

[99] C. Ma, M. Ding, D. López-Pérez, et al., "Performance analysis of the idle mode capability in a dense heterogeneous cellular network," *IEEE Transactions on Communications*, vol. 66, no. 9, pp. 3959–3973, Sep. 2018.

[100] M. Ding, D. López-Pérez, H. Claussen and M. A. Kaafar, "On the fundamental characteristics of ultra-dense small cell networks," *IEEE Network*, vol. 32, no. 3, pp. 92–100, May 2018.

[101] B. Yang, G. Mao, X. Ge, M. Ding and X. Yang, "On the energy-efficient deployment for ultra-dense heterogeneous networks with NLoS and LoS transmissions," *IEEE Transactions on Green Communications and Networking*, vol. 2, no. 2, pp. 369–384, Jun. 2018.

[102] M. Ding, D. López-Pérez, G. Mao and Z. Lin, "Ultra-dense networks: Is there a limit to spatial spectrum reuse?" in *IEEE International Conference on Communications (ICC)*, pp. 1–6, May 2018.

[103] B. Yang, G. Mao, M. Ding, X. Ge and X. Tao, "Dense small cell networks: From noise-limited to dense interference-limited," *IEEE Transactions on Vehicular Technology*, vol. 67, no. 5, pp. 4262–4277, May 2018.

[104] X. Yao, M. Ding, D. López-Pérez, et al., "Performance analysis of uplink massive MIMO networks with a finite user density," in *IEEE Wireless Communications and Networking Conference (WCNC)*, pp. 1–6, Apr. 2018.

[105] M. Ding and D. López-Pérez, "Promises and caveats of uplink IoT ultra-dense networks," in *2018 IEEE Wireless Communications and Networking Conference (WCNC)*, pp. 1–6, Apr. 2018.

[106] C. Ma, M. Ding, H. Chen, et al., "On the performance of multi-tier heterogeneous cellular networks with idle mode capability," in *IEEE Wireless Communications and Networking Conference (WCNC)*, pp. 1–6, Apr. 2018.

[107] A. H. Jafari, D. López-Pérez, M. Ding and J. Zhang, "Performance analysis of dense small cell networks with practical antenna heights under Rician fading," *IEEE Access*, vol. 6, pp. 9960–9974, Oct. 2018.

[108] X. Yao, M. Ding, D. López-Pérez, Z. Lin and G. Mao, "What is the optimal network deployment for a fixed density of antennas?" in *IEEE Global Telecommunications Conference (GLOBECOM)*, pp. 1–6, Dec. 2017.

[109] M. Ding, D. López-Pérez, G. Mao and Z. Lin, "What is the true value of dynamic TDD?: A mac layer perspective," in *IEEE Global Telecommunications Conference (GLOBECOM)*, pp. 1–7, Dec. 2017.

[110] M. Ding and D. López-Pérez, "Performance impact of base station antenna heights in dense cellular networks," *IEEE Transactions on Wireless Communications*, vol. 16, no. 12, pp. 8147–8161, Dec. 2017.

[111] M. Ding and D. López-Pérez, "On the performance of practical ultra-dense networks: The major and minor factors," *The IEEE Workshop on Spatial Stochastic Models for Wireless Networks (SpaSWiN) 2017*, pp. 1–8, May 2017.

[112] B. Yang, M. Ding, G. Mao and X. Ge, "Performance analysis of dense small cell networks with generalized fading," in *IEEE International Conference on Communications (ICC)*, pp. 1–7, May 2017.

[113] T. Ding, M. Ding, G. Mao, et al., "Uplink performance analysis of dense cellular networks with LoS and NLoS transmissions," *IEEE Transactions on Wireless Communications*, vol. 16, no. 4, pp. 2601–2613, Apr. 2017.

[114] M. Ding and D. López-Pérez, "Please lower small cell antenna heights in 5G," in *IEEE Global Telecommunications Conference (GLOBECOM)*, pp. 1–6, Dec. 2016.

[115] M. Ding, D. López-Pérez, G. Mao and Z. Lin, "Study on the idle mode capability with LoS and NLoS transmissions," in *IEEE Global Telecommunications Conference (GLOBECOM)*, pp. 1–6, Dec. 2016.

[116] J. Wang, X. Chu, M. Ding and D. López-Pérez, "On the performance of multi-tier heterogeneous networks under LoS and NLoS transmissions," in *IEEE Global Telecommunications Conference (GLOBECOM)*, pp. 1–6, Dec. 2016.

[117] T. Ding, M. Ding, G. Mao, Z. Lin and D. López-Pérez, "Uplink performance analysis of dense cellular networks with LoS and NLoS transmissions," in *IEEE International Conference on Communications (ICC)*, pp. 1–6, May 2016.

[118] M. Ding, D. López-Pérez, G. Mao, P. Wang and Z. Lin, "Will the area spectral efficiency monotonically grow as small cells go dense?" in *IEEE Global Telecommunications Conference (GLOBECOM)*, San Diego, CA, pp. 1–7, Dec. 2015.

[119] A. H. Jafari, D. López-Pérez, M. Ding and J. Zhang, "Study on scheduling techniques for ultra dense small cell networks," in *IEEE Vehicular Technology Conference (VTC)*, pp. 1–6, Sep. 2015.

[120] A. Fotouhi, H. Qiang, M. Ding, et al., "Survey on UAV cellular communications: Practical aspects, standardization advancements, regulation, and security challenges," *IEEE Communications Surveys Tutorials*, vol. 21, no. 4, pp. 3417–3442, Fourth-quarter 2019.

[121] Z. Meng, Y. Chen, M. Ding and D. López-Pérez, "A new look at UAV channel modeling: A long tail of los probability," in *IEEE International Symposium on Personal, Indoor and Mobile Radio Communications (PIMRC)*, pp. 1–6, Sep. 2019.

[122] D. López-Pérez, M. Ding, H. Li, et al., "On the downlink performance of UAV communications in dense cellular networks," in *IEEE Global Telecommunications Conference (GLOBECOM)*, pp. 1–7, Dec. 2018.

[123] Z. Yin, J. Li, M. Ding, F. Song and D. López-Pérez, "Uplink performance analysis of base station antenna heights in dense cellular networks," in *IEEE Global Telecommunications Conference (GLOBECOM)*, pp. 1–7, Dec. 2018.

[124] H. Li, M. Ding, D. López-Pérez, et al., "Performance analysis of the access link of drone base station networks with LoS/NLoS transmissions," *Springer INISCOM2018*, pp. 1–7, Aug. 2018.

[125] C. Liu, M. Ding, C. Ma, et al., "Performance analysis for practical unmanned aerial vehicle networks with LoS/NLoS transmissions," in *IEEE International Conference on Communications (ICC)*, pp. 1–6, May 2018.

[126] Y. Chen, M. Ding, D. López-Pérez, et al., "Dynamic reuse of unlicensed spectrum: An inter-working of LTE and WiFi," *IEEE Wireless Communications*, vol. 24, no. 5, pp. 52–59, Oct. 2017.

[127] D. López-Pérez, J. Ling, B. H. Kim, et al., "LWIP and Wi-Fi Boost flow control," in *IEEE Wireless Communications and Networking Conference (WCNC)*, pp. 1–6, Mar. 2017.

[128] D. López-Pérez, D. Laselva, E. Wallmeier, et al., "Long term evolution-wireless local area network aggregation flow control," *IEEE Access*, vol. 4, pp. 9860–9869, Jan. 2016.

[129] Y. Chen, M. Ding, D. López-Pérez, Z. Lin and G. Mao, "A space-time analysis of LTE and Wi-Fi inter-working," *IEEE Journal on Selected Areas in Communications*, vol. 34, no. 11, pp. 2981–2998, Nov. 2016.

[130] D. López-Pérez, J. Ling, B. H. Kim, et al., "Boosted WiFi through LTE small cells: The solution for an all-wireless enterprise," in *IEEE International Symposium on Personal, Indoor and Mobile Radio Communications (PIMRC)*, pp. 1–6, Sep. 2016.

[131] F. Song, J. Li, M. Ding, et al., "Probabilistic caching for small-cell networks with terrestrial and aerial users," *IEEE Transactions on Vehicular Technology*, vol. 68, no. 9, pp. 9162–9177, Sep. 2019.

[132] P. Cheng, C. Ma, M. Ding, et al., "Localized small cell caching: A machine learning approach based on rating data," *IEEE Transactions on Communications*, vol. 67, no. 2, pp. 1663–1676, Feb. 2019.

[133] C. Ma, M. Ding, H. Chen, et al., "Socially aware caching strategy in device-to-device communication networks," *IEEE Transactions on Vehicular Technology*, vol. 67, no. 5, pp. 4615–4629, May 2018.

[134] Y. Chen, M. Ding, J. Li, et al., "Probabilistic small-cell caching: Performance analysis and optimization," *IEEE Transactions on Vehicular Technology*, vol. 66, no. 5, pp. 4341–4354, May 2017.

[135] J. Li, Y. Chen, M. Ding, et al., "A small-cell caching system in mobile cellular networks with LoS and NLoS channels," *IEEE Access*, vol. 5, pp. 1296–1305, Mar. 2017.

[136] C. Ma, M. Ding, H. Chen, et al., "Socially aware distributed caching in device-to-device communication networks," in *IEEE Global Telecommunications Conference (GLOBECOM)*, pp. 1–6, Dec. 2016.

[137] M. Ding, D. López-Pérez, G. Mao, Z. Lin and S. K. Das, "DNA-GA: A tractable approach for performance analysis of uplink cellular networks," *IEEE Transactions on Communications*, vol. 66, no. 1, pp. 355–369, Jan. 2018.

[138] M. Ding, D. López-Pérez, G. Mao and Z. Lin, "DNA-GA: A new approach of network performance analysis," in *IEEE International Conference on Communications (ICC)*, pp. 1–7, May 2016.

[139] M. Ding, D. López-Pérez, G. Mao and Z. Lin, "Microscopic analysis of the uplink interference in FDMA small cell networks," *IEEE Trans. on Wireless Communications*, vol. 15, no. 6, pp. 4277–4291, Jun. 2016.

[140] M. Ding, D. López-Pérez, G. Mao and Z. Lin, "Approximation of uplink inter-cell interference in FDMA small cell networks," in *IEEE Global Telecommunications Conference (GLOBECOM)*, pp. 1–7, Dec. 2015.

[141] M. Ding, D. López-Pérez, A. V. Vasilakos and W. Chen, "Analysis on the SINR performance of dynamic TDD in homogeneous small cell networks," *2014 IEEE Global Communications Conference*, pp. 1552–1558, Dec. 2014.

[142] M. Ding, D. López-Pérez, A. V. Vasilakos and W. Chen, "Dynamic TDD transmissions in homogeneous small cell networks," in *IEEE International Conference on Communications (ICC)*, pp. 616–621, Jun. 2014.

[143] M. Ding, D. López-Pérez, R. Xue, A. V. Vasilakos and W. Chen, "Small cell dynamic TDD transmissions in heterogeneous networks," in *IEEE International Conference on Communications (ICC)*, pp. 4881–4887, Jun. 2014.

[144] J. Wang, X. Chu, M. Ding and D. López-Pérez, "The effect of LoS and NLoS transmissions on base station clustering in dense small-cell networks," in *IEEE Vehicular Technology Conference (VTC)*, pp. 1–6, Sep. 2019.

[145] M. Ding and H. Luo, *Multi-Point Cooperative Communication Systems: Theory and Applications*. Berlin/Heidelberg: Springer, 2013.

[146] H. Claussen, D. Lopez-Perez, L. Ho, R. Razavi and S. Kucera, *Small Cell Networks: Deployment, Management, and Optimization*. Hoboken, NJ: Wiley-IEEE Press, 2018.

[147] 3GPP, "TR 25.814: Physical layer aspects for evolved Universal Terrestrial Radio Access (UTRA)," Oct. 2006. https://portal.3gpp.org/desktopmodules/Specifications/SpecificationDetails.aspx?specificationId=1247

[148] Cisco, "Antenna patterns and their meaning," White Paper, Aug. 2007. https://www.industrialnetworking.com/pdf/Antenna-Patterns.pdf

[149] 3GPP, "TR 38.901: Study on channel model for frequencies from 0.5 to 100 GHz," Jan. 2020. https://portal.3gpp.org/desktopmodules/Specifications/SpecificationDetails.a

[150] X. Li, R. W. Heath, Jr., K. Linehan and R. Butler, "Impact of metro cell antenna pattern and downtilt in heterogeneous networks," *arXiv:1502.05782 [cs.IT]*, Feb. 2015. [Online]. Available: http://arxiv.org/abs/1502.05782

[151] X. Chu, D. López-Pérez, F. Gunnarsson and Y. Yang, *Heterogeneous Cellular Networks: Theory, Simulation and Deployment*. Cambridge: Cambridge University Press, 2003.

[152] J. S. Seybold, *Introduction to RF Propagation*. Hoboken, NJ: John Wiley & Sons Ltd., 2005.

[153] 3GPP, "TR 36.828: Further enhancements to LTE Time Division Duplex for Downlink-Uplink interference management and traffic adaptation," Jun. 2012. https://portal.3gpp.org/desktopmodules/Specifications/SpecificationDetails.aspx?specificationId=2507

[154] A. Goldsmith, *Wireless Communications*. Cambridge: Cambridge University Press, 2005.

[155] F. Adachi and T. Tjhung, "Tapped delay line model for band-limited multipath channel in DS-CDMA mobile radio," *Electronics Letters* , vol. 37, no. 5, pp. 318–319, Mar. 2001.

[156] I. Gradshteyn and I. Ryzhik, *Table of Integrals, Series, and Products, 7th ed*. Cambridge, MA: Academic Press, 2007.

[157] 3GPP, "TR 25.996: Spatial channel model for Multiple Input Multiple Output (MIMO) simulations," Jun. 2018. https://portal.3gpp.org/desktopmodules/Specifications/SpecificationDetails.aspx?specificationId=1382

[158] H. Claussen, D. López-Pérez, L. Ho, R. Razavi and S. Kucera, *Small Cell Networks: Deployment, Management, and Optimization*, 1st ed. Hoboken, NJ: Wiley-IEEE Press, 2018.

[159] I. Slivnyak, "Some properties of stationary flows of homogeneous random events," *Theory Probability*, vol. 7, pp. 336–341, 1962.

[160] M. D. Renzo, W. Lu and P. Guan, "The intensity matching approach: A tractable stochastic geometry approximation to system-level analysis of cellular networks," *IEEE Transactions on Wireless Communications*, vol. 15, no. 9, pp. 5963–5983, Sep. 2016.

[161] M. Rupp, S. Schwarz and M. Taranetz, *The Vienna LTE-Advanced Simulators: Up and Downlink, Link and System Level Simulation*, 1st ed. Berlin/Heidelberg: Springer, 2016.

[162] S. Sesia, I. Toufik and M. Baker, *LTE - The UMTS Long Term Evolution: From Theory to Practice*, 2nd ed. Hoboken, NJ: John Wiley & Sons Ltd., 2011.

[163] S. Ahmadi, *5G NR: Architecture, Technology, Implementation, and Operation of 3GPP New Radio Standards*, 1st ed. Hoboken, NJ: Academic Press, Jun. 2019.

[164] P. Frenger, S. Parkvall and E. Dahlman, "Performance comparison of HARQ with Chase combining and incremental redundancy for HSDPA," in *IEEE Vehicular Technology Conference (VTC)*, pp. 1829–1833, Oct. 2001.

[165] J. Gozalvez and J. Dunlop, "Link level modelling techniques for analysing the configuration of link adaptation algorithms in mobile radio networks," in *European Wireless*, pp. 1–6, Feb. 2004.

[166] G. Monghal, K. I. Pedersen, I. Z. Kovacs and P. E. Mogensen, "QoS oriented time and frequency domain packet schedulers for the UTRAN long term evolution," in *IEEE Vehicular Technology Conference (VTC)*, pp. 2532–2536, May 2008.

[167] N. Kolehmainen, J. Puttonen, P. Kela, et al., "Channel quality indication reporting schemes for UTRAN long term evolution downlink," in *IEEE Vehicular Technology Conference (VTC)*, pp. 2522–2526, May 2008.

[168] K. I. Pedersen, T. E. Kolding, F. Frederiksen, et al., "An overview of downlink radio resource management for UTRAN long-term evolution," *IEEE Communications Magazine*, vol. 47, no. 7, pp. 86–93, Jul. 2009.

[169] S. D. Lembo, "Modeling BLER performance of punctured turbo codes," Ph.D. Thesis, School of Electrical Engineering, Aalto University, May 2011.

[170] C. B. Chae, I. Hwang, R. W. Heath and V. Tarokh, "Interference aware-coordinated beamforming in a multi-cell system," *IEEE Transactions on Wireless Communications*, vol. 11, no. 10, pp. 3692–3703, Oct. 2012.

[171] K. S. Gilhousen, I. Jacobs, R. Padovani, et al., "On the capacity of a cellular CDMA system," *IEEE Transactions on Vehicular Technology*, vol. 40, no. 2, pp. 303–312, May 1991.

[172] A. J. Viterbi, A. M. Viterbi and E. Zehavi, "Other-cell interference in cellular power-controlled CDMA," *IEEE Transactions on Communications*, vol. 42, no. 2/3/4, pp. 1501–1504, Feb.–Apr. 1994.

[173] D. Gesbert, S. Hanly, H. Huang, et al., "Multi-cell MIMO cooperative networks: A new look at interference," *IEEE Journal on Selected Areas in Communications*, vol. 28, no. 9, pp. 1380–1408, Dec. 2010.

[174] A. D. Wyner, "Shannon-theoretic approach to a Gaussian cellular multi-access channel," *IEEE Transactions on Information Theory*, vol. 40, no. 6, pp. 1713–1727, Nov. 1994.

[175] J. Xu, J. Zhang and J. G. Andrews, "On the accuracy of the Wyner Model in cellular networks," *IEEE Transactions on Wireless Communications*, vol. 10, no. 9, pp. 3098–3109, Jul. 2011.

[176] O. Somekh, B. M. Zaidel and S. Shamai, "Sum rate characterization of joint multiple cell-site processing," *IEEE Transactions on Information Theory*, vol. 53, no. 12, pp. 4473–4497, Dec. 2007.

[177] S. Jing, D. N. C. Tse, J. Hou, et al., "Multi-cell downlink capacity with coordinated processing," *EURASIP Journal on Wireless Communications and Networking*, vol. 2008, pp. 1–19, Apr. 2008.

[178] O. Simeone, O. Somekh, H. V. Poor and S. Shamai, "Local base station cooperation via finite-capacity links for the uplink of linear cellular networks," *IEEE Transactions on Information Theory*, vol. 55, no. 1, pp. 190–204, Jan. 2009.

[179] T. S. Rappaport, *Wireless Communications: Principles and Practice*, 2nd ed. Hoboken, NJ: Prentice-Hall, 2002.

[180] D. Stoyan, W. Kendall and J. Mecke, *Stochastic Geometry and Its Applications*, 2nd ed. Hoboken, NJ: John Wiley & Sons Ltd., 1996.

[181] D. Daley and D. V. Jones, *An Introduction to the Theory of Point Processes. Volume I: Elementary Theory and Methods*, 2nd ed. New York: Springer, 2003.

[182] D. Daley and D. V. Jones, *An Introduction to the Theory of Point Processes. Volume II: General Theory and Structure*, 2nd ed. Berlin/Heidelberg: Springer, 2008.

[183] R. G. Bartle and D. R. Sherbert, *Introduction to Real Analysis*, 4th ed. Hoboken, NJ: John Wiley & Sons Ltd., 2010.

[184] A. S. Kechris, *Classical Descriptive Set Theory*. Berlin/Heidelberg: Springer-Verlag, 1995.

[185] D. W. Stroock, *Probability Theory: An Analytic View*, 2nd ed. Cambridge: Cambridge University Press, 2012.

[186] A. M. Bruckner, J. B. Bruckner and B. S. Thomson, *Real Analysis*, 2nd ed. Scotts Valley, CA: CreateSpace Independent Publishing Platform, 2008.

[187] G. Last and M. Penrose, *Lectures on the Poisson Process*, 1st ed. Cambridge: Cambridge University Press, 2017.

[188] N. Campbell, "The study of discontinuous phenomena," *Mathematical Proceedings of the Cambridge Philosophy Society*, vol. 15, pp. 117–136, 1909.

[189] M. Dacey, "Two-dimensional random point patterns: A review and an interpretation," *Papers of the Regional Sciency Association*, vol. 13, no. 1, pp. 41–55, 1964.

[190] P. Hertz, "Uber den geigerseitigen durchschnittlichen Abstand von Punkten, die mit bekannter mittlerer Dichte im Raume angeordnet sind," *Methematiche Annalen*, vol. 67, pp. 387–398, 1909.

[191] S. Chandrasekhar, "Stochastic processes in physics and chemistry," *Review of Modern Physics*, vol. 15, pp. 1–89, 1943.

[192] J. Skellam, "Random dispersal in theoretical populations," *Biometrika*, vol. 38, pp. 196–218, 1951.

[193] M. Moroshita, "Estimation of population density by spacing methods," *Memoirs of the Faculty of Science, Kyushi University*, vol. 1, 187–197, 1954.

[194] H. Thompson, "Distribution of distance to n-th neighbour in a population of randomly distributed individuals," *Ecology*, vol. 37, no. 2, pp. 391–394, Apr. 1956.

[195] D. Moltchanov, "Distance distributions in random networks," *Ad-Hoc Networks*, vol. 10, no. 6, pp. 1146–1166, Aug. 2012.

[196] Small Cell Forum, "Small cell siting challenges and recommendations," Small Cell Forum Release 10.0 - Document 195.10.01, Aug. 2018. www.5gamericas.org/wp-content/uploads/2019/07/Small_Cell_Siting_Challenges__Recommendations_White paper_final.pdf

[197] F. Baccelli and S. Zuyev, "Stochastic geometry models of mobile communication networks," in J. H. Dshalalow (ed.), *Frontiers in Queueing: Models and Applications in Science and Engineering*. Boca Raton, FL: CRC Press, pp. 227–243, 1996.

[198] F. Baccelli, M. Klein, M. Lebourges and S. Zuyev, "Stochastic geometry and architecture of communication networks," *Journal of Telecommunication Systems*, vol. 7, no. 1, pp. 209–227, Jun. 1997.

[199] T. X. Brown, "Cellular performance bounds via shotgun cellular systems," *IEEE Journal on Selected Areas in Communications*, vol. 18, no. 11, pp. 2443–2455, Nov. 2000.

[200] A. Al-Hourani, R. J. Evans and K. Sithamparanathan, "Nearest neighbour distance distribution in hard-core point processes," *arXiv:1606.03695 [cs.IT]*, Jun. 2016.

[201] C. Choi, J. O. Woo and J. G. Andrews, "Modeling a spatially correlated cellular network with strong repulsion," *arXiv:1701.02261 [cs.IT]*, Jan. 2017.

[202] M. J. Nawrocki, M. Dohler and A. H. Aghvami, *Understanding UMTS Radio Network Modelling, Planning and Automated Optimisation: Theory and Practice*, 1st ed. Hoboken, NJ: John Wiley & Sons Ltd., 2006.

[203] J. Laiho, A. Wacker and T. Novosad, *Radio Network Planning and Optimisation for UMTS*, 2nd ed. Hoboken, NJ: John Wiley & Sons Ltd., 2006.

[204] Ajay R. Mishra, *Fundamentals of Network Planning and Optimisation 2G/3G/4G: Evolution to 5G*, 2nd ed. Hoboken, NJ: John Wiley & Sons Ltd., 2018.

[205] X. Zhang and J. Andrews, "Downlink cellular network analysis with multi-slope path loss models," *IEEE Transactions on Communications*, vol. 63, no. 5, pp. 1881–1894, May 2015.

[206] T. Bai and R. Heath, "Coverage and rate analysis for millimeter-wave cellular networks," *IEEE Transactions on Wireless Communications*, vol. 14, no. 2, pp. 1100–1114, Feb. 2015.

[207] C. Galiotto, N. K. Pratas, N. Marchetti and L. Doyle, "A stochastic geometry framework for LOS/NLOS propagation in dense small cell networks," *arXiv:1412.5065 [cs.IT]*, Jun. 2015. [Online]. Available: http://arxiv.org/abs/1412.5065

[208] M. Ding, P. Wang, D. López-Pérez, G. Mao and Z. Lin, "Performance impact of LoS and NLoS transmissions in dense cellular networks," *IEEE Transactions on Wireless Communications*, vol. 15, no. 3, pp. 2365–2380, Mar. 2016.

[209] R. L. Burden and J. D. Faires, *Numerical Analysis*, 2nd ed. Boston, MA: PWS Publishers, 1985.

[210] R. Pettijohn, "There's nothing small about small cell deployments," *ICT Solutions and Education*, Jul. 2019. https://isemag.com/2019/07/theres-nothing-small-about-small-cell-deployments/

[211] Small Cell Forum, "Deployment issues for urban small cells," Small Cell Forum Release 7.0 - Document 096.07.01, Jun. 2014. https://scf.io/en/documents/096_-_Deployment_issues_for_urban_small_cells.php

[212] G. Fischer, F. Pivit and W. Wiesbeck, "EISL, the pendant to EIRP: A measure for the receive performance of base stations at the air interface," in *2002 32nd European Microwave Conference*, pp. 1–4 Sep. 2002.

[213] H. Holma and A. Toskala, *WCDMA for UMTS: Radio Access for Third Generation Mobile Communications*, 3rd ed. Hoboken, NJ: John Wiley & Sons Ltd., 2002.

[214] H. Holma and A. Toskala, *LTE for UMTS - OFDMA and SC-FDMA Based Radio Access*. Hoboken, NJ: John Wiley & Sons Ltd., 2009.

[215] I. Ashraf, L. Ho and H. Claussen, "Improving energy efficiency of femtocell base stations via user activity detection," in *IEEE Wireless Communications and Networking Conference (WCNC)*, Sydney, Australia, pp. 1–5 Apr. 2010.

[216] E. Dahlman, S. Parkvall and J. Skold, *4G, LTE-Advanced Pro and The Road to 5G*, 3rd ed. Cambridge, MA: Academic Press, 2016.

[217] S. Lee and K. Huang, "Coverage and economy of cellular networks with many base stations," *IEEE Communications Letters*, vol. 16, no. 7, pp. 1038–1040, Jul. 2012.

[218] Z. Luo, M. Ding and H. Luo, "Dynamic small cell on/off scheduling using Stackelberg game," *IEEE Communications Letters*, vol. 18, no. 9, pp. 1615–1618, Sep. 2014.

[219] C. Li, J. Zhang and K. Letaief, "Throughput and energy efficiency analysis of small cell networks with multi-antenna base stations," *IEEE Transactions on Wireless Communications*, vol. 13, no. 5, pp. 2505–2517, May 2014.

[220] T. Zhang, J. Zhao, L. An and D. Liu, "Energy efficiency of base station deployment in ultra dense HetNets: A stochastic geometry analysis," *IEEE Wireless Communications Letters*, vol. 5, no. 2, pp. 184–187, Apr. 2016.

[221] J. G. Proakis, *Digital Communications*, 4th ed. New York: McGraw-Hill, 2000.

[222] A. Pokhariyal, K. I. Pedersen, G. Monghal, et al., "HARQ aware frequency domain packet scheduler with different degrees of fairness for the UTRAN long term evolution," in *IEEE Vehicular Technology Conference (VTC)*, pp. 2761–2765, Apr. 2007.

[223] T. Chapman, E. Larsson, P. von Wrycza, et al., *HSPA Evolution: The Fundamentals for Mobile Broadband*. Cambridge, MA: Academic Press, 2014.

[224] E. Dahlman, S. Parkvall and J. Skold, *4G: LTE/LTE-Advanced for Mobile Broadband*. Cambridge, MA: Academic Press, 2013.

[225] J. G. Choi and S. Bahk, "Cell-throughput analysis of the proportional fair scheduler in the single-cell environment," *IEEE Transactions on Vehicular Technology*, vol. 56, no. 2, pp. 766–778, Mar. 2007.

[226] G. Miao, J. Zander, K. W. Sung and S. B. Slimane, *Fundamentals of Mobile Data Networks*, 1st ed. Cambridge: CreateSpace Independent Publishing Platform, 2016.

[227] E. Liu and K. K. Leung, "Expected throughput of the proportional fair scheduling over rayleigh fading channels," *IEEE Communications Letters*, vol. 14, no. 6, pp. 515–517, Jun. 2010.

[228] J. Wu, N. B. Mehta, A. F. Molisch and J. Zhang, "Unified spectral efficiency analysis of cellular systems with channel-aware schedulers," *IEEE Transactions on Communications*, vol. 59, no. 12, pp. 3463–3474, Dec. 2011.

[229] F. Liu, J. Riihijarvi and M. Petrova, "Robust data rate estimation with stochastic SINR modeling in multi-interference OFDMA networks," in *IEEE International Conference on Sensing, Communication, and Networking (SECON)*, pp. 211–219, Jun. 2015.

[230] H. A. David and H. N. Nagaraja, *Order Statistics*, 3rd ed. Hoboken, NJ: John Wiley & Sons Ltd., 2003.

[231] M. Ding, D. López-Pérez, Y. Chen, et al., "UDN: A holistic analysis of multi-piece path loss, antenna heights, finite users and BS idle modes," *IEEE Transactions on Mobile Computing*, vol. 20, no. x, pp. 1, Apr. 2021.

[232] S. Boyd and L. Vandenberghe, *Convex Optimization*. Cambridge: Cambridge University Press, 2004.

[233] Ericsson, "Uplink and slow time-to-content: Extract from the Ericsson mobility report," White Paper, Nov. 2016. www.ericsson.com/en/reports-and-papers/mobility-report/articles/uplink-speed-and-slow-time-to-content

[234] ITU-R, "Minimum requirements related to technical performance for IMT-2020 radio interface(s)," Report ITU-R M.2410, Nov. 2017. www.itu.int/pub/R-REP-M.2410

[235] A. Ghosh, J. Zhang, J. G. Andrews and R. Muhamed, *Fundamentals of LTE*. Hoboken, NJ: Prentice Hall, 2010.

[236] T. Ding, M. Ding, G. Mao, et al., "Uplink performance analysis of dense cellular networks with los and nlos transmissions," *arXiv:1609.07837 [cs.IT]*, vol. abs/1609.07837, Sep. 2016. [Online]. Available: http://arxiv.org/abs/1609.07837

[237] M. Haenggi, "User point processes in cellular networks," *IEEE Wireless Communications Letters*, vol. 6, no. 2, pp. 258–261, Apr. 2017.

[238] 3GPP, "TR 36.814: Further advancements for E-UTRA physical layer aspects," Mar. 2010. https://portal.3gpp.org/desktopmodules/Specifications/SpecificationDetails.aspx?specificationId=2493

[239] H. Sun, M. Wildemeersch, M. Sheng and T. Q. S. Quek, “D2D enhanced heterogeneous cellular networks with dynamic TDD,” *IEEE Transactions on Wireless Communications*, vol. 14, no. 8, pp. 4204–4218, Aug. 2015.

[240] B. Yu, L. Yang, H. Ishii and S. Mukherjee, “Dynamic TDD support in macrocell- assisted small cell architecture,” *IEEE Journal on Selected Areas in Communications*, vol. 33, no. 6, pp. 1201–1213, Jun. 2015.

[241] A. K. Gupta, M. N. Kulkarni, E. Visotsky, et al., “Rate analysis and feasibility of dynamic TDD in 5G cellular systems,” in *IEEE International Conference on Communications (ICC)*, pp. 1–6 May 2016.

[242] S. Goyal, C. Galiotto, N. Marchetti and S. Panwar, “Throughput and coverage for a mixed full and half duplex small cell network,” in *IEEE International Conference on Communications (ICC)*, pp. 1–7 May 2016.

推荐阅读

5G NR标准：下一代无线通信技术（原书第2版）

作者：埃里克·达尔曼 等 ISBN：978-7-111-68459 定价：149.00元

- ◎《5GNR标准》畅销书的R16标准升级版
- ◎ IMT-2020（5G）推进组组长王志勤作序

5G核心网：赋能数字化时代

作者：斯特凡·罗默 等 ISBN：978-7-111-66810 定价：139.00元

- ◎ 详解3GPP R16核心网技术规范，细说5G核心网操作流程和安全机理
- ◎ 爱立信5G标准专家撰写，爱立信中国研发团队翻译，行业专家作序

蜂窝物联网：从大规模商业部署到5G关键应用（原书第2版）

作者：奥洛夫·利贝格 等 ISBN：978-7-111-67723 定价：149.00元

- ◎ 以蜂窝物联网技术规范为核心，详解蜂窝物联网mMTC和cMTC应用场景与技术实现
- ◎ 爱立信5G物联网标准化专家倾力撰写，爱立信中国研发团队翻译，行业专家推荐

5G网络规划设计与优化

作者：克里斯托弗·拉尔森 ISBN：978-7-111-65859 定价：129.00元

- ◎ 通过网络数学建模、大数据分析和贝叶斯方法解决网络规划设计和优化中的工程问题
- ◎ 资深网络规划设计与优化专家撰写，爱立信中国研发团队翻译

5G NR物理层技术详解：原理、模型和组件

作者：阿里·扎伊迪 等 ISBN：978-7-111-63187 定价：139.00元

- ◎ 详解5G NR物理层技术（波形、编码调制、信道仿真和多天线技术等），及其背后的成因
- ◎ 5G专家与学者共同撰写，爱立信中国研发团队翻译，行业专家联袂推荐

6G无线通信新征程：跨越人联、物联，迈向万物智联

作者：[加] 童文 等 ISBN：978-7-68884 定价：149.00元

- ◎ 系统性呈现6G愿景、应用场景、关键性能指标，以及空口技术和网络架构创新
- ◎ 中文版由华为轮值董事长徐直军作序，IMT-2030（6G）推进组组长王志勤推荐